人工智能
算法基础

唐宇迪 史卫亚 罗召勇 李琳 侯惠芳 ◎编著

北京大学出版社
PEKING UNIVERSITY PRESS

内 容 简 介

本书以零基础讲解为宗旨,详细讲解了常用的人工智能算法,并与实际应用相结合,内容循序渐进,案例丰富翔实,旨在帮助读者掌握人工智能的算法基础。

全书分为4篇,共20章。其中第1篇为基础算法篇,从第1章到第9章,主要讲述排序、查找、线性结构、树、散列、图、堆栈等基本数据结构算法;第2篇为机器学习算法篇,从第10章到第14章,主要讲述分类算法、回归算法、聚类算法、降维算法和集成学习算法;第3篇为强化学习算法篇,从第15章到第16章,主要讲述基于价值的强化学习算法和基于策略的强化学习算法;第4篇为深度学习算法篇,从第17章到第19章,主要讲述神经网络模型算法、循环神经网络算法和卷积神经网络算法等内容。

本书适合准备从事数据科学与人工智能相关行业的读者。

图书在版编目(CIP)数据

人工智能算法基础 / 唐宇迪等编著. — 北京:北京大学出版社,2022.3
ISBN 978-7-301-32918-4

Ⅰ.①人… Ⅱ.①唐… Ⅲ.①人工智能－算法导论理论 Ⅳ.①TP183

中国版本图书馆CIP数据核字(2022)第039013号

书 名	人工智能算法基础	
	RENGONG ZHINENG SUANFA JICHU	
著作责任者	唐宇迪 史卫亚 罗召勇 李 琳 侯惠芳 编著	
责 任 编 辑	王继伟 刘 倩	
标 准 书 号	ISBN 978-7-301-32918-4	
出 版 发 行	北京大学出版社	
地 址	北京市海淀区成府路205号 100871	
网 址	http://www.pup.cn 新浪微博:@北京大学出版社	
电 子 邮 箱	编辑部 pup7@pup.cn 总编室 zpup@pup.cn	
电 话	邮购部 010-62752015 发行部 010-62750672 编辑部 010-62570390	
印 刷 者	北京市科星印刷有限责任公司	
经 销 者	新华书店	
	787毫米×1092毫米 16开本 29.75印张 734千字	
	2022年3月第1版 2024年12月第2次印刷	
印 数	4001—6000册	
定 价	109.00元	

前言

INTRODUCTION

为什么要写这本书？

2016年，"AlphaGo"在人机围棋比赛中以大比分战胜中韩围棋高手，使"人工智能"迅速家喻户晓。2017年7月，国务院印发《新一代人工智能发展规划》，提出了面向2030年我国新一代人工智能发展的指导思想、战略目标、重点任务和保障措施，部署构筑我国人工智能发展的先发优势，加快建设创新型国家和世界科技强国。

在这股人工智能浪潮中，快速掌握人工智能基本知识已经迫在眉睫。然而，在人工智能算法的学习过程中，很多初学者遭遇的挫折多半来自看不懂算法的数学推导过程，进而无法理解算法原理，在应用中只能调整参数或换工具包，却很难使用和优化算法。本书旨在帮助读者解决人工智能基本算法学习中遇到的困扰，帮助初学数据科学与人工智能的读者快速掌握基本算法知识和实际应用方法，为进一步使用人工智能算法解决实际问题打下基础。

本书学习路线

本书总结了作者多年的教学实践经验，为读者设计了最佳的学习路线。

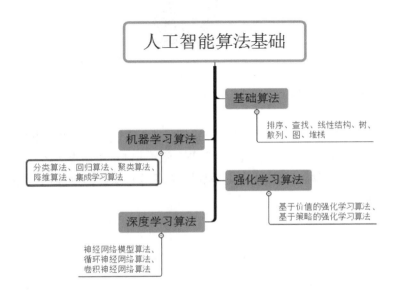

📲 读者对象

◆已经开启职业生涯的人工智能研究者。

◆没有人工智能或统计学学习经历，但希望能快速地掌握这方面的知识，并在项目产品或平台中使用人工智能的软件工程师。

◆相关专业的教师和学生。

📖 本书特色

◆零基础也能入门。

无论您是否从事计算机相关行业，是否接触过人工智能，都能通过本书实现快速入门。

◆理论和实践相结合。

书中的"编程练习"版块是根据所在章节的理论知识点精心设计的，读者可以通过综合案例进行实践操作，理论联系实际，将所学算法应用于解决实际问题。

书中的"面试真题"版块选取了部分人工智能公司面试时可能会测验的经典算法题，这些题型不仅可以复习所学算法的主要知识点，而且便于读者对知识点加以总结，形成记忆。

📑 配套资源

本书提供了配套的基础算法源文件和习题答案，可扫描下方或封底二维码，关注"博雅读书社"微信公众号，根据提示输入本书77页的资源下载码进行下载。

👥 作者团队

本书由唐宇迪、史卫亚、罗召勇、李琳、侯惠芳编著。其中第0、11、15~19章由史卫亚老师编写；第1~9章由罗召勇老师编写；第10、12章由李琳老师编写；第13、14章由侯惠芳老师编写，全书由唐宇迪统稿。在编写过程中，编者竭尽所能地为读者呈现最好、最全的实用基础知识，若仍存在疏漏和不妥之处，敬请广大读者指正。

目 录
CONTENTS

第15章 基于价值的强化学习(Value-Based RL)算法   348

第16章 基于策略的强化学习(Policy-Based RL)算法   367

第17章 神经网络模型算法   390

第 0 章

人工智能与算法

　　机器学习作为一门多领域的交叉学科，近年来异军突起。机器学习涉及高等数学、线性代数、概率论、统计学、数据结构和算法及编程等多门学科。机器学习通过计算机自动学习来实现人工智能，是人类在人工智能领域的第一个探索。本章将主要介绍机器学习的概念、Python环境的搭建及必要的机器学习的数学知识。

人工智能是计算机学科的一个分支,近几十年来获得了迅速发展,在很多领域都获得了广泛应用,并取得了丰硕的成果,例如计算机视觉、自然语言处理、无人驾驶、语音识别和手写识别等,其核心是机器学习相关算法。而机器学习主要研究如何使用计算机模拟或实现人类的行为,通过学习获取新的知识或技能,完善自身已有的知识结构,并不断提高自身的性能。本章就学习一下人工智能的基本概念及认识各种机器学习算法。

 # 0.1 人工智能发展的水平

人工智能(Artificial Intelligence,简称AI),是研究、开发用于模拟、延伸和扩展人的智能的理论、方法、技术及应用系统的一门新的技术学科,涉及计算机科学、心理学、哲学和神经生理学等学科。人工智能被认为是21世纪三大尖端技术(基因工程、纳米科学、人工智能)之一。

1956年,"人工智能"首次被提出,也标志着"人工智能"这门新兴学科的正式诞生。随后,其理论和技术日益成熟,应用领域也不断扩大。人工智能的发展大致可归结为孕育、形成、发展这三个阶段。

孕育阶段:人工智能的产生和发展绝不是偶然的,它是科学技术发展的必然产物。自古以来,人们就一直试图用各种机器来代替人的部分脑力劳动,以提高人们征服自然的能力。例如,伟大的哲学家亚里士多德提出的形式逻辑,英国哲学家培根提出的归纳法,德国数学家和哲学家莱布尼茨提出的万能符号和推理计算的思想……这些思想对人工智能的产生、发展都有重大影响。英国数学家图灵在1936年提出了一种理想计算机的数学模型,即图灵机,为后来电子数字计算机的问世奠定了理论基础。美国神经生理学家麦克洛奇与匹兹在1943年建成了第一个神经网络模型(M-P模型),开创了微观人工智能的研究领域,为后来人工神经网络的研究奠定了基础。

形成阶段:1956—1969年。1956年,多位知名教授在美国达特茅斯大学召开了一次为时两个月的学术研讨会,讨论关于机器智能的问题。会上,经麦卡锡提议,正式采用了"人工智能"这一术语。这是一次具有历史意义的重要会议,它标志着人工智能作为一门新兴学科正式诞生了。自这次会议之后的10多年间,人工智能的研究在机器学习、定理证明、模式识别、问题求解、专家系统及人工智能语言等方面都取得了许多引人注目的成就。1969年成立的国际人工智能联合会议(International Joint Conferences on Artificial Intelligence,简称IJCAI)是人工智能发展史上一个重要的里程碑,它标志着人工智能这门新兴学科已经得到了世界的肯定和认可。

发展阶段:主要是指1970年以后。进入20世纪70年代,许多国家都开展了人工智能的研究,涌现了大量的研究成果。和其他新兴学科的发展一样,人工智能的发展道路也是不平坦的。例如,由机器翻译出来的文字有时会出现十分荒谬的错误。在其他方面,如问题求解、神经网络、机器学习等,也都遇到了困难,使人工智能的研究一时陷入了困境。人工智能研究的先驱者们认真反思,总结前一段研究的经验和教训。例如,1977年费根鲍姆提出了"知识工程"的概念,对以知识为基础的智能系统的研究与建造起到了重要的作用,使人工智能的研究又迎来了蓬勃发展的以知识为中心的新时期。之后专家系统的成功,使人们越来越清楚地认识到知识是智能的基础。对知识的表达、利用及获取等的研究取得了较大的进展,对人工智能中模式识别、自然语言理解等领域的发展提供了支持,解决了许多理论及技术上的问题。

1997年,美国IBM公司的"深蓝"计算机击败了国际象棋世界冠军就是人工智能技术的一个完美表现。2016年,"AlphaGo"在人机围棋比赛中以大比分战胜中韩围棋高手,人工智能概念逐渐被普通人所熟知。2017年7月,国务院印发《新一代人工智能发展规划》,提出了面向2030年我国新一代人工智能发展的指导思想、战略目标、重点任务和保障措施,部署构筑我国人工智能发展的先发优势,加快建设创新型国家和世界科技强国。2017年12月,人工智能入选"2017年度中国媒体十大流行语"。

无论是人工智能还是人类的脑力活动,所面对的问题的难易程度各不相同;针对不同的应用场景,现在业界对人工智能技术的实际应用水平也各不相同。规则越明确、评判好坏的标准越客观的应用场景,人工智能技术的实践效果越好。在一些具体的应用领域,例如在良好条件下的人脸识别、语音识别、花卉植物种类识别等领域,计算机的能力已经超过了人类。在不确定因素越多的情况下,计算机学习时就会碰到越多麻烦。在驾驶汽车、写文章、阅读理解、人类语言翻译等领域,目前还难以达到普通人类的水平。

现有的大量人工智能应用,在实验室条件下很多已经取得了非常好的成绩。但是在工业化应用中,由于使用条件比实验室环境要复杂和恶劣得多,需要处理各种异常和干扰因素,因此,目前人工智能的技术从实验室走向实际应用,需要克服的问题很多,还有很长的路要走。随着近年来计算机硬件存储成本的迅速降低,云计算的逐步普及,数据积累工作的硬件环境迅速改善。在应用需求的推动下,越来越多的数据被数字化并记录下来,用于训练优秀的算法模型。只有积累了海量的训练数据,才能将人工智能的水平向上提升。AlphaGo也是通过积累数千万盘围棋对战棋谱数据,并进行充分的模型训练后,才打败了人类顶尖棋手的。

科学发展的脚步通常都是先易后难、化繁为简。随着技术的不断积累与进步,相信未来在越来越多的应用领域里,人工智能技术能代替人类,来完成越来越多有价值的工作。

0.2 人工智能技术总览

人工智能的关键性基础是大数据,核心是机器学习算法,大数据+机器学习算法=人工智能。

0.2.1 机器学习算法的基本概念

人类从出生开始就在不断学习,先接受父母的启蒙教育,然后上幼儿园、小学、中学、大学,从最初的什么都不知道的婴儿逐渐成长到具有一定知识和判断能力的成人。在学习过程中,通过各种方式获取知识,使用人类各种感官与外界进行交互,吸收并消化从外界获取的资料,不断更新自我的知识储备,并提高自身的知识积累,转换成新的技能。

机器学习和人类学习非常相似,机器最初也类似婴儿一样,有类似人类五官和四肢的各种传感器,通过各种传感器与外界交互获取信息。这些传感器多种多样,常见的有键盘、鼠标、摄像头、投影仪、话筒、音箱,复杂的有位置传感器、光电传感器、热传感器、平衡传感器等。机器只有通过这些传感器才能像人类一样与外界进行交互,获取外界信息,并做出判断和响应,然后通过"机器学习"来提高自身的性能,图0-1给出了学习的过程。

图0-1　人类或机器学习的过程

机器学习的英文是 Machine Learning,主要研究如何使用计算机模拟或实现人类的行为,就像一个学生一样,通过学习获取新的知识或技能,完善自身已有的知识结构,并不断提高自身的性能。它是人工智能的核心,其应用遍及人工智能的多个领域,例如模式识别、计算机视觉、数据挖掘、语音识别、统计学习、自然语言处理等,图0-2列出了一些常见的应用。

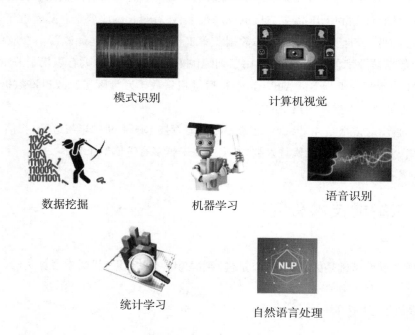

图0-2　机器学习的应用

机器学习所依赖的基础是数据,但核心是各种算法模型,只有通过这些算法,机器才能消化吸收各种数据,不断完善自身性能。

0.2.2　机器学习的流程

前面认识了机器学习的基本概念,那么机器学习的流程是怎样的呢? 一般来说,机器学习的流程大致分为如下几步。

- 数据收集与预处理。
- 特征选择。
- 训练和测试模型。
- 模型的评估。

下面通过一个简单的例子来了解一下机器学习的流程。假设我们现在从网络上收集了很多新闻,有的是体育新闻,有的是娱乐新闻,有的是政治新闻,简单起见,我们把新闻分成体育新闻和非体育新闻两大类。第一步是收集数据,但是一般情况下收集到的数据并不能直接使用,有的数据还不完整,例如收集到的新闻都是文本和图片形式,将这些数据直接输入计算机,并不能让计算机识别,因为计算机只能识别二进制数据。因此需要对数据进行预处理,并且删除其中的重复信息和冗余信息。经过预处理后的数据可以称为训练样本,接下来就可以使用训练样本进行学习了。

因为每条数据中包含的信息量很大,并不是所有的信息都对结果有影响,例如一篇新闻中有很多文字,其中的一些常用词(我、你、的等)对识别是什么新闻并不起作用。因此还需要对数据进行特征提取,选取对结果影响较大的特征进行训练。

提取数据特征之后,就可以构建模型对数据进行训练。有很多种学习算法,至于哪种学习算法更有效,就需要使用一定的评估标准进行判断,以确定对特定数据起作用的算法。

当训练完成后,机器就从这些数据中学习到如何判断一条新闻是否为体育新闻,此时当有一条新的新闻时,就可以把这条新闻输入学习过的算法中,让机器自动判断是否为体育新闻。

0.2.3　机器学习算法的分类

机器学习的算法很多,根据学习方式的不同,常见的机器学习算法有监督学习算法、无监督学习算法、强化学习算法,深度学习算法等。下面先认识一下这些算法的基本原理。

1. 监督学习算法

日常生活中,当一个小孩开始学习认识事物时,父母可能会给他一些苹果和橘子,并且告诉他苹果是什么样的,有哪些特征;橘子是什么样的,有哪些特征。经过父母的不断介绍,这个小孩就会知道苹果和橘子的区别,如果小孩在看到苹果和橘子的时候给出错误的判断,父母就会指出错误的原因。经过不断的学习,以后再见到苹果和橘子的时候,小孩立即就可以判断出哪个是苹果,哪个是橘子。

上面的例子就是监督学习的过程,也就是说,在学习的过程中,不仅提供要学习物品的具体特征,同时也要提供每个物品的名字。不过在人类学习的过程中,父母可以让小孩用眼睛看,用手触摸苹果和橘子,而机器不一样,人类必须提供每个样本(如苹果和橘子)的特征及对应的种类,使用这些数据,通过算法让机器学习并进行判断,逐步降低错误率。

也可以理解成监督学习是从给定的训练数据集中学习出一个函数,当新的数据到来时,可以根据这个函数预测结果。监督学习的训练集要求包括输入特征和输出类别。

常见的监督学习算法如图0-3所示。

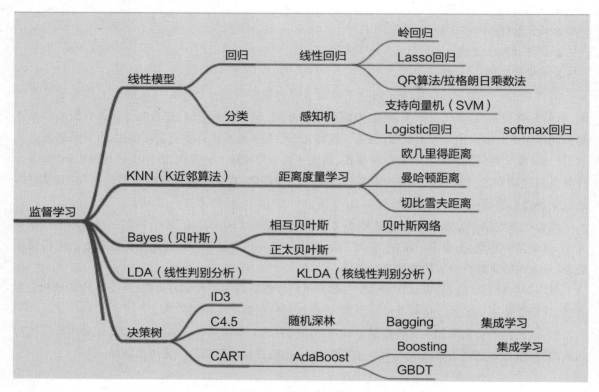

图0-3　监督学习算法

2. 无监督学习算法

当一个小孩在认识外部世界的过程中,父母可能会给他一些苹果和橘子,但是并不告诉他哪个是苹果,哪个是橘子,而是让他自己根据两个物品的特征进行判断,发现二者之间的不同。这样,下次再给他一个苹果,他就会把苹果分到苹果组中,而不是分到橘子组中。

上面的例子就是无监督学习的过程,在学习的过程中,只提供物品的具体特征,但不提供每个物品的名字。让学习者自己总结归纳。所以无监督学习又称归纳性学习,是指将数据集合分成由类似的对象组成的多个簇(或组)的过程。当然,在机器进行学习的过程中,人类只提供每个样本(如苹果和橘子)的特征,使用这些数据,通过算法让机器学习,并进行自我归纳,以达到同组内的事物特征非常接近,不同组的事物特征相距很远的分类效果。

常见的无监督学习算法如图0-4所示。

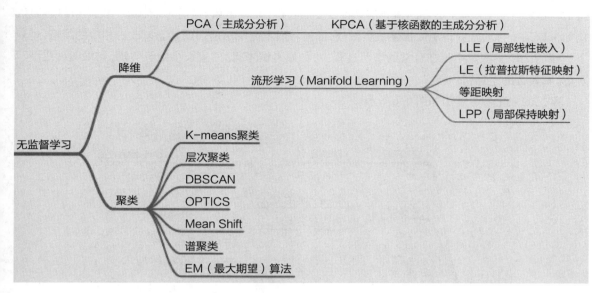

图0-4　无监督学习算法

3. 强化学习算法

相信大家都玩过图0-5这样的走迷宫游戏,从一个入口进去,穿过不同的路线,从另外一个出口出来。但是迷宫中的许多路都是不通的,可能要多次尝试不同的路线,如果一条路线不通,那么就记录下来,再尝试其他的路线,有可能又回到之前的路口,走过的路是否正确自己心中已经有一个规划,最终找出最合理的路径。这就是强化学习算法的一个例子。

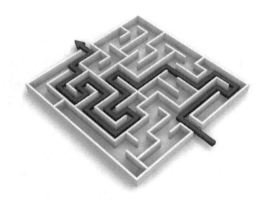

图0-5　迷宫探险

强化学习(Reinforcement Learning,简称RL)又叫作增强学习,是近年来机器学习和智能控制领域的主要算法之一。通过强化学习,一个智能体可以知道在什么状态下应该采取什么行为。强化学习是从环境状态到动作映射的学习,我们把这个映射称为策略,强化学习最终是要学习到一个合理的策略。由于没有直接的指导信息,参与学习的个体或机器要不断与环境进行交互,通过试错的方式来获得最佳策略。另外,强化学习的指导信息很少,而且往往是在事后(最后一个状态)才得到反馈信息,例如采取某个行动是获得正回报还是负回报,如何将回报分配给前面的状态以改进相应的策略,规划下一步的操作。就像小孩在日常的学习过程中,如果考试考得好,家长会给予奖励,如果考试成绩不理想,家长会给予惩罚一样。

常见的强化学习算法如图0-6所示。

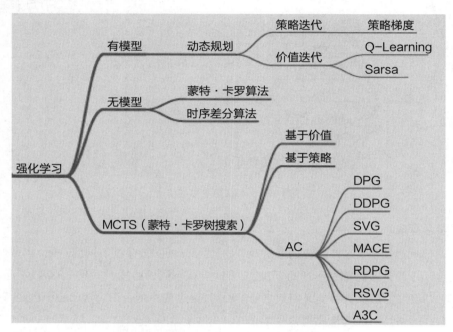

图0-6 强化学习算法

4. 深度学习算法

深度学习算法是机器学习中神经网络算法的延伸。最近几年,深度学习算法在计算机视觉和自然语言处理领域应用得更广一些。深度学习的概念源于人工神经网络的研究,具有多个隐藏层的多层感知器就是一种深度学习结构。深度学习通过组合低层特征形成更加抽象的高层表示属性类别或特征,以发现数据的分布式特征。

深度学习的概念由辛顿等人于2006年提出。基于深度置信网络提出无监督贪心逐层训练算法,为解决深层结构相关的优化难题带来希望,随后提出多层自动编码器深层结构。杨立昆等人提出的卷积神经网络是第一个真正的多层结构学习算法,它利用空间相对关系减少参数数目以提高训练性能。深度学习是学习样本数据的内在规律和表示层次,这些学习过程中获得的信息对诸如文字、图像和声音等数据的解释有很大的帮助。它的最终目标是让机器能够像人一样具有分析学习能力,能够识别文字、图像和声音等数据。近几年深度学习迅速发展,在图像识别、自然语言处理、语音识别等领域取得了巨大的成功。

常见的深度学习算法如图0-7所示。

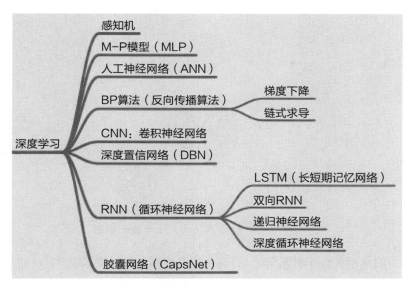

图0-7　深度学习算法

图0-8给出了人工智能、机器学习、深度学习、强化学习之间的关系。人工智能最先出现的是理念,然后是机器学习,深度学习本来并不是一种独立的学习方法,其本身也会用到监督和无监督的学习算法来训练深度神经网络。今天的人工智能概念大爆发是由深度学习驱动的。机器学习是一种实现人工智能的方法,深度学习是一种实现机器学习的技术。而强化学习是机器学习的一个分支,通过与环境进行交互,逐渐提高自身能力。

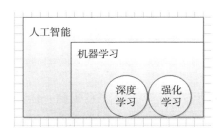

图0-8　人工智能、机器学习、深度学习和强化学习之间的关系

 0.3　算法在人工智能技术中的地位

人工智能技术的发展需要三个要素:数据、算法和算力,这三要素缺一不可,都是人工智能取得如此成就的必备条件。前几年,“大数据时代”是一个网络热词,但大数据本身并不意味着大价值。数据是资源,要得到资源的价值,就必须进行有效的数据分析,而有效的数据分析主要依靠机器学习算法。

数据、算法、算力与人工智能的关系如图0-9所示。

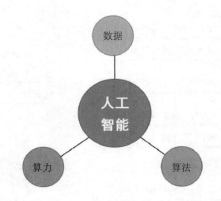

图0-9　数据、算法、算力与人工智能的关系

当今的人工智能热潮是由于机器学习,特别是其中的深度学习技术取得巨大进展,在大数据、大算力的支持下发挥出巨大的威力。机器学习算法模型用了更多数据和算力后,获得的性能增长可能远超算法模型设计者的预想。机器学习算法模型对于算力的巨大需求,也推动了今天芯片产业的发展。例如现在训练深度神经网络用到的GPU,早期主要是用于动画、渲染。如果没有深度神经网络这么大的需求,GPU也很难有今天这么大的市场,更不用说现在还有TPU等新的设计。

算法是人工智能浪潮里面的核心,就像人类的大脑一样,有了大脑,才具有思维和学习的基础。当处于知识的海洋中时,就可以充分发挥算法的作用,通过学习获取新的知识或技能,完善自身已有的知识结构,并不断提高自身的性能。

 ## 0.4　学好算法能有哪些竞争优势

上面介绍到在人工智能的浪潮中,算法就像人类的大脑一样,有了大脑,人工智能这艘大船才能正常航行,因此学习算法在当今的人工智能浪潮中特别重要。根据前面机器学习的工作流程可以看出,算法岗位具体的工作流程基本如下。

(1)了解用户需求,获取数据。

(2)数据预处理。数据预处理大概会占50%~70%的工作量。

(3)特征选择。构造好的特征向量,是要选择合适的、表达能力强的特征。特征选择是一个很有挑战性的过程,更多地依赖于经验和专业知识,并且有很多现成的算法来进行特征的选择。

(4)模型训练。对于不同的应用需求,使用不同的算法模型。

(5)评价指标。训练好的模型,上线之前要对模型进行必要的评估,目的是让模型具备较好的泛化能力。

(6)模型上线应用。将模型做线上部署,发布成接口服务以供业务系统使用。

　　不难发现，在对待具体业务上，算法工程师需要通过对机器学习算法的理解来推动项目的实施，提升项目的推广和使用效果，并通过实际应用来改善企业的业务等级和营收能力。

　　作为一个算法工程师，应具有以下能力。

　　(1)基础能力扎实，对于算法基础知识理解透彻。

　　(2)业务能力强，不懂业务的算法工程师是不可能成为一个优秀的算法工程师的。

　　(3)持续学习的能力，由于计算机技术的迭代很快，优秀的算法工程师不仅需要钻研本领域的知识，还需要了解其他领域的知识。

　　(4)协作能力，在公司里面可能沟通成本比开发成本高，特别是组织结构庞大以后，跨部门沟通就更难了，找到对的人并一起把问题给解决掉，这应该是一个优秀工程师需要培养和掌握的重要能力。只顾闷头写代码容易闭门造车，落后了可能都意识不到。

　　概括起来，学好算法具有如下竞争优势。

　　(1)在人工智能及相关科技创新企业中更容易就业和转型。

　　(2)把握人工智能时代的潮流，适应社会的发展。

第 1 章

排序算法

　　排序算法是所有算法的基本功，也是面试题中最常用到的算法。排序算法是由于业务需求或项目架构需要，将一系列大小无规则的数字（或其他可比较大小的数据类型）按照由大到小或由小到大的顺序排列的算法，例如，用户购买商品时都希望买到最便宜的商品，此时，需要将商品按价格排序来找到最便宜的商品。

　　值得注意的是，算法和数学公式一样，没有哪一个数学公式可以解决所有的数学问题，同样，也没有哪一个算法可以解决所有的程序问题。即使同样是排序算法，也没有哪一个算法一定是最好的或一定是最不好的，不同的算法可以运用在不同的场景之中。所以，只有熟练掌握各种排序算法，才能在实际项目中使用最合适的排序算法。

　　本章将结合图解和代码，详细介绍项目或面试中常用到的排序算法，包括冒泡排序、直接插入排序、直接选择排序、快速排序、希尔排序、堆排序、归并排序、基数排序。

1.1 冒泡排序（Bubble Sort）

冒泡排序是一种交换排序，即：如果前面的数比后面的数大，就交换位置（由小到大升序排列时）。所谓冒泡，是指在液体中若出现一个气泡，该气泡会从当前位置向上浮，而气泡向上浮动的根本原因是气泡密度小，液体密度大，冒泡排序便由此得名。接下来，本书将以由小到大的顺序图解冒泡排序的基本原理。

本例中使用7、6、3、9、1、8这6个数字及初始顺序进行排序，如图1-1所示。

需要排序的数字序列

图1-1　排序前的序列

在冒泡排序过程中，每一轮比较出一个最大的数放在序列的最后，若使用 m 表示元素的总数，那么每次冒泡排序需要执行 $m-1$ 轮。n 表示已经进行过的轮数，则每轮需要比较 $m-n-1$ 次。所以冒泡排序的平均时间复杂度和最坏时间复杂度都为 $O(n^2)$。在本例中共有6个数，所以共需要执行6-1=5轮。第1轮已经比较过0次，所以共需要比较6-0-1=5次。

第1轮第1次，比较第0个数和第1个数[1]，由于7大于6，本次排序是由小到大升序排列，因此7和6需要交换位置，如图1-2所示。

第1轮第2次，比较第1个数和第2个数，也需要交换位置，如图1-3所示。

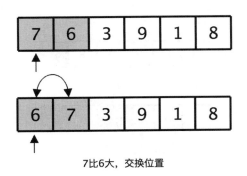

7比6大，交换位置

图1-2　第1轮第1次比较

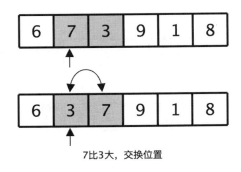

7比3大，交换位置

图1-3　第1轮第2次比较

第1轮第3次，比较第2个数和第3个数，因为7小于9，所以不需要交换位置，如图1-4所示。

第1轮第4次，比较，如图1-5所示。

----

[1] 计算机中通常下标从0开始，所以本书中说下标时沿用此方式，即第 n 个代表生活中的第 $n+1$ 个。

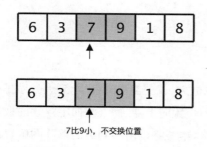

7比9小，不交换位置

图1-4　第1轮第3次比较

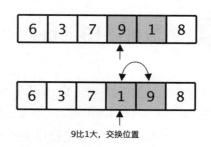

9比1大，交换位置

图1-5　第1轮第4次比较

第1轮第5次比较，如图1-6所示。

至此，我们完成了第1轮的比较，序列中最大的数9已经到了最后，由于第2轮只会比较6-1-1=4次，因此9将固定在这里。

第2轮第1次也是比较第0个数和第1个数，如图1-7所示。

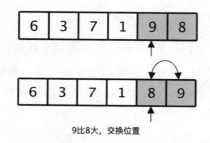

9比8大，交换位置

图1-6　第1轮第5次比较

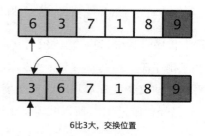

6比3大，交换位置

图1-7　第2轮第1次比较

第2轮第2次比较，如图1-8所示。

第2轮第3次比较，如图1-9所示。

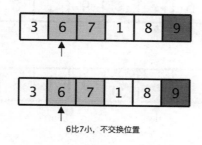

6比7小，不交换位置

图1-8　第2轮第2次比较

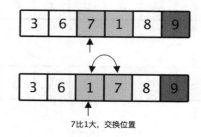

7比1大，交换位置

图1-9　第2轮第3次比较

第2轮第4次比较，如图1-10所示。

至此，第2轮比较已经完成，我们已经将第二大的数8放在了9的前面，接下来进行第3轮比较，第3轮共需要比较6-2-1=3次。

第3轮第1次，比较第0个数和第1个数，如图1-11所示。

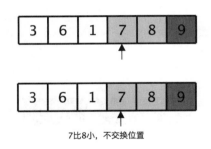

7比8小，不交换位置

图1-10 第2轮第4次比较

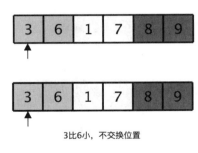

3比6小，不交换位置

图1-11 第3轮第1次比较

第3轮第2次比较，如图1-12所示。
第3轮第3次比较，如图1-13所示。

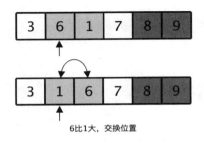

6比1大，交换位置

图1-12 第3轮第2次比较

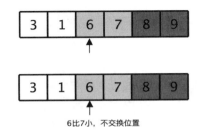

6比7小，不交换位置

图1-13 第3轮第3次比较

至此，第3轮比较完成，接下来进行第4轮，第4轮共需要比较6-3-1=2次。
第4轮第1次比较，如图1-14所示。
第4轮第2次比较，如图1-15所示。

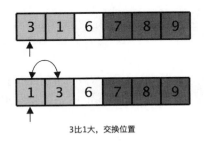

3比1大，交换位置

图1-14 第4轮第1次比较

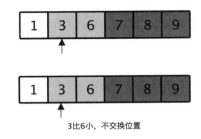

3比6小，不交换位置

图1-15 第4轮第2次比较

至此，已经完成了第4轮的比较，接下来做第5轮比较。第5轮共需要执行6-4-1=1次，因为1小
于3，所以不需要交换位置，如图1-16所示。
至此，我们已经完成了本例中的5轮比较，排序工作完成了，结果如图1-17所示。

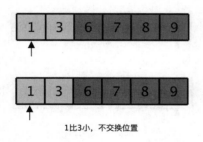

1比3小，不交换位置

图1-16　第5轮第1次比较

排序结束

图1-17　排序完成

根据以上分析可以发现，冒泡排序最大的优点就是稳定、空间复杂度低且简单易懂。由于冒泡排序共需要进行$m-1$轮，每轮要进行$m-n-1$次比较，所以使用嵌套的for循环来完成排序工作，冒泡排序的代码如下。

```
'''
冒泡排序
nums 要排序的列表
'''
def bubbleSort(nums):
    #外层for循环控制要比较的轮数，共需要执行"长度-1"次
    for i in range(0,len(nums)-1):
        #内层for循环控制每轮要比较的次数，共需要执行"长度-已执行的轮数-1"次
        for j in range(0,len(nums)-i-1):
            #如果当前数字比后面一个数字大，则需要交换位置
            if nums[j] > nums[j+1]:
                temp = nums[j]
                nums[j]=nums[j+1]
                nums[j+1]=temp

#排序前的列表
nums = [7,6,3,9,1,8]
print("排序前:", nums)
#调用冒泡排序函数
bubbleSort(nums)
print("排序后:", nums)
```

以上程序运行结果如图1-18所示。

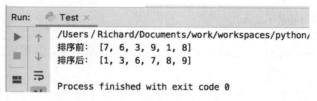

图1-18　冒泡排序运行结果

将以上代码进行如下修改，可以看到每一轮每一次的比较和交换过程。

16

```
def bubbleSort(nums):
    #外层for循环控制要比较的轮数,共需要执行"长度-1"次
    for i in range(0,len(nums)-1):
        #内层for循环控制每轮要比较的次数,共需要执行"长度-已执行的轮数-1"次
        for j in range(0,len(nums)-i-1):
            print("第%d轮第%d次"%(i+1,j+1),end="\t")
            #如果当前数字比后面一个数字大,则需要交换位置
            if nums[j] > nums[j+1]:
                print("%d和%d交换位置"%(nums[j],nums[j+1]),end="")
                temp = nums[j]
                nums[j] = nums[j+1]
                nums[j+1] = temp
            else:
                print("%d比%d小,不交换位置"%(nums[j],nums[j+1]),end="")
            print(nums)
        print("第%d轮排序结果:"%(i+1),nums)


#排序前的列表
nums = [7,6,3,9,1,8]
print("排序前:", nums)
#调用冒泡排序函数
bubbleSort(nums)
print("排序后:", nums)
```

以上代码运行结果如图1-19所示。

再次运行以上程序,将传入的参数换成6、1、2、3、4、5,可以看到运行结果如图1-20所示。

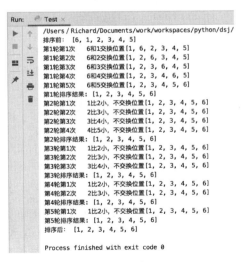

图1-19　冒泡排序过程　　　　　图1-20　冒泡排序运行结果

通过分析以上运行结果不难发现:传入的序列在第1轮比较以后就已经完成,但是由于冒泡排序的总轮数未结束,所以会继续比较下去,浪费了大量的资源。如果某一轮排序未进行位置交换,说明该序列的排序工作已经完成,不需要继续比较。所以,可以在每一轮比较开始前设置一个标记,如果

交换位置则改变标记。每轮比较结束后判断标记是否被改变,若未改变,说明本轮比较未交换位置,则排序结束。

```
'''
冒泡排序算法优化_1
'''
def bubbleSort(nums):
    #外层for循环控制要比较的轮数,共需要执行"长度-1"次
    for i in range(0,len(nums)-1):
        #设置标记
        sorted = True
        #内层for循环控制每轮要比较的次数,共需要执行"长度-已执行的轮数-1"次
        for j in range(0,len(nums)-i-1):
            print("第%d轮第%d次"%(i+1,j+1),end="\t")
            #如果当前数字比后面一个数字大,则需要交换位置
            if nums[j] > nums[j+1]:
                print("%d和%d交换位置"%(nums[j],nums[j+1]),end="")
                temp = nums[j]
                nums[j] = nums[j+1]
                nums[j+1] = temp
                #发生位置交换,说明排序未结束
                sorted = False
            else:
                print("%d比%d小,不交换位置"%(nums[j],nums[j+1]),end="")
            print(nums)
        print("第%d轮排序结果:" % (i + 1), nums)
        #判断本轮是否有位置交换
        if sorted:
            return

#排序前的列表
nums = [6,1,2,3,4,5]
print("排序前:", nums)
#调用冒泡排序函数
bubbleSort(nums)
print("排序后:", nums)
```

以上代码运行结果如图1-21所示。

可以看到,虽然传入的依然是6、1、2、3、4、5这6个数,但是仅执行了两轮比较,因为第1轮比较以后,排序已经完成,在第2轮比较时未发生位置交换,所以排序结束,完成排序工作。

再次执行以上函数,传入参数1、3、2、4、5、6,运行结果如图1-22所示。

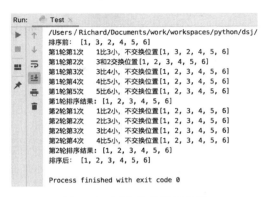

图 1-21　第 1 次优化后的冒泡排序运行结果　　图 1-22　冒泡排序运行结果

通过分析以上结果，我们发现在第 1 轮比较时，从第 3 次开始便未发生任何位置交换，说明后面的数已经排序好了，但在第 2 轮比较时，依然进行了后面的比较。于是可以考虑这样优化：记录下最后一次发生位置交换的位置，作为下一轮比较的最后位置。即如果本轮最后交换的位置是 3，说明 3 后面的数字都已经排序完成，不需要再比较了，只需要比较 3 前面的数字即可。

```
'''
冒泡排序算法优化_2
'''
def bubbleSort(nums):
    r = range(0, len(nums) - 1)
    #外层for循环控制要比较的轮数,共需要执行"长度-1"次
    for i in range(0,len(nums)-1):
        #设置标记
        sorted = True
        #内层for循环控制每轮要比较的次数,共需要执行"长度-已执行的轮数-1"次
        for j in r:
            print("第%d轮第%d次"%(i+1,j+1),end="\t")
            #如果当前数字比后面一个数字大,则需要交换位置
            if nums[j] > nums[j+1]:
                print("%d和%d交换位置"%(nums[j],nums[j+1]),end="")
                temp = nums[j]
                nums[j] = nums[j+1]
                nums[j+1] = temp
                #发生位置交换,说明排序未结束
                sorted = False
                #记录下最后一次交换的位置
                lastChange = j
            else:
                print("%d比%d小,不交换位置"%(nums[j],nums[j+1]),end="")
            print(nums)
    print("第%d轮排序结果:" % (i + 1), nums)
    #判断本轮是否有位置交换
```

19

```
    if sorted:
        return
    print("最后是交换位置是:",lastChange)
    #改变下一轮比较的范围
    r = range(0,lastChange)

#排序前的列表
nums = [1,3,2,4,5,6]
print("排序前:", nums)
#调用冒泡排序函数
bubbleSort(nums)
print("排序后:", nums)
```

以上代码运行结果如图1-23所示。

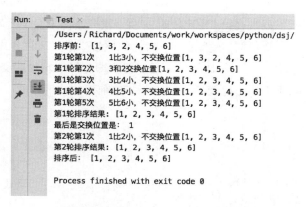

图1-23　第2次优化后的冒泡排序

可以看到,同样的参数,由于在第1轮比较时最后一次发生交换的索引位置是1,说明后面的数字都已经排好序了。所以,在第2轮的排序中,只需要比较第0个位置的数字即可。

至此,我们进行了两次冒泡排序的优化。第1次优化了比较的轮数,即减少了外层for循环的执行次数;第2次优化了某一轮中比较的次数,即减少了内层for循环执行的次数,提高了冒泡排序的效率。

 ## 1.2　直接插入排序(Insert Sort)

直接插入排序的核心思想是:将需要排序的序列分成两部分,前面部分是排好序的,后面部分是未排序的,每轮从未排序的部分中取出一个数,然后通过比较大小把它插入指定位置,每插入一个数后,排好序的部分则增加一个数,未排序的部分减少一个数,直到所有序列排序完成。

在直接插入排序中,最开始的第0个数可以认为是已经排好序了,只需要从第1个数开始,把每一个数往前面的序列中插入,所以,若待排序的序列一共有m个元素,则需要插入$m-1$次。每一次的插入操作需要比较若干次（具体取决于待排序的初始状态），所以，直接插入排序的平均时间复杂度和最坏时间复杂度都为 $O(n^2)$，最优时间复杂度为 $O(n)$。

接下来本书将以7、6、3、9、1、8这6个数字及初始顺序讲解直接插入排序的过程，如图1-24所示。

第1次插入时，可以认为第0个数（序列中的7）是排好序的，从第1个数开始为未排序序列，所以将6存入临时变量中，如图1-25所示。

需要排序的数字序列

图1-24　待排序序列

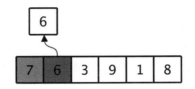

图1-25　将6存入临时变量

将排好序的部分的每一个数轮流和临时变量中的数进行比较，如果比临时变量中的数大，则向后移动一个位置。这一次比较7和6，因为7比6大，所以把7向后移动一个位置，如图1-26所示。

将临时变量中的数替换最后移动的数的位置，即将6放到第0个位置，如图1-27所示。

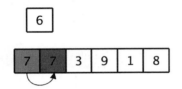

图1-26　7大于6，将7向后移动一个位置

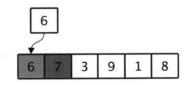

图1-27　将临时变量中的6放到第0个位置

第2次插入时，可以认为前面两个数都是排好序的了。所以将第2个数3放入临时变量中，如图1-28所示。

然后将第1个数7和临时变量3比较，由于7大于3，向后移动一个位置。再将第0个数6和临时变量3比较，由于6大于3，因此6也向后移动一个位置，如图1-29所示。

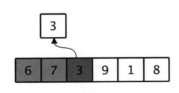

图1-28　将3存入临时变量中

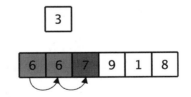

图1-29　将7和6分别向后移动一个位置

最后移动的是第0个数，所以将临时变量中的3存入第0个位置，如图1-30所示。

第3次插入时，可以认为前面的数都已经排好序了，所以将第3个数9存入临时变量中，如图1-31所示。

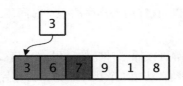

图 1-30　将临时变量存入第 0 个位置

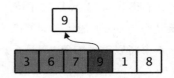

图 1-31　将第 3 个数 9 存入临时变量

然后将前面排好序的数轮流和临时变量中的 9 进行比较,由于已排好的序列中的最后一个数 7 已经不大于临时变量中的 9,因此不需要做任何移动,如图 1-32 所示。

最后将临时变量中的数重新存入原位置(此步骤可以省略,但程序中有此代码运行),如图 1-33 所示。

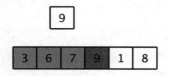

图 1-32　已排好序的数都小于 9,不需要移动

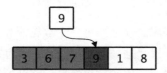

图 1-33　将临时变量中的数放回原处

第 4 次插入时,将第 4 个数 1 存入临时变量,如图 1-34 所示。

将前面已排好序的数字 9、7、6、3 依次和 1 进行比较,每一个数都大于临时变量中的 1,所以依次向后移动一个位置,如图 1-35 所示。

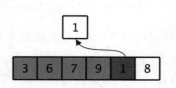

图 1-34　将第 4 个数 1 存入临时变量

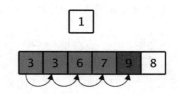

图 1-35　将比 1 大的数都向后移动一个位置

将临时变量中的 1 放到最后一次移动的位置,即第 0 个位置,如图 1-36 所示。

第 5 次插入时,将第 5 个数 8 存入临时变量中,如图 1-37 所示。

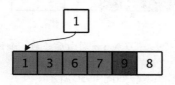

图 1-36　将 1 放到第 0 个位置

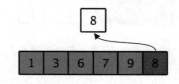

图 1-37　将第 5 个数 8 存入临时变量中

分别比较前面已排好序的 9、7、6、3、1,只有第 4 个数 9 大于临时变量中的 8,所以将第 4 个数 9 向后移动一个位置,如图 1-38 所示。

将临时变量中的8存入最后移动的第4个位置,如图1-39所示。

图1-38　将比8大的9向后移动一个位置　　　　图1-39　将8存入第4个位置

至此,整个插入排序工作完成,插入排序需要执行 m−1 次,每次插入工作需要比较若干次,所以我们采用嵌套的for循环来实现插入排序工作,完整代码如下。

```python
'''
插入排序
'''
def insertSort(nums):
    #从第1个位置开始向后遍历
    for i in range(1,len(nums)):
        #将第i个数存入临时变量中
        temp = nums[i]
        #变量j用于记录和临时变量比较的位置,从i的前一个位置开始比较
        j = i-1
        #若j未超范围且第j个元素大于临时变量中的值
        while j>=0 and nums[j]>temp:
            #将第j个元素向后移动一个位置
            nums[j+1]=nums[j]
            #j-1,向前比较
            j-=1
        #将临时变量存入最后一个未移动的位置的后一个位置
        nums[j+1]=temp
#待排序的序列
list = [7,4,3,8,0,4,3,5,1,6]
#进行插入排序
insertSort(list)
#输出排序后的序列
print(list)
```

以上代码运行结果如图1-40所示。

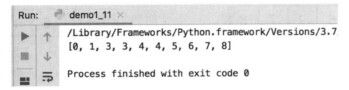

图1-40　插入排序运行结果

1.3 直接选择排序（Select Sort）

直接选择排序的基本思想是在未排序的序列中选择一个最小的数,将其放在已经排好序的部分的最后。每次需要在剩余的元素中选择一个最小的数,而每次选择最小的数时都需要把剩下的所有的数都比较一遍。所以直接选择排序的最优时间复杂度、最坏时间复杂度、平均时间复杂度均为$O(n^2)$。

若待排序的序列中元素的总数为m个,则需要选择$m-1$次。若n表示已经选择过的次数,则第$n+1$次选择需要比较$m-n-1$次。接下来本书将以7、6、3、9、1、8这6个数字及初始顺序讲解直接选择排序的过程。

第1次选择时,记录下第0个位置,并从第0个位置开始向后找出一个最小的数,即第4个位置的1,如图1-41所示。

交换第0个和第4个位置上的元素,如图1-42所示。

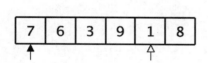

图1-41 第1次记录下最小数1的下标4

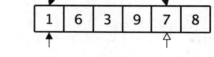

图1-42 交换第0个和第4个位置上的元素

第2次选择时记录下第1个位置,并从第1个位置开始向后找出最小数并记录其下标为2,然后交换第1和第2个位置上的元素,如图1-43所示。

第3次选择时记录下第2个位置,最小数也是当前位置,所以没有位置交换,如图1-44所示。

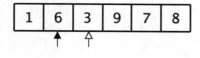

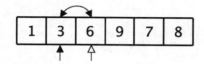

图1-43 第2次选择最小数并交换位置

图1-44 当前位置是最小元素,无须交换

第4次选择记录下第3个位置,后面的最小元素7在第4个位置,然后交换第3个和第4个位置上的元素,如图1-45所示。

第5次选择时记录下第4个位置,后面的最小元素8在第5个位置上,然后交换第4个和第5个位置上的元素,如图1-46所示。

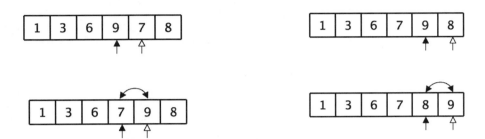

图1-45　第4次选择时交换第3个和第4个位置上的元素　　图1-46　第5次选择时交换第4个和第5个位置上的元素

至此,整个选择排序工作完成,将以上排序思想使用代码实现,完整代码如下。

```
'''
直接选择排序
'''
def selectSort(nums):
    #遍历列表,将第i个看成最小的数
    for i in range(0,len(nums)):
        #记录未排序中最小的数的下标,初始值是当前遍历的下标
        minIndex=i
        #循环向后找
        for j in range(i+1,len(nums)):
            #如果找到一个比已经记录的最小数下标的数还小的数
            if nums[j] < nums[minIndex]:
                #修改最小数的下标
                minIndex=j
        #若最小数下标不是当前遍历的下标,说明后面有更小的数
        if minIndex!=i:
            #交换位置
            temp = nums[minIndex]
            nums[minIndex]=nums[i]
            nums[i]=temp
#待排序序列
list = [3,5,1,8,6,9,7,0,2]
#选择排序
selectSort(list)
#输出排序后的结果
print(list)
```

运行以上代码,结果如图1-47所示。

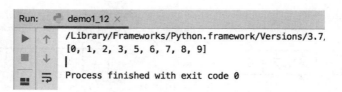

图1-47 选择排序运行结果

1.4 升级版冒泡排序——快速排序(Quick Sort)

快速排序是C.A.R.Hoare在1960年提出的,它和冒泡排序一样,也是一种交换排序。不同的是,冒泡排序时若前面有一个较大的数,需要一点一点向后移动,效率较低,而快速排序是对冒泡排序的一种改进。它的核心思想是找一个数作为标准数,将比标准数大的数都放到后面,比标准数小的都放到前面(升序排序时),然后将比标准数小的部分和比标准数大的部分分别再按相同的方式处理,如此递归下去便可完成整个排序工作[1]。通常情况下,标准数使用待排序部分的第1个数(由于需要递归处理不同部分,因此作为标准数的第1个数不一定是整个序列的第0个数)。

快速排序的平均时间复杂度和最优时间复杂度均为$O(nlogn)$,最坏时间复杂度为$O(n^2)$,是一种效率较高的排序算法,也是使用较多的排序算法。接下来将以图文的方式讲解快速排序的过程,待排序序列如图1-48所示。

第2轮的处理目标是整个序列,所以将第0个元素6作为标准数,并将其存入临时变量中,如图1-49所示。

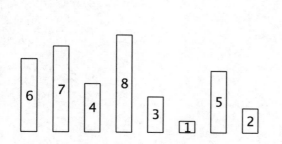

图1-48 待排序序列(高度代表数字大小)

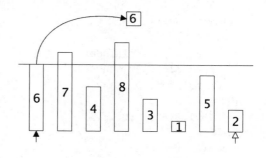

图1-49 将标准数存入临时变量中

使用两个下标分别从左右两端向中间遍历元素,首先从右边的下标向左寻找小于标准数6的数,找到的是索引位置7的元素2,于是将2存入左边下标指向的位置,如图1-50所示。

然后从左边的下标处向右寻找大于等于标准数6的数,找到的是索引位置1的元素7,然后将7存入右边下标所在的位置,如图1-51所示。

---

[1] 此算法需要使用递归,不了解递归的读者请先翻至递归章节进行学习。

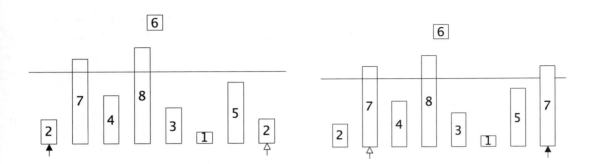

图1-50 从右下标寻找比6小的数并存入左下标位置　图1-51 从左下标寻找比6大的数并存入右下标位置

　　右下标继续向左找小于6的数,找到索引位置6的元素5,将其存入左下标所在位置,如图1-52所示。

　　左下标向右找到大于6的数是索引位置3的元素8,将其存入右下标位置,如图1-53所示。

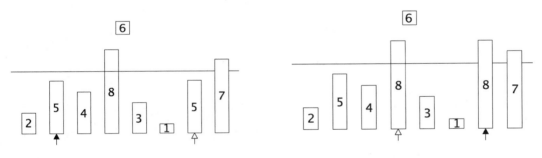

图1-52 右下标找到5并存入左下标位置　　　　图1-53 左下标找到8并存入右下标位置

　　右下标向左找到1并存入左下标位置,如图1-54所示。

　　左下标向右寻找,和右下标重合时,不再继续寻找,如图1-55所示。

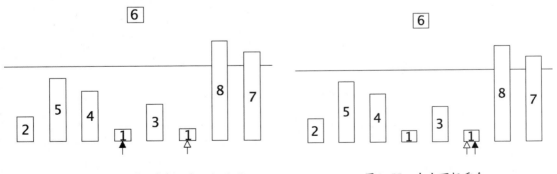

图1-54 右下标找到1并存入左下标位置　　　　图1-55 左右下标重合

　　将临时变量存入两下标重合的位置,至此,第1轮调整完毕。所有大于等于选定的标准数6的数都在两下标重合处的右边,所有小于选定的标准数6的数都在两下标重合处的左边,如图1-56所示。

调整完成以后再分别处理大于标准数的部分和小于等于标准数的部分,注意,分别处理时标准数需要重新确定,如图1-57所示,如此递归下去,直到不能继续拆分为止。整个快速排序工作完成。

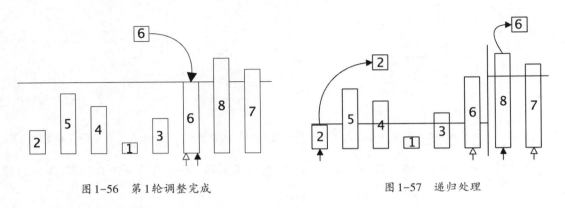

图1-56　第1轮调整完成　　　　　　　　　　　图1-57　递归处理

将以上思想使用代码实现如下。

```
'''
快速排序
nums:待排序列表
start-end:待排序区间
'''
def quickSort(nums,start,end):
    #如果开始位置和结束位置相同,说明只有一个数,不需要排序
    if start < end:
        #取出标准数
        standard = nums[start]
        #记录下左右下标
        low = start
        high = end
        #两下标未重合,就循环
        while low<high:
            #右下标向左寻找小于标准数的数,使用大于判断,循环结束,表示找到了小于等于标准数的数
            while low<high and nums[high]>=standard:
                high-=1
            #将寻找到的数存入左下标所在位置
            nums[low]=nums[high]
            #左下标向右寻找大于标准数的数
            while low<high and nums[low]<standard:
                low+=1
            #将寻找到的数存入右下标所在位置
            nums[high]=nums[low]
        #将标准数存入两下标重合处
        nums[low]=standard
        #递归处理小于等于标准数的部分
        quickSort(nums,start,low)
        #递归处理大于标准数的部分
        quickSort(nums,low+1,end)
```

```
#待排序列表
list = [6,7,4,8,3,1,5,2]
#快速排序
quickSort(list,0,len(list)-1)
#输出结果
print(list)
```

 1.5 升级版插入排序——希尔排序(Shell Sort)

希尔排序是 D.L.Shell 在 1959 年提出来的,并使用其名字命名。希尔排序也被称为缩小增量排序,是插入排序的一种改进,它可以将最后面的较小的数快速换到较靠前的位置,希尔排序的平均时间复杂度为 $O(n^a)(a \in [1.3, 2])$,比直接插入排序效率高出不少。希尔排序的核心思想是将待排序序列按步长分为若干组,每轮分别排序组内的元素。一轮结束后,各组内的元素已经排好序,然后再缩小步长重新分组排序,直到步长为1,排序完成。其详细排序过程如下。

待排序数组如图 1-58 所示。

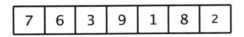

图 1-58　待排序数组

首先需要按元素的数量确定步长,通常情况下是将待排序序列长度每轮除以2得到。所以,第1轮的步长是:7//2=3[1]。然后通过步长将元素分组,本例中7、9、2被分为第1组,6、1分为第2组,3、8分为第3组,如图 1-59 所示。

然后使用插入排序的方式分别排序每一组内的元素,即第1组的元素只在第1组内排序,第2组的元素只在第2组内排序,第3组的元素只在第3组内排序,排序结果如图 1-60 所示。

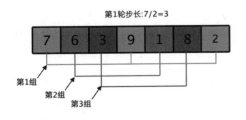 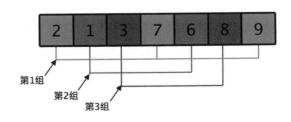

图 1-59　第1轮分组情况　　　　图 1-60　分组排序结果

可以看到第1组内的元素由7、9、2的顺序调整为2、7、9,本来在序列最后的2,仅通过较少的交换位置,便到了较靠前的位置。第2组的顺序由原来的6、1调整为1、6,第3组由于3小于8,所以未调

---

[1] 步长使用整数,所以这里使用整除。

整。至此,第1轮排序结束。

第2轮排序时将原来的步长除以2得到新的步长再重新分组,即3//2=1,所以以步长为1进行分组,如图1-61所示。

可以看到,由于步长为1,整个序列被分为一个组,再进行插入排序,排序结果如图1-62所示。由于步长已经是1,因此不需要再进一步排序。希尔排序完成。

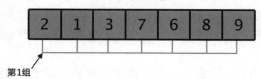

图1-61　第2轮分组情况

图1-62　步长为1时的排序结果

将以上思想使用代码实现如下。

```
'''
希尔排序
'''
def shellSort(nums):
    #初始步长
    step = len(nums)//2
    #遍历所有步长
    while step>0:
        #---以下是希尔排序的步骤,只需要排本组内的元素---
        #从每一组的第2个元素开始遍历,所以初始值为第1组的第2个元素,即step值。
        #本例中共10个元素,步长为10//2=5
        #则第一组中的第2个元素为下标为5的元素0
        for i in range(step,len(nums)):
            #临时变量用于存储第i个数
            temp = nums[i]
            #从本组中的前一个位置开始比较,下标为i-step
            j = i - step
            #遍历本组中前面所有的元素,若本组中前面的元素更大
            while j>=0 and nums[j]>temp:
                #前面的元素向后移动一个步长
                nums[j+step] = nums[j]
                #改变下标,遍历本组中的前一个元素
                j-=step
            #上面的循环结束以后,说明有一个更小的数,则将临时变量存入j的组中的后一个元素,即j+
            #step
            nums[j+step] = temp
        #改变步长的值
        step//=2
#待排序序列
list = [7,4,8,5,2,0,1,9,3,6]
```

```
#输出待排序序列
print(list)
#排序
shellSort(list)
#输出排序后序列
print(list)
```

运行以上代码,结果如图1-63所示。

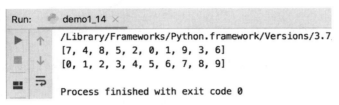

图1-63　希尔排序结果

1.6　升级版选择排序——堆排序(Heap Sort)

堆排序是Robert W. Floyd和J.Williams于1964年提出的,它也是选择排序的一种。堆排序的核心思想是将待排序序列放入大顶堆或小顶堆中(升序排列使用大顶堆,降序排列使用小顶堆),再将堆顶元素放到整个序列最后的已排好序部分的最前面,然后重新调整待排序部分为大顶堆,直到排序完成[①]。

接下来将详细讲述堆排序的过程,待排序序列如图1-64所示。

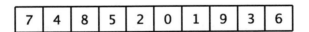

图1-64　待排序序列

首先,将整个序列想象成一棵顺序存储的完全二叉树,即对于任何一个索引为n的节点而言,其左子节点索引为$2n+1$,右子节点索引为$2n+2$,对于任何一个索引为n的左子节点,其父节点的索引为$n//2$,对于任何一个索引为n的右子节点,其父节点的索引为$n//2-1$,故以上序列对应的完全二叉树结构如图1-65所示。

第1轮的目标是将整个二叉树调整为一个大顶堆,调整时需要从最后一个非叶子节点开始依次倒序向上调整,注意每次调整完一个节点后,调整后的子树可能会打破之前已经调整好的大顶堆结构,所以需要再一次递归调整该节点的子节点。整个大顶堆调整完后如图1-66所示。

---

① 堆排序需要用到堆结构,没有相关基础的读者可先行前往堆结构的章节进行学习。

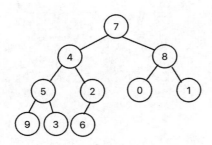

图 1-65　待排序序列对应的完全二叉树

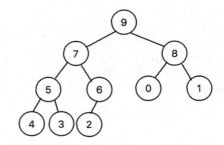

图 1-66　整个序列调整后的大顶堆

由图 1-66 可以看到,最大的数 9 已经调整到了最顶上,此时对应的序列顺序已调整为图 1-67 所示。

现将堆顶元素 9 和堆中的最后一个元素 2 交换位置,调整后的结构和序列顺序如图 1-68 所示。

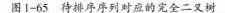

图 1-67　大顶堆对应的序列顺序

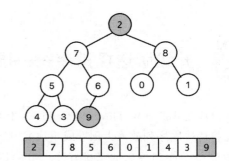

图 1-68　堆顶元素和堆中的最后一个元素交换位置

交换位置以后,将最后一个元素固定在序列最后,然后再将前面的所有元素调整为一个大顶堆,堆结构和序列顺序如图 1-69 所示。

再将堆顶元素 8 和最后一个元素 3 交换位置,并将最后一个元素固定在该位置,再将前面的所有元素调整为一个大顶堆,如图 1-70 所示。如此循环下去,直到排序结束。

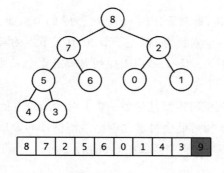

图 1-69　第 2 轮调整后的大顶堆

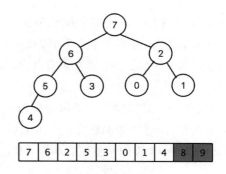

图 1-70　第 3 轮调整后的大顶堆

将以上思想使用代码实现,完整代码如下。

```
'''
调整某一棵子树的最大顶堆
parent 需要调整为大顶堆的父节点索引
'''
def maxHeap(nums,size,parent):
    #获取parent的左子节点
    leftNode = 2*parent+1
    # 获取parent的右子节点
    rightNode = 2 * parent + 2
    #默认父节点最大
    max = parent
    #依次判断左子节点和右子节点,找到最大数的索引
    if leftNode < size and nums[max] < nums[leftNode]:
        max = leftNode
    if rightNode < size and nums[max] < nums[rightNode]:
        max = rightNode
    #若最大的节点在判断完以后不再是父节点,说明最大的节点是左子节点或右子节点
    #则需要交换位置
    if max!=parent:
        temp = nums[parent]
        nums[parent] = nums[max]
        nums[max] = temp
        #递归处理交换后的子树
        maxHeap(nums,size,max)


'''
堆排序
'''
def heapSort(nums):
    last = len(nums)-1
    #获取最后一个元素的父节点索引
    parent = last//2-1 if last%2==0 else last//2
    #从最后一个父节点向前依次调整
    while parent >=0:
        maxHeap(nums,len(nums),parent)
        parent-=1
    #遍历区间,i是需要调整为大顶堆的最后一个位置,依次减小
    i = last
    while i>0:
        #交换堆顶元素和堆中最后一个元素的位置
        temp = nums[0]
        nums[0] = nums[i]
        nums[i] = temp
        #重新将第0个位置调为大顶堆,i-1是最后要调整的位置,所以i作为size直接传入。
        maxHeap(nums,i,0)
        i-=1
#待排序序列
list = [7,4,8,5,2,0,1,9,3,6]
#排序前
```

```
print(list)
#堆排序
heapSort(list)
#排序后
print(list)
```

 1.7 归并排序(Merge Sort)

归并排序是John von Neumann于1945年发明的,采用了分治法。它的核心思想是使用递归的方式将待排序序列分隔成两个只有1个元素的部分,然后分别按顺序对比两个部分中的元素,将其归并为一个有序的序列。其过程有点类似于拉拉链的操作,若有如图1-71所示的两个序列,归并的操作如下(此处演示的是归并操作,并非完整的归并排序)。

先创建一个新的长度相同的序列,对比两个序列中数字的大小,将小的数字插入新序列中,本例中1小于4,所以将1存入新序列中,如图1-72所示。

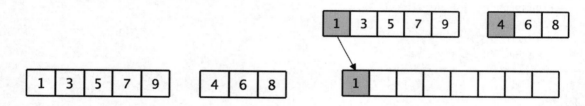

图1-71 两个内部有序的待归并序列   图1-72 判断前两个数的大小,将较小数归并入新序列

然后判断下一个数3是否大于4,结果是3小于4,于是将3插入新序列,如图1-73所示。

继续归并5和4,如图1-74所示。

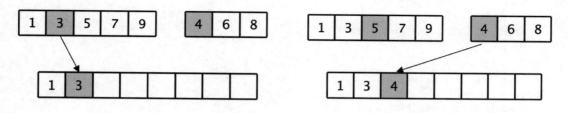

图1-73 对比3和4,将3归并入新序列   图1-74 对比5和4,将4归并入新序列

如此循环,完成整个归并操作,完整归并过程如图1-75所示。

对于一个乱序的序列,我们还需要将该序列使用递归的方式分隔为若干个只有1个元素的序列,这便是分治的核心,如图1-76所示。

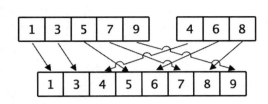

图1-75　完整归并过程

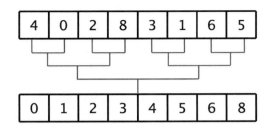

图1-76　分治法归并

以上过程使用代码实现如下。

```
'''
归并操作
'''
def merge(left,right):
    #记录下标
    r, l=0, 0
    #新列表
    temp=[]
    #循环归并
    while l<len(left) and r<len(right):
        #若左边列表中的数更小
        if left[l] <= right[r]:
            #将左边列表中的数存入新列表中
            temp.append(left[l])
            #下标+1
            l += 1
        #右边列表中的数更小
        else:
            # 将右边列表中的数存入新列表中
            temp.append(right[r])
            # 下标+1
            r += 1
    #处理多余的数据
    temp += left[l:]
    temp += right[r:]
    return temp
'''
归并排序
'''
def mergeSort(nums):
    #结束递归条件,若只有一个数,不再递归
    if len(nums) <= 1:
        return nums
    #将列表分为两部分
    num = len(nums) // 2
    #左边部分
```

```
    left = mergeSort(nums[:num])
    #右边部分
    right = mergeSort(nums[num:])
    #递归处理
    return merge(left, right)
#待排序序列
list = [7,4,8,5,2,0,1,9,3,6]
#排序前
print(list)
#堆排序
list = mergeSort(list)
#排序后
print(list)
```

1.8 基数排序（Radix Sort）

基数排序是 Herman Hollerith 于 1887 年提出的,这种排序算法是一种非常特殊的排序算法,既不需要在各元素之间比较大小,也不需要元素互换位置,只需要将元素按照规则进行分类即可完成排序工作。其排序的平均时间复杂度为 $O(d(r+n))$,是一种效率较高的排序算法,但由于需要 10 个队列用于存储数字分类[①],因此空间复杂度也较高。基数排序的过程是把所有数先按个位存入相应的队列中,再依次取出所有队列中的数,然后按十位处理、百位处理……所以,基数排序比较适用于不同位并且分布较为均匀的数字的排序,要执行的轮数取决于最大的位数。接下来将以图 1-77 所示的序列讲解基数排序的过程。

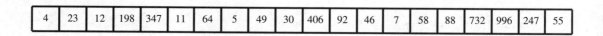

| 4 | 23 | 12 | 198 | 347 | 11 | 64 | 5 | 49 | 30 | 406 | 92 | 46 | 7 | 58 | 88 | 732 | 996 | 247 | 55 |

图 1-77　待排序序列

首先需要创建 10 个队列,编号为 0~9,然后遍历所有的元素,第 1 轮将元素以个位为依据存入相应的队列中,如第 0 个元素是 4,个位是 4,则存入第 4 个队列,第 1 个元素是 23,个位是 3,则存入第 3 个队列,如图 1-78 所示。

---

① 基数排序需要使用队列结构,也可使用 Python 的列表模拟队列结构。

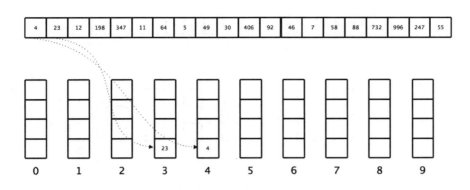

图1-78　4和23存入后的效果

将所有元素存入后的效果如图1-79所示。

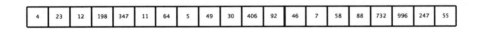

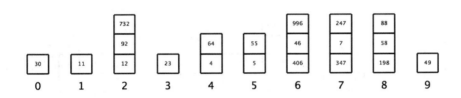

图1-79　所有元素存入队列后的效果

　　然后将所有队列中的数据按队列顺序、存入顺序取出来,再次存入原序列中。依次取出第0个队列中的30,第1个队列中的11,第2个队列中的12,第2个队列中的92,第2个队列中的732,如图1-80所示。

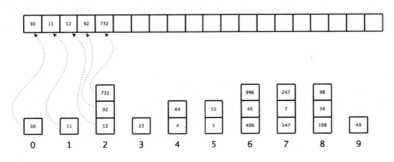

图1-80　前5个数填回后的效果

所有数填回后的效果如图1-81所示,至此,第1轮比较结束。

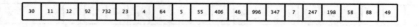

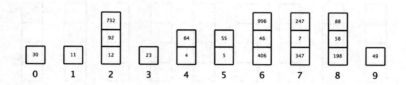

图1-81　第1轮比较结果

　　第2轮再次遍历所有元素,将元素以十位为依据存入相应的队列中。如第0个数30的十位是3,则存入第3个队列中,第1个数的十位是1,则存入第1个队列中,第2个数12的十位是1,继续存入第1个队列中。所以元素存入队列后的效果如图1-82所示。

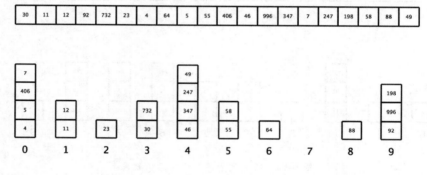

图1-82　所有元素按十位存入队列中

　　再一次按队列顺序、存入顺序取出元素放回原序列中,放回后如图1-83所示,第2轮排序结束。

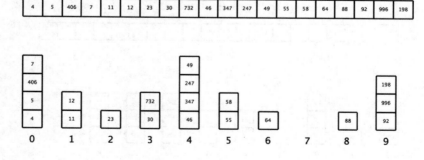

图1-83　第2轮排序结束

　　第3轮按百位存入队列中,如图1-84所示。

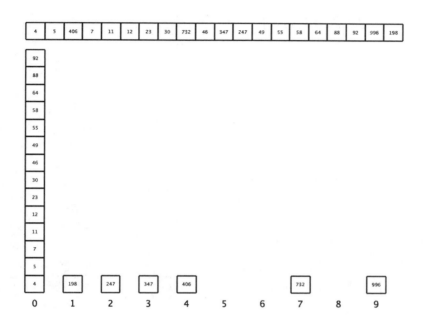

图1-84 第3次存入队列中

再次将所有元素填回原序列中,如图1-85所示,至此,基数排序完成。

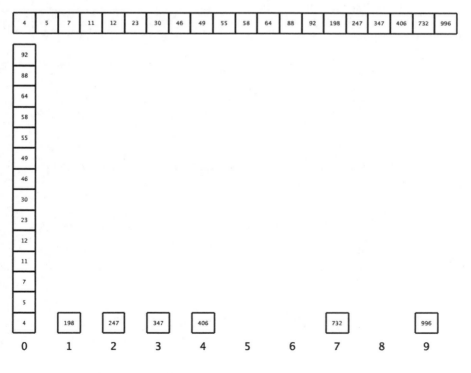

图1-85 第3轮排序结果

使用代码实现以上思想,完整代码如下。

```
'''
基数排序
'''
def radixSort(nums):
    #获取最大长度
    maxlen = len(str(max(nums)))
    #创建嵌套列表作为队列
    queues = [[] for i in range(0,10)]
    #根据最大长度遍历轮数
    for x in range(1,maxlen+1):
        #遍历所有数
        for num in nums:
            #获取相应位上的数,作为队列的下标
            #str(num)将数字转为字符串
            #str(num)[-x]取出个位、十位、百位, x从1开始增加,-x的值为-1、-2、-3
            #int(str(num)[-x])将取出的字符转为数字
            try:
                queueIndex = int(str(num)[-x])
            #若出异常,说明位数不足,则高位一定为0
            except:
                queueIndex = 0
            #将数字追回到列表中
            queues[queueIndex].append(num)
        #清空列表
        nums.clear()
        #遍历所有队列
        for queue in queues:
            #一次添加所有队列中的元素到原列表中
            nums.extend(queue)
            #清空队列列表
            queue.clear()
#待排序
list = [4,23,12,198,347,11,64,5,49,30,406,92,46,7,58,88,732,996,247,55]
#排序前
print(list)
#基数排序
radixSort(list)
#排序后
print(list)
```

 ## 1.9 应用:应该使用哪种排序算法

算法本身是没有优劣之分的,一个算法只是为了解决一个特定的问题而存在,同理,不同的排序算法适用的场景也不同，表1-1列出了本书中介绍的排序算法的时间复杂度、空间复杂度和稳定性。本节将讨论在不同的场景下最适用的排序算法。通常，选择排序算法的原则是：用最短的时间、最少的资源完成排序工作。

表1-1　各排序算法的比较

类别	算法名称	时间复杂度			空间复杂度	稳定性
		平均	最优	最坏		
交换排序	冒泡排序	$O(n^2)$	$O(n)$	$O(n^2)$	$O(1)$	稳定
	快速排序	$O(n\log n)$	$O(n\log_2 n)$	$O(n^2)$	$O(n\log_2 n)$	不稳定
选择排序	直接选择	$O(n^2)$	$O(n^2)$	$O(n^2)$	$O(1)$	不稳定
	堆排序	$O(n\log n)$	$O(n\log_2 n)$	$O(n\log_2 n)$	$O(1)$	不稳定
插入排序	直接插入	$O(n^2)$	$O(n)$	$O(n^2)$	$O(1)$	稳定
	希尔排序	$O(n^{1.3})$	$O(n)$	$O(n^2)$	$O(1)$	不稳定
归并排序		$O(n\log_2 n)$	$O(n\log_2 n)$	$O(n\log_2 n)$	$O(n)$	稳定
基数排序		$O(d(r+n))$	$O(d(rd+n))$	$O(d(r+n))$	$O(rd+n)$	稳定

选择排序算法时通常需要考虑以下因素。

首先是待排序的数据量大小，持排序的数据量大小直接决定了算法的优劣程度，当数据量较小时（通常是100以内），建议选择直接插入排序或直接选择排序，当数据量较大时，建议使用快速排序、堆排序或归并排序。

其次是待排序数据的分布情况，表1-2列出了3种待排序数据的分布情况及建议使用的排序算法。

表1-2　待排序数据的分布情况及建议使用的排序算法

待排序数据的分布情况	建议使用的排序算法
基本有序	直接插入排序、冒泡排序、快速排序
有较多的重复数据	希尔排序和归并排序
数据分散均匀且跨度较大	基数排序

再次是稳定性，通常情况下稳定性不作为唯一的评价因素，要结合其他的因素来选择。例如，当数据量较小，且要求稳定时，建议使用冒泡排序或直接插入排序。

最后是允许占用的空间，在其他的因素都确定以后，应该尽量选择占用空间小的排序算法以减少资源占用。

　　例如,有5万个学生的信息已按学号升序排序,现要求按学生的成绩升序排序,若成绩相同再按学号升序排列,应该选择什么排序算法?

　　分析:由于数据量较大,原数据是随机的(要求按成绩排列,成绩的分布是随机的,虽然原数据按学号升序排列,但学号和成绩之间并无关联),要求稳定性,即成绩相同时依然按学号升序排序,且待排序数据中有较多重复数据,所以此例中最好采用归并排序。

1.10　高手点拨

　　(1)由于希尔排序的原理是,通过不同的步长把较小的数据快速交换到较靠前的位置(升序排列时),所以比较适用于大量乱序数据且完全无序的情况。

　　(2)由于基数排序需要通过不同位上的数来分类数据,所以适用于数据差距较大的情况。且此种排序方式是针对数字的,可能并不适用于比较其他类型的数据。

　　(3)快速排序适用于大多数情况。

1.11　编程练习

　　(1)思考冒泡排序能否使用希尔排序的思想进行改进,并使用代码实现它。

　　(2)思考其他类型的数据应该如何排序(比如字母、类对象),并选择一种排序算法实现它。

1.12　面试真题

　　(1)请说说你认为的最好的排序算法是哪个,并说明原因。

　　(2)选择算法时,优先考虑算法的时间复杂度还是空间复杂度? 为什么?

第 **2** 章

查找算法

　　查找算法是指在大量的信息或数据中寻找特定的数据,多数情况下是查找关键信息相符的信息或数据,例如在 10000 名学生的信息中找到学号是 1001 的学生的所有信息。也可能是全信息匹配的查找,这时通常情况下是返回该元素的索引值或节点,例如在 100 名学生中查找是否包含一个名叫"老罗"的,若包含,则返回该字符串的下标,若不包含,则返回-1。

2.1 线性查找（Line Search）——傻瓜式查找

线性查找也称为顺序查找，适用于顺序存储或链式存储结构的线性表，对于被查找的序列没有顺序要求，可以是有序的，也可以是无序的。查找时从线性表的起始位置按顺序扫描，找到元素时即返回该元素的下标或数据，若扫描完整个序列未找到匹配元素，则查找失败，通常情况下返回空（null）或−1，所以线性查找的时间复杂度为$O(n)$，完整代码如下。

```
'''
线性查找
nums 目标序列
value 要查找的目标值
'''
def lineSearch(nums,value):
    #遍历所有下标
    for i in range(0,len(nums)):
        #若值匹配
        if nums[i]==value:
            #返回下标
            return i
    #若遍历完未找到匹配元素,返回-1
    return -1
```

2.2 二分查找（Binary Search）——排除另一半

二分查找也称为折半查找，要求被查找的序列必须是有序的，若被查找序列是无序的，需要先排序再查找。查找时先对比目标序列的中间元素和目标值的大小，若中间元素等于目标值，则查找成功。否则根据中间元素对比目标值的大小，结合目标序列的排列方式（升序或降序）决定查找由中间元素分隔出来的左区间或右区间。这和猜数字的道理是一样的，从1到100的一个随机数，要猜中那个未知数，首先猜50，对方说猜大了，那下次就猜25，如果对方说小了，那下次就猜（50−25）/2+25=37，以此类推，直到猜对数字。所次二分查找的时间复杂度为$O(\log_2 n)$，完整代码如下。

```
'''
二分查找
nums 目标序列
value 要查找的目标值
'''
def binarySearch(nums,value):
    #初始化最低索引,中间索引,最高索引
    low,mid,high = 0,len(nums)//2,len(nums)-1
```

```
#循环处理
while low<high:
    #若相同,返回下标值
    if nums[mid]==value:
        return mid
    #中间元素大于目标值,搜索左边
    elif nums[mid]>value:
        #将中间索引-1设置为最高索引,下次查找左边
        high = mid-1
    # 中间元素小于目标值,搜索右边
    else:
        # 将中间索引+1设置为最低索引,下次查找右边
        low = mid+1
    #重新计算中间索引
    mid = (high-low)//2+low

list = [0,1,2,3,4,5,6,7,8,9,10]
print(binarySearch(list,5))
```

2.3 插值查找(Insert Search)——预判位置

　　插值查找是对二分查找的改进。如果在取值范围是0~1000且分布较均匀的1000个数字中寻找数字10,通常情况下10的位置会比较靠前。如果在同样的序列中查找9988,通常情况下这个数的位置会比较靠后。这就是插值查找算法要解决的二分查找的问题。换句话说,二分查找无论查找什么样的数据,都会从中间开始查找并不断分隔。而插值查找是通过目标元素在目标序列中的大小分布情况确定中间位置,更加智能。只需要改一行代码即可,即中间索引的计算方式,由原来的(high-low)//2+low修改为low+int((value-nums[low])/(nums[high]-nums[low])*(high-low)),完整代码如下。

```
'''
插值查找
nums 目标序列
value 要查找的目标值
'''
def insertSearch(nums,value):
    #初始化最低索引,最高索引
    low,high = 0,len(nums)-1
    #计算中间索引
    mid = low+int((value-nums[low])/(nums[high]-nums[low])*(high-low))
    count = 1
    #循环处理
    while low<high:
        print(f'第{count}次查找')
```

```
        count+=1
        #若相同,返回下标值
        if nums[mid]==value:
            return mid
        #中间元素大于目标值,搜索左边
        elif nums[mid] > value:
            #将中间索引-1设置为最高索引,下次查找左边
            high = mid-1
        # 中间元素小于目标值,搜索右边
        else:
            # 将中间索引+1设置为最低索引,下次查找右边
            low = mid+1
        #重新计算中间索引
        mid = low+int((value-nums[low])/(nums[high]-nums[low])*(high-low))

list = [0,1,12,45,66,67,69,73,79,89,92,100]
print(insertSearch(list,1))
```

以上代码运行结果如图2-1所示,仅查找2次便找到了目标元素的索引位置,大大提高了效率。插值查找的时间复杂度为$O(\log(\log n))$。

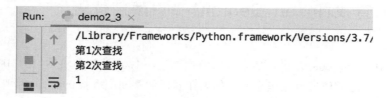

图2-1　插值查找结果

<h2>2.4　斐波那契查找(Fibonacci Search)——黄金分割法</h2>

斐波那契查找也是二分查找的一种改进,其时间复杂度为$O(\log_2 n)$。斐波那契查找和斐波那契数列有直接关系,所以先来看斐波那契数列。斐波那契数列是$F=\{1,1,2,3,5,8,13,21,34,\ldots\}$,从第三项开始每一项为前两项之和,表达式为:$F_i=F_{i-1}+F_{i-2}(i \geq 2)$。由于随着数字的增大,前一项和后一项的比值越来越接近黄金分割比值0.618,所以斐波那契数列也被称为黄金分割数列。

斐波那契查找也是改变了mid的计算方式,由二分查找中的(high-low)//2+low改为了:

low+$F_{block-1}$-1

block是斐波那契数列区间,F是斐波那契函数,用于获取斐波那契数列中的第n个数。若目标值等于mid指向的数据,则返回mid值;若目标值大于mid指向的元素,则向右查找并减小2个斐波那契区间;若目标值小于mid指向的元素,则向左查找并减小1个斐波那契区间。重复以上步骤直到找到

目标元素或区间为0或负值,查找结束。

以在列表[1,3,4,7,8,12,19,20,24,27,31,36,40,51,55,67,70]中查找19为例,列表size=17,下标low=0,high=16。size-1=16,初始化斐波那契数列的最后一个数要大于16,所以初始化的斐波那契数列为$F=\{1,1,2,3,5,8,13,21\}$,首次确定mid的值时,使用初始化的斐波那契数列中的最后一个区间,即[13,21],该区间是整个斐波那契的第7个区间,所以block=7,则:

```
mid = low + F_block-1 - 1 = 0 + 13 -1 = 12
```

对比mid指向的元素和目标元素的大小。由于索引位置12的元素是40,目标值19小于40,则向左查找并减小1个斐波那契区间。则high = mid-1 = 11,block = block - 1 = 6。第6个区间是[8,13],则:

```
mid = low + F_block-1 - 1 = 0 + 8 -1 = 7
```

对比mid指向的元素20和目标元素19的大小,目标元素小于mid指向的元素,则继续向左查找并减小1个斐波那契区间,则high = mid-1 = 6,block = block -1 = 5。第5个区间是[5,8],则:

```
mid = low + F_block-1 - 1 = 0 + 5 -1 = 4
```

mid指向的元素是8,目标元素19大于8,则向右查找,并减小2个斐波那契区间,则low = mid+1 = 5,block = block-2 = 3。第3个区间是[2,3],则:

```
mid = low + F_block-1 - 1 = 5 + 2 -1 = 6
```

mid的值为6,指向的元素是19,是查找的目标元素,查找结束。完整代码如下。

```
'''
生成一个最后一个数大于num的斐波那契数列
'''
def fib(num):
    list = [1,1,2]
    a,b,c = 1,1,2
    while c<num:
        a = b
        b = c
        c = a + b
        list.append(c)
    return list
'''
斐波那契查找
nums 目标序列
value 要查找的目标值
'''
def fibonacciSearch(nums,value):
    #初始化最低索引,最高索引
    low,high = 0,len(nums)-1
    #初始化
```

```
    f = fib(high)
#初始区间为最后一个区间
block = len(f)-1
#计算中间索引
mid = low + f[block-1] - 1
#循环处理
while low<high:
    #若相同,返回下标值
    if nums[mid]==value:
        return mid
    #中间元素大于目标值,搜索左边
    elif nums[mid]>value:
        #将中间索引-1设置为最高索引,下次查找左边
        high = mid-1
        #减少一个区间
        block -= 1
    # 中间元素小于目标值,搜索右边
    else:
        # 将中间索引+1设置为最低索引,下次查找右边
        low = mid+1
        #减少两个区间
        block -= 2
    #重新计算中间索引
    mid = low + f[block-1] - 1

list = [1,3,4,7,8,12,19,20,24,27,31,36,40,51,55,67,70]
print(fibonacciSearch(list,19))
```

 ## 2.5　树结构查找(Tree Search)

　　树结构查找主要用于查找树结构中的节点[1],用于查找的树可以是二叉树、二叉查找树、平衡二叉树、红黑树、B树等,这里主要讲二叉查找树中的查找。在二叉查找树中查找数据需要对树中的节点进行遍历,按照遍历的顺序可分为前序遍历、中序遍历、后序遍历、层序遍历,每一种遍历方式对应一种查找方式,因为树结构的查找本质其实是遍历树中的每一个节点并对比数据。

2.6　散列查找(Hash Search)

　　散列查找也叫哈希查找,其核心依然是散列函数[2],散列查找通常情况下用于查找不能排序或难

---

① 树结构查找需要树结构的基础,读者可前往相关章节学习。

② 散列查找需要散列结构的基础,读者可前往相关章节学习。

以比较的数据,如图片、视频、音频等。由于数据本身特点的缘故,直接对比数据将有非常大的困难,所以通常使用散列查找。散列查找首先需要使用给定的散列函数计算出目标元素的散列值,然后通过对比散列值来判断是否包含此数据,其基本步骤是:假设散列表是HT[0-M],散列函数是$F(k)$,解决冲突的函数为$R(x)$,通常散列函数计算目标元素V的散列值,$D=H(V)$,若包含于HT中,则查找成功,否则执行$Dk=R(Dk-1)$,直到HT[Dk]为空或HT[Dk]=v,查找结束。

2.7 应用:自实现indexOf函数

在多数编程语言的类库中,都内置了各种对字符串操作的API,其中最常见的便是indexOf(有的编程语言中名为index)函数,即在一个字符串中查找某个子串。若要查找某个字符串中是否包含某个字符,则可以考虑使用线性查找的方式,即从第0个字符开始挨个向后对比相同的字符,并返回该字符的位置,对比完所有字符以后也没有找到相同的字符,则返回−1,表示没有这个字符,完整代码如下。

```python
def index(src,c):
    for i in range(len(src)):
        if src[i]==c:
            return i
    return -1

if __name__ == '__main__':
    i = index("abcdefg","e")
    print(i)
```

2.8 高手点拨

(1)由于散列函数的设计问题,散列查找可能会出现查找有误或不准确,精确查找时通常需要配合内容来实现。

(2)图结构的查找同树结构相似,由其结构特性决定。在树结构中有前序查找、中序查找、后序查找和层序查找,对应树结构中的前序遍历、中序遍历、后序遍历和层序遍历。而树结构则分为深度优先查找和广度优先查找,对应深度优先搜索和广度优先搜索算法。

(3)针对不同的业务需求,查找算法可返回元素本身或元素的索引位置(通常仅在线性结构中)。

2.9 编程练习

（1）二分查找法的查找速度是否一定比线性查找法的查找速度快？使用代码举例说明。

（2）写出从循环单链表中查找出最大值（或最小值）的算法。

2.10 面试真题

（1）说说你对斐波那契查找中"减少一个斐波那契区间"和"减少两个斐波那契区间"的理解。

（2）请说说图2-2所示的树结构按前序、中序、后序、层序查找数字6时需要对比的数字。

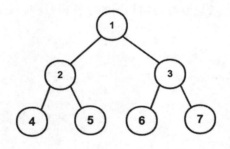

图2-2

（3）写出在链式存储结构的线性表中进行顺序查找的算法（需要第4章线性结构的基础）。

第 3 章

字符串算法

　　字符串无论是在哪一种编程语言中，都是非常常用的一种数据类型。关于字符串的算法也是层出不穷，本章主要介绍几种常见的字符串算法，包括朴素算法、KMP 算法、Boyer-Moore 算法、Rabin-Karp 算法和 AC 自动机算法。

3.1　朴素算法

朴素算法是一种字符串匹配(String Match)算法,即在一个较长的原字符串中寻找某个子串(也称为模式,Pattern)并返回其首次出现的索引。朴素算法是最简单的字符串匹配算法,也被称为暴力搜索算法。实现思路是使用子串中的第0个字符去匹配原串中的每一个字符,直到找到和子串中第0个字符相同的字符,再一一匹配后面的字符,若后面所有的字符都相同,则匹配完成。若有一个不相同,则继续向后匹配子串中的第0个字符,直到找到匹配的子串或搜索结束。原理如图3-1所示。

```
ps:str is short for string.
string

ps:str is short for string.
    string

ps:str is short for string.
       string

ps:str is short for string.
         string

ps:str is short for string.
               string
```

图3-1　朴素算法的匹配过程

代码如下。

```
'''
朴素算法
src:原字符串
dst:目标子串
'''
def index(src,dst):
    #分别获取长度
    m = len(src)
    n = len(dst)
    #遍历下标到m-n+1,m-n+1后面不用再遍历了,因为长度不够了
    for i in range(m - n + 1):
        #若相同
        if src[i:i + n] == dst:
            #返回下标
            return i
    #未找到,返回-1
    return -1

src = "ps:str is short for string"
```

```
dst = "string"
print(index(src,dst))
```

 ## 3.2 KMP 算法

　　KMP算法也是字符串匹配算法,由 D.E.Knuth、J.H.Morris 和 V.R.Pratt 于 1977 年联合发表,并且使用三人姓氏的第一个字母命名,所以 KMP 算法也被称为 Knuth- Morris-Pratt 算法。KMP 算法优化了朴素算法中的比较次数,大大提高了匹配效率。KMP 算法优化的比较次数需要通过被搜索的子串来计算,计算的依据是子串的前缀和后缀的最长共有长度,也被称为部分匹配表。例如,要在 byte bye-by bye-bye 这句话中搜索 bye-bye,需要先通过子串 bye-bye 生成部分匹配表,生成的过程见表 3-1。

表 3-1　部分匹配表生成过程

字符串	前缀	后缀	共有元素	共有元素长度
b	无	无	无	0
by	b	y	无	0
bye	b,by	ye,e	无	0
bye-	b,by,bye	ye-,e-,-	无	0
bye-b	b,by,bye,bye-	ye-b,e-b,-b,b	b	1
bye-by	b,by,bye,bye-,bye-b	ye-by,e-by,-by,by,y	by	2
bye-bye	b,by,bye,bye-,bye-b, bye-by	ye-bye,e-bye,-bye,bye,ye,e	bye	3

　　根据上表,bye-bye 的部分匹配表如表 3-2 所示。

表 3-2　部分匹配表

字符串	b	y	e	-	b	y	e
匹配值	0	0	0	0	1	2	3

　　然后使用子串 bye-bye 去原字符串的匹配字符,第一次匹配到部分字符相同时的情况如图 3-2 所示,字符 b 和字符 y 都匹配,但 t 和 e 不相同。在朴素算法中,下一次是使用子串中的 b 去匹配原字符串中的 y,即向后移动一位。但在 KMP 算法中,移动的位数通过以下公式计算得到。

移动位数 = 已比较长度 - 对应的部分匹配表值

　　此时已比较长度为 2(已比较的字符 by 的长度),对应的部分匹配表的值为 0(表 3-2 中 e 对应的数字,因为 e 和原字符串中的 t 不匹配)。所以此时应向后移动 2-0=2 位,如图 3-3 所示。

byte bye-by bye-bye
bye-bye

图3-2　第一次对比情况

byte bye-by bye-bye
bye-bye

图3-3　移动2位后继续比较

由于b和t不匹配,所以继续向后搜索,下一次部分匹配时的情况如图3-4所示。此时已比较长度为6,e对应的部分匹配表值为3,所以应向后移动6-3=3次。

移动后的情况如图3-5所示。

byte bye-by bye-bye
bye-bye

图3-4　第二次匹配情况

byte bye-by bye-bye
bye-bye

图3-5　移动3位后继续比较

下一次匹配如图3-6所示,继续向后移动2-0=2位。

继续向后对比完成匹配,如图3-7所示。

byte bye-by bye-bye
bye-bye

图3-6　第三次匹配情况

byte bye-by bye-bye
bye-bye

图3-7　匹配完成

以上过程的完整代码如下。

```
'''
KMP算法
src原字符串
dst子串
'''
def kmp(src, dst):
    #获取部分匹配表
    steps = getSteps(dst)
    #获取两个串的长度
    n = len(src)
    m = len(dst)
    #初始下标
    i, j = 0, 0
    while (i < n) and (j < m):
        #若相同,继续向后匹配
        if (src[i] == dst[j]):
            i += 1
            j += 1
        #根据部分匹配表决定j向后移动的位数
        elif (j != 0):
            j = steps[j - 1]
        else:
            i += 1
```

```
    #若相同,返回下标
    if (j == m):
        return i - j
    else:
        return -1

'''
生成部分匹配表
'''
def getSteps(dst):
    #index初始值为0,用于记录最长匹配长度
    index, m = 0, len(dst)
    #用于存储部分匹配表,默认值是0
    steps = [0] * m
    #从第1个字符开始向后遍历
    for i in range(1,m):
        #若当前遍历字符和index的字符相同
        if (dst[i] == dst[index]):
            #index+1为当前的长度
            steps[i] = index + 1
            #然后index+1
            index += 1
        #若当前遍历字符和index的字符不相同,且index不为0
        elif (index != 0):
            #index的前一个值-1
            index = steps[index - 1]
        #字符不匹配,且index值为0,则当前匹配长度为0
        else:
            steps[i] = 0
    return steps

print(kmp('byte bye-by bye-bye','bye-bye'))
```

3.3 Boyer-Moore算法

1977年,Robert S. Boyer教授和J Strother Moore教授提出了一种新的字符串匹配算法,并使用两人的姓名命名为Boyer-Moore算法,也称为BM算法,是目前使用最广泛的字符串匹配算法,大多数文本编辑器的查找功能均使用了这种算法。以在here is a simple example中匹配example为例,在BM算法中,每次比较都是从后向前比较,找到第一个不相同的字符,然后使用坏字符规则计算一个向后移动的位数。坏字符规则计算移动位数的公式如下:

移动位数 = 坏字符的位置 - 子串中上一次出现坏字符的位置

第一次对比时发现s和e不相同,坏字符s的位置对应子串中的第6个位置,子串中上一次出现坏

字符s的位置是-1(未出现),则使用坏字符规则计算出向后移动6-(-1)=7位。

若最后一位不匹配,则直接向后移动使用坏字符规则计算出的位数,如图3-9所示。

here is a simple example
example

here is a simple example
example

图3-8　s和e不匹配　　　　　　　　　图3-9　p和e不匹配

此时p和e不匹配,依然是最后一位不匹配,直接使用坏字符规则,坏字符出现的位置是6,p上一次出现的位置是4,则向后移动6-4=2位。移动后如图3-10所示。

here is simple example
example

图3-10　mple匹配

移动后mple匹配,i和a不匹配,根据坏字符规则,此时坏字符位置是2,上一次出现i的位置是-1,所以,根据坏字符规则应该移动2-(-1)=3位。但此时不匹配的字符并不是最后一个,所以还需要根据好后缀规则计算一个移动的位数,然后移动两种规则计算出来的最大的位数。好后缀的规则计算后移位数的公式如下:

移动位数 = 好后缀的位置 − 后缀在子串中上一次出现位置

此时,mple被称为好后缀(匹配的后缀),但与此同时,ple、le、e也都是好后缀。所以,除了最长的那个好后缀,其他的好后缀都必须是起始位置,例如要搜索的子串是BBXABCDXAB,若XAB是好后缀,则上一次出现的位置是2,即上一次XAB出现时X的索引位置。若DXAB是好后缀,但前面未出现DXAB。虽然有XAB,但XAB并不在最前面,同样AB也不在最前面,此时只有B在最前面,所以,后缀在子串中上一次出现的位置是0。

本例中,mple、ple、le、e四个后缀中,前面未出现mple,而ple、le均不在子串的最前面,只有e在example的最前面,所以后缀在子串中上一次出现的位置是0。

好后缀的位置是指好后缀中最后一个字符的位置,其实就是搜索子串的最后一个字符的位置,此例中是mple中e的索引位置,即6。所以,根据好后缀规则计算出向后移动的位数为6-0=6位。

此时将根据坏字符规则计算出来的移动位数3和好后缀规则计算出来的移动位数6进行比较,由于6大于3,所以向后移动6位,如图3-11所示。

here is a simple example
example

图3-11　根据好后缀规则向后移动

此时p和e不匹配,因为是最后一位,直接根据坏字符规则移动6-4=2位,如此循环,完成匹配即可。

以上过程使用代码实现如下。

```
'''
在src中从start处向前找上一次字符c出现的位置
'''
def index(src, start,c):
    start-=1
    while start >=0:
        if src[start]==c:
            return start
        start-=1
    return -1


'''
比较两个字符串
'''
def compare(src, dst):
    #记录下标,从后向前比
    l1 = len(src) - 1
    l2 = len(dst) - 1
    #若最后的下标不同,说明长度不同,返回-2
    if l1 != l2:
        return (-2, None)
    #循环比较,从后向前比较
    while l1 >= 0:
        #若某个字符不同,返回该字符的下标及原字符串的不相同的字符
        if src[l1] != dst[l1]:
            return (l1, src[l1])
        l1 -= 1
    #完全相同,返回-3
    return (-3, None)


'''
获取好后缀位置
'''
def searchSuffix(src,suffix):
    i = 0
    l = len(suffix)
    #寻找最长后缀
    while i+l < len(src)-1:
        #找到最长后缀
        if src[i:i+l]==suffix:
            return i
        i+=1
    #若while循环未找到最长后缀
    for i in range(l):
        #判断是否以其他后缀开始
        if src.startswith(suffix[i:]):
            return 0
```

```
    #未找到任何后缀
    return -1

'''
bm算法
src 原字符串
dst 子串、搜索串
'''
def bm(src, dst):
    #目标串长度
    l = len(dst) - 1
    #原字符串长度
    start, end = 0, 0
    #每次循环从原字符串中取出子串长度的字符串进行比较
    while True:
        #计算取子串时的结束位置
        end = start + len(dst)
        print(src[start:end])
        #取出子串并比较
        cr = compare(src[start:end], dst)
        #长度不同
        if cr[0] == -2:
            break
        #比较的两个字符串相同,直接返回下标
        if cr[0] == -3:
            return end - l
        #循环处理
        else:
            #获取不相同字符上一次出现的位置
            pos = index(dst, cr[0],cr[1])
            #最后一个字符不相同
            if cr[0] == (len(dst) - 1):
                #不相同的字符在子串中
                if pos != -1:
                    #向后移动坏字符位置-不相同字符在子串的位置
                    start += cr[0] - pos
                # 不相同的字符不在子串中
                else:
                    # 开始下标直接向后移动子串的长度位
                    start += len(dst)
            #中间某个字符不同
            else:
                #坏字符规则
                step1 = cr[0] - pos
                #好后缀规则,获取后缀
                suffix = dst[cr[0]+1:]
                #获取后缀上次出现的位置
                suffixIndex = searchSuffix(dst,suffix)
                #计算移动的位数
```

```
              step2 = l - suffixIndex
              #加上两个规则的最大位数
              start += step1 if step1 > step2 else step2
        #未找到,返回-1
        return -1

print(bm("here is a simple example", 'example'))
```

3.4 Rabin-Karp算法

前面介绍的三种匹配算法都是基于字符对比实现的,若搜索字符串较长,无论如何优化,需要对比的次数都非常多。Michael O.Rabin 和 Richard M.Karp 在 1987 年提出了一种基于散列的字符串查找算法,不需要一个一个去比较字符,而是通过计算散列值实现的。

若需要在字符串 S 中匹配字符串 D,首先通过散列函数 F 计算出字符串的散列值,F(D)=M,然后依次从字符串 S 中取出和字符串 D 中长度相同的子字符串并计算散列值,通过该散列值和 M 比较,确定 S 中是否包含该字符串,如图 3-12 所示。

$$F(D=b\ c\ a\ b)=U$$
$$S=a\ b\ c\ d\ a\ b\ c\ a\ b\ c\ e\ d$$
$$F(a\ b\ c\ d)=Z$$
$$F(b\ c\ d\ a)=Y$$
$$F(c\ d\ a\ b)=X$$
$$F(d\ a\ b\ c)=W$$
$$F(a\ b\ c\ a)=V$$
$$F(b\ c\ a\ b)=U$$

图 3-12　Rabin-Karp 算法的基本思想

若 $F(n,m)$ 的散列值不为 M 时,需要计算 $F(n+1,m+1)$ 的散列值,此时,算法的时间复杂度为 $O(n)$,为提高效率,还可以使用滚动散列函数,此时的时间复杂度便降为 $O(1)$ 了。

3.5 Trie 树

Trie 树也被称为字典树、前缀树、单词查找树,是一种树形结构[1],通常用于存储字符串数据,特别是包含大量前缀的字符串,可以大大节约存储空间。例如,要存储 real、really、realize、repeat、pet、peter、luo、read。若直接以字符串方式存储,相同前缀会被存储多次,而如果使用 Trie 树,相同前缀的

---

[1] Trie 树需要树结构知识,请前往相关章节学习。

存储会节省大量的空间,存储方式如图3-13所示。

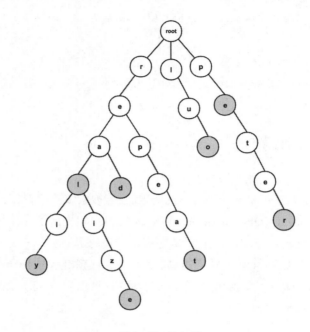

图 3-13　Trie 树

其中,根节点不存储任何信息,从根节点的子节点开始存储数据。从根节点出发,每到达一个阴影节点代表一个字符串的结束。本例中共存储了8个字符串,共有8个阴影节点。可以看到,前缀部分由于树结构的路径重复,只需要存储一个即可(如 real 和 really 中的 real 只需要存储一份)。通过回溯遍历树中的每一个节点,便可以获取树中存储的所有字符串。

3.6　应用:AC 自动机算法

本章前面介绍的朴素算法、KMP算法、BM算法等都是单模算法,即一次只能匹配一个字符串,若有多个需要匹配的字符串,则需要匹配多次,效率较低。1975年,两位贝尔实验室的研究人员 Alfred V. Aho 和 Margaret J. Corasick 提出了一种新的多模式匹配算法,并使用两人姓氏的首字母命名,该算法只需要进行一次原字符串扫描,就可以完成多个字符串的匹配任务。AC 自动机算法适用于匹配多个字符且有若干前缀的情况。例如,在 reatomrealrely 这个字符串中查找 real、eat、rely、atom 等字符串。它的实现需要三个步骤:构建前缀树(生成 goto 表)、添加失配指针(生成 fail 表)、模式匹配(构造 output 表)。

首先通过所有的模式串(要查找的字符串)生成前缀树,如图3-14所示。

然后为前缀树的每一个节点(除了根节点)添加失配指针,失配指针的添加原则是:所有根节点的子节点的失配指针都指向根节点,如图3-15所示。

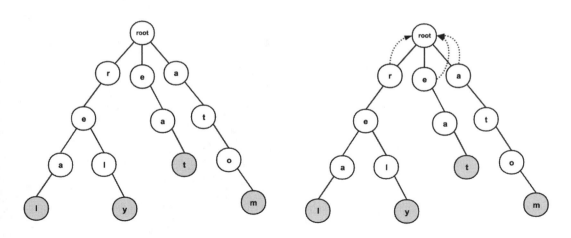

图 3-14　构建 Trie 树　　　　　　　　　　图 3-15　为根节点的子节点添加失配指针

其他节点指向其父节点的 fail 指针指向的所有节点中的同字符节点,若没有同字符子节点,则继续跳 fail 指针,直到指向 root 节点,添加 fail 指针的顺序是使用层序遍历的方式。例如,real 中的 e 字符所在的节点的父节点是 r,r 的 fail 指向的是根节点,根节点的子节点有一个节点的字符是 e,所以 real 中的 e 节点指向 eat 中的 e 节点,如图 3-16 所示。

按层序添加 fail 指针,则下一个需要添加 fail 指针的是 eat 中 a 字符所在的节点。a 字符所在的节点的父节点是 e 节点,e 节点的 fail 指针指向根节点,根节点的子节点中有一个 a 节点,所以,eat 中的 a 字符所在的节点应指向 atom 中 a 字符所在的节点。而 atom 中 t 节点的父节点是 a 节点,a 的 fail 指向根节点,根节点没有 t 字符的子节点,所以 t 节点指向根节点,如图 3-17 所示。

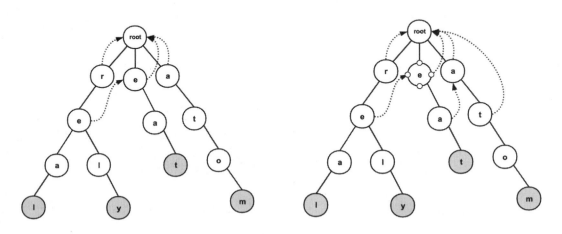

图 3-16　继续添加 fail 指针　　　　　　　图 3-17　第二层添加完 fail 指针

real 中 a 节点的父节点是 e 节点,而 e 节点的 fail 指针指向的是 eat 中 e 字符的节点,而 e 节点有一个子节点为 a 的节点,所以,real 中 a 节点的 fail 指针应指向 eat 中的 a 节点。按此规则添加完所有 fail 指针,如图 3-18 所示。

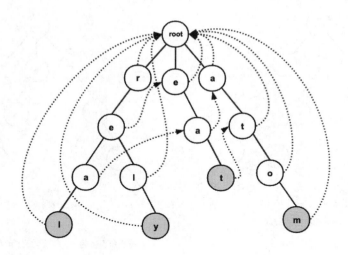

图 3-18　所有节点添加 fail 指针

添加完 fail 指针的 Trie 树实际上变成了一个有向图结构,然后从根节点出发遍历原字符串 reatomrealrely,以 BFS 的方式遍历所有节点,若有这个节点,则进入该节点,若没有这个节点,就跳进 fail 指针指向的节点,直到根节点。reatomrealrely 中第一个字符是 r,从根节点出发找 r 节点,若没有则跳过该字符,此时根节点是有 r 节点的,则进入该节点,然后跳 fail 指针指向的节点,r 指向的是根节点,则结束,然后回溯到 r 节点,继续向下找到 e 节点。继续跳 e 节点指向的 eat 中的 e 节点,再跳 eat 中 e 节点的 fail 节点指向的节点为根节点,到根节点结束,回溯到 eat 中的 e 节点,继续回溯到 real 中的 e 节点找 a 节点,然后找到 l 节点,表示找到了 real 字符串,以此类推完成所有查找工作。完整代码如下。

```python
from collections import defaultdict

# Trie树节点
class TrieNode(object):
    def __init__(self, value=None):
        # 值
        self.value = value
        # fail指针
        self.fail = None
        # 尾标志:标志为i表示第i个模式串串尾,默认为0
        self.tail = 0
        # 子节点
        self.children = {}


# Trie树
class Trie:
    def __init__(self, words):
        # 根节点
        self.root = TrieNode()
        # 模式串个数
```

```
        self.count = 0
        self.words = words
        for word in words:
            self.insert(word)
        self.ac_automation()

# 插入一个字符串
def insert(self, sequence):
    self.count += 1
    cur_node = self.root
    for item in sequence:
        if item not in cur_node.children:
            # 插入节点
            child = TrieNode(value=item)
            cur_node.children[item] = child
            cur_node = child
        else:
            cur_node = cur_node.children[item]
    cur_node.tail = self.count

# 构建失败路径
def ac_automation(self):
    queue = [self.root]
    # BFS遍历字典树
    while len(queue):
        temp_node = queue[0]
        # 取出队首元素
        queue.remove(temp_node)
        for value in temp_node.children.values():
            # 根的子节点fail指向根自己
            if temp_node == self.root:
                value.fail = self.root
            else:
                # 转到fail指针
                p = temp_node.fail
                while p:
                    # 若节点值在该节点的子节点中,则将fail指向该节点的对应子节点
                    if value.value in p.children:
                        value.fail = p.children[value.value]
                        break
                    # 转到fail指针继续回溯
                    p = p.fail
                # 若为None,表示当前节点值在之前都没出现过,则其fail指向根节点
                if not p:
                    value.fail = self.root
            # 将当前节点的所有子节点加到队列中
            queue.append(value)

# 搜索字符串
```

```
    def search(self, text):
        p = self.root
        # 记录匹配起始位置下标
        start_index = 0
        # 成功匹配结果集
        rst = defaultdict(list)
        for i in range(len(text)):
            single_char = text[i]
            while single_char not in p.children and p is not self.root:
                p = p.fail
            if single_char in p.children and p is self.root:
                start_index = i
            # 若找到匹配成功的字符节点,则指向那个节点,否则指向根节点
            if single_char in p.children:
                p = p.children[single_char]
            else:
                start_index = i
                p = self.root
            temp = p
            while temp is not self.root:
                # 尾标志为0不处理,但是tail需要-1从而与敏感词字典下标一致
                # 循环原因在于,有些词本身只是另一个词的后缀,也需要辨识出来
                if temp.tail:
                    rst[self.words[temp.tail - 1]].append((start_index, i))
                temp = temp.fail
        return rst


if __name__ == "__main__":
    test_words = ["cde", "defg", "ijk"]
    test_text = "abcdefghijklmn"
    model = Trie(test_words)
    print(model.search(test_text))
```

3.7 高手点拨

（1）在单模式匹配算法中，Boyer－Moore算法是最常用的算法，KMP算法是最易考的算法。

（2）AC自动机算法可用于高效匹配多模式，仅需一次扫描即可完成匹配。但由于需要在匹配前构建Trie树，且构建Trie树的效率由模式数据决定，所以，在进行较多模式匹配时，创建Trie树也会在一定程度上影响匹配效率。

（3）同样的待匹配模式群使用不同的顺序，创建的Trie树结构是不同的，这也会影响AC自动机算法的效率。

编程练习

（1）使用Boyer－Moore算法在字符串"Fred fed Ted bread, and Ted fed Fred mead."中匹配"mead"，并在运行结果中显示对比次数。

（2）使用KMP算法在字符串"Fred fed Ted bread, and Ted fed Fred mead."中匹配"mead"，并在运行结果中显示对比次数。

（3）请使用she,shed,all,shally,ally构建Trie树。

 面试真题

（1）BM算法和KMP算法哪个效率高？为什么？

（2）如果让你优化朴素算法，你会如何优化？

（3）说说你对Rabin-Karp的理解，试分析它的时间复杂度。

（4）请写出BM算法的伪代码。

第 4 章

线性结构

　　线性结构是一种非常常见的数据结构，用途非常广泛，常见的列表、元组、栈、队列都属于线性结构。在线性结构中，元素和元素之间存在着逻辑上一对一的关系。这种逻辑关系既可以使用顺序存储方式，也可以使用链式存储方式。常用的 Excel 表格中的行数据、生活中的手串上的珠子都是线性结构。

4.1　链表

4.1.1　单链表

单链表是指每一个节点都有一个指针指向下一个节点，而没有指向上一个节点的指针，其结构如图4-1所示。

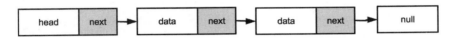

图4-1　单链表

单链表中可以存储单个数据，即data，data既可以是某个基本类型的数据，也可以是指针指向的其他类型的数据，完整代码如下。

```python
class Node():
    def __init__(self,value):
        #节点数据
        self.value = value
        #next指针指向下一个节点
        self.next = None
    def __str__(self):
        return self.value
```

单链表的遍历需要循环通过next指针去取出下一个节点，完整代码如下。

```python
class Node():
    def __init__(self,value):
        #节点数据
        self.value = value
        #next指针指向下一个节点
        self.next = None
    def __str__(self):
        return self.value
    #遍历节点
    def each(self):
        #node默认指向当前节点
        node = self
        #循环遍历
        while node is not None:
            #打印节点
            print(node)
            #取出下一个节点
```

```
        node = node.next
if __name__ == '__main__':
    n1 = Node("aa")
    n2 = Node("bb")
    n3 = Node("cc")
    n4 = Node("dd")
    n5 = Node("ee")
    n1.next = n2
    n2.next = n3
    n3.next = n4
    n4.next = n5
    #从遍历n1节点开始向后遍历
    n1.each()
```

4.1.2 双向链表

双向链表即在单链表的基础上增加了一个指向前一个节点的指针,如图4-2所示。

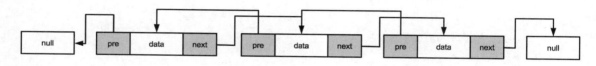

图4-2　双向链表

完整代码如下。

```
class Node():
    def __init__(self,value):
        #节点数据
        self.value = value
        #next指针指向下一个节点
        self.next = None
        #pre指针指向上一个节点
        self.pre = None
    def __str__(self):
        return self.value

    #添加下一个节点
    def nextNode(self,nextNode):
        #当前节点指向下一个节点
        self.next = nextNode
        #传入的下一个节点的上一个节点指向当前节点
        nextNode.pre = self
        #返回下一个节点
        return nextNode
```

```python
    #向后遍历节点
    def eachAfter(self):
        #node默认指向当前节点
        node = self
        #循环遍历
        while node is not None:
            #打印节点
            print(node)
            #取出下一个节点
            node = node.next
    #向前遍历节点
    def eachPre(self):
        node = self
        while node is not None:
            print(node)
            node = node.pre

if __name__ == '__main__':
    n1 = Node("aa")
    n2 = Node("bb")
    n3 = Node("cc")
    n4 = Node("dd")
    n5 = Node("ee")
    #依次添加节点
    n1.nextNode(n2).nextNode(n3).nextNode(n4).nextNode(n5)
    #向后遍历节点
    n3.eachAfter()
    #向前遍历节点
    n3.eachPre()
```

4.1.3　单向循环链表

单向循环链表是在单链表的基础上，将最后一个节点的next指针指向head节点，如图4-3所示。

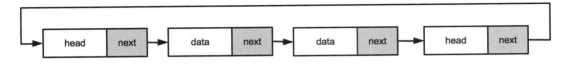

图4-3　单向循环链表

单向循环链表的完整代码如下。

```python
class Node():
    def __init__(self,value):
        #节点数据
        self.value = value
```

69

```
        #next指针指向下一个节点
        self.next = None
    def __str__(self):
        return self.value


    # 遍历节点
    def each(self):
        # node默认指向当前节点
        node = self
        # 循环遍历
        while node is not None:
            # 打印节点
            print(node)
            # 取出下一个节点
            node = node.next


#将传入的列表转为单向循环链表
def toRecycleSingleList(strs):
    #记录上一个节点
    pre = None
    #遍历列表
    for i in range(len(strs)):
        #创建节点
        node = Node(strs[i])
        #pre不为None,说明不是第0次
        if pre!=None:
            #将上一个节点的下一个节点指向当前节点
            pre.next = node
        else:
            #是第0次,存储head节点
            head = node
        #将上一个节点替换为当前节点
        pre = node
        #最后一个节点
        if i == len(strs)-1:
            #将最后一个节点的下一个节点指向head节点
            node.next = head
    return head
if __name__ == '__main__':
    head = toRecycleSingleList(['aa','bb','cc','dd','ee'])
    #因为是循环链表,所以会无限循环
    head.each()
```

4.1.4　双向循环链表

　　双向循环链表在单向循环链表的基础上增加了一个指向前一个节点的指针,可双向循环遍历整个链表,如图4-4所示(示意图省略了指针)。

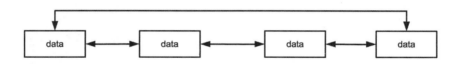

图4-4　双向循环链表

完整代码如下所示。

```
'''
双向循环链表
'''
class Node():
    def __init__(self,value):
        #节点数据
        self.value = value
        #next指针指向下一个节点
        self.next = None
        # pre指针指向上一个节点
        self.pre = None
    def __str__(self):
        return self.value


    # 遍历节点
    def eachAfter(self):
        # node默认指向当前节点
        node = self
        # 循环遍历
        while node is not None:
            # 打印节点
            print(node)
            # 取出下一个节点
            node = node.next


    # 遍历节点
    def eachBefore(self):
        # node默认指向当前节点
        node = self
        # 循环遍历
        while node is not None:
            # 打印节点
            print(node)
            # 取出上一个节点
            node = node.pre

#将传入的列表转为单向循环链表
def toRecycleList(strs):
```

算法基础

```
#记录上一个节点
pre = None
#遍历列表
for i in range(len(strs)):
    #创建节点
    node = Node(strs[i])
    #pre不为None,说明不是第0次
    if pre!=None:
        #将上一个节点的下一个节点指向当前节点
        pre.next = node
        node.pre = pre
    else:
        #是第0次,存储head节点
        head = node
    #将上一个节点替换为当前节点
    pre = node
    #最后一个节点
    if i == len(strs)-1:
        #将最后一个节点的下一个节点指向head节点
        node.next = head
        #head节点的上一个节点指向最后一个节点
        head.pre = node
    return head
if __name__ == '__main__':
    head = toRecycleList(['aa','bb','cc','dd','ee'])
    #因为是循环链表,所以会无限循环
    # head.eachAfter()
    head.eachBefore()
```

4.2 栈

栈是一种先进后出（First In Last Out，简称FILO）的线性结构,压入元素时称为入栈,弹出元素时称为出栈,元素入栈时如图4-5所示,入栈顺序为aa、bb、cc。

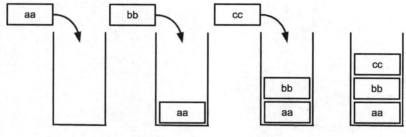

图4-5　元素依次入栈

元素出栈时如图4-6所示,出栈顺序为cc、bb、aa。

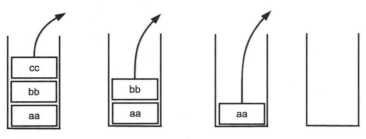

图4-6　元素依次出栈

 ## 队列

4.3.1　普通队列

队列是一种先进先出(First In First Out,简称FIFO)的数据结构,使用队列可以解决峰忙谷闲的问题,达到异步削峰的作用。其原理类似水管,先进去的水先出来,如图4-7所示。

元素进入队列中称为入队,入队的一端称为队头。元素出队时从队尾出队,如图4-8所示。

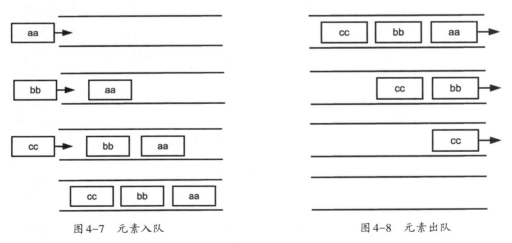

图4-7　元素入队　　　　　　　　　　　　　　　　图4-8　元素出队

4.3.2　双端队列

普通队列限定了只能从队头入队、队尾出队,而双端队列是指队头和队尾都可以进行入队或出队的操作,如图4-9所示。在双端队列中,若只使用队头的入队和队尾的出队操作,则双端队列变成了一个普通队列。若只使用尾头的入队和出队操作,则变成了一个栈结构。所以,双端队列是一种通用的ADT(Abstract Data Type,抽象数据类型),使用起来非常灵活。

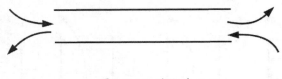

图4-9　双端队列

4.3.3　阻塞队列

阻塞队列适用于多线程情况下的生产者–消费者模型,且队列中可存储的数据量有限时。生产者不断生产数据并存入队列中,等待消费者消费数据。若生产者生产数据的速度高于消费者消费数据的速度,则队列中的数据会越来越大,到达队列存储的峰值时,队列会通知生产者进入阻塞状态,等待消费者消费数据。同样,当消费者消费数据的速度大于生产者时,队列中的数据会越来越少,直到减少为0,此时,阻塞队列会通知消费者进入阻塞状态。

　## 应用:逆波兰计算器

对于一个包含了加减乘除和小括号的四则运算的字符串,例如3+((9-5)*2-(4+4)/2)*3-5,想要直接计算出它的结果是不容易的,我们需要将它转为后缀表达式,再结合栈来计算结果,会简单很多。所以,首先我们来看什么是前缀、中缀、后缀表达式,其中后缀表达式也称为逆波兰表达式,使用后缀表达式的计算器被称为逆波兰计算器。

对于3+4这样的表达式,就是一个中缀表达式,即运算符在中间;将它转换为前缀表达式为+ 3 4,即运算符在前面,相应的后缀表达式为3 4 +。中缀表达式(3+4)*2的后缀表达式为3 4 + 2 *,也就是将优先运算的小括号中的表达式转为后缀表达式,然后将整个表达式当成一个整体再次转为后缀表达式。使用后缀表达式计算结果的方式是遇到数字就压入栈,遇到运算符就弹出栈顶的两个元素,使用后出栈的元素作为第一个运算数,先出栈的元素作为第二个运算数,计算完结果后将结果再次压入栈中,直到遍历完成,栈中只有一个元素时结束,栈中的唯一一个数便是运算结果。

首先遍历整个表达式,若遇到数字,直接压入栈中,所以3先入栈,然后是4,如图4-10所示。

遇到运算符时弹出栈顶的两个元素,并使用后出栈的元素作为第一个运算数,先出栈的元素作为第二个运算数,遇到的运算符作为计算结果,然后再将结果压入栈中,如图4-11所示。

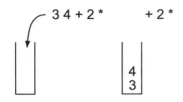

图 4-10　数字直接入栈

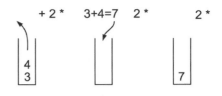

图 4-11　计算结果后重新入栈

下一个是数字 2,也是直接入栈。因为下一个字符是乘法符号,所以弹出 2 和 7 计算后再压入栈,后缀表达式遍历完成,整个计算过程结束。以上思想使用代码如下。

```python
class Caculate():
    def __init__(self):
        # 操作符集合
        self.operators = ['+', '-', '*', '/', '(', ')']
        # 操作符优先级
        self.priority = {
            '+': 1,
            '-': 1,
            '*': 2,
            '/': 2,
            '(': 3,
            ')': 3
        }
    def caculate(self, expression):
        # 使用列表作为栈来计算
        stack = []
        # 遍历后缀表达式
        for element in expression:
            # 如果为数字直接入栈
            # 遇到操作符,将栈顶的两个元素出栈
            if element not in self.operators:
                stack.append(element)
            else:
                # 运算数
                number1 = stack.pop()
                # 被运算数
                number2 = stack.pop()
                # 结果 =  被运算数 操作符 运算数（例:2 - 1）
                result = self.operate(number1, number2, element)
                # 计算结果入栈
                stack.append(result)
        return stack[0]

...

计算结果
```

```
    number1: 运算数
    number2: 被运算数
    operator: 操作符
    '''
    def operate(self, number1, number2, operator):

        number1 = int(number1)
        number2 = int(number2)

        if operator == '+':
            return number2 + number1
        if operator == '-':
            return number2 - number1
        if operator == '*':
            return number2 * number1
        if operator == '/':
            return number2 / number1

if __name__ == '__main__':
    src = ['3','4','+','2','*']
    c = Caculate()
    result = c.caculate(src)
    print(result)
```

以上代码的结果如图4-12所示。

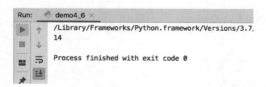

图4-12　后缀表达式的运算结果

将中缀表达式转为后缀表达式,需要一个符号栈和一个用于存储后缀表达式的队列,规则如下。

(1)遍历中缀表达式,如果是数字,直接入后缀表达式队列。

(2)如果是运算符,且符号栈为空,直接入符号栈。

(3)如果是运算符,且符号栈不为空,则比较运算符和符号栈栈顶元素的优先级,若操作符的优先级大于符号栈栈顶元素的优先级,则直接入栈。

(4)如果是运算符,符号栈不为空,且操作符的优先级不大于符号栈中栈顶元素的优先级,则弹出栈顶元素到后缀表达式队列,直到栈顶元素的优先级小于操作符的优先级,然后将操作符入栈到符号栈。

(5)如果是右括号,弹出操作符栈顶元素到后缀队列中,直到遇到左括号(左括号不入符号栈也不入后缀表达式队列)。

(6)中缀表达式遍历结束后,将符号栈中所有的元素依次出栈并入后缀表达式队列,至此转换结束。整个流程如图4-13所示。

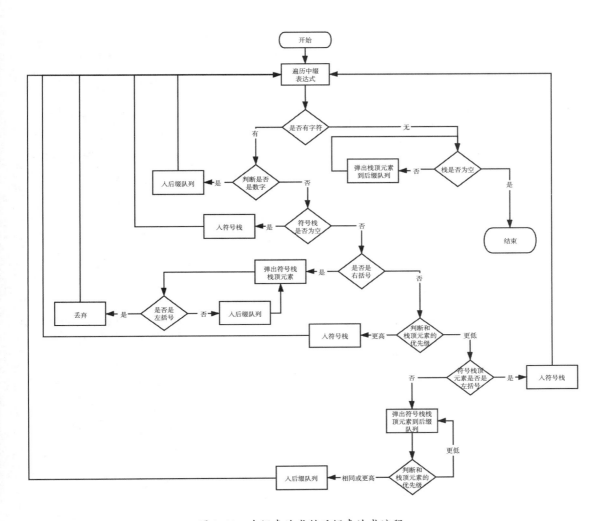

图4-13 中缀表达式转后缀表达式流程

实现以上流程的完整代码如下。

```python
class Calculator():

    def __init__(self):
        # 操作符集合
        self.operators = ['+', '-', '*', '/', '(', ')']
        # 操作符优先级
        self.priority = {
            '+': 1,
            '-': 1,
            '*': 2,
            '/': 2,
            '(': 3,
            ')': 3
```

```
    }
'''
生成后缀表达式
'''
def toSuffixExpression(self, expression):
    # 去除表达式中的所有空格
    expression = expression.replace(' ', '')
    # 操作符栈
    operatorStack = []
    # 后缀表达式队列
    suffixQueue = []

    for element in expression:
        # 如果是数字则直接入表达式栈
        if element in self.operators:
            # 如果栈为空,操作符直接入操作符栈,或者为左括号,也直接入操作符栈
            if not operatorStack:
                operatorStack.append(element)
            else:
                # 如果目标元素是右括号,操作符栈顶出栈直到遇到左括号,且出栈的操作符
                # (除了括号)都入到表达式队列中
                if element == ')':
                    for top in operatorStack[::-1]:
                        if top != '(':
                            suffixQueue.append(top)
                            operatorStack.pop()
                        else:
                            operatorStack.pop()
                            break
                else:
                    for top in operatorStack[::-1]:
                        # 如果目标元素大于栈顶元素,则直接入栈,否则栈顶元素出栈,入到表
                        # 达式队列中
                        # 左括号只有遇到右括号才出栈
                        if self.priority[top] >= self.priority[element] and
top != '(':

                            suffixQueue.append(top)
                            operatorStack.pop()
                        else:
                            operatorStack.append(element)
                            break
                    # 可能操作符栈所有的元素优先级都大于等于目标操作符的优先级,这样的
                    # 话操作符全部出栈了,而目标操作符需要入栈
                    if not operatorStack:
                        operatorStack.append(element)
        else:
            suffixQueue.append(element)
    # 中缀表达式遍历结束,操作符栈仍有操作符,将操作符栈中的操作符入到表达式栈中
    for i in range(len(operatorStack)):
```

```
            suffixQueue.append(operatorStack.pop())
        return suffixQueue

if __name__ == '__main__':
    c = Calculator()
    expression = '3 + ( ( 9 - 5 ) * 2 - ( 4 + 4 ) / 2 ) * 3 - 5'
    suffixExpression = c.toSuffixExpression(expression)
    print(suffixExpression)
```

以上代码的运行结果如图4-14所示。

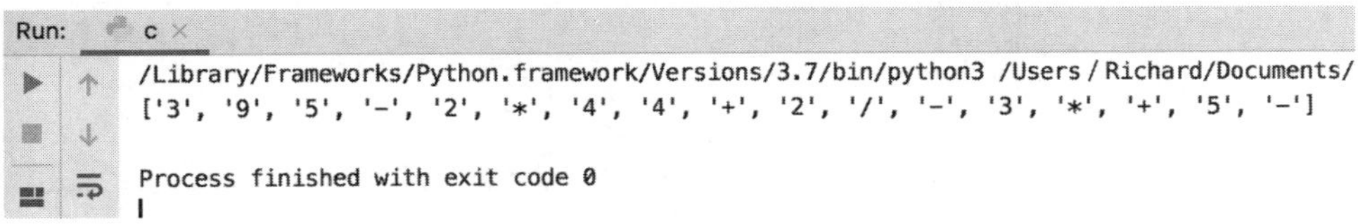

Run: c ×

▶   ↑   /Library/Frameworks/Python.framework/Versions/3.7/bin/python3 /Users / Richard/Documents/
       ['3', '9', '5', '-', '2', '*', '4', '4', '+', '2', '/', '-', '3', '*', '+', '5', '-']

  Process finished with exit code 0

图4-14　中缀表达式转后缀表达式结果

完整的逆波兰计算器代码如下。

```
class Calculator():
    def __init__(self):
        # 操作符集合
        self.operators = ['+', '-', '*', '/', '(', ')']
        # 操作符优先级
        self.priority = {
            '+': 1,
            '-': 1,
            '*': 2,
            '/': 2,
            '(': 3,
            ')': 3
        }
    '''
    生成后缀表达式
    '''
    def toSuffixExpression(self, expression):
        # 去除表达式中的所有空格
        expression = expression.replace(' ', '')
        # 操作符栈
        operatorStack = []
        # 后缀表达式队列
        suffixQueue = []

        for element in expression:
            # 如果是数字则直接入表达式栈
            if element in self.operators:
                # 如果栈为空,操作符直接入操作符栈,或者为左括号,也直接入操作符栈
                if not operatorStack:
```

79

```
            operatorStack.append(element)
        else:
            # 如果目标元素是右括号,操作符栈顶出栈直到遇到左括号,且出栈的操作符(除了括号)
            # 都入到表达式队列中
            if element == ')':
                for top in operatorStack[::-1]:
                    if top != '(':
                        suffixQueue.append(top)
                        operatorStack.pop()
                    else:
                        operatorStack.pop()
                        break
            else:
                for top in operatorStack[::-1]:
                    # 如果目标元素大于栈顶元素,则直接入栈,否则栈顶元素出栈,入到表达式队列中
                    # 左括号只有遇到右括号才出栈
                    if self.priority[top] >= self.priority[element] and top != '(':
                        suffixQueue.append(top)
                        operatorStack.pop()
                    else:
                        operatorStack.append(element)
                        break
                # 可能操作符栈所有的元素优先级都大于等于目标操作符的优先级,这样的话操作符
                # 全部出栈了,而目标操作符需要入栈操作
                if not operatorStack:
                    operatorStack.append(element)
        else:
            suffixQueue.append(element)
    # 中缀表达式遍历结束,操作符栈仍有操作符,将操作符栈中的操作符入到表达式栈中
    for i in range(len(operatorStack)):
        suffixQueue.append(operatorStack.pop())
    return suffixQueue

def caculate(self, expression):
    #转为后缀表达式
    expression = self.toSuffixExpression(expression)
    # 使用列表作为栈来计算
    stack = []
    # 遍历后缀表达式
    for element in expression:
        # 如果为数字直接入栈
        # 遇到操作符,将栈顶的两个元素出栈
        if element not in self.operators:
            stack.append(element)
        else:
            # 操作数
            number1 = stack.pop()
            # 被操作数
            number2 = stack.pop()
```

```
            # 结果 =  被操作数 操作符 操作数（例:2 - 1）
            result = self.operate(number1, number2, element)
            # 计算结果入栈
            stack.append(result)
    return stack[0]


'''
计算结果
number1: 操作数
number2: 被操作数
operator: 操作符
'''
def operate(self, number1, number2, operator):
    number1 = int(number1)
    number2 = int(number2)

    if operator == '+':
        return number2 + number1
    if operator == '-':
        return number2 - number1
    if operator == '*':
        return number2 * number1
    if operator == '/':
        return number2 / number1

if __name__ == '__main__':
    c = Calculator()
    expression = '3 + ( ( 9 - 5 ) * 2 - ( 4 + 4 ) / 2 ) * 3 - 5'
    suffixExpression = c.caculate(expression)
    print(suffixExpression)
```

4.5 **高手点拨**

（1）在其他的语言中，通常会有数组结构和链表结构（如Java），对应着不同的存储结构，即数组采用顺序存储结构，链表采用链式存储结构。但在Python中，没有数组这种数据结构。

（2）双向循环链表和双端队列的结构特殊，是功能最强大的结构，可用于替换其他的结构。如双向循环链表可以替换单向循环链表或单向链表；双端队列可以替换普通队列。但这种替换是以更大的空间复杂度作为代价的，因为它也提供了相应的api和堆栈空间。

4.6 编程练习

（1）思考如何计算中缀表达式的运行结果，并使用代码实现。

（2）请使用链表分别实现栈和队列结构。

 4.7 面试真题

（1）据说著名犹太历史学家Josephus有过这样一段经历：在罗马人占领乔塔帕特后，39个犹太人与Josephus及他的朋友躲到一个洞中，39个犹太人认为宁愿死也不要被敌人抓到，于是决定了一个自杀方式，41个人排成一个圆圈，由第1个人开始报数，每数到第3人该人就必须自杀，然后再由下一个人重新报数，直到所有人都自杀身亡为止。然而Josephus和他的朋友并不想死，他们决定其他人都自杀以后终止游戏，那么他们两个应该站在哪两个编号的位置才能活到最后呢？请使用程序计算出结果。

（2）栈结构和队列结构各有什么特点？请分别举例说明这两种结构的适用场景。

第 5 章

树结构

　　树结构是一种非常常见的数据结构,用途非常广泛,关于树结构的算法也在查找、排序、压缩等领域有广泛的应用。

5.1 树结构概述

树结构是一种一对多的结构,例如思维导图、文件系统结构都是树结构的最佳体现。树结构示意图如图5-1所示。

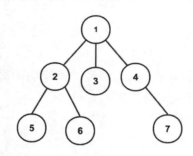

图5-1 树结构

以下是树结构的几个概念(以图5-1为例)。

节点:用于存储数据的结构,图中带圈的数字1、2、3……均为节点。

关键字:节点中存储的数据。

根节点:有且只有一个的起始节点,1节点为根节点。

子节点:一个节点下方连接的节点,如1节点的子节点有2、3、4。

父节点:一个节点上方的节点,如7节点的父节点是4节点。

叶节点:没有子节点的节点,如3、5、6、7都是叶节点。

兄弟节点:同一个父节点的其他子节点,如5节点的兄弟节点是6节点。

路径:从一个节点到另一个节点要经过的所有的节点,如1节点到5节点的路径是1-2-5。

树的高度:从根节点出发,到所有叶节点的最大路径数,此树的高度为3。

子树:任何一棵非根节点及其子节点和后代节点(子节点的子节点,子节点的子节点的子节点……)构成的树,如2、5、6构成一棵子树。

森林:多棵子树构成森林。

在树结构中,每一个节点可以有0到N个子节点,除根节点外,所有节点有且只有一个父节点。

5.2 二叉树

二叉树是指任何一个节点所拥有的子节点的数量为0到2个的树,图5-2所示的树均为二叉树。

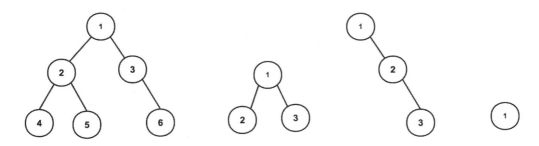

图 5-2 四种不同形态的二叉树

在二叉树中,子节点分为左子节点和右子节点,左右节点不可互换。图 5-3 中的两棵二叉树为不同的二叉树。

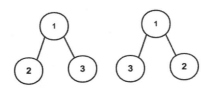

图 5-3 左右子节点不可互换

满二叉树是指除了叶节点,其他节点均有两个子节点,且所有的叶节点在同一高度的二叉树,如图 5-4 所示。

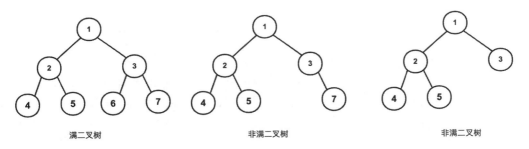

图 5-4 满二叉树与非满二叉树

完全二叉树是指根节点到任何一个叶节点的路径长度差不超过1,且最底的所有叶节点全部靠左排满,如图 5-5 所示。

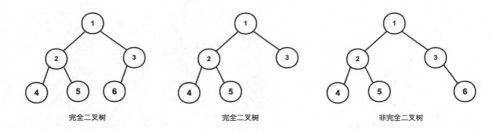

图 5-5　完全二叉树与非完全二叉树

满二叉树一定是完全二叉树,完全二叉树不一定是满二叉树。

5.2.1　列表存储的二叉树

二叉树结构的存储既可以使用列表,也可以使用对象。使用列表存储二叉树时,列表中数据和二叉树中数据的对应关系如图5-6所示。

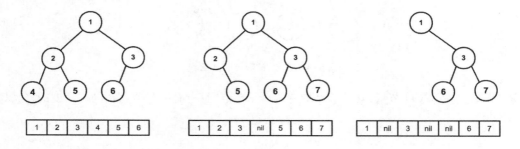

图 5-6　列表存储的二叉树

使用列表存储二叉树,对于任何一个索引为n的节点,其左子节点索引为$2*n+1$,右子节点索引为$2*n+2$。对于任何一个索引为n的左子节点(索引值为奇数),其父节点的索引为$n//2$(整除),对于任何一个索引为n的右子节点(索引值为偶数),其父节点的索引值为$n//2-1$(整除)。若某节点不存在,需要使用nil、null、None来占位。所以,使用列表存储的二叉树通常情况下是完全二叉树。只有为数不多的场景需要用到列表存储的二叉树,如大顶堆、小顶堆。

5.2.2　对象存储的二叉树

大多数情况下,我们都会使用对象存储的二叉树。使用对象存储二叉树只需要使节点和节点之间产生关系即可。例如,存储图5-7所示的二叉树代码如下。

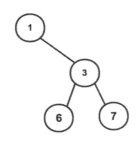

图5-7　要存储的二叉树

```
'''
节点类
'''
class Node():
    def __init__(self,value):
        self.value = value
        self.leftNode = None
        self.rightNode = None


if __name__ == '__main__':
    #创建1节点
    n1 = Node(1)
    #创建3节点
    n3 = Node(3)
    #将3节点设置为1节点的右子节点
    n1.rightNode = n3
    #创建6节点和7节点
    n6 = Node(6)
    n7 = Node(7)
    #将3节点的左子节点设置为6节点
    n3.leftNode = n6
    #将3节点的右子节点设置为7节点
    n3.rightNode = n7
```

使用对象存储的二叉树,即使不是完全二叉树,也不会造成空间的浪费。

5.2.3　二叉树的遍历

二叉树的遍历通常有三种方式,分别是前序遍历、中序遍历、后序遍历,前序遍历的顺序是根节点-左子节点-右子节点。如图5-8所示的二叉树,使用前序遍历时,其结果是1、2、3;中序遍历的顺序是左子节点-根节点-右子节点,所以结果是2、1、3;后序遍历的顺序是左子节点-右子节点-根节点,所以结果是2、3、1。

以下是图5-9所示的二叉树遍历结果。

前序遍历:1 2 4 5 3 6 7

中序遍历:4 2 5 1 6 3 7

后序遍历:4 5 2 6 7 3 1

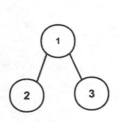

图 5-8 二叉树

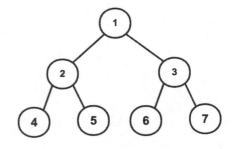

图 5-9 二叉树的遍历

二叉树的遍历代码如下。

```
'''
节点类
'''
class Node():
    def __init__(self,value):
        self.value = value
        self.leftNode = None
        self.rightNode = None

    def __str__(self):
        return str(self.value)


'''
二叉树类
'''
class BinaryTree():
    def __init__(self,node):
        self.root = node

    #前序遍历
    def frontIterate(self):
        self.front(self.root)

    #前序遍历的递归方法
    def front(self,node):
        #结束递归条件
        if node is None:
            return
        #根节点值
        print(node,end = '\t')
        #左子树递归
        self.front(node.leftNode)
```

```python
        #右子树递归
        self.front(node.rightNode)

    #中序遍历
    def midIterate(self):
        self.mid(self.root)

    #中序遍历的递归方法
    def mid(self,node):
        #结束递归条件
        if node is None:
            return
        #左子树递归
        self.mid(node.leftNode)
        #根节点值
        print(node,end = '\t')
        #右子树递归
        self.mid(node.rightNode)

    #后序遍历
    def lastIterate(self):
        self.last(self.root)

    #后序遍历的递归方法
    def last(self,node):
        #结束递归条件
        if node is None:
            return
        #左子树递归
        self.last(node.leftNode)
        #右子树递归
        self.last(node.rightNode)
        # 根节点值
        print(node,end = '\t')

if __name__ == '__main__':
    #创建节点
    n1,n2,n3,n4,n5,n6,n7 = Node(1),Node(2),Node(3),Node(4),Node(5),Node(6),Node(7)
    #产生关系
    n1.leftNode = n2
    n1.rightNode = n3
    n2.leftNode = n4
    n2.rightNode = n5
    n3.leftNode = n6
    n3.rightNode = n7
    #创建树
    t1 = BinaryTree(n1)
    #前序遍历
    t1.frontIterate()
```

```
#中序遍历
t1.midIterate()
#后序遍历
t1.lastIterate()
```

 5.3 线索二叉树

二叉树在遍历的时候,虽然可以完全遍历出所有的元素,却不能快速方便地找到某个节点的前驱节点或后继节点,且叶节点指向左右子节点的指针浪费了。为了解决这两个问题,可以线索化二叉树,即把二叉树转为线索二叉树。线索二叉树的本质是使用指针将一个树结构中的各节点线索化为一个线性结构,使得对于任何一个节点而言,都可以快速定位到它的前驱节点或后继节点。以图5-9所示的二叉树进行中序遍历为例,线索化后的二叉树如图5-10所示。

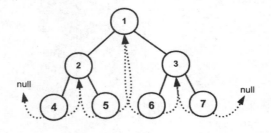

图5-10　线索化二叉树

通过线索化后的二叉树,可以快速定位到任何一个节点的前驱节点和后继节点,如5节点的前驱节点为2节点,后继节点为1节点,这样便形成了一个类似于双向链表的结构,如图5-11所示。

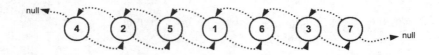

图5-11　线索化二叉树可以看成双向链表

但线索化后也有问题,当遍历节点时,所有节点的leftNode和rightNode指针均不为空,没有判断当前节点的leftNode指针和rightNode指针到底是指向子节点还是前驱节点或后继节点。所以通常的做法是,使用一个标记来标识这是一个子节点还是前驱或后继节点。完整示意图如图5-12所示。

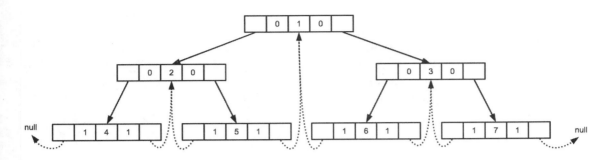

图5-12　完整的线索二叉树

为方便理解,图5-12中使用了长矩形格子来代表一个节点,中间的单元格表示节点中的值,两边的0或1用于标识当前节点的leftNode指针和rightNode指针是指向子节点还是前驱或后继节点。若为0,说明指向的是子节点;若为1,说明指向的是前驱或后继节点,完整代码如下。

```
'''
节点类
'''
class Node():
    def __init__(self,value):
        self.value = value
        self.leftNode = None
        self.rightNode = None
        self.leftType = 0
        self.rightType = 0

    def __str__(self):
        return str(self.value)

if __name__ == '__main__':
    #创建节点
    n1,n2,n3,n4,n5,n6,n7 = Node(1),Node(2),Node(3),Node(4),Node(5),Node(6),Node(7)
    #产生关系
    n1.leftNode = n2
    n1.rightNode = n3
    n2.leftNode = n4
    n2.rightNode = n5
    n3.leftNode = n6
    n3.rightNode = n7
    #线索化二叉树
    #改变标记
    n4.leftType,n4.rightType,n5.leftType,n5.rightType,n6.leftType,n6.rightType,n7.
leftType,n7.rightType=1,1,1,1,1,1,1,1
```

```
#4节点的右指针指向2节点
n4.rightNode = n2
#5节点的左指针指向2节点,右指针指向1节点
n5.leftNode,n5.rightNode = n2,n1
#6节点的左指针指向1节点,右指针指向3节点
n6.leftNode, n6.rightNode = n1, n3
#7节点的左指针指向n3
n7.leftNode = n3
```

5.4 二叉查找树

二叉查找树(Binary Search Tree)也叫二叉排序树(Binary Sort Tree),是一棵满足以下条件的二叉树。

(1)若左子树不为空,则左子树中的所有节点值都小于该节点。

(2)若右子树不为空,则右子树中的所有节点值都大于该节点。

(3)左子树和右子树都是二叉查找树。

使用已知序列创建二叉查找树时通常将第0个元素作为根节点,然后依次判断节点的大小插入节点。例如,使用[6,3,1,8,9,7,2,5]创建一棵二叉查找树时,首先使用6创建一个节点作为根节点。3创建一个节点,由于3小于6,3比6小向左插,6节点没有左子节点,于是创建3节点作为6节点的左子节点,如果有左子节点需要递归向下找。1也小于6,但6有子节点,于是继续找到6的子节点3,1比3小,且3的左子节点为空,于是将1节点添加为3节点的左子节点。添加完所有节点后如图5-13所示。

由于二叉排序树在添加节点时,节点的位置是由前面添加的节点的大小决定的,因此,同样几个数,不同的添加顺序,创建出来的二叉排序树也是不一样的。将[6,3,1,8,9,7,2,5]顺序调整为[3,8,9,6,1,5,7,2]时创建的二叉树如图5-14所示。

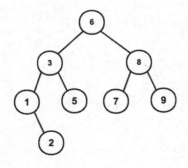

图5-13 二叉排序树

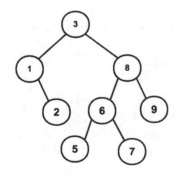

图5-14 添加顺序会影响二叉查找树的结构

创建二叉查找树的完整代码如下。

```python
'''
节点类
'''
class Node():
    def __init__(self,value):
        self.value = value
        self.leftNode = None
        self.rightNode = None

    def __str__(self):
        return str(self.value)


'''
二叉查找树类
'''
class BSTree():
    #根据传入的列表创建二叉树
    def __init__(self,data):
        if data == []:
            return
        #初始化根节点
        self.root = Node(data[0])
        #循环插入节点
        for i in data[1:]:
            self.add(i)

    #插入节点
    def add(self,value):
        #temp默认指向根节点
        temp = self.root
        #循环找位置
        while True:
            #若比temp大且右子节点不为空,则temp指向右子节点
            if value > temp.value and temp.rightNode is not None:
                temp = temp.rightNode
            #若比temp小且左子节点不为空,则temp指向左子节点
            elif value < temp.value and temp.leftNode is not None:
                temp = temp.leftNode
            #若比temp大且右子节点为空,则插入为右子节点,循环结束
            elif value > temp.value and temp.rightNode is None:
                temp.rightNode = Node(value)
                break
            # 若比temp小且左子节点为空,则插入为左子节点,循环结束
            elif value < temp.value and temp.leftNode is None:
                temp.leftNode = Node(value)
                break
```

```
#中序遍历
def midIterate(self):
    self.mid(self.root)

#中序遍历的递归方法
def mid(self,node):
    #结束递归条件
    if node is None:
        return
    #左子树递归
    self.mid(node.leftNode)
    #当前节点值
    print(node,end = '\t')
    #右子树递归
    self.mid(node.rightNode)

if __name__ == '__main__':
    t1 = BSTree([6,3,1,8,9,7,2,5])
    t1.midIterate()
```

以上代码的运行结果如图5-15所示,可以发现,对于任何一棵二叉查找树,按中序遍历,正好是所有数字的升序排列。

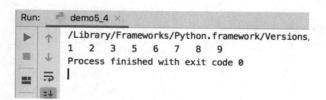

图5-15　中序遍历二叉查找树

在图5-13所示的二叉树中查找数字8仅需要比较2次(从根节点出发,根据节点的大小向某一棵子树查找),即使查找比较次数最多的2也仅需要4次。而插入一个数据时,例如在原有的基础上插入0仅需要比较两次。这便是二叉查找树的优点,插入性能比顺序存储的线性结构略高,而查找性能比链式存储的线性结构也略高,且能保证序列的有序性,即升序或降序排序(按中序遍历)。

5.4.1　AVL 树

由于二叉查找树的形态由插入二叉查找树的节点的顺序决定,所以不同的顺序将创建不同形态的二叉查找树。若使用序列 [1,2,3,4,5,6,7,8]创建二叉查找树,将得到一棵如图5-16所示的右斜树。

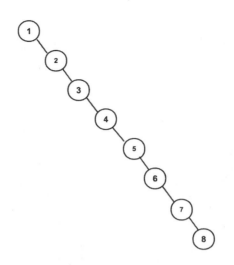

图 5-16　右斜树

这虽然也是一棵二叉查找树,但是却失去了二叉树该有的优势,插入 8 时,对比了 7 次,查找 8 时也需要对比 8 次。其性能和单链表相似,而它也确实是一个单链表,但由于每次插入一个元素时除了要对比右边的节点,还要判断和对比一次左边的节点(虽然左节点为空,但也要判断一次),其性能反而比单链表的性能更低。产生这一问题最主要的原因就是插入的顺序不同,要解决这一问题,则需要使用 AVL 树。

AVL 树也叫自平衡二叉查找树,顾名思义,它是一棵有自平衡功能的二叉查找树,它的任何两个叶节点的高度差的绝对值不大于平衡因子 1。如图 5-17 所示,前者为平衡二叉树,因为最大高度的叶节点 2 和其他三个最低高度的叶节点 5、7、9 的高度差为 1。后者为非平衡二叉树,因为叶节点 5 和 7 的高度与叶节点 1 的高度差为 2,大于平衡因子 1,所以不是平衡二叉树。

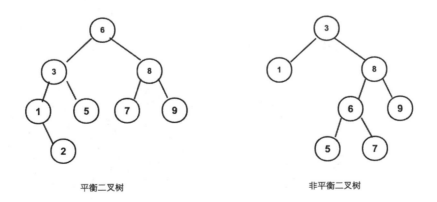

平衡二叉树　　　　　　　　　　　非平衡二叉树

图 5-17　平衡二叉树与非平衡二叉树

若新插入节点时引起了不平衡,则需要通过旋转来调整为平衡状态。不平衡的情况分为以下四种。

1. 左左情况

不平衡的节点从上向下分别为左子节点、左子节点。如图5-18所示的二叉树，在插入新节点1或3以后，都引起了节点6的不平衡，新插入节点1或3的高度和节点7的高度差为2。由于是节点6的左子节点的左子节点添加子节点引起的，因此称为左左情况。

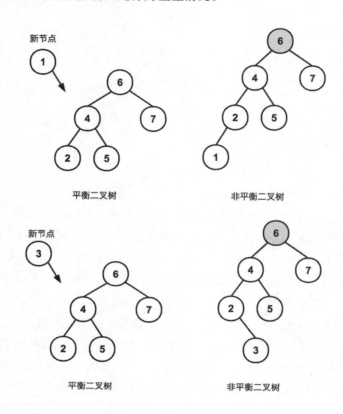

图5-18　左左不平衡

此时需要将二叉树向右旋转，旋转后如图5-19所示。

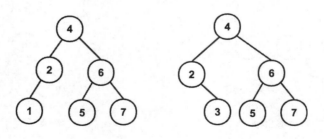

图5-19　右旋转后的平衡二叉树

右旋转时先将节点5设置为节点6的左子节点，然后将节点6设置为节点4的右子节点，代码如下。

```
#右旋转
def rightRotate(self,node):
    #获取左子节点
    temp = node.leftNode
    # 将左子节点的右子节点给当前节点的左节点
    node.leftNode = temp.rightNode
    # 将当前节点设置为左子节点的右子节点
    temp.rightNode = node
    #修改节点的高度
    node.height = max(self.height(node.right), self.height(node.left)) + 1
    temp.height = max(self.height(temp.left), node.height) + 1
    return temp
```

2. 右右情况

右右情况是第1种情况的左右对称情况,此时需要向左旋转,如图5-20所示。

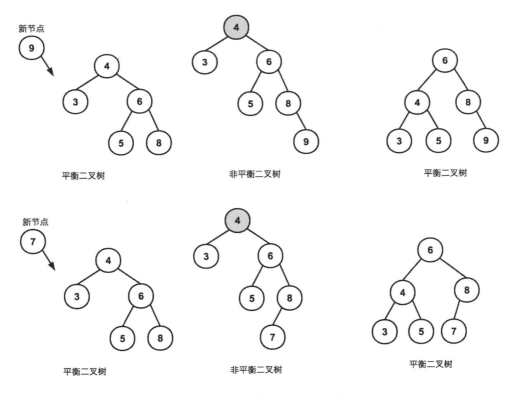

图5-20　右右情况及旋转后平衡

左旋转的完整代码如下。

```
# 左旋转
def leftRotate(self, node):
    # 获取当前节点的右子节点
    temp = node.right
```

```
# 将右子节点的左子节点设为当前节点的右子节点
node.right = temp.left
# 将当前节点设为右子节点的左子节点
temp.left = node
# 修改节点的高度
node.height = max(self.height(node.right), self.height(node.left)) + 1
temp.height = max(self.height(temp.right), node.height) + 1
return temp
```

3. 左右情况

第3种情况是由于新插入的节点在不平衡的节点7的左子节点3的右子节点5上,因此称为左右情况,如图5-21所示。

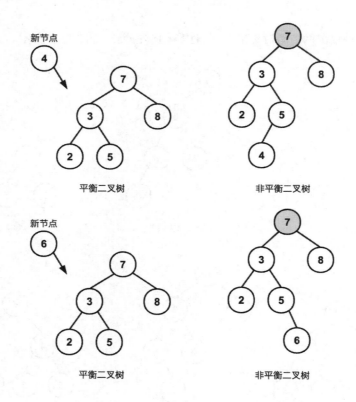

图5-21　左右不平衡的情况

这种情况需要先将3的子树做一次左旋转,如图5-22所示。

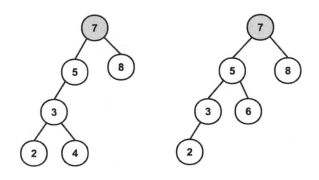

图5-22　将3子树左旋转

左旋转以后就变成第1种情况了,即左左情况,然后再进行一次右旋转,如图5-23所示。

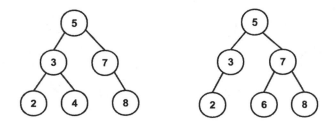

图5-23　调整后的平衡二叉树

这种情况下需要先左旋转一次再向右旋转,完整代码如下。

```python
# 先左旋转再右旋转
def leftRightRotate(self, node):
    # 先将左子节点进行左旋转
    node.leftNode = self.leftRotate(node.leftNode)
    # 再将当前节点进行右旋转
    return self.rightRotate(node)
```

4. 右左情况

右左情况是左右情况的对称情况,需要先右旋转,再左旋转,如图5-24所示。

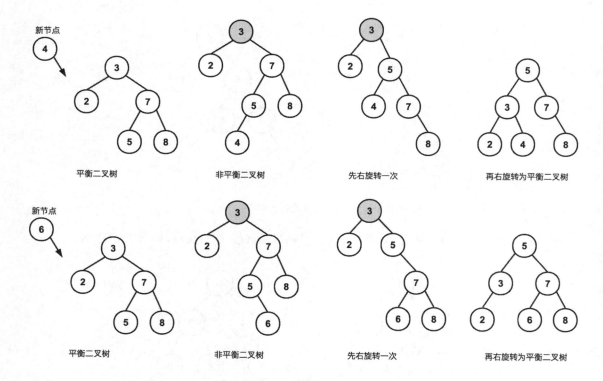

图 5-24　右左情况旋转为平衡二叉树

先右旋转再左旋转的代码如下。

```python
# 先右旋转再左旋转
def rightLeftRotate(self, node):
    # 先将右子节点进行右旋转
    node.rightNode = self.rightRotate(node.rightNode)
    # 再将当前节点进行左旋转
    return self.leftRotate(node)
```

创建平衡二叉树时,每次插入一个节点都需要去检查是否为平衡二叉树,若不平衡,则需要进行旋转调整。创建平衡二叉树的完整代码如下。

```python
#节点类
class Node():
    def __init__(self, value):
        #节点值
        self.value = value
        #左子节点
        self.leftNode = None
        #右子节点
        self.rightNode = None
        #当前节点的高度
        self.height = 0
```

```python
#平衡二叉树
class AVLTree():
    def __init__(self):
        self.root = None

    #获取节点的高度
    def height(self, node):
        if node is None:
            return -1
        else:
            return node.height

    # 右旋转
    def rightRotate(self, node):
        # 获取左子节点
        temp = node.leftNode
        # 将左子节点的右子节点给当前节点的左节点
        node.leftNode = temp.rightNode
        # 将当前节点设置为左子节点的右子节点
        temp.rightNode = node
        # 修改节点的高度
        node.height = max(self.height(node.right), self.height(node.left)) + 1
        temp.height = max(self.height(temp.left), node.height) + 1
        return temp

    #左旋转
    def leftRotate(self, node):
        #获取当前节点的右子节点
        temp = node.rightNode
        #将右子节点的左子节点设为当前节点的右子节点
        node.rightNode = temp.leftNode
        #将当前节点设为右子节点的左子节点
        temp.leftNode = node
        #修改节点的高度
        node.height = max(self.height(node.right), self.height(node.left)) + 1
        temp.height = max(self.height(temp.right), node.height) + 1
        return temp

    #先左旋转再右旋转
    def leftRightRotate(self, node):
        #先将左子节点进行左旋转
        node.leftNode = self.leftRotate(node.leftNode)
        #再将当前节点进行右旋转
        return self.rightRotate(node)

    #先右旋转再左旋转
    def rightLeftRotate(self, node):
        #先将右子节点进行右旋转
```

```python
        node.rightNode = self.rightRotate(node.rightNode)
    #再将当前节点进行左旋转
    return self.leftRotate(node)

# 添加节点
def add(self, value):
    #若根节点不存在
    if not self.root:
        #添加为根节点
        self.root = Node(value)
    #向树中添加节点
    else:
        self.root = self._add(value, self.root)

#添加节点
def _add(self, value, node):
    #若传入的value小于node
    if value < node.value:
        #向左递归添加
        node.left = self._add(value, node.left)
        #若不平衡
        if (self.height(node.left) - self.height(node.right)) == 2:
            #向左添加后引起不平衡需要右旋转
            if value < node.left.value:
                #单次右旋转
                node = self.rightRotate(node)
            else:
                #先左旋转,再右旋转
                node = self.leftRightRotate(node)
    #若大于node的value
    elif value > node.value:
        #向右递归添加
        node.right = self._add(value, node.right)
        if (self.height(node.right) - self.height(node.left)) == 2:
            #向右添加引起的不平衡需要向左旋转
            if value < node.right.value:
                #单次左旋转
                node = self.leftRotate(node)
            else:
                #先右旋转,再左旋转
                node = self.rightLeftRotate(node)
    #重新计算高度
    node.height = max(self.height(node.right), self.height(node.left)) + 1
    return node
```

5.4.2　红黑树

红黑树是一棵相对平衡的二叉查找树,它不像AVL树那样要求高度差必须控制在1以内,而是允许有一定的高度差。红黑树的插入、删除性能均高于AVL树,但查找性能略低于AVL树,不过这并不影响红黑树成为综合性能最优的自平衡二叉树。许多地方都有红黑树的身影,例如,Java集合中的TreeSet和TreeMap,C++ STL中的set、map,以及Linux虚拟内存的管理,都是通过红黑树去实现的。

红黑树首先必须是一棵二叉查找树,其次还需要满足以下要求。

(1)每个节点要么是红的要么是黑的。

(2)根节点必须是黑的。

(3)每个叶节点都是黑的(注意:这里的叶节点是指没有子节点的nil、null或None指针)。

(4)红色节点的子节点必须是黑色的,即红色节点不能紧挨着。

(5)从任何一个节点出发,到叶节点树尾端nil、null、None指针的每条路径必须包含相同数目的黑节点。

满足以上所有要求的树便是一棵红黑树,如图5-25所示(带阴影的节点为红色节点,其他的为黑色节点),注意图中的nil节点代表的是空指针,即没有子节点指向的指针,在Python代码中使用None表示。

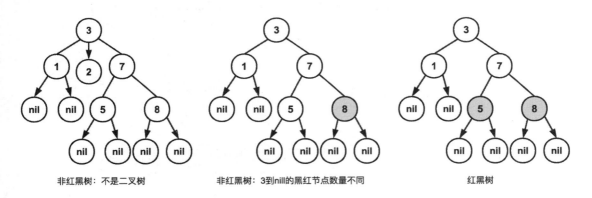

图5-25　红黑树

创建红黑树,即添加红黑树节点除了需要像AVL树一样做旋转以外,由于多了颜色的属性,还需要做颜色的判断,即recolor。向红黑树中添加节点时通常默认该节点为红色节点(因为红黑树原来是平衡的,即根节点到所有叶节点的黑色是一样的,添加进去的红色节点不会影响原来的黑色节点的平衡),添加进去后如有需要再调整颜色。添加新节点的流程如图5-26所示。

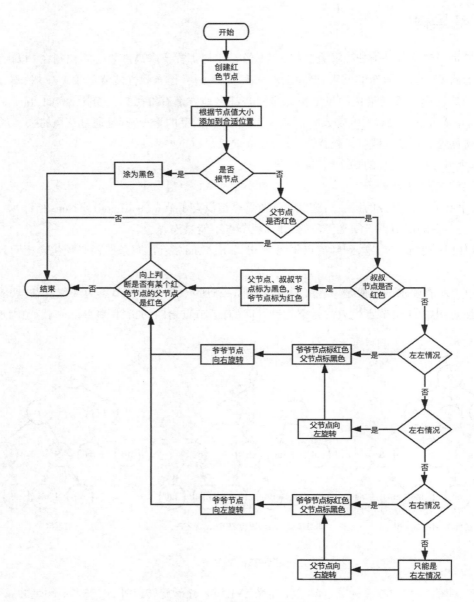

图 5-26　红黑树添加节点流程

接下来分别讨论几种情况。

1. 根节点

若添加的节点为根节点,则直接标记为黑色即可。

2. 父节点是黑色

若不是根节点,则需要判断父节点是否为黑色节点,若父节点是黑色节点,则不需要进行任何调整,因为添加之后的结构依然是一棵平衡的二叉树,如图 5-27 所示。

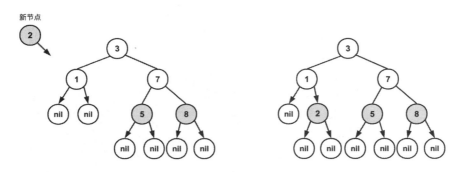

图5-27　新添加的节点的父节点是黑色

3. 父节点为红色,且叔叔节点也为红色

若新节点的父节点是红色,且叔叔节点也是红色,此时爷爷节点一定是黑色(否则它本来就不是一棵红黑树),此时需要将爷爷节点设为红色,父节点和叔叔节点设为黑色,如图5-28所示。注意,此时由于爷爷节点调整为了红色有可能会引起新的不平衡,即爷爷节点的父节点可能也是红色,若出现这种情况,以爷爷节点为当前节点,再去判断爷爷节点的叔叔节点的颜色,根据情况做相应的调整。后面几种情况也是一样的,都需要向上判断是否由于下面的调整引起了上面的不平衡。

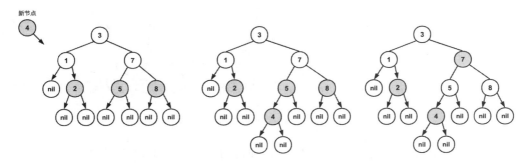

图5-28　新节点的父节点为红色且叔叔节点也为红色

4. 父节点为红色,叔叔节点为黑色

若新节点的父节点是红色,叔叔节点是黑色,此时需要分为四种情况讨论,和AVL树的四种情况类似,即左左情况、右右情况、左右情况和右左情况,代码也和AVL树的旋转情况类似,这里就不单独贴代码了,可直接查看完整代码。

(1)若新节点是爷爷节点的左子节点的左子节点,即为左左情况,此时需要将爷爷节点标为红色,父节点标为黑色,然后从爷爷节点处向右旋转,再向上检查即可,如图5-29所示。

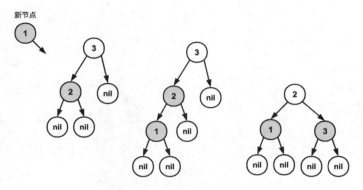

图5-29　左左情况

（2）右右情况为左左情况的左右对称情况，如图5-30所示，当然完成后依然需要向上检查。

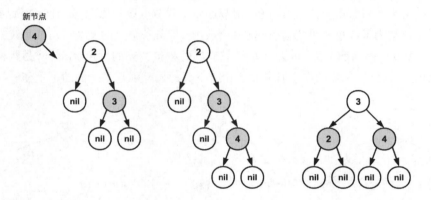

图5-30　右右情况

（3）左右情况是指新节点是爷爷节点的左子节点的右子节点的情况，此时需要从父节点处向左旋转，便成了左左情况，再按照左左情况的处理方式处理即可，如图5-31所示。

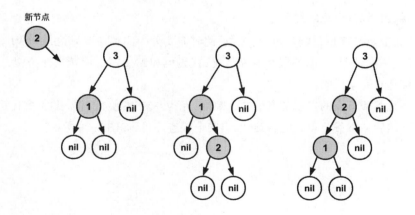

图5-31　左右情况

（4）右左情况是同样的处理方式，如图5-32所示。

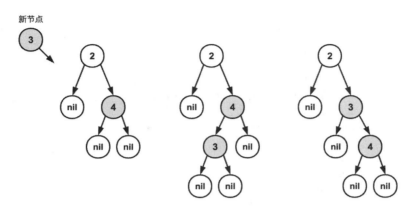

图5-32　右左情况

红黑树的完整代码如下。

```python
from enum import Enum

#颜色枚举类
class ColorEnum(Enum):
    RED = "red"
    BLACK = "black"

#节点类
class Node():
    def __init__(self,value):
        self.value = value
        self.leftNode = None
        self.rightNode = None
        #添加parent指针方便向上检查,查找叔叔节点等
        self.parent = None
        #新节点默认为红色
        self.color = ColorEnum.RED

#红黑树
class RBTree():
    # 创建红黑树
    def __init__(self,nums):
        self.root = None
        # 循环添加节点
        for i in nums:
            node = Node(i)
            self.add(node)

    #左旋转
    def leftRotate(self, node):
```

```python
        # 获取node的右子节点为temp
        temp = node.rightNode
        # 将temp的左子节点设置为node的右子节点
        node.rightNode = temp.leftNode
        # 将temp的左子节点的父节点设置为node
        temp.leftNode.parent = node
        # 将node的父节点设置为temp的父节点
        temp.parent = node.parent
        # 如果node的父节点是空
        if node.parent is None:
            # 将temp设置为根节点
            self.root = temp
        # 如果node是父节点的左子节点
        elif node == node.parent.leftNode:
            #将temp设置为node的父节点的左子节点
            node.parent.leftNode = temp
        else:
            #否则将temp设置为node的父节点的右子节点
            node.parent.rightNode = temp
        #将node设置为temp的左子节点
        temp.leftNode = node
        # 将node的父节点设为temp
        node.parent = temp

    #右旋转
    def rightRotate(self, node):
        # 获取node的左子节点为temp
        temp = node.leftNode
        # 将temp的右子节点设置为node的左子节点
        node.leftNode = temp.rightNode
        # 将temp的右子节点的父节点设置为node
        temp.rightNode.parent = node
        # 将node的父节点设置为temp的父节点
        node.parent = temp.parent
        # 如果node的父节点为空
        if node.parent is None:
            # 将temp设置为根节点
            self.root = temp
        # 如果node是他父节点的左子节点
        elif node == node.parent.leftNode:
            # 将temp设置为node的父节点的左子节点
            node.parent.leftNode = temp
        else:
            # 将temp设置为node父节点的右子节点
            node.parent.rightNode = temp
        # 将node设置为temp的右子节点
        temp.rightNode = node
        # 将temp设置为node的父节点
        node.parent = temp
```

```python
#插入新节点
def add(self, newNode):
    #用于存储找到的新节点位置的父节点
    newNodeParent = self.root
    #用于遍历节点,从根节点开始遍历
    temp = self.root
    #遍历节点,直到找到空节点
    while temp:
        #修改新节点的父节点的位置为temp
        newNodeParent = temp
        #向下找
        if newNode.value < temp.value:
            temp = temp.leftNode
        else:
            temp = temp.rightNode
    # 将新节点的父节点设置为newNodeParent
    newNode.parent = newNodeParent
    #若新节点的父节点为空,说明root是空的
    if newNodeParent is None:
        #将新节点设置为根节点
        self.root = newNode
        #将新节点设置为黑色后结束
        newNode.color = ColorEnum.BLACK
        return
    #根据新节点的值和父节点的值的大小决定位置
    elif newNode.value < newNodeParent.value:
        newNodeParent.leftNode = newNode
    else:
        newNodeParent.rightNode = newNode
    # 插入节点后可能会引起不平衡,需要调整为平衡状态
    self.fixup(newNode)  # 调整二叉树,使其重新为红黑树

#添加节点后重调整为平衡红黑树
def fixup(self, node):
    #node最开始指向新节点,所以一定为红色
    #若node的父节点也是红色才需要调整
    while node.parent.color == ColorEnum.RED:
        # 父节点是左子节点
        if node.parent.parent.leftNode == node.parent:
            # 找到叔叔节点
            uncle = node.parent.parent.rightNode
            # 如果叔叔节点是红色
            if uncle.color == ColorEnum.RED:
                # 将node的父节点设置为黑色
                node.parent.color = ColorEnum.BLACK
                # 将node的叔叔节点设置为黑色
                uncle.color = ColorEnum.BLACK
                # 将node的爷爷节点设置为红色
```

```
        node.parent.parent.color = ColorEnum.RED
        # 将node的爷爷节点设置为当前节点后向上调整
        node = node.parent.parent
    #叔叔节点是黑色,且为左右情况,父节点是左子节点,自己是右子节点
    elif uncle.color == ColorEnum.BLACK and node == node.parent.rightNode:
        # 调整为父节点
        node = node.parent
        # 向左旋转,成为左左情况
        self.leftRotate(node)
    # 如果叔叔节点是黑色,且当前节点是左子节点,即为左左情况
    else:
        # 父节点设置为黑色
        node.parent.color = ColorEnum.BLACK
        # 爷爷节点设置为红色
        node.parent.parent.color = ColorEnum.RED
        # 将爷爷节点向右旋转
        self.rightRotate(node.parent.parent)
# 否则父节点是右子节点,左右对称处理
else:
    # 获取叔叔节点
    uncle = node.parent.parent.leftNode
    #如果叔叔节点是红色
    if uncle.color == ColorEnum.RED:
        #父节点变黑
        node.parent.color = ColorEnum.BLACK
        #叔叔节点变黑
        uncle.color = ColorEnum.BLACK
        #爷爷节点变红
        node.parent.parent.color = ColorEnum.RED
        #向上检查
        node = node.parent.parent
    # 叔叔节点是黑色,当前节点是父节点的左子节点,即为右左情况
    elif uncle.color == ColorEnum.BLACK and node == node.parent.leftNode:
        # 调整为父节点
        node = node.parent
        # 向右旋转,成为右右情况
        self.rightRotate(node)
    # # 如果叔叔节点是黑色,且当前节点是右子节点,即为右右情况
    else:
        #父节点变黑
        node.parent.color = ColorEnum.BLACK
        #爷爷节点变红
        node.parent.parent.color = ColorEnum.RED
        #爷爷节点向左转
        self.leftRotate(node.parent.parent)
```

5.5 K近邻算法与k-d树

KNN(K-Nearest Neighbor)算法即K最邻近算法,用于搜索K个最近邻居的算法,是最简单的机器学习算法之一。此外,它还是古语"近朱者赤,近墨者黑"的最好体现,即当某一个模型T的周围的K个模型中大多数都是某一类G,则将T也划分为G类。所以,KNN算法的核心是要找出K个最近的邻居。

想要找出K个最近的邻居,最直接的方法就是将一定范围内的所有邻居全部遍历一遍并计算距离,然后取出最近的K个,此时算法的时间复杂度为$O(n)$,有没有更快的办法呢? 答案是——k-d树。

k-d树是K-Dimension tree的缩写,是对数据点在k维空间[如二维(x,y),三维(x,y,z),k维$(x_1,y_1,z_1,x_2\cdots)$]中划分的一种数据结构,主要应用于多维空间关键数据的搜索(如范围搜索和最近邻搜索),k-d树的本质是一棵二叉查找树,使用k-d树实现KNN算法的时间复杂度为$O(\log_2 N)$。

首先来看一下前面章节学习的二叉查找树(为区别k-d树,暂且称之为一维二叉查找树),一维二叉查找树实际上是将一维数据按二叉查找树的规则添加到二叉树中。例如添加的序列[6,3,1,8,9,7,2,5]就是一维数据,因为每一个数都可以放到一条线上,如图5-33所示。

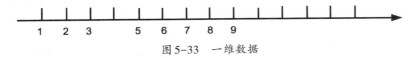

图5-33 一维数据

k-d树主要用于存储多维数据,在存储k维数据时,k-d树的第n层(根节点为第1层)使用第$n\%k$(取余数)维度数据作为二叉树左右节点的存储依据。例如,要存储一个三维数据(4,2,6),4是第一维度,2是第二维度,6是第三维度,若该数据需被存在第4层,因为4%3=1,所以应该使用第一维度的4作为左右节点的存储依据。以二维数据[(3,2),(7,3),(4,6),(5,7),(8,9),(11,5),(12,8),(13,1),(14,4),(14,10)]为例,创建的k-d树是一个二维的k-d树,数据在二维空间内如图5-34所示。

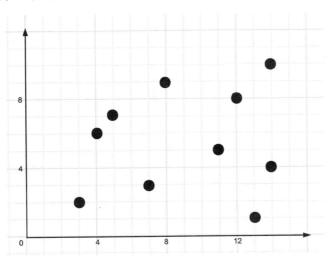

图5-34 二维数据

111

因为根节点是第1层,1%2=1(取余数),所以取第一维度的数据作为左右节点的依据,使用一维数据排序后的序列为[(3, 2), (4, 6), (5, 7), (7, 3), (8, 9), (11, 5), (12, 8), (13, 1), (14, 4), (14, 10)],中间的点为(11,5)(一共10个数据,10//2=5,取索引为5的数据,即为(11,5)),将其作为根节点,如图5-35所示。

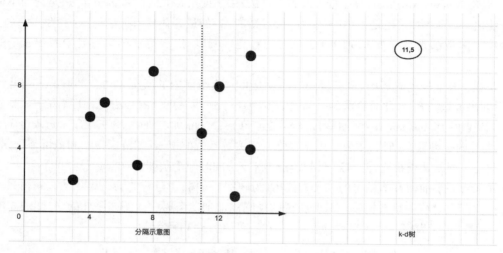

图5-35 创建根节点

第2层使用第二维度作为依据且左右两边分别处理,左边所有数据按第二维度排序为[(3, 2), (7, 3), (4, 6), (5, 7), (8, 9)],左子节点是索引为5//2=2的点(4,6),右边所有数据按第二维度排序为[(13, 1), (14, 4), (12, 8), (14, 10)],右子节点是索引为4//2=2的点(12,8),创建节点后如图5-36所示。

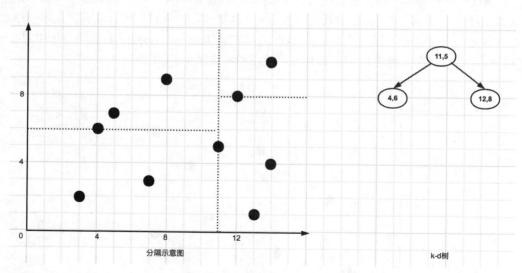

图5-36 第2层节点划分

第3层如果是三维空间的数据,则应该使用第三维度的数据作为划分依据,但本例是二维数据,所以应该使用第一维度的数据作为划分依据,同样需要分别处理。即点(4,6)上下分别处理,点(12,8)

上下分别处理,如图5-37所示。

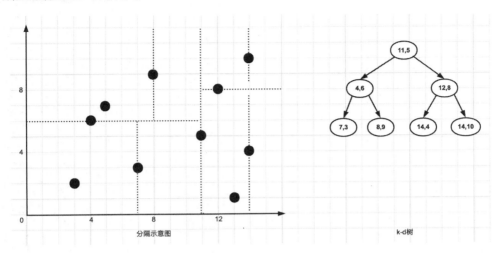

图5-37 第3层节点划分

第4层使用第二维度数据,依然分别处理,若没有则不需要添加节点,如图5-38所示。

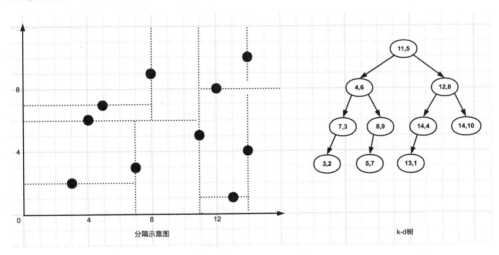

图5-38 k-d创建完成

在以上二维k-d树中,第n层的右子节点的第$n\%2$维度数据比第n层的第$n\%2$维度的数据大,左子节点的第$n\%2$维度数据比第n层的第$n\%2$维度的数据小。例如,根节点(11,5)为第1层,它的右子节点(12,8)的第一维度数据12比根节点的第一维度数据11大,左子节点(4,6)的第一维度数据4比根节点的第一维度数据11小。第二层的(12,8)的右子节点(14,10)的第二维度数据10大于其父节点的第二维度数据8,左子节点的(14,4)的第二维度数据4比其父节点的第二维度数据8小。

创建k-d树的完整代码如下。

```
#k-d树的节点
class Node():
```

```
    def __init__(self, point = None, split = None, leftNode = None, rightNode = None):
        #节点值
        self.point = point
        self.leftNode = leftNode
        self.rightNode = rightNode
        #划分维度,当前节点是通过哪一个维度来划分的
        self.split = split

    def __str__(self):
        return str(self.point)


class KDTree():
    def __init__(self,list):
        self.dimension = len(list[0])
        self.root = self.createKDTree(Node(),list,0)

    # 创建k-d树
    # n 层数
    def createKDTree(self,root,list,n):
        #获取长度
        length = len(list)
        if length == 0:
            return
        # 通过层数计算划分维度
        split = n%self.dimension
        #排序
        data_list = sorted(list, key = lambda x : x[split])
        #获取中间点
        point = data_list[length//2]
        #创建节点
        root = Node(point,split)
        #递归创建左子树
        root.leftNode = self.createKDTree(root.leftNode, data_list[0:int(length / 2)],
n+1)
        #递归创建右子树
        root.rightNode = self.createKDTree(root.rightNode, data_list[int(length / 2) +
1 : length],n+1)
        return root
```

要搜索离点(a,b)最近的K个近邻,D用于存储搜索到的近邻点,搜索的流程如下。

(1)从根节点出发,依次比较当前节点和点(a,b)第$n\%2$(取余)维度数据,向左子节点或右子节点搜索,直到搜索到叶节点(n为层数,根节点为第1层)。

(2)将经过的节点标记为已访问,并判断D中存储的数据数量是否小于K,若小于K,则将该叶节点存入D中,否则计算该叶节点到点(a,b)的距离,若大于D中任何一个点到点(a,b)的距离,则删除D中距离最大的点,然后将该叶节点存入D中。

(3)回溯到其父节点和父节点的另一个子节点重复(1)和(2),直到某个父节点的距离已经大于D

中最大的距离,则结束搜索。

以搜索点(13,6)的3个最近邻居为例,如图5-39所示。

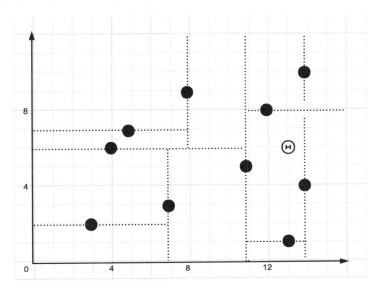

图5-39　搜索点(13,6)的近邻

首先对比点(13,6)和根节点(11,5)的第一维度数据,13大于11,所以下一次对比点(13,6)和根节点(11,5)的右子节点(12,8)的第二维度数据,同时将根节点存入D中,如图5-40所示。

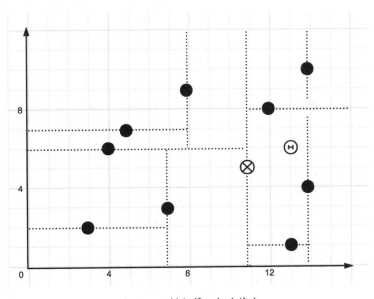

图5-40　判断第1个叶节点

继续对比点(13,6)和根节点的右子节点(12,8)的第二维度大小,因为6小于8,所以继续判断点(12,8)的左子节点(14,4)并将点(12,8)存入D中,继续以同样的方式判断并存入点(14,4)。由于点

(13,6)的第一维度数据13小于点(14,4)的14,虽然此时已经有了3个点,但依然会继续向下搜索,也就是对比点(13,1)。但由于此时D中已存储了3个点,而到点(13,1)的距离大于D中存储的任何点到目标点的距离,因此点(13,1)不会被存入D中,如图5-41所示。

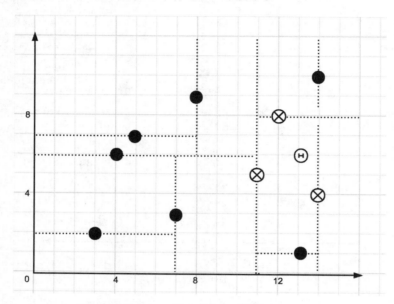

图5-41　向下搜索完所有节点

判断完点(13,1)以后还需要回溯判断父节点的其他子节点中是否有更近的点,虽然目测搜索已完成,但理论上讲,父节点的其他子节点中有可能会有更近的点,比如点(15,6)。当回溯到父节点的其他节点的距离大于父节点时结束,整个KNN工作全部完成,完整代码如下。

```python
#k-d树的节点
class Node():
    def __init__(self, point = None, split = None, leftNode = None, rightNode = None):
        #节点值
        self.point = point
        self.leftNode = leftNode
        self.rightNode = rightNode
        #划分维度,当前节点是通过哪一个维度来划分的
        self.split = split

    def __str__(self):
        return str(self.point)


class KDTree():
    def __init__(self,list):
        self.dimension = len(list[0])
        self.root = self.createKDTree(Node(),list,0)
```

```python
# 创建k-d树
# n 层数
def createKDTree(self,root,list,n):
    #获取长度
    length = len(list)
    if length == 0:
        return
    # 通过层数计算划分维度
    split = n%self.dimension
    #排序
    data_list = sorted(list, key = lambda x : x[split])
    #获取中间点
    point = data_list[length//2]
    #创建节点
    root = Node(point,split)
    #递归创建左子树
    root.leftNode = self.createKDTree(root.leftNode, data_list[0:int(length / 2)],
n+1)
    #递归创建右子树
    root.rightNode = self.createKDTree(root.rightNode, data_list[int(length / 2) +
1 : length],n+1)
    return root


#用于计算维度距离
def computerDistance(self,pt1, pt2):
    sum = 0.0
    for i in range(len(pt1)):
        sum = sum + (pt1[i] - pt2[i]) ** 2
    return sum ** 0.5

'''
KNN算法
query目标点
k数量
'''
def KNN(self,query,k):
    # 存储最近的k个点
    node_K = []
    # k个点到目标点的距离
    node_dist = []
    # 存储回溯的父节点
    nodeList = []
    #从根节点出发
    temp_root = self.root
    while temp_root:
        #保存所有访问过的父节点
        nodeList.append(temp_root)
```

```
            # 计算距离
            dist = self.computerDistance(query,temp_root.point)
            # 若不足K个,直接添加
            if len(node_K) < k:
                node_dist.append(dist)
                node_K.append(temp_root.point)
            else :
                # 获取最大距离
                max_dist = max(node_dist)
                # 距离小于已存储的最大距离
                if dist < max_dist:
                    #获取最大距离的下标
                    index = node_dist.index(max_dist)
                    #删除
                    del(node_K[index])
                    del(node_dist[index])
                    # 添加
                    node_dist.append(dist)
                    node_K.append(temp_root.point)
            split = temp_root.split
            #找到最靠近的叶节点
            if query[split] <= temp_root.point[split]:
                temp_root = temp_root.leftNode
            else:
                temp_root = temp_root.rightNode
        #回溯访问父节点,另一个父节点的子节点中可能有更近的
        while nodeList:
            back_point = nodeList.pop()
            split = back_point.split
            max_dist = max(node_dist)
            #若满足进入该父节点的另外一个子节点的条件
            if len(node_K) < k or abs(query[split] - back_point.point[split]) <
max_dist:
                #进入另外一个子节点
                if query[split] <= back_point.point[split]:
                    temp_root = back_point.rightNode
                else:
                    temp_root = back_point.leftNode
                # 若不为空
                if temp_root:
                    nodeList.append(temp_root)
                    #计算距离
                    curDist = self.computerDistance(temp_root.point,query)
                    # 若最大距离大于当前距离
                    if max_dist > curDist and len(node_K) == k:
```

```
                        #删除原有的
                        index = node_dist.index(max_dist)
                        del(node_K[index])
                        del(node_dist[index])
                        #添加新的
                        node_dist.append(curDist)
                        node_K.append(temp_root.point)
                    # 不足K个时直接添加
                    elif len(node_K) < k:
                        node_dist.append(curDist)
                        node_K.append(temp_root.point)
        # 返回搜索到的点和距离
        return node_K+node_dist


list = [(3, 2), (7, 3), (4, 6), (5, 7), (8, 9), (11, 5), (12, 8), (13, 1), (14, 4),
(14, 10)]
tree = KDTree(list)
r = tree.KNN((13,6),3)
print(r)
```

以上代码的运行结果如图5-42所示,输出的是最近的3个点和距离。

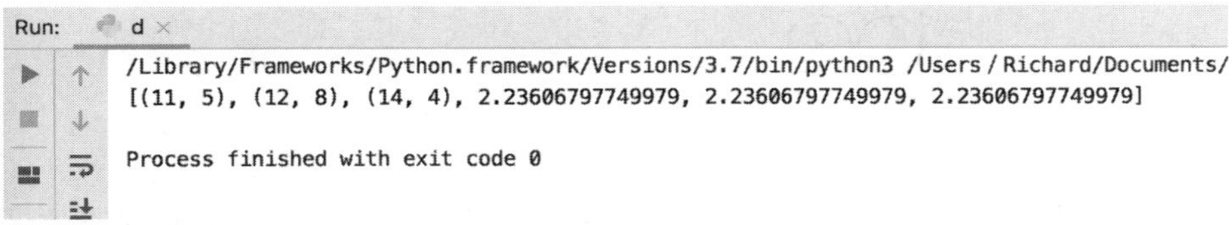

图5-42　运行结果

5.6　赫夫曼树

赫夫曼树又被称为哈夫曼树、最优二叉树,是带权路径长度最短的二叉树。带权路径长度是指树中所有叶节点的权值乘以该叶节点到根节点的路径长度(若根节点为0层,则叶节点到根节点的路径长度为叶节点的层数),记为 $WPL=(W_1*L_1+W_2*L_2+W_3*L_3+...+W_n*L_n)$, W 是指叶节点权值, L 是指从根节点到该叶节点的路径长度。

赫夫曼树是生成赫夫曼编码的数据结构,赫夫曼编码是无损压缩算法的基础,也是无损压缩算法的鼻祖。

5.6.1　赫夫曼树的构建

给定 N 个权值(可以理解成节点的值,在压缩算法中,通常是某字符或字节出现的次数)作为 N 个叶节点,构造一棵带有 N 个叶节点二叉树的过程如下。

(1)将所有权值创建为节点。

(2)取出权值最小的两个节点,生成一棵子树,两个节点作为叶节点,根节点为两个叶节点的权值之和。

(3)将生成的子树重新放入原序列中。

(4)重复(2)(3)步,直到序列中只有一个节点时,该节点便是赫夫曼树的根节点。

接下来以权值[13,10,23,6,76,18,3,52,80]为例构建赫夫曼树,首先将所有权值创建为节点并排序,如图5-43所示。

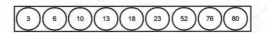

图5-43 所有赫夫曼树的叶节点

取出前两个较小权值的节点3和6,创建一棵子树,根节点的权值为两子节点之和,然后再放回原序列中并排序,如图5-44所示。

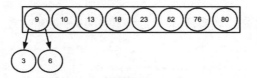

图5-44 创建子树

再次取出最小的两个节点(此时叫二叉树更合适)9和10,再一次创建二叉树,放回原序列中并排序,如图5-45所示。

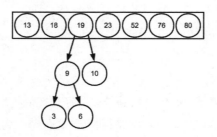

图5-45 继续创建子树

重复以上步骤,如图5-46所示。

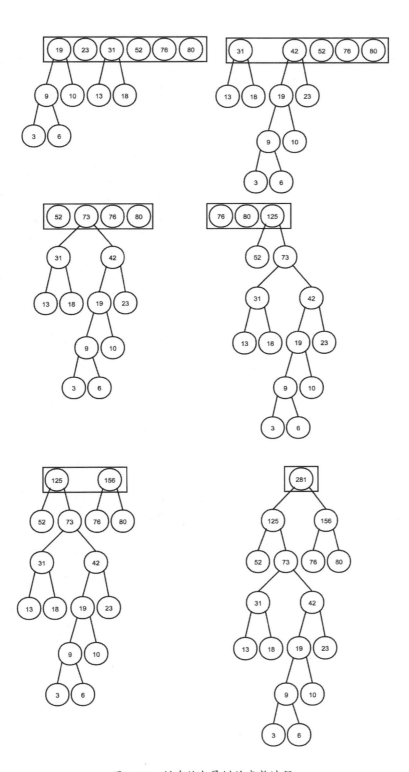

图5-46　创建赫夫曼树的完整过程

当序列中只有一个节点时,该节点即为赫夫曼树的根节点,完整代码如下。

```python
#赫夫曼树的节点
class Node():
    def __init__(self,weigh,leftNode=None,rightNode=None):
        # 权值
        self.weigh = weigh
        self.leftNode = leftNode
        self.rightNode = rightNode

    def __str__(self):
        return str(self.weigh)


def getHuffmanTreeRoot(list):
    nodes = []
    # 全部转为节点
    for i in list:
        nodes.append(Node(i))
    # 只要节点数量超过1就循环
    while len(nodes) > 1:
        # 排序,倒序排序可以直接pop出最小的两个元素
        nodes.sort(key=lambda x:x.weigh,reverse=True)
        # 弹出最小的两个元素 n1 < n2
        n1 = nodes.pop()
        n2 = nodes.pop()
        # 创建根节点
        n3 = Node(n1.weigh+n2.weigh,n1,n2)
        #添加回原序列
        nodes.append(n3)
    return nodes[0]
if __name__ == '__main__':
    list = [13,10,23,6,76,18,3,52,80]
    root = getHuffmanTreeRoot(list)
    print(root)
```

以上代码运行结果如图5-47所示,创建的赫夫曼树的根节点权值为281。

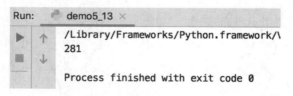

图5-47 创建赫夫曼树的运行结果

5.6.2 应用:数据压缩与解压缩

正常情况下,计算机中所有的数据都是以定长编码来编码和解码的,以字符串为例,每一个字符

都是使用一到若干个字节来存储,每个字节8位。也就是说,无论这个字符是使用得多还是少,都是编码为固定长度的二进制。以存储字符串"can you can a can as a can canner can a can?"为例,由于每一个字符都是使用ASCII码进行编码和解码,例如字符a的存储方式是将其转为ASCII码表中的数字97,然后将97使用二进制的方式存储为01100011,因此每一个字符都会以同样的方式编码为8位,也就是一个字节。所以整个字符串占用44个字节(44个字符,包括空格),44*8=352位,完整二进制如下(为方便读者阅读,每8位中间增加了一个空格,实际存储时是没有空格的)。

```
01100011 01100001 01101110 00100000 01111001 01101111 01110101 00100000 01100011
01100001 01101110 00100000 01100001 00100000 01100011 01100001 01101110 00100000
01100001 01110011 00100000 01100001 00100000 01100011 01100001 01101110 00100000
01100011 01100001 01101110 01101110 01100101 01110010 00100000 01100011 01100001
01101110 00100000 01100001 00100000 01100011 01100001 01101110 00111111
```

非定长编码就是根据数据出现的次数决定编码长度,将出现次数较多的数据编码为较短的二进制码,将出现次数较少的数据编码为较长的二进制码,由于大多的数据都被编码成了较短的二进制码,便实现了数据的无损压缩。同样以存储字符串"can you can a can as a can canner can a can?"为例,首先计算出各字符出现的次数,见表5-1。

表5-1 统计字符出现的次数

字符	a	(空格)	n	c	o	?	y	e	u	s	r
次数	11	11	8	7	1	1	1	1	1	1	1

例如,将a编码为1,将空格编码为10,n编码为11,c编码为100……见表5-2。

表5-2 假设的非定长编码

字符	a	(空格)	n	c	o	?	y	e	u	s	r
编码	1	10	11	100	101	110	111	1000	1001	1010	1011

使用以上编码编出的原字符串结果如下。

```
100111101111011001101001111011010011110110101011010011110100111111000101110100111
10110100111110
```

此时的长度为95位,虽然短了不少,但是这样的编码方式却没办法正确解码。例如,编码时前面的can中c对应编码为100,a为1,n为11,所以编码为100 1 11,去除空格后为100111,但解码时,由于没有空格分隔,不知道是把10解码为空格还是把100解码为c。因此,使用非定长编码进行编码时,要求编码必须是前缀编码,所谓前缀编码,是指任何编码都不是其他编码的前缀。

生成前缀编码最简单有效的方式就是将所有需要编码的字符出现的次数作为权值构建赫夫曼树,然后从根节点出发遍历所有叶节点,规定向左走为0,向右走为1,到达叶节点时经过的所有路径即为该叶节点对应的字符的前缀编码。同样以字符串"can you can a can as a can canner can a can?"为例,每个字符出现的次数见表5-1。将赫夫曼树节点修改如下,即增加一个属性用于存储该节点对应的字符。

```
#赫夫曼树的节点
class Node():
    def __init__(self,weigh,value=None,leftNode=None,rightNode=None):
        # 权值
        self.weigh = weigh
        # 节点的值,用于存储节点对应的字符
        self.value = value
        self.leftNode = leftNode
        self.rightNode = rightNode
```

使用字符出现的次数作为权值构建的赫夫曼树如图5-48所示(构建的赫夫曼树不是唯一的,比如,u节点和r节点互换位置也不影响结果,因为它们的权值都是1)。

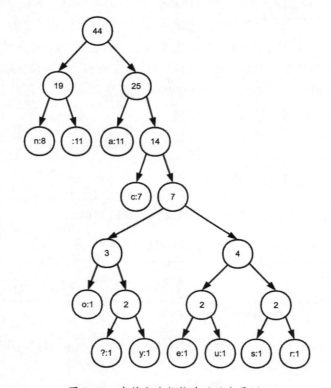

图5-48　字符和次数构建的赫夫曼树

规则向左为0,向右为1(也可以反过来,同样不影响结果),如图5-49所示。

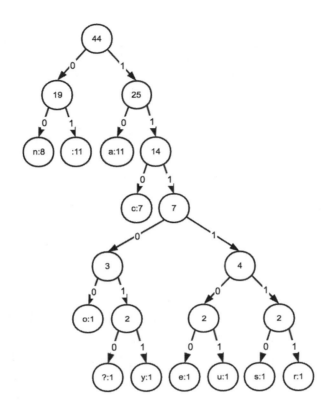

图 5-49　左路径为 0, 右路径为 1

从根节点出发, 到达每一个叶节点时经过的路径便是这个字符的编码。例如到 n 节点经过的路径是 00, 所以 n 字符的编码是 00, 由于使用的是赫夫曼树, 编码是赫夫曼树中的路径, 因此不会出现一个字符的编码是另一个字符的编码的前缀的情况, 所有字符的编码见表 5-3。

表 5-3　通过赫夫曼树生成的前缀编码

字符	a	(空格)	n	c	o	?	y	e	u	s	r
编码	10	01	00	110	11100	111010	111011	111100	111101	111110	111111

通过赫夫曼树生成赫夫曼编码的代码如下。

```
# 根据传入的赫夫曼树生成赫夫曼编码
def getHuffmanCodes(root):
    return __getHuffmanCodes(root,'')

def __getHuffmanCodes(root,code):
    #结束递归条件
    if root is None:
        return
    #用于存储结果的字典
    dict = {}
```

```
    # 在原来的code的基础上加上0后向左递归
    c1 = code+'0'
    d1 = __getHuffmanCodes(root.leftNode,c1)
    if d1:
        # 把递归生成的编码存入dict中
        dict.update(d1)
    c2 = code+'1'
    # 在原来的code的基础上加上1后向右递归
    d2 = __getHuffmanCodes(root.rightNode,c2)
    if d2:
        dict.update(d2)
    # 如果是叶节点
    if root.leftNode is None and root.rightNode is None:
        # 将code存入dict中
        dict[root.value] = code
    return dict
```

再以表5-3的前缀编码完成对原字符的编码。

```
11010000111101111100111101011101000011001110100001101111100110011101000011101000000
1111001111110111010000110011101000111010
```

压缩字符串其实就是直接替换字符串中的字符为相应的赫夫曼编码,代码如下。

```
# 将字符串编码,直接替换字符串
# dict 字符和次数的字典
# codes 赫夫曼编码
def toStrByte(src,dict,codes):
    # 编码字符串
    for kv in dict.items():
        src = src.replace(kv[0], codes[kv[0]])
    return src
```

编码完成后的字符串是一个用字符串表示的二进制,不能直接存储,如果直接存储反而比原字符串更占空间了,因为每一个0或1都会占用一个字节,所以还需要将这个字符串处理为字节数组。但由于计算机中存储信息都是以字节为单位,因此在处理成字节数组之前还需要将其处理成8的倍数,即最后不足8位需要补足8位。但无论是用0还是用1补足8位,都有可能会影响到解码的结果,于是在最后再添加一个字节用于存储补足了几位。例如,在本例中编码后的二进制长122位,122%8=2,即最后一个字节只有两位,也就是10,若直接补齐为10000000,解码的时候没办法处理,所以在最后再添加一个字节表示最后补了6位。6对应的二进制为00000110,所以应该在最后添加补齐的6个0和二进制的6,即00000000000110,完整代码如下。

```
# 将二进制字符串转为字符数组
def bitstring_to_bytes(s):
    v = int(s, 2)
    b = bytearray()
    while v:
        b.append(v & 0xff)
```

```
        v >>= 8
    return bytes(b[::-1])
```

\# 将数字转为对应的8位的二进制字符串,如6-->'00000110'
```
def numToBitStr(num):
    s = ''
    while num:
        num, j = num // 2, num % 2
        s += str(j)
    # 不足8位加0
    for x in range(8 - len(s)):
        s += '0'
    # 倒置
    s = s[::-1]
    return s
```

\#将字符串的二进制补齐8的倍数位、标记添加位数、转为byte数组
```
def toByte(strByte):
    # 获取最后字节的二进制位数
    l = 8-len(strByte)%8
    # 添加8-l个0,例如最后字节有两位,则添加8-2=6个0
    for i in range(l):
        strByte+='0'
    # 计算l的二进制字符串
    s = numToBitStr(l)
    #将生成的二进制添加到最后
    strByte+=s
    #转为byte数组
    return bitstring_to_bytes(strByte)
```

压缩字符串的完整代码如下。

\#赫夫曼树的节点
```
class Node():
    def __init__(self,weigh,value=None,leftNode=None,rightNode=None):
        # 权值
        self.weigh = weigh
        # 节点的值,用于存储节点对应的字符
        self.value = value
        self.leftNode = leftNode
        self.rightNode = rightNode
```

\# 生成赫夫曼树,返回根节点
\# dict是字符及出现次数的字典
```
def getHuffmanTreeRoot(dict):
    nodes = []
    # 将字典中的键值对依次弹出并创建节点存入nodes中
    for kv in dict.items():
        # 弹了一个键值对
```

```
        # 创建节点,添加节点
        nodes.append(Node(kv[1],kv[0]))
    while len(nodes)>1:
        #排序
        nodes.sort(key=lambda x:x.weigh,reverse=True)
        #弹出两个权值最小节点
        n1 = nodes.pop()
        n2 = nodes.pop()
        n3 = Node(n1.weigh+n2.weigh,None,n1,n2)
        nodes.append(n3)
    return nodes[0]


# 根据传入的赫夫曼树生成赫夫曼编码
def getHuffmanCodes(root):
    return __getHuffmanCodes(root,'')


def __getHuffmanCodes(root,code):
    #结束递归条件
    if root is None:
        return
    #用于存储结果的字典
    dict = {}
    # 在原来的code的基础上加上0后向左递归
    c1 = code+'0'
    d1 = __getHuffmanCodes(root.leftNode,c1)
    if d1:
        # 把递归生成的编码存入dict中
        dict.update(d1)
    c2 = code+'1'
    # 在原来的code的基础上加上1后向右递归
    d2 = __getHuffmanCodes(root.rightNode,c2)
    if d2:
        dict.update(d2)
    # 如果是叶节点
    if root.leftNode is None and root.rightNode is None:
        # 将code存入dict中
        dict[root.value] = code
    return dict


# 将字符串编码,直接替换字符串
# dict 字符和次数的字典
# codes 赫夫曼编码
def toStrByte(src,dict,codes):
    # 编码字符串
    for kv in dict.items():
        src = src.replace(kv[0], codes[kv[0]])
    return src


# 将二进制字符串转为字符数组
```

```python
def bitstring_to_bytes(s):
    v = int(s, 2)
    b = bytearray()
    while v:
        b.append(v & 0xff)
        v >>= 8
    return bytes(b[::-1])

# 将数字转为对应的8位的二进制字符串,如6--> '00000110'
def numToBitStr(num):
    s = ''
    while num:
        num, j = num // 2, num % 2
        s += str(j)
    # 不足8位加0
    for x in range(8 - len(s)):
        s += '0'
    # 倒置
    s = s[::-1]
    return s


#将字符串的二进制补齐8的倍数位、标记添加位数、转为byte数组
def toByte(strByte):
    # 获取最后字节的二进制位数
    l = 8-len(strByte)%8
    # 添加8-1个0,例如最后字节有两位,则添加8-2=6个0
    for i in range(l):
        strByte+='0'
    # 计算l的二进制字符串
    s = numToBitStr(l)
    #将生成的二进制添加到最后
    strByte+=s
    #转为byte数组
    return bitstring_to_bytes(strByte)


#压缩字符串
def zipString(src):
    dict = {}
    # 统计出现次数
    for c in src:
        dict[c] = src.count(c)
    # 生成赫夫曼树
    root = getHuffmanTreeRoot(dict)
    # 生成赫夫曼编码
    codes = getHuffmanCodes(root)
    # 编码为二进制的字符串
    strByte = toStrByte(src,dict,codes)
    # 转为字节数组
    return toByte(strByte)
```

```
if __name__ == '__main__':
    src = 'can you can a can as a can canner can a can?'
    print(len(src))
    # 压缩
    bs = zipString(src)
    print(bs)
    print(len(bs))
```

以上代码的运行结果如图5-50所示。

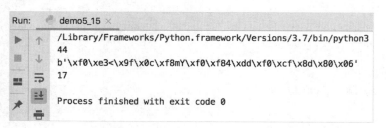

图5-50　字符串压缩结果

通过运行结果可以看到字符串原长度为44字节,压缩后的长度为17字节。

压缩率高达17/44=38.6%！而且,使用这种算法完成的编码是可以成功解码的,通过遍历二进制编码是可以还原字符串的,做到无损压缩。解码的过程如下。

(1)将字节数组中最后一个字节的数字n取出,这个数字标记了前面最后一个字节补了几位0。

(2)将字节数组转为二进制的字符串。

(3)删除字符串中最后的$n+8$位。

(4)遍历二进制字符串。

(5)从上一次找到编码的位置开始到当前遍历位置取出二进制码,去原编码表中查看是否有这个编码(注意,编码和解码必须使用同一个编码表)。

(6)如果没有,重复第(5)步。

(7)如果有,还原字符,再重复第(5)步。

以解码前文编码的字节数组为例,该字节数组对应的二进制字符串如下。

11010000111101111100111101011101000011001110100001101111100110011101000011101000001111001111110110100001100111010001110100000000000000110

首先取出最后8位00000110,转为10进制数为6,然后将字符串中最后的6+8=14位删除,所以需要解码的字符串如下。

11010000111101111100111101011101000011001110100001101111100110011101000011101000001111001111110110100001100111010001110100

然后从头开始遍历二进制字符串,表5-3中没有1这个编码,继续向后遍历,11也没有,110有对应的字符为c,于是取出字符c,继续向后遍历,1没有对应的字符,10有对应的字符是a,取出字符a。继续遍历完整个二进制码,可以还原整个字符串。

解压缩的完整代码如下,由于解压缩时需要使用同样的编码表,因此将解压缩和压缩的代码写在一起(在压缩二进制文件时可以将编码表一起写入压缩文件中)。

```python
#赫夫曼树的节点
class Node():
    def __init__(self,weigh,value=None,leftNode=None,rightNode=None):
        # 权值
        self.weigh = weigh
        # 节点的值,用于存储节点对应的字符
        self.value = value
        self.leftNode = leftNode
        self.rightNode = rightNode


# 生成赫夫曼树,返回根节点
# dict是字符及出现次数的字典
def getHuffmanTreeRoot(dict):
    nodes = []
    # 将字典中的键值对依次弹出并创建节点存入nodes中
    for kv in dict.items():
        # 弹了一个键值对
        # 创建节点,添加节点
        nodes.append(Node(kv[1],kv[0]))
    while len(nodes)>1:
        #排序
        nodes.sort(key=lambda x:x.weigh,reverse=True)
        #弹出两个权值最小节点
        n1 = nodes.pop()
        n2 = nodes.pop()
        n3 = Node(n1.weigh+n2.weigh,None,n1,n2)
        nodes.append(n3)
    return nodes[0]

# 根据传入的赫夫曼树生成赫夫曼编码
def getHuffmanCodes(root):
    return __getHuffmanCodes(root,'')


def __getHuffmanCodes(root,code):
    #结束递归条件
    if root is None:
        return
    #用于存储结果的字典
    dict = {}
    # 在原来的code的基础上加上0后向左递归
    c1 = code+'0'
    d1 = __getHuffmanCodes(root.leftNode,c1)
    if d1:
        # 把递归生成的编码存入dict中
        dict.update(d1)
```

131

```
        c2 = code+'1'
        # 在原来的code的基础上加上1后向右递归
        d2 = __getHuffmanCodes(root.rightNode,c2)
        if d2:
            dict.update(d2)
        # 如果是叶节点
        if root.leftNode is None and root.rightNode is None:
            # 将code存入dict中
            dict[root.value] = code
    return dict


# 将字符串编码直接替换字符串
# dict 字符和次数的字典
# codes 赫夫曼编码
def toStrByte(src,dict,codes):
    # 编码字符串
    for kv in dict.items():
        src = src.replace(kv[0], codes[kv[0]])
    return src


# 将二进制字符串转为字符数组
def bitstring_to_bytes(s):
    v = int(s, 2)
    b = bytearray()
    while v:
        b.append(v & 0xff)
        v >>= 8
    return bytes(b[::-1])


# 将数字转为对应的8位的二进制字符串,如6-->'00000110'
def numToBitStr(num):
    s = ''
    while num:
        num, j = num // 2, num % 2
        s += str(j)
    # 不足8位加0
    for x in range(8 - len(s)):
        s += '0'
    # 倒置
    s = s[::-1]
    return s


#将字符串的二进制补齐8的倍数位、标记添加位数、转为byte数组
def toByte(strByte):
    # 获取最后字节的二进制位数
    l = 8-len(strByte)%8
    # 添加8-l个0,例如最后字节有两位,则添加8-2=6个0
    for i in range(l):
        strByte+='0'
```

```
   # 计算1的二进制字符串
   s = numToBitStr(l)
   #将生成的二进制添加到最后
   strByte+=s
   #转为byte数组
   return bitstring_to_bytes(strByte)


#压缩字符串
def zipString(src):
   dict = {}
   # 统计出现次数
   for c in src:
      dict[c] = src.count(c)
   # 生成赫夫曼树
   root = getHuffmanTreeRoot(dict)
   # 生成赫夫曼编码
   codes = getHuffmanCodes(root)
   # 编码为二进制的字符串
   strByte = toStrByte(src,dict,codes)
   # 返回字节数组和赫夫曼编码
   return (toByte(strByte),codes)

# 解压缩字符串,bytearray为压缩后的字节数组
def unzip(bytearray,codes):
   # 取出最后一位的数字
   count = bytearray[len(bytearray)-1]
   string = ''
   # 将传入的字节数组转为二进制的字符串
   for b in bytearray:
      string+=numToBitStr(b)
   # 后面的count+8不要了
   string = string[:len(string)-(count+8)]
   # 将赫夫曼编码的键值换一下,方便找出对应的字符,原来的键是字符,值是编码,换为键是编码,值是
字符
   dict = {}
   for kv in codes.items():
      dict[kv[1]]=kv[0]
   s = ''
   # 遍历二进制字符串,还原原字符串
   i,j = 0,1
   while i+j<=len(string):
      # 取出编码
      code = string[i:i+j]
      # 编码存在
      if code in dict:
         s+=dict[code]
         i+=j
         j=1
      # 编码不存在,j+1后再一次循环判断
```

```
    else:
        j+=1
    return s

if __name__ == '__main__':
    src = 'can you can a can as a can canner can a can?'
    # 压缩字符串，获取字符数组和编码
    bs,codes = zipString(src)
    print(bs)
    # 解压缩
    string = unzip(bs,codes)
    print(string)
```

以上代码的运行结果如图5-51所示。

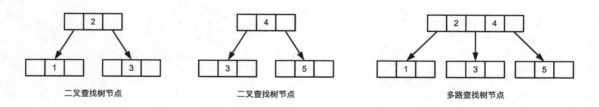

图5-51　字符串解压缩结果

使用赫夫曼编码不仅可以压缩字符串，也可以压缩二进制文件，具体请参考本章应用部分。

 5.7　多路查找树

多路查找树也是一棵查找树，同时也是一棵多叉树（一个节点的子节点可能不止两个）。一棵多路查找树的节点可以看成若干个二叉查找树的节点的合并，如图5-52所示。

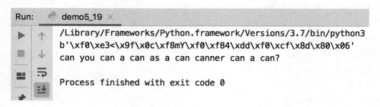

图5-52　多路查找树节点

多路查找树要求所有的叶节点都在同一层。

5.7.1　2-3树

2-3树是多路查找树的一种情况，即所有的叶节点都必须要在同一层上，且满足以下要求。

（1）每一个节点（除叶节点外）都具有两个孩子（称为2节点）或三个孩子（称为3节点）。

（2）一个2节点包含一个元素和两个孩子（或没有孩子）。

（3）一个3节点包含一小一大两个元素和三个孩子（或没有孩子）。

以序列[7,6,2,4,8,9,1,3,5]为例，创建2-3树的过程如下。

首先以数字7创建节点，作为2-3树的唯一一个节点，此时该节点为2节点，然后再将数字6从根节点开始向下找叶节点，此时由于只有一个根节点，所以找到的节点便是根节点，再对比6和7的大小，将6插入该节点的左值（左边的值）中，7作为该节点的右值，此节点由2节点变为3节点，如图5-53所示。

图5-53　插入7和6

继续插入数字2，找到的叶节点依然是根节点，若此时直接将2插入该节点中，则该节点成为4节点，但在2-3树中只允许有2节点和3节点，所以需要将4节点进行拆分。拆分的方式就是将中间的6作为根节点，2作为左子节点，7作为右子节点，如图5-54所示。

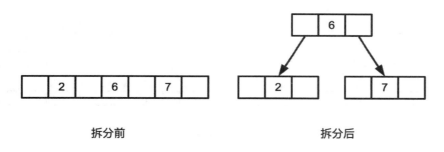

拆分前　　　　　　　　　　　　　　拆分后

图5-54　将2插入2-3树中

继续处理下一个数字4，同样从根节点出发找叶节点，由于4小于6，所以向左找，根节点的左子节点为叶节点，则目标节点为根节点的左子节点；由于4大于2，所以将4作为该节点的右值插入，插入后该节点为3节点，如图5-55所示。

以同样的方式插入数字8，如图5-56所示。

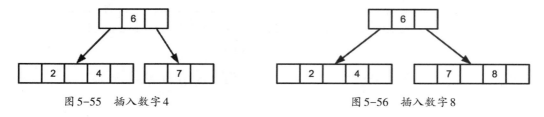

图5-55　插入数字4　　　　　　　　　图5-56　插入数字8

继续插入数字9，由于9大于根节点的6，所以向右找到右子节点为叶节点。该节点已经是一个3节点，如果直接插入9，该节点将变为4节点，所以需要进行拆分。拆分的方式就是将8向上添加到根节点中,7作为根节点的中间子节点,8作为根节点的右子节点,如图5-57所示。

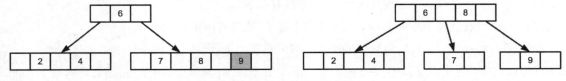

图5-57 插入数字9后拆分

继续插入数字1,从根节点出发找到相应的叶节点,以2为左值、4为右值的叶节点已经是一个3节点,所以需要进行拆分。用同样的处理方式将2向上拆分到其父节点,如图5-58所示。

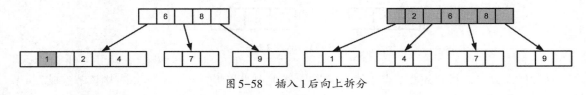

图5-58 插入1后向上拆分

将2向上拆分以后,根节点本来是一个3节点,现在变成了4节点。因为2-3树中最多只能有3节点,所以还需要再一次向上拆分,即将6作为父节点,2和8作为左右子节点,如图5-59所示。

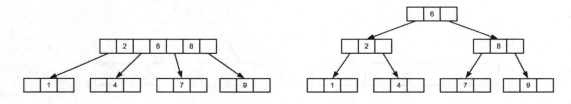

图5-59 继续向上拆分

继续插入数字3,如图5-60所示。

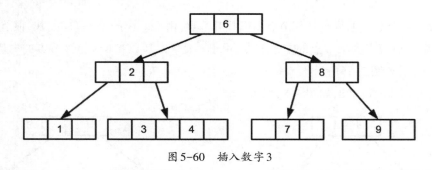

图5-60 插入数字3

再插入数字5,插入数字5以后,3-4-5节点变成了4节点,所以需要向上拆分,拆分后如图5-61所示。

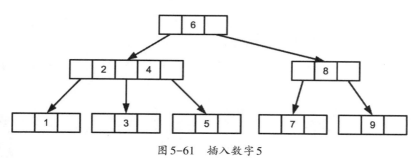

图 5-61   插入数字 5

创建 2-3 树的完整代码如下。

```
'''
2-3树节点类
'''
class Node(object):
    def __init__(self, value):
        # 左值
        self.value1 = value
        # 右值
        self.value2 = None
        # 左子节点
        self.leftNode = None
        # 中间子节点
        self.middleNode = None
        # 右子节点
        self.rightNode = None

    # 判断是否是叶节点
    def isLeaf(self):
        return self.leftNode is None and self.middleNode is None and self.rightNode is
None

    # 节点是否满了,默认情况下从左向右排列,即,如果是二节点,使用leftNode和middleNode指针
    def isFull(self):
        return self.value2 is not None

    # 根据给定的值获取子节点
    def getChild(self, value):
        # 给定的值比左值小
        if value < self.value1:
            return self.leftNode
        # 右值为空
        elif self.value2 is None:
            return self.middleNode
        # 右值不为空且给定值比右值更小
        elif value < self.value2:
            return self.middleNode
        # 比右值大
```

```
        else:
            return self.rightNode

...
2-3树
...
class Tree():
    def __init__(self,list):
        self.root = None
        for i in list:
            self.put(i)

    # 添加
    def put(self, value):
        # 根节点为空
        if self.root is None:
            self.root = Node(value)
        else:

            pvalue, pRef = self._put(self.root, value)
            if pvalue is not None:
                newnode = Node(pvalue)
                newnode.leftNode = self.root
                newnode.middleNode = pRef
                self.root = newnode

    # 从node处开始寻找位置并插入值
    def _put(self, node, value):
        # node是叶节点
        if node.isLeaf():
            return self._addtoNode(node, value, None)
        else:
            # 获取子节点
            child = node.getChild(value)
            # 递归处理
            pvalue, pRef = self._put(child, value)
            if pvalue is None:
                return None, None
            else:
                return self._addtoNode(node, pvalue, pRef)

    # 将值添加到该节点
    def _addtoNode(self, node, value, pRef):
        # 节点已满
        if node.isFull():
            return self._splitNode(node, value, pRef)
        else:
            # 给定值小于左值
            if value < node.value1:
```

```
            # 直接存入左值位置,原数据存为右值
            node.value2 = node.value1
            node.value1 = value
            # 将中间子节点换为右子节点,然后中间子节点设置为拆分出来的新节点
            if pRef is not None:
                node.rightNode = node.middleNode
                node.middleNode = pRef
        else:
            # 将给定值存为右值
            node.value2 = value
            # 新节点为右子节点
            if pRef is not None:
                node.rightNode = pRef
        return None, None


    # 向上拆分
    def _splitNode(self, node, value, pRef):
        # 创建新节点
        newnode = Node(None)
        # 若给定值小于左值
        if value < node.value1:
            # 取出左值
            pvalue = node.value1
            # 将给定值存为左值
            node.value1 = value
            # 将右值给新节点
            newnode.value1 = node.value2
            if pRef is not None:
                newnode.leftNode = node.middleNode
                newnode.middleNode = node.rightNode
                node.middleNode = pRef
        # 给定值小于右值
        elif value < node.value2:
            pvalue = value
            newnode.value1 = node.value2
            if pRef is not None:
                newnode.leftNode = pRef
                newnode.middleNode = node.rightNode
        # 给定值大于右值
        else:
            pvalue = node.value2
            newnode.value1 = value
            if pRef is not None:
                newnode.leftNode = node.rightNode
                newnode.middleNode = pRef
        node.value2 = None
        return pvalue, newnode


if __name__ == '__main__':
```

```
list = [7,6,2,4,8,9,1,3,5]
t1 = Tree(list)
print(t1)
```

5.7.2　B树

5.7.1 小节的2-3树其实也是一种B树,B树中拥有最多子节点的节点的子节点数量称为B树的阶,所以2-3树是一棵3阶B树。B树是一棵满足以下条件的多路查找树。

(1)定义任意非叶节点最多只有 M 个子节点,且 $M > 2$。

(2)根节点的子节点数为[2, M]。

(3)除根节点以外的非叶节点的子节点数为[M/2, M]。

(4)每个节点存放至少 M/2–1(取上整)和至多 M–1个数据(至少2个数据)。

(5)非叶节点的数据个数=指向子节点的指针个数–1。

(6)非叶节点的数据:K[1], K[2], …, K[M–1];且K[i] ＜ K[i+1]。

(7)非叶节点的指针:P[1], P[2], …, P[M];其中P[1]指向数据小于K[1]的子树,P[M]指向数据大于K[M–1]的子树,其他P[i]指向数据属于(K[i–1], K[i])的子树。

(8)所有叶节点位于同一层。

以序列[10,5,2,14,7,11,6,9,15,3,8,4,12,13,16]创建的5阶B树如图5-62所示。

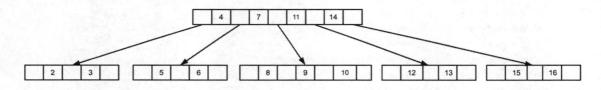

图 5-62　5阶B树

在存储大量数据时,B树可以通过提高树的阶来降低树的高度,在大量数据需要存储而不得不进行持久化时,高阶B树可以解决IO瓶颈问题。

5.7.3　B+树

B+树是B树的一种变体结构,它将所有的数据(关键码)都存储在叶节点,非叶节点仅存储索引信息,所有的叶节点可构成一个线性链表结构。

以序列[7,6,2,4,8,9,1,3,5]为例创建3阶B+树的过程如下。

首先插入7和6,效果和B树相同,如图5-63所示。

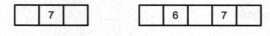

图 5-63　插入7和6

然后插入2,由于创建的是3阶B+树,所以最大只允许有3节点,该节点需要进行拆分。B+树的拆分和B树的拆分不同,由于B+树的非叶节点只存储索引信息,所以所有的数据都需要有叶节点,且拆分后的叶节点的最后一个指针要指向下一个叶节点,如图5-64所示。

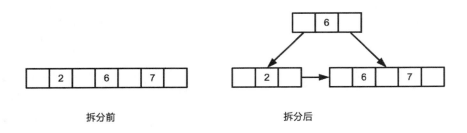

图 5-64   B+树节点的拆分

继续以同样的方式插入所有值,完整的B+树如图5-65所示。

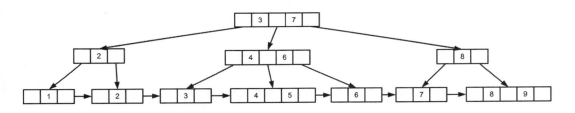

图 5-65   完整的3阶B+树

5.8 高手点拨

(1)二叉查找树的结构特性,从一定程度上解决了线性结构中的顺序存储和链式存储的效率矛盾。而平衡二叉树AVL是为了解决由于插入顺序导致的斜二叉查找树,因为斜二叉查找树的效率较低。

(2)红黑树是为了解决AVL树由于需要达到"绝对平衡"而引起的过量旋转操作而降低效率的问题,所以红黑树也被称为准平衡二叉树。

(3)B树是二叉查找树的扩展,B+树是B树的扩展。

5.9 编程练习

(1)请使用代码实现B树。

(2)请使用代码实现B+树。

(3)请写出"blue glue gun, green glue gun."的赫夫曼树及赫夫曼编码,并使用代码实现。

5.10 面试真题

(1)什么是前缀编码?

(2)存储以赫夫曼编码的数据时,最后一位不足8位应如何处理?

(3)红黑树相对于AVL有什么优点?

(4)B树相对于二叉查找树有什么优点?

第 6 章

堆结构

　　队列可以实现多任务按添加的先后顺序执行的需求，若任务被分为不同的优先级，优先级高的任务哪怕后加入队列也需要先执行，优先级低的任务则需要等待优先级高的任务执行完成，完成此需求需要使用优先队列。实现优先队列可以使用堆结构。

6.1 二叉堆

二叉堆(Binary Heap)是一种特殊的完全二叉树,分为大顶堆(又称最大堆)和小顶堆(又称最小堆),它除了要满足完全二叉树的要求以外,对于一个大顶堆还要求任何节点中的值(关键字)都小于其任一子节点的值,小顶堆则相反,如图6-1所示。由于二叉堆一定是一棵完全二叉树,因此,二叉堆通常情况下使用数组(Python中可以使用列表)来存储(可参考5.2.1小节)。

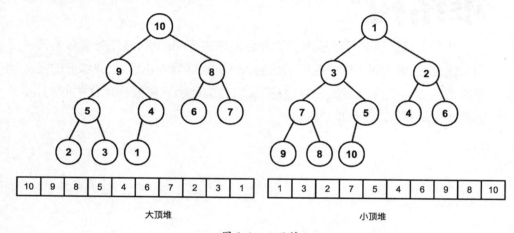

图6-1 二叉堆

 6.2 d-堆

因为二叉堆实现简单,所以大多数需要优先队列的情况都可以使用二叉堆。d-堆是二叉堆的简单延伸,和二叉堆类似,d-堆中除叶节点及最后一个非叶节点以外,其他节点都有 d 个子节点(因此,二叉堆又叫2-堆),所以,存储同样数量的数据,d 越大,堆越浅。如图6-2所示的是一个3-堆。

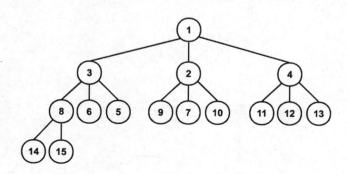

图6-2 3-堆

6.3 二项堆

二项堆(Binomial Heap)又被称为二项队列(Binomial Queue),它是可合并堆的一种,值得注意的是,二项堆并不是一个堆,甚至不是一棵树,而是多棵树的集合(也就是森林 Forest),每一棵树都必须是一棵二项树(Binomial Tree)。二项树 Bk 是一种递归定义的有序树,二项树 B0 只包含一个节点,二项树B1包含两棵二项树B0,二项树B2包含两棵二项树B1,二项树B3包含两棵二项树B2,二项树 Bk包含两棵二项树 B$_{k-1}$。其中一棵树的根是另一棵树的根的最右子节点,如图 6-3 所示的是二项树B0、B1、B2、B3、B4。

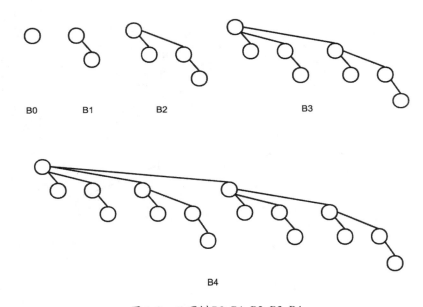

图 6-3 二项树 B0、B1、B2、B3、B4

二项树 Bk 满足以下要求。

(1)高度为k(B0的高度为0)。

(2)共有 2^k 个节点(例如B3共有 2^3=8 个节点)。

(3)在深度 d 处有二项系数$\binom{k}{d}$个节点,例如B2各深度节点数为1、2、1,B3各深度节点数为1、3、3、1,B4各深度节点数为1、4、6、4、1,这也正是二项树名称的由来。

(4)根的度(节点拥有的孩子数量)数为k,大于任何其他节点的度。

二项堆是由若干棵二项树构成的森林,且要求不能有相同的二项树(各二项树的k值必须不同,若有相同的,需要合并),设有数量为13的优先队列,13转为二进制为1101,即 $2^3+2^2+2^0$=13,所以数量为13的二项队列应由B3、B2、B0组成,如图6-4所示。

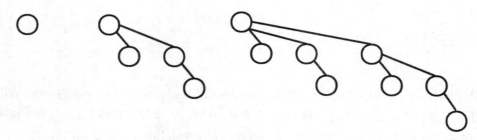

图 6-4　二项队列

二项堆的合并是二项堆的基本操作之一,接下来以合并图 6-5 所示的两个二项堆 H1 和 H2 为例说明基本的合并操作。

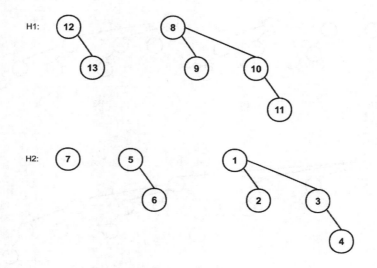

图 6-5　需要合并的两个二项堆

首先将所有的二项树按顺序排列,如图 6-6 所示,由于二项堆中不允许有相同的二项树存在,所以需要合并相同的二项树,即将 2 个 Bk-1 合并为一个 Bk。合并时需要从右向左合并相同的二项树,将根节点较大的二项树作为根节点较小的二项树的右子节点。重复此过程,直到没有相同的二项树为止。

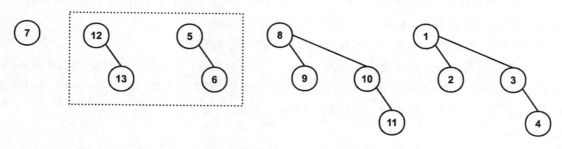

图 6-6　待合并的两棵二项树 B1

合并两棵二项树B1后如图6-7所示。

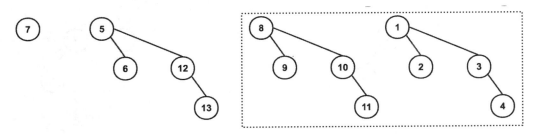

图6-7　两个待合并的B2

继续合并两个B2，合并后由于没有相同的二项树，所以合并完成，如图6-8所示。

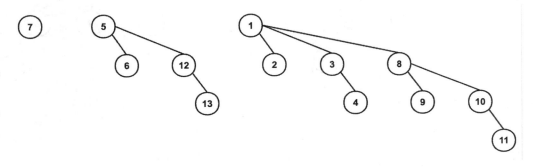

图6-8　合并完成

创建二项堆的过程可以理解为不断地进行合并的过程，以序列[5,3,7,1,2,8,9,4,6]为例创建二项堆的过程如图6-9至图6-17所示。

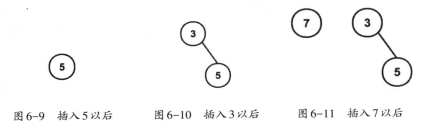

图6-9　插入5以后　　　图6-10　插入3以后　　　图6-11　插入7以后

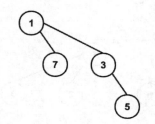

图 6-12　插入 1 以后

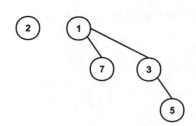

图 6-13　插入 2 以后

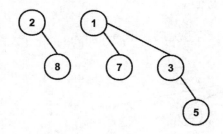

图 6-14　插入 8 以后

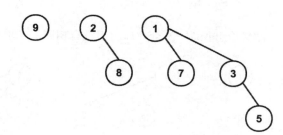

图 6-15　插入 9 以后

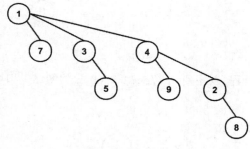

图 6-16　插入 4 以后

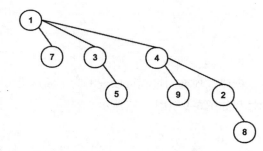

图 6-17　插入 6 以后

6.4　斐波那契堆

斐波那契堆(Fibonacci Heap)和二项堆相似,可以理解成松散的二项堆,不涉及删除元素的操作时,仅需要 $O(1)$ 的平摊运行时间[①]。斐波那契堆也是一种可合并堆,由多棵树组成,不同的是,组成斐波那契堆的树可能不是二项树。二项堆在每次插入一个新的节点(单节点的二项树)时都需要检查并合并相同的二项树,这使二项堆具有较高的平摊运行时间。而斐波那契堆则是使用了懒惰合并(Lazy

①　平摊分析在计算机科学中是算法分析中的方法,常用于分析数据结构(动态的数据结构),在使用平摊分析前须知道数据结构的各种操作可能发生的时间,并计算出最坏情况下的操作情况并加以平均,得到操作的平均耗费时间(即平摊运行时间)。平摊分析只能确保最坏情况性能的每次操作耗费的平均时间,并不能确认平均情况性能。

Merge)策略,使之具有较高的平摊运行时间,即在插入新的节点(也即单节点的二项树)时并不执行合并操作,只有在进行Pop Min(取出最小节点)操作时才执行合并操作,因此使用斐波那契堆具有较高的平摊运行时间。

斐波那契堆在执行了DecreaseKey(降级)和DeleteMin(删除)操作后,由于使用了懒惰策略,并不会执行拆分或合并操作,所以树的高度并未发生变化,此时节点数少于2^k个,此时的树便不是二项树。

斐波那契堆中所有的树都是无序排列的,所有树的根构成一个双向循环表链,使用Min指针指向最小节点作为起点,如图6-18所示。

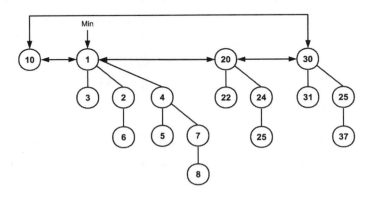

图6-18　斐波那契堆

向斐波那契堆中插入节点时通常直接将新节点插入在min节点的左侧即可,由于斐波那契堆采用懒惰策略,所以插入新节点后并不执行合并操作,图6-18所示的斐波那契堆插入新节点9后如图6-19所示。

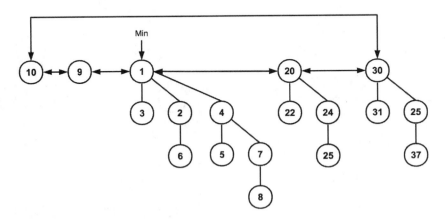

图6-19　插入新节点

6.5 左式堆

二叉堆通常使用数组实现,两个二叉堆在进行合并操作时的时间复杂度为 $O(n)$,这在实践中是难以接受的。二项堆在合并操作上将时间复杂度降低到了 $O(\log n)$,但是二项堆在实现上难度较大,特别是在做 OJ(Online Judge,通常指在线编程竞赛系统)时更不可取。左式堆(Leftist Heap)在一定程度上解决了以上问题,左式堆又称为最左堆、左倾堆,是一棵以二叉树形式构建的极为不平衡的树结构。

NPL(X)是节点 X 的零路径长度 NPL(Null Path Length),是指从节点 X 出发,到一个没有两个子节点的最短路径的长。所以,若某个节点只有 0 个子节点或一个子节点,则它的 NPL 为 0,Null 的 NPL 为-1,记为 NPL(Null)=-1。图 6-20 所示的树中标记了各节点的 NPL。

图 6-20 所示的树同时也是一个左式堆,左式堆是满足以下性质的堆结构。

(1)左子节点的 NPL 大于等于右子节点的 NPL。

(2)节点的 NPL 等于最小的子节点的 NPL 加 1。

合并是左式堆的基本操作,插入操作可以看成是将一个节点的左式堆与另一个左式堆合并,合并左式堆 H1 和 H2(设 H1 的根节点小于 H2)操作分为两种情况。

(1)H1 根节点无右子节点。

H1 根节点无右子节点时,直接将 H2 作为 H1 根节点的右子节点,然后判断根节点的左子节点和右子节点的 NPL,若左子节点 NPL 小于右子节点 NPL,则交换左右子节点的位置,若左子节点的 NPL 大于等于右子节点的 NPL,则位置不变,合并完成。

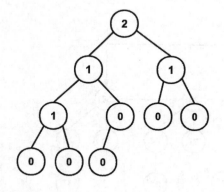

图 6-20　左式堆

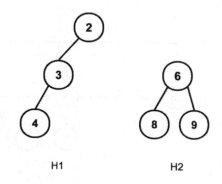

图 6-21　需要合并的左式堆

如合并图 6-21 所示的两个左式堆,由于 2 小于 6,所以将关键字为 2 的左式堆看成 H1,为无右子节点的情况。直接将 H2 作为 H1 的根节点的右子节点,完成以后发现关键字为 3 的节点的 NPL 为 0,而关键字为 6 的 NPL 为 1,此时左子节点的 NPL 小于右子节点的 NPL,需要交换位置,交换位置后合并完成,如图 6-22 所示。

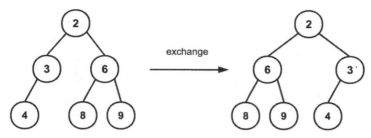

图6-22 合并后交换位置

（2）H1有右子节点。

若H1有右子节点，则将H1的右子节点取出来，作为单独的左式堆和H2进行合并。以合并图6-23所示的两个左式堆为例，H1有右子节点，则需要将H1的右子节点切下来单独和H2进行合并，将合并后的左式堆再和H1合并，再来判断是否交换左右子节点的位置。

切下来的子树和H2再进行合并时，由于6小于10，此时应将原来的H2看成H1，切下来的关键字为10的子树为H2，如图6-24所示。

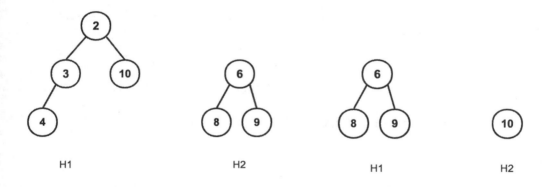

图6-23 需要合并的左式堆   图6-24 新的H1和H2

此时由于H1依然有右子节点，所以应该再一次将H1的右子节点切下来和H2合并，将合并后的左式堆再和H1合并，再判断是否交换位置。将关键字为9的节点切下后继续和H2合并，合并后，由于9的左子节点为Null，所以NPL为−1，右子节点的NPL为0，需要交换位置，如图6-25所示。

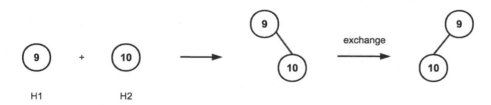

图6-25 两个单节点合并

将图6-25合并后的左式堆再和图6-24中切除了右子节点的H1合并，如图6-26所示。

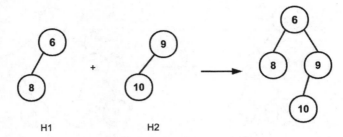

图 6-26　继续合并左式堆

再将图 6-26 合并的左式堆和图 6-23 中切除了右子节点的 H1 合并,如图 6-27 所示。

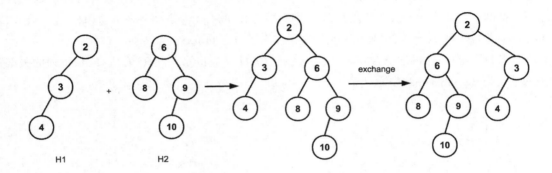

图 6-27　合并完成

没错,左式堆的合并过程其实是一个递归的过程。

6.6　斜堆

斜堆(Skew Heap)是左式堆的自适应版本,所以也叫自适应堆(self-adjusting heap),相对于左式堆,斜堆丢弃了 NPL 这个属性,不需要记录额外的无用信息。斜堆的合并操作与左式堆的合并操作最大的不同在于,斜堆每次合并时都需要交换左右子节点的位置。这使斜堆拥有了一定的自适应能力,当然,也可能使右子节点的路径大于左子节点。

6.7　应用:优先队列

堆排序是堆的简单应用,除了堆排序,堆还可以应用在各种优先队列中。在进行多任务作业调度时,将所有带有优先级的任务传入优先队列中,在优先队列中维护一个堆结构,堆结构的构建使用任务的优先级作为依据,任务出队后需要重新调整内部堆结构,示意图如图 6-28 所示。

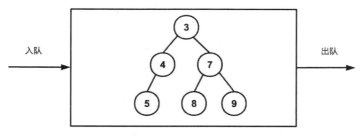

图6-28　优先队列示意图

6.8　高手点拨

(1)堆结构也是一种树结构,只是由于其常用于优先队列,而优先队列是实际业务中使用较多的一种结构,所以堆结构被单独研究。

(2)大多数的优先队列都是使用堆结构实现的,只是不同业务需求可能会采用不同的堆结构。

(3)斐波那契堆是在优先队列中使用较多的一种堆结构。

6.9　编程练习

(1)思考优先队列的使用场景,并使用代码实现。

(2)请使用代码实现二项堆。

6.10　面试真题

(1)说说斐波那契堆和二项堆的异同。

(2)说说你对NPL的理解。

第 7 章

散列结构

　　散列(Hash)也被称为哈希,是一种非常重要的数据结构,在插入、删除和查找方面的性能异常高。但由于其特殊的存储方式,这种结构不支持基于比较大小的任何需求,比如查找最大值、最小值、排序等。

7.1 散列概述

本书前面章节介绍的几种数据结构在存储数据时,数据和数据之间有一定的关系,比如线性结构的一对一关系,树结构的一对多关系及后面章节要学习的图结构的多对多关系。而散列则采用了一种特殊的存储方式,让存储的数据之间没有太大的逻辑关系。

散列是一种思想,是根据关键码值(Key,也称为关键字)直接进行访问或存储的数据结构。也就是说,它是通过把关键码值映射到表中的某一个存储位置来访问或存储数据,以加快查找的速度,这个映射函数叫作散列函数,存放记录的数组叫作散列表(Hash Table)或哈希表。设散列函数为F,数据在散列表中的存储位置和关键码值有以下关系:

数据存储位置=F(关键码值)

以存储表7-1所示的各年龄段员工人数信息为例。

表7-1　某公司各年龄段人数统计

年龄	人数	年龄	人数
18	2	33	26
19	4	34	25
20	5	35	31
21	8	36	25
22	12	37	18
23	23	38	10
24	22	39	13
25	28	40	12
26	22	41	9
27	29	42	7
28	31	43	4
29	35	44	0
30	30	45	3
31	20	45+	5
32	34		

首先将每条数据封装为一个对象,18岁的员工共2人,封装对象表示如图7-1所示。

18	2

图7-1　数据封装的对象示意图

最简单的散列思想是直接将需要存储的数据存储入数组或列表中的相应位置,分析表中数据,年龄分布较为均匀,而人数有较多重复数据,所以这里使用年龄为关键码值更合适。表中年龄最大值为45+，所以可以创建一个长度为46的数组，然后将数据以年龄为存储位置（这里为了简单，设散列函数直接返回年龄值）存储在相应的索引位置，如图7-2所示。

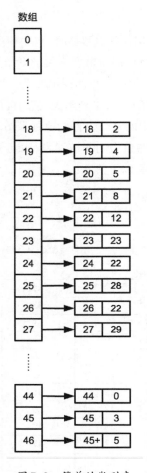

图7-2　简单的散列表

7.2　散列函数的设计

图7-2是理想的散列表，但实际使用时却有个普遍问题——关键码值普遍偏大，例如以电话号码、邮箱为关键码值时，直接将关键码值作为存储位置显然不合适，数组前面都是空的。所以通常情况下散列函数都不会直接返回关键码值，而是通过计算得出一个存储位置，最理想的情况是让所有的数据在散列表中均匀分布。因此，一个好的散列函数应该满足以下要求。

（1）计算简单、快速。

（2）计算出的存储位置分布均匀、冲突少。

所以,设计一个好的散列函数显得尤为重要,下面将介绍几种常见的散列函数的构造方法。

7.2.1　直接定址法

直接定址法就是直接取关键字或关键字的某个线性函数值为散列地址,F(key) = key 或 F(key) = a*key + b,其中 a 和 b 为常数,这种散列函数也称为自身函数。由于直接定址法计算出的地址集合和关键字集合的大小相同。所以,对于不同的关键字不会发生冲突,但实际中使用这种散列函数的情况很少。

7.2.2　相乘取整法

相乘取整法是用关键字 key 乘以某个常数 $A(0 < A < 1)$,并抽取出 key*A 的小数部分,然后用散列表长度 m 乘以该小数后取整。

7.2.3　平方取中法

平方取中法是取关键字平方后的中间几位为散列地址。通过平方扩大差别,另外中间几位与乘数的每一位相关,由此产生的散列地址较为均匀。这是一种较常用的构造散列函数的方法。

7.2.4　除留取余法

除留取余法是取关键字被数 p 除后所得余数为散列地址,F(key) = key MOD p,这是一种最简单也最常用的构造散列函数的方法。它不仅可以对关键字直接取模(MOD),也可在折叠、平方取中等运算之后取模。值得注意的是,在使用除留余数法时,p 的选择很重要,一般情况下可以选 p 为质数或不包含小于20的质因数的合数。

7.2.5　随机数法

选择一个随机函数,取关键字的随机函数值为它的散列地址,即 F(key) = random (key),其中 random 为随机函数。使用此方法构造的散列表查找效率低,失去了散列的意义,使用较少。

7.3　解决冲突

多数情况下,设计的散列函数使用不同的关键字计算出来的散列地址在一定程度上是有可能相同的,比如使用平方取中法、除留取余法设计的散列函数计算出的散列地址。若产生相同的散列地址,就需要解决冲突,否则后面的数据就覆盖前面的数据了。解决散列冲突有两种思想,一种是开放定址法,即通过某种探测技术依次探查其他单元,直到探查到不冲突为止,将元素添加进去。另一种是链地址法,也叫开散列法,就是在发生冲突的地址处挂一个链表、二叉排序树或红黑树等,然后将所有在该位置冲突的数据都插入这个链表、二叉排序树或红黑树中。

7.3.1 线性探测法

线性探测法是开放定址法的一种。线性探测法的思想非常简单,即在产生冲突时从指定位置P处开始向前或向后依次寻找空闲位置。P既可以是产生冲突的位置,也可以是计算出来的指定位置。以通过除留取余法存储序列[14,23,5,4,26,33]为例,14模以10为4,存储在第4个位置,23存储在第3个位置,5存储在第5个位置,第一次产生冲突是在存储数字4时,由于4模以10结果为4,需要存储在第4个位置,但由于第4个位置已经有数据14,所以从数组的0个位置(也可以是其他位置,比如从当前位置4向后找)开始向后找空闲的位置,将4存储在第0个位置,完整存储后如图7-3所示。

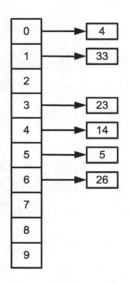

图7-3 线性探测法

7.3.2 平方探测法

平方探测法也是开放定址法的一种。平方探测法在线性探测法的基础上优化了探测的步长,线性探测法是每次向后一个位置探测,可以理解为步长是1,而平方探测法不是每次都向后一个位置探测,而是向n^2处探测,n为探测的次数。以存储序列[14,24,5,4,26,33]为例,14直接存储在第4个位置,存储24时由于第4个位置被占用,所以存储在第5个位置(若选择从当前位置向后探测),5由于第5个位置被占用,所以存储在第6个位置。4由于第4个位置被占用,向后探测第5个位置也被占用,再一次探测是第2次探测，则下一个探测位置是$5+2^2=5+4=9$，所以4存储在第9个位置。完整存储后如图7-4所示。

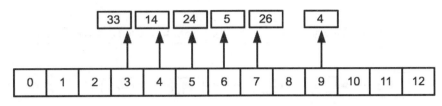

图7-4　平方探测法

7.3.3　链地址法

链地址法是在冲突位置挂一个链表、二叉排序树或红黑树等，以二叉排序树为例，存储序列[63, 15,17,3,6,5,103,43,55,65,23]。存储63时直接创建一个二叉排序树，63作为根节点，挂在数组的第3个位置处。15、17也是同样的处理，存储3时找到挂在3处的二叉排序树，将其插入二叉排序树的合适位置即可，完整存储示意图如7-5所示。

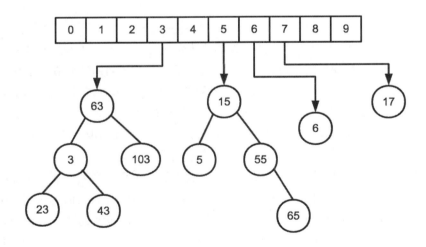

图7-5　数组加二叉排序树

以数组加链表的方式存储时如图7-6所示。

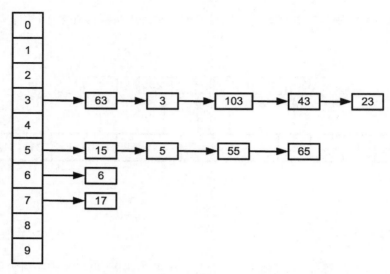

图7-6　数组加链表

7.4 完美散列

在向散列表中插入元素时,如果所有的元素都被散列到同一个链表中,此时数据的存储实际上就是一个链表,那么平均的查找时间为 $O(n)$ 。而实际上,任何一个散列函数都有可能出现这种最坏情况,唯一有效的改进方法就是构建一组散列函数,每次随机地选择散列函数,使之独立于要存储的元素,这种方法称为全域散列。如果某一种散列技术在进行查找时,其最坏情况的内存访问时间复杂度为 $O(1)$,则称其为完美散列。设计完美散列的基本思想是利用两级的散列策略,在每一级上都使用全域散列。

第一级与数组加链表的散列表基本上是一样的,利用从某个全域散列函数族中随机选择的一个散列函数F,将 N 个关键字散列到 M 个槽中。每一个槽不再使用链表结构,而是采用一个较小的二次散列表s,同样通过随机选取散列函数F,可以确保在第二级上不出现散列冲突。如果利用从一个全域散列函数族中随机选择的散列函数F,将 N 个关键字存储在一个大小为 $M = N^2$ 的散列表中,那么出现碰撞的概率小于 $1/2$ 。

为了确保在第二级散列表上不出现散列冲突,需要让散列表s的大小 m 为散列到槽中的关键字数 n 的平方。m 对 n 的这种二次依赖关系看上去可能使总体存储需求很大,但通过适当地选择第一次散列函数,预期使用的总存储空间仍为 $O(n)$,完美散列如图7-7所示。

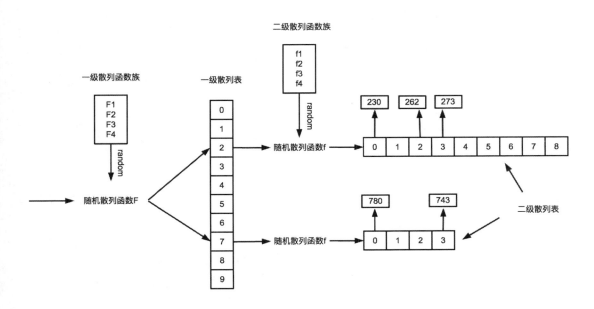

图 7-7　完美散列

7.5　应用

Robin-Karp算法是基于散列的（详见第3章），Rabin-Karp算法的实现如下。

```python
# 散列算法
def hash(src):
    PRIME = 31
    x = PRIME
    for i in src:
        x*=ord(i)
    return x

# 二次验证
def equals(s1,s2):
    for i in range(len(s1)):
        if s1[i]!=s2[i]:
            return False
    return True

# Rabin-Karp 算法
def RKsearch(src,dst):
    # 遍历下标
    for i in range(len(src)-len(dst)+1):
        # 若散列值相同
```

```
    if hash(dst)==hash(src[i:i+len(dst)]):
        # 二次验证
        if equals(dst,src[i:i+len(dst)]):
            return i
    return -1

if __name__ == '__main__':
    i = RKsearch("abcdefg","def")
    print(i)
```

7.6 高手点拨

（1）散列函数的设计是没有标准的，但无论是何种散列函数，需要提供散列冲突时的解决方案。

（2）链地址法是使用较多且高效的散列冲突解决方式，链地址法常见的结构有链表和红黑树（当然也可以是其他的树结构，如AVL树、二叉查找树等），其中，尤以红黑树最为常见。

7.7 编程练习

（1）思考包含姓名、年龄、邮箱等信息的类应如何设计散列函数，并实现它。

（2）请使用代码实现链地址法散列函数。

7.8 面试真题

（1）请说说常见的解决散列冲突的方法。

（2）解决散列冲突最常用有效的方法是什么？为什么？

（3）说出三种散列的应用场景。

（4）散列有什么缺点？

第 8 章

图结构

图结构是一种用于解决多种实际问题的抽象数据结构，它是一种多对多的结构，可用于模拟现实生活中的各种多对多的关系，比如网页、人物、地图、电路等。

8.1　图结构概述

图(Graph)由顶点(Vertex)和边(Edge)组成,表示为G=(V,E),图8-1所示的结构是一个图结构,图结构的概念较多,但都比较简单。

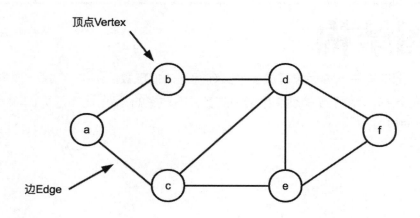

图8-1　图结构

无向图是指边(u,v)和边(v,u)是一样的,即边是没有方向性的,图8-1所示的图结构为无向图。有向图是指边是有方向性的,边(u,v)是指该边只能从顶点u到顶点v,不可以从顶点v到顶点u。图8-2所示的是一个有向图。

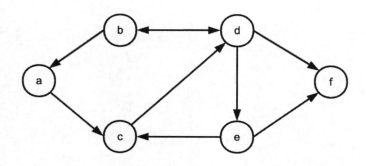

图8-2　有向图

加权图的边多了一个权重属性,根据业务或模型的不同,权重属性可能代表不同含义,例如以城市为顶点、以道路为边的模型中,权重可能是距离。以网页为顶点、超链接为边的模型中,权重可能是点击量。图8-3所示的结构是加权图。

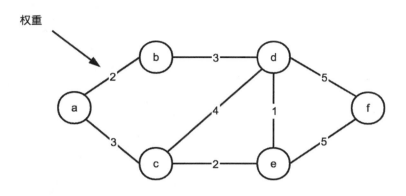

图 8-3　加权图

邻接用于表示两个顶点之间的关系,若边集 E 中包含边(u,v),则表示顶点 u 和顶点 v 邻接,否则不邻接。关联是边和顶点之间的关系,在有向图中,边(u,v)从顶点 u 开始,关联到顶点 v,或者相反,从顶点 v 关联到顶点 u。顶点的度是指连接顶点的边的数量,对于有向图,入度是指以顶点为终点的边的数量,记为 ID(v),出度是指以顶点为出发点的边的数量 OD(v)。在图 8-2 中,顶点 c 的入度为 2,记为 ID(c)=2,出度为 1,记为 OD(c)=1。

路径是指从顶点 a 到顶点 e 需要经过的顶点,在图 8-1 中,顶点 a 到顶点 e 的路径可能是 a-b-d-e,可能是 a-c-e,还可能是 a-b-d-f-e。但对于图 8-2 所示的有向图,顶点 a 到顶点 e 的路径只能是 a-c-d-e。

环是指路径的起点和终点为同一个顶点的路径,在图 8-1 中,路径 a-b-d-c-a 便是一个环。没有重复顶点的路径称为简单路径。一个顶点和自己连接可构成一个自环,两个顶点的多条边可构成平行边,如图 8-4 所示。

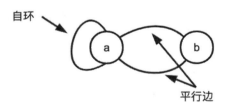

图 8-4　自环和平行边

没有环的图被称为无环图,图 8-5 为无环图。有向无环图简称 DAG(Directed Acyline Graph),拓扑排序便是针对这种结构提出的算法。

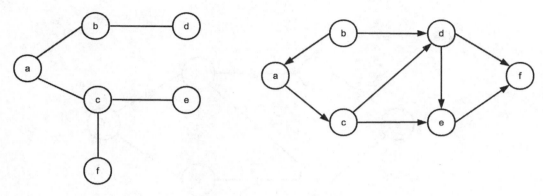

图 8-5　无环图

任何两个顶点都是邻接的图称为完全图,如图 8-6 所示。

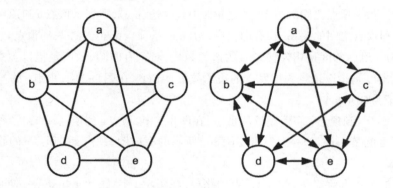

图 8-6　完全图

若两个图看起来结构不一样,但它们其实是一样的,则称这两个图同构。设有图 G1 和图 G2,若对于图 G1 中任意的两个相邻点 a 和 b,可以通过某种方式 f 映射到 G2,映射后的两个点 f(a)、f(b) 也是相邻的。换句话说,当两个图同构时,两个图的顶点之间保持相邻关系的一一对应,如图 8-7 所示。其中,f(a)=a,f(b)=b,f(c)=d,f(d)=c。

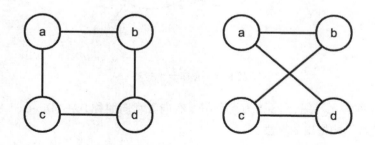

图 8-7　同构

图的密度是指图中边的数量和顶点的数量的比例,若密度较大,则称该图为稠密图,反之称为稀疏图,如图8-8所示。

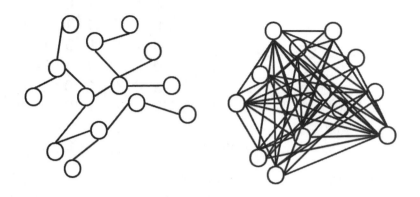

图8-8　稀疏图与稠密图

从图中任何一个顶点出发,可以到达图中的任何一个顶点,则称这个图是完全连通图,否则称为不完全连通图。图8-9所示的图结构是不完全连通图,因为从顶点a无法到达顶点f。

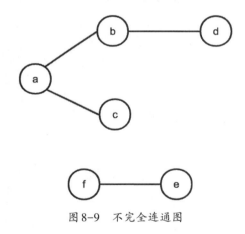

图8-9　不完全连通图

8.2　图的存储

图有两种存储方式,即邻接矩阵和邻接链表。邻接矩阵是使用一个大小为n^2的矩阵存储各顶点的邻接关系(n是图中顶点的数量),若矩阵中对应的两个顶点不邻接,则使用0表示,如果两个顶点是邻接的,则使用1表示,如图8-10所示。

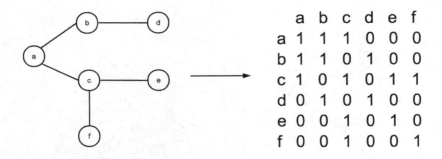

图 8-10　邻接矩阵

　　邻接矩阵简单易懂,存储、查找邻接关系方便,但对于顶点较多的稀疏图,会造成大量的空间浪费,且由于邻接矩阵通常使用数组来存储,而数组需要开辟连续的内存空间,一次申请大量的连续内存空间还受到不同的编程语言的解释器或操作系统的约束。因此,邻接矩阵适合存储一定量的稠密图。

　　邻接矩阵的完整代码如下。

```python
'''
邻接矩阵存储的图
'''
class Graph:
    # 创建图结构
    def __init__(self,v):
        self.v = v
        # 邻接矩阵
        self.adjMatrix=[]
        # 初始化邻接矩阵
        for x in v:
            m = []
            for y in v:
                if x==y:
                    m.append(1)
                else:
                    m.append(0)
            self.adjMatrix.append(m)

    # 添加邻接关系
    def addEdge(self,v1,v2):
        index1 = self.v.index(v1)
        index2 = self.v.index(v2)
        self.adjMatrix[index1][index2] = 1
        self.adjMatrix[index2][index1] = 1

if __name__ == '__main__':
```

```
v = ['a','b','c','d','e','f']
g = Graph(v)
g.addEdge('a', 'b')
g.addEdge('a', 'c')
g.addEdge('b', 'd')
g.addEdge('c', 'e')
g.addEdge('c', 'f')
```

图的另一种存储方式是邻接链表,即使用若干个链表来维护邻接关系,首先创建一个长度为顶点数量的数组,数组中每一个元素即为一个顶点,并维护着该顶点的连接关系。如图 8-11 所示,顶点 a 与顶点 b、顶点 c 邻接,所以顶点 a 处维护着一个拥有顶点 b 和顶点 c 的链表。注意,虽然使用的是链表,但并不意味着从顶点 a 到顶点 c 必须要经过顶点 b,链表中的每一个顶点和顶点 a 都是邻接关系。

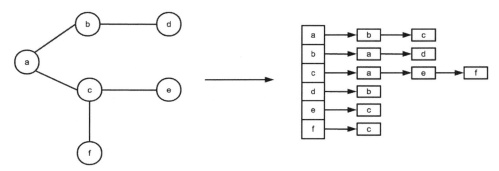

图 8-11　邻接链表

邻接链表的完整代码如下。

```
'''
顶点
'''
class Vertex:
    def __init__(self,value):
        # 顶点值(关键字)
        self.value = value


'''
邻接链表存储的图结构
'''
class Graph:
    # 传入顶点集 v 创建图结构
    def __init__(self,v):
        self.v = v
        # 邻接链表,用于存储邻接关系
        self.e = {}
        # 初始化邻接链表
        for i in v:
            self.e[i]=[]
```

```
# 添加边
def addEdge(self,v1,v2):
    # 获取顶点
    vertex1 = self.getV(v1)
    vertex2 = self.getV(v2)
    # 添加边
    self.e[vertex1].append(vertex2)
    self.e[vertex2].append(vertex1)

# 根据关键字获取顶点
def getV(self,value):
    for i in v:
        if value == i.value:
            return i

if __name__ == '__main__':
    # 顶点集
    v = [Vertex('a'), Vertex('b'), Vertex('c'), Vertex('d'), Vertex('e'), Vertex('f')]
    # 创建图
    g = Graph(v)
    # 添加邻接关系
    g.addEdge('a','b')
    g.addEdge('a','c')
    g.addEdge('b','d')
    g.addEdge('c','e')
    g.addEdge('c','f')
```

8.3 图的搜索

　　图的邻接关系虽然比较复杂,但是在进行遍历搜索的时候,通常情况下遍历顶点都不会重复遍历,所以在遍历图中所有顶点的时候根据优先遍历的路径不同,分为深度优先搜索(Deep First Search,DFS)和广度优先搜索(Breath First Search,BFS)两种方式。

　　深度优先搜索是从某个顶点出发,从一条路径开始一直向下遍历,直到没有下一条路径时,再回溯到上一顶点切换到其他路径继续遍历,如此循环,直到遍历完整个图为止。

　　以搜索图8-12为例,若从顶点a出发,首先将顶点a标记为已访问状态,然后向顶点b的路径搜索,将b标记为已访问,继续向下一个顶点c搜索,将顶点c标记为已访问,由于顶点c没有下一个节点,所以回溯到顶点b,向下一个路径遍历,于是搜索到顶点d,将顶点d标记为已访问,继续向下遍历,到顶点e,并标记为已访问,从顶点e继续向下遍历到顶点b,由于顶点b已经访问过了,所以回溯到顶点e,没有其他路径,继续回溯到顶点d,d也没有其他路径了,所以还需要继续回溯,一直回溯到顶点

a,然后遍历顶点a的另一条路径,即到达顶点f,将f标记为已访问,由于a已经没有其他路径了,所以搜索结束。

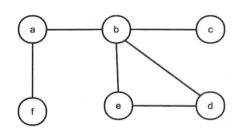

图8-12　要搜索的图

所以图8-12按DFS方式遍历的结果为(a-b-c-d-e-f)。

广度优先搜索则是从某个顶点出发,先将该顶点标记为已访问,然后将其邻接的所有顶点全部访问一遍,再依次访问和其邻接的顶点的所有邻接顶点。

同样以遍历图8-12为例,若从顶点a出发,将顶点a标记为已访问,然后访问和其邻接的所有顶点,即顶点b和顶点f,再依次遍历b的所有邻接顶点和f的邻接顶点,顶点b的邻接顶点包括顶点c、顶点d、顶点e,由于这三个顶点的邻接顶点都已经访问过了,所以再回溯遍历f的邻接顶点,由于f没有邻接其他的邻接顶点了(a已访问),所以遍历结束。

故图8-12以BFS方式遍历的结果为(a-b-f-c-d-e)。

两种搜索算法的代码如下(图结构使用邻接链表的方式存储)。

```
'''
顶点
'''
class Vertex:
    def __init__(self,value):
        # 顶点值(关键字)
        self.value = value
        # 标记访问状态
        self.visited = False

    def __str__(self):
        return self.value

'''
图
'''
class Graph:
    # 传入顶点集v创建图结构
    def __init__(self,v):
        self.v = v
        # 邻接链表,用于存储邻接关系
        self.e = {}
```

```python
    # 初始化邻接链表
    for i in v:
        self.e[i]=[]

# 添加边
def addEdge(self,v1,v2):
    # 获取顶点
    vertex1 = self.getV(v1)
    vertex2 = self.getV(v2)
    # 添加边
    self.e[vertex1].append(vertex2)
    self.e[vertex2].append(vertex1)

# 根据关键字获取顶点
def getV(self,value):
    for i in v:
        if value == i.value:
            return i

# 深搜
def dfs(self,v):
    # 若未访问过
    if not v.visited:
        print(v)
        v.visited = True
    # 获取当前节点所有的邻接节点
    chain = self.e.get(v)
    for v1 in chain:
        # 若未访问过,则递归
        if not v1.visited:
            self.dfs(v1)

# 广搜
def bfs(self,v):
    # 访问当前节点
    if not v.visited:
        print(v)
        v.visited = True
    # 获取所有邻接节点
    chain = self.e.get(v)
    flag = False
    # 访问所有邻接节点
    for v1 in chain:
        if not v1.visited:
            print(v1)
            v1.visited = True
            # 只要有一个未访问的,就需要递归。若全都访问过了,flag默认为False,不需要继续递归
            flag = True
    if flag:
```

```
        # 递归搜索
        for v1 in chain:
            self.bfs(v1)

if __name__ == '__main__':
    # 顶点集
    v = [Vertex('a'), Vertex('b'), Vertex('c'), Vertex('d'), Vertex('e'), Vertex('f')]
    # 创建图
    g = Graph(v)
    # 添加邻接关系
    g.addEdge('a','b')
    g.addEdge('b','c')
    g.addEdge('b','d')
    g.addEdge('b','e')
    g.addEdge('d','e')
    g.addEdge('a','f')
    # 深搜
    # g.dfs(g.getV('a'))
    g.bfs(g.getV('a'))
```

8.4 拓扑排序

对于某些复杂的项目,通常情况下会将其拆分为若干个小的模块来执行,而这些小的模块在执行的先后顺序上通常是有要求的。某些模块之间若有严格的依赖关系,则需要按先后顺序完成,而有的模块没有太大的关系,就可以同时进行。这些模块或工作的依赖关系如果画成图,将是一个有向无环图。如图 8-13 所示,箭头方向表示依赖有关系,例如执行 E 工作前,必须要先执行 G 工作和 F 工作。

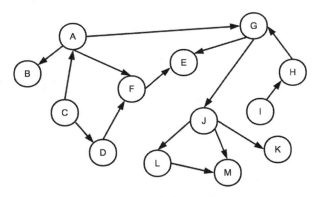

图 8-13　有向无环图

例如要装修一个清水房,可能需要铺设水路电路、防水、衣柜厨柜、地砖墙砖等工作,有的工作是有强依赖性的,比如做衣柜厨柜一定是在地砖墙砖铺好以后,但有的工作是可以同时进行或先后顺序无所谓的,比如做衣柜和做厨柜的先后顺序是无所谓的,此时可能需要对所有的工作进行一个排序,这便是拓扑排序(Topological Sort)。简单来说,拓扑排序是对一个有向无环图进行线性排序,要求排序后所有的有向边均是从一个方向指向另一个方向,没有反向的边,同时保持原有向无环图的顶点关系。若将图8-13所示的有向无环图进行拓扑排序,排序后的结果可能如图8-14所示(拓扑排序的顺序可能不是唯一的)。

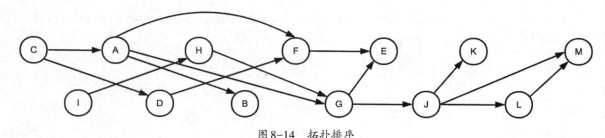

图8-14 拓扑排序

可以看到,图8-14中所有有向边均为从左向右,没有从右向左的情况(只看横轴)。

拓扑排序实现的思路并不复杂,若一个顶点的入度较大,说明该顶点依赖的顶点较多,需要向后放;若一个顶点的入度较小,则可能比较靠前;若入度为0,则表示该顶点可以放在最前面。但入度为0的顶点毕竟是有限的,比如图8-13中的顶点C和顶点I,所以这两个顶点应该是在最前面的,即(C-I)或(I-C)。这两个顶点排好序以后,就可以考虑依赖这两个顶点的其他顶点,比如依赖顶点C的顶点A和顶点D及依赖顶点I的顶点H,由于这三个顶点都不依赖其他顶点,所以接下来可以排序这三个顶点。它们几个的顺序无所谓,即可能是(A-D-H)、(A-H-D)、(D-A-H)、(D-H-A)、(H-A-D)、(H-D-A),以此类推完成排序工作即可。

拓扑排序的过程可以看成是对入度的统计、排序的过程,每次取出入度为0的顶点,将其放在最前面,并把它指向的所有顶点的入度减1,如此循环便可完成拓扑排序,拓扑排序的完整代码如下。

```
'''
拓扑排序
'''
def topSort(graph):
    # 创建入度字典
    inDegrees = {}
    for u in graph:
        inDegrees[u]=0
    # 获取每个节点的入度
    for u in graph:
        for v in graph[u]:
            inDegrees[v] += 1
    # 使用列表作为队列并将入度为0的顶点添加到队列中
    q = []
    for u in graph:
        if inDegrees[u]==0:
            q.append(u)
    res = []
    # 当队列中有元素时执行
```

```
    while q:
        # 从队列首部取出元素
        u = q.pop(0)
        # 将取出的元素存入结果中
        res.append(u)
        # 移除与取出元素相关的指向,即将所有与取出元素相关的元素的入度减少1
        for v in graph[u]:
            inDegrees[v] -= 1
            # 若被移除指向的元素入度为0,则添加到队列中
            if inDegrees[v] == 0:
                q.append(v)
    return res
if __name__ == '__main__':
    # 定义图结构
    graph = {
        "A": ["B", "F", "G"],
        "B": [],
        "C": ["A", "D"],
        "D": ["F"],
        "E": [],
        "F": ["E"],
        "G": ["E", "J"],
        "H": ["G"],
        "I": ["H"],
        "J": ["K", "L", "M"],
        "K": [],
        "L": ["M"],
        "M": []
    }
    top = topSort(graph)
    print(top)
```

8.5 应用:修路问题

　　有A、B、C、D、E、F、G这7个村庄想要修路连通,要求每个村庄都至少有一条路能连通,且总里程最短以节省修路成本,7个村庄之间的相互距离如图8-15所示,应如何修路才能达到要求?

　　修路问题是最常见的带权图求最小生成树(最小权重生成树)问题,各村庄使用顶点表示,村庄之间的路使用边表示,里程(距离)使用权重表示。常用的最小生成树算法有普里姆(Prim)算法和克鲁斯卡尔(Kruskal)算法。

　　以普里姆算法为例,首先找到最小权重为2的边对应的顶点A和C,将它们连通(或者说记录下这条边),如图8-16所示。

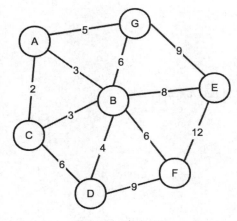

图 8-15　修路问题

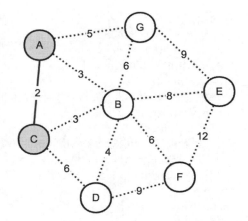

图 8-16　记录下最小权重的边和顶点

然后在所有与顶点 A 和 C 连接的边中寻找权重最小的边, A–B 和 C–B 权重均为 3, 任意记录下一条即可, 这里记录下 A–B 边, 并记录下顶点 B, 如图 8-17 所示。

继续在和顶点 A、B、C 连接的所有边中寻找权重里小的边, 最小的是 B–C, 权重为 3, 但由于 B 和 C 顶点都已记录, 所以忽略这条边继续寻找下一条权重最小的边, 为 B–D, 权重为 4, 顶点 D 未记录, 则边 B–D 有效, 如图 8-18 所示。

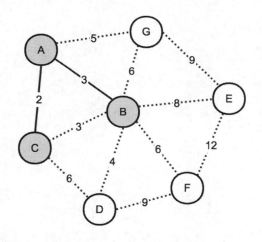

图 8-17　记录下 A–B 边和顶点 B

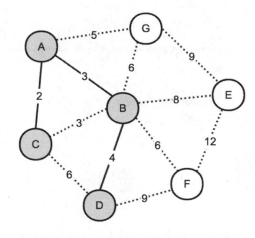

图 8-18　记录下 B–D 边和顶点 D

继续重复相同的工作, 直到记录下所有顶点为止, 完整记录后如图 8-19 所示, 这也是最节省成本的修路方案(总里程最短, 这里设任意两村庄的路单位长度的成本是相同的)。

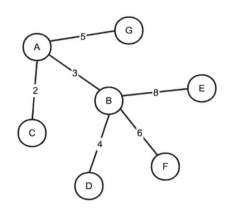

图 8-19 最小生成树

完整代码如下。

```python
import numpy as np

# 求已经确定的顶点集合与未选顶点集合中的最小边
def min_edge(select, candidate, graph):
    # 记录最小边权重
    min_weight = np.inf
    # 记录最小边
    v, u = 0, 0
    # 循环扫描已选顶点与未选顶点,寻找最小边
    for i in select:
        for j in candidate:
            # 如果存在比当前的最小边权重还小的边,则记录
            if min_weight > graph[i][j]:
                min_weight = graph[i][j]
                v, u = i, j
    # 返回记录的最小边的两个顶点
    return v, u


# prim算法
def prim(graph):
    # 顶点个数
    vertex_num = len(graph)
    # 存储已选顶点,初始化时可随机选择一个起点
    select = [0]
    # 存储未选顶点
    candidate = list(range(1, vertex_num))
    # 存储每次搜索到的最小生成树的边
    edge = []
    # 由于连接n个顶点需要n-1条边,故进行n-1次循环,以找到足够的边
    for i in range(1, vertex_num):
```

```
            # 调用函数寻找当前最小边
            v, u = min_edge(select, candidate, graph)
            # 添加到最小生成树边的集合中
            edge.append((v, u))
            # v是select中的顶点,u为candidate中的顶点,故将u加入candidate,代表已经选择该顶点
            select.append(u)
            # 同时将u从candidate中删除
            candidate.remove(u)
        # 统计总权重
        sum = 0
        for x in edge:
            sum+=graph[x[0]][x[1]]
        return edge,sum


if __name__ == '__main__':
    # 简单起见,这里的图以简单的嵌套列表来存储
    # 即索引0:A  1:B ......
    graph = [[np.inf, 3, 2, np.inf, np.inf, np.inf,5],
                [3, np.inf, 3, 4, 8, 6,6],
                [2, 3, np.inf, 6, np.inf, np.inf,np.inf],
                [np.inf, 4, 6, np.inf, np.inf,9, np.inf],
                [np.inf, 8, np.inf, np.inf, np.inf, 12],
                [np.inf, 8, np.inf, np.inf, np.inf, 12,9],
                [np.inf, 6, np.inf, 9, 12, np.inf,np.inf]]
    p = prim(graph)
    print(p)
```

以上代码的运行结果如图8-20所示。

```
Run:      demo8_5 ×
  ▶   ↑   /Library/Frameworks/Python.framework/Versions/3.7/bin/python3 /
  ■   ↓   ([(0, 2), (0, 1), (1, 3), (0, 6), (1, 5), (1, 4)], 28)
  ■   ⇥   Process finished with exit code 0
      ⇤
```

图8-20　最小生成树运行结果

 ## 8.6 高手点拨

(1)根据图结构中节点和边的数量分为稠密图和稀疏图,稠密图通常使用邻接矩阵存储,而稀疏图通常使用邻接链表来存储。

(2)深度优先搜索和广度优先搜索没有优劣之分,不同的算法适用的场景不同。

(3)在遍历图结构时,需要指定一个节点为开始节点,且根据边的类型是有向图还是无向图,遍历的结果也会不同。

8.7 编程练习

(1)说说图8-21使用什么方式存储最优？并使用代码实现。

(2)从顶点A出发，以DFS和BFS遍历图8-21,结果分别是怎样的？使用代码实现。

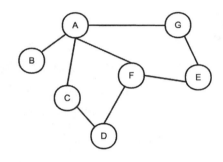

图 8-21 要遍历的图结构

8.8 面试真题

(1)什么是拓扑排序？说说拓扑排序的使用场景。

(2)带权图的应用场景是怎样的？

(3)请写出Prim算法的伪代码。

第 9 章

递归算法

　　递归是指在一个函数内调用该函数本身,在程序(特别是算法)中非常常见。递归通常用于解决一个较为复杂的问题,且该问题可层层拆分为若干个小规模的相似问题,通过递归可以简化大量代码,避免重复计算。从算法思想的角度讲,这其实是采用了分治法的算法思想。

9.1 递归的概述

若在电脑上打开一个录屏软件,而该录屏软件也可以监视录屏的区域,则会形成递归,如图9-1所示。

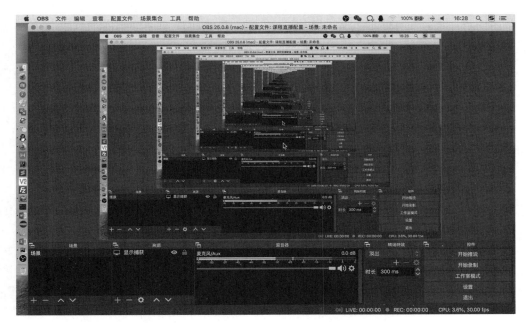

图9-1　递归示意图

在一个函数内去调用这个函数本身,若不加以限制,无限地调用下去,程序终将由于资源不足而停止,如以下递归程序。

```python
def method(n):
    print(n)
    method(n-1)


if __name__ == '__main__':
    method(10)
```

以上代码的运行结果如图9-2所示。

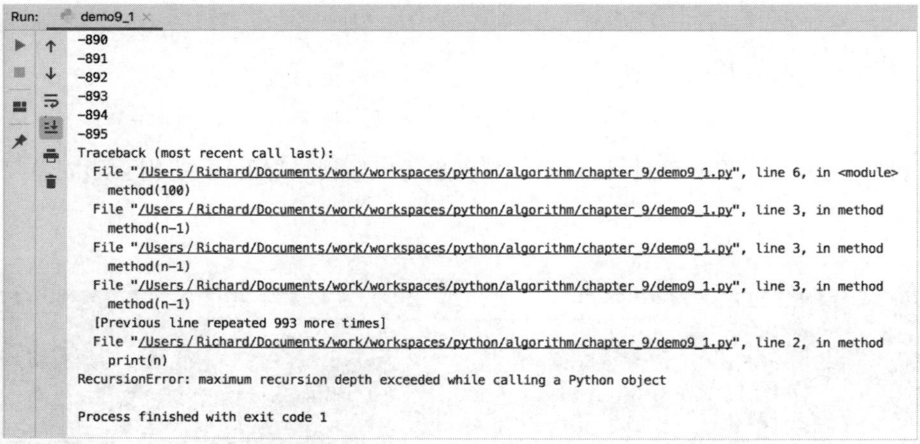

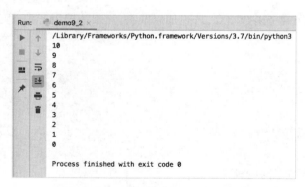

图9-2 程序运行结果

图9-2所示的运行结果中,前面还有若干个输出由于篇幅限制未截全。

所以通常情况下,递归都不无限递归,而是会给出一个限制条件,将以上代码修改如下。

```python
def method(n):
    print(n)
    # 递归条件
    if n > 0:
        method(n-1)


if __name__ == '__main__':
    method(10)
```

以上代码的运行结果如图9-3所示。

图9-3 递归程序正常运行结束

9.2 应用:汉诺塔问题

汉诺塔(Tower of Hanoi)又称河内塔,是一个源于印度古老传说的益智玩具。传说大梵天创造世界的时候做了三根金刚石柱子,在一根柱子上从下往上按照大小顺序摞着64片黄金圆盘。大梵天命令婆罗门把圆盘从下面开始按大小顺序重新摆放在另一根柱子上,并且规定,在小圆盘上不能放大圆盘,在三根柱子之间一次只能移动一个圆盘,如图9-4所示。

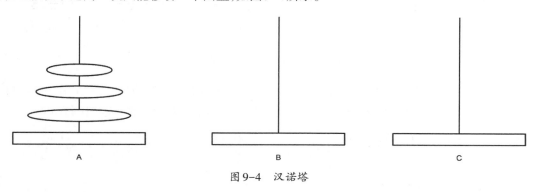

图9-4 汉诺塔

要完成这个任务,首先考虑只有两个盘的情况。若只有两个盘,可先将小盘放到中间柱子上,然后将大盘放到目标柱子上,再将小盘从中间柱子放到目标柱子上,如图9-5所示。

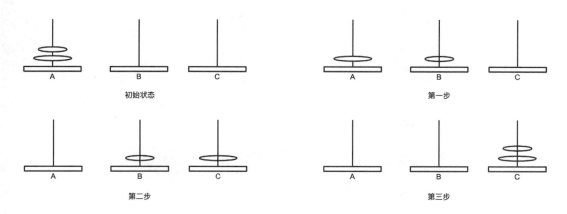

图9-5 只有两个圆盘的汉诺塔

简单推广一下只有两个圆盘的情况,即可完成任何数量的圆盘的移动。将最大盘子以上的所有盘子作为一个整体移动到中间盘子上,将最大盘移动到目标柱子上,将整体从中间盘子移动到目标盘子上即可,如图9-6所示。

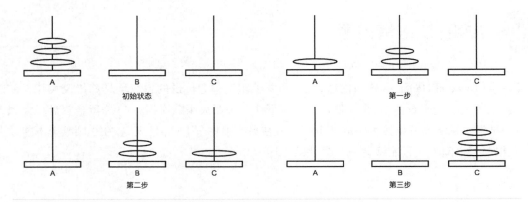

图9-6 两个圆盘的简单推广

但由于一次只能移动一个盘子,所以上方整体的盘子并不能一次移动过去,而是需要继续拆分,即将上方的整体移动到目标柱子中间。若有更多的圆盘,继续递归即可完成,完整代码如下。

```python
def hanoi(n,start,mid,end):
    #只有一个的情况
    if n==1:
        print(f'{start}-{end}')
    #如果大于1,就要递归
    else:
        #移动上面的一堆,A-B
        hanoi(n-1,start,end,mid)
        #移动最后一个,A-C
        hanoi(1,start,mid,end)
        #移动上面的一堆,B-C
        hanoi(n-1,mid,start,end)
if __name__ == '__main__':
    hanoi(3,'a','b','c')
```

以上代码的运行结果如图9-7所示。

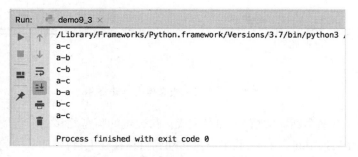

图9-7 程序运行结果

9.3 高手点拨

（1）递归一定要设置一个递归条件，在不满足条件时结束递归，若无限递归下去，会出现内存溢出。

（2）递归在调用递归前如果是顺序执行，则调用递归方法后的代码可以理解为倒序执行。

 9.4 编程练习

（1）使用递归实现计算第 N 个斐波那契数的函数。

（2）思考如何优化递归，实现计算第 N 个斐波那契数的函数中的重复计算问题，并使用代码实现。

 9.5 面试真题

（1）递归和循环有什么相同点和不同点？

（2）请说出至少两种递归的运用场景。

第 10 章

分类算法

分类任务是在带类别标签的数据集中训练出分类器,让其能够对未知的数据进行预测,其在人工智能时代应用非常广泛,例如:基于图像的人脸识别、语音识别、自然语言理解;根据信用卡的支付记录,来判断具备哪些特征的用户具有良好的信用;根据某种病症的诊断记录,来分析何种药物组合可以带来较好的治疗效果等。

分类算法的分类过程就是通过分析带类别标识的数据集构造分类模型,主要涉及建立模型、使用模型、评估模型等阶段。

10.1 分类算法概述

现实中我们往往会根据物体具有的一些特点来进行分类,那些表达物体某些方面特点的数字或属性,称为特征(feature)。建立分类模型就是在特征空间中找到一个预测类别的分类模型。在人工智能时代,分类模型的训练往往需要大量的数据做支撑,我们称之为训练数据集(Training Dataset)。由于训练数据集带类别标签,因此分类算法属于有监督的学习。

分类算法的关键是建立一个分类决策函数或分类模型,传统编程方式是由软件开发人员编制分类程序,让计算机自动执行程序代码,得到相应的输出结果,如图10-1左图所示。而人工智能系统是数据驱动的,数据的质量会直接影响到训练后人工智能系统的性能好坏,如图10-1右图所示:算法会在数据集中学习到一个分类模型,然后将预测结果与实际输入的类别进行比较,不断调整模型,直到模型的预测结果令人满意为止。

图 10-1 传统编程方式和人工智能中分类任务的区别

图10-2展示了人工智能中机器学习的整个框架,算法首先在带类别标签的训练数据集中学习到一个分类模型,然后利用模型进行预测。

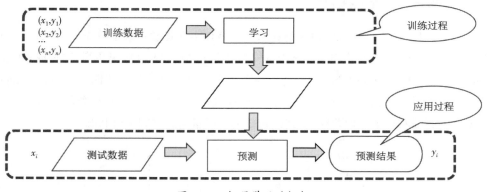

图 10-2 机器学习的框架

训练数据集包括样本的特征和类别,其中特征值可以是离散值或连续值,当估计的类别值是离散值时,称为分类。当估计的类别值是连续值时,称为回归。分类问题包括二分类问题和多分类问题。

机器学习中常用的分类算法包括朴素贝叶斯分类算法、逻辑回归算法、支持向量机算法、K近邻算法、神经网络等。

10.1.1 损失函数

在机器学习中,通常把模型关于单个样本预测值与真实值的差称为损失,损失越小,模型越好,而用于计算损失的函数称为损失函数(Loss Function),损失函数用来评价模型的预测值和真实值不一样的程度。损失函数可以让我们看到模型的优劣,并且为我们提供了优化的方向,不同的模型用的损失函数一般也不一样。如何构造出一个合理的损失函数,是建立机器学习算法的关键。

这里以线性分类模型中的感知器为例,介绍机器学习中损失函数的构造思路,感知器算法是最简单的线性分类器,为:

$$f(x) = \text{sign}(w \cdot x + b)$$

其中 sign 是符号函数,数学表达式为:$\text{sign}(x) = \begin{cases} +1, & x \geq 0 \\ -1, & x < 0 \end{cases}$

因此分类器的输出是 +1 或 -1,分别对应样本的正类和负类。感知器的损失函数为 $L(w,b) = -\sum_{x_i \in M} y_i(w \cdot x_i + b)$,其中 M 为误分类数据的集合。

如果没有误分类的数据,显然损失函数 $L(w,b)$ 为零;对于误分类的数据样本 (x_i, y_i) 来说,分类函数的预测值和样本的真实类别 y_i 正负号不同,满足 $-y_i(w \cdot x_i + b) > 0$,如果有误分类数据,就会使损失函数增大,并且误分类的数据点越多,损失函数 $L(w,b)$ 越大。一旦确定损失函数,接下来就是求解最优化问题,损失函数就是机器学习中最终需要优化的函数。

10.1.2 过拟合与模型选择

给定一组训练样本,模型训练的目标是让这组训练样本尽量被正确地分类,但是如果一味地追求模型对训练数据的分类正确率,会造成所选择的模型复杂度往往比真实模型更高,这种现象称为过拟合(over-fitting),图 10-3 展示了过拟合时模型为了完美拟合训练数据而过度扭曲。欠拟合(under-fitting)是指分类模型未能找到训练样本中的普遍规律,造成预测结果和真实类别相差较远,图 10-3 展示了欠拟合时预测的直线和样本点偏差很大,我们希望模型尽量达到中间拟合状态。

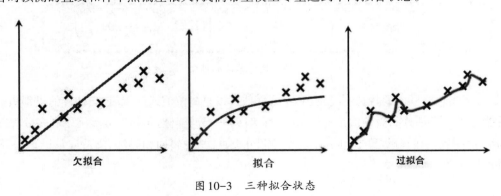

欠拟合　　　　　　　　　拟合　　　　　　　　　过拟合

图 10-3　三种拟合状态

过拟合是学习时选择的模型所包含的参数过多,以至于出现这一模型对已知数据预测得很好,但对新数据预测很差的现象。过拟合是机器学习的关键障碍且不可避免,因为模型误差包含了数据误差,或者说模型信息中包含了噪声点数据。因此模型选择旨在避免过拟合并提高模型对新数据的预测能力。

防止过拟合的方法有正则化(regularization)与交叉验证等。

1. 正则化

正则化指的是在目标函数后面添加一个正则化项,防止参数过大而让模型变得复杂。以平方损失函数为例,模型的优化目标如下:

$$\min_w L(w) = \frac{1}{n}\sum_{i=1}^{n}(h_w(x^{(i)} - y^{(i)})^2 + \lambda\|w\|^2$$

其中,等式右边第一项是前面我们讲过的优化目标(损失函数),让预测结果和真实类别的误差越小越好。第二项是正则项,用来降低模型的复杂度。正则项可以取不同的形式,上面是L2正则化,正则化项也可以是L1正则化,其形式如下:

$$\min_w L(w) = \frac{1}{n}\sum_{i=1}^{n}(h_w(x^{(i)} - y^{(i)})^2 + \lambda\|w\|_1$$

在后面章节的分类模型中会进一步对比加入正则项后模型的分类效果。

2. 数据集的划分

机器学习中数据集的划分一般有三种方法。

(1)按一定比例划分出训练集(training set)和测试集(testing set)。通常把数据集的75%作为训练集,把数据集的25%作为测试集,然后使用训练集来生成模型,再用测试集来测试模型的正确率和误差,以验证模型的有效性。

(2)交叉验证法,一般采用k折交叉验证,k往往取10。在这种数据集划分法中,我们将数据集划分为k个子集,每个子集均做一次测试集,每次将其余的作为训练集。交叉验证k次,并将k次的平均交叉验证的正确率作为最终结果。

(3)有时候模型的构建过程中也需要检验模型,构建辅助模型,会将训练数据再分为两个部分:训练和验证集(validation set)。在训练过程中,验证集用于进一步确定模型中的超参数,如果直接在测试集上做,那么随着训练的进行,模型实际上就是在一点一点地过拟合测试集,导致最后得到的测试精度没有任何参考意义。通常的划分是训练集占总样本的50%,其他各占25%。

10.1.3 模型的评估方法

模型建立之后,需要对模型进行评估。在实际情况中,我们会用不同的度量方法去评估模型,常用的度量方法如下。

1. 混淆矩阵(Confusion Matrix)

混淆矩阵是一个$N*N$的矩阵,N为分类(目标值)的个数,假如我们面对的是一个二分类模型问题,即$N=2$,就得到一个$2*2$的矩阵。二分类可将样本分成正类(positive)或负类(negative)。预测样本时会出现以下4种情况。

(1)样本是正类并且也被预测成正类,称为真正类TP(True Positive)。

(2)样本是负类被预测成正类,称为假正类FP(False Positive)。

(3)样本是负类被预测成负类,称为真负类TN(True Negative)。

(4)样本是正类被预测成负类,称为假负类FN(False Negative)。

下面介绍混淆矩阵的一个实例。

已知条件:班级总人数100人,其中男生80人,女生20人。

目标:找出所有的女生。

结果:从班级中选择了50人,其中20人是女生,还错误地把30名男生挑选出来了。

该问题的混淆矩阵见表10-1,其中女生代表正类,男生代表负类。

表10-1　混淆矩阵实例

实际的类别	分类器预测的类别	
	正类	负类
正类	TP=20	FN=0
负类	FP=30	TN=50

混淆矩阵的每一列代表预测类别,每一列的总数表示预测为该类别的数据的数目,每一行代表了数据的真实归属类别,每一行的数据总数表示该类别的实例的数目。

一个完美的分类器应该只有True Positives和True Negatives,即主对角线元素不为0,其余元素为0。

通过混淆矩阵,可以观察到以下指标:

(1)精确度:$\text{Accuracy} = \dfrac{TP + TN}{FP + FN + FP + TN}$,表示预测正确的数目占总样本数的比例。

(2)准确率:$\text{Precision} = \dfrac{TP}{TP + FP}$,表示预测正类准确的概率。模型预测为正类的总样本数目为TP+FP,其中TP个样本被预测正确。因此准确率为TP/(TP+FP)。

(3)召回率:$\text{Recall} = \dfrac{TP}{TP + FN}$,表示正类中实际被预测正确所占的比例。数据集中正类的样本总数为TP+FN个,模型只召回了TP个正类样本。因此召回率为:TP/(TP+FN)。

(4)F_1 score:$F_1 = \dfrac{2}{\dfrac{1}{\text{Precision}} + \dfrac{1}{\text{Recall}}} = 2 \times \dfrac{\text{Precision} \times \text{Recall}}{\text{Precision} + \text{Recall}}$

准确率反映模型预测的精确性,而召回率反映预测结果的完整性。将Precision和Recall结合到一个F_1 score指标,调和平均值给予低值更多权重。如果召回率和准确率都很高,分类器将获得高F_1分数。

总之,混淆矩阵的作用主要包括以下几点。

(1)用于观察模型在各个类别上的表现,可以计算模型对应各个类别的准确率和召回率。

(2)通过混淆矩阵可以直接观察到哪些类别不容易区分,比如A类别中有多少被分到了B类别,这样可以有针对性地设计特征等,使类别更有区分性。

2. ROC 曲线（Receiver Operating Characteristic Curve 接受者操作特性曲线）

首先介绍一个实例，观察参数对手写体数字分类器结果的影响，如图 10-4 所示。

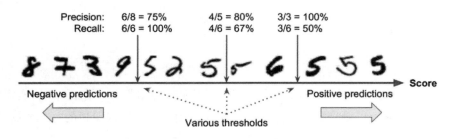

图 10-4　模型参数对手写体数字分类器的影响

当模型的参数从最左边的竖线到最右边时，准确率 Precision 逐渐增大，召回率 Recall 逐渐减小。因此希望能有一个曲线来标出不同参数值分类器的准确率/召回率。

ROC 曲线是二元分类中的常用评估方法，它与精确度/召回曲线非常相似，ROC 曲线通过绘制 True Positive Rate(TPR，即真阳率) 与 False Positive Rate(FPR，假阳率)来衡量分类器的优劣。TPR 和 FPR 的定义如下。

$$\text{TPR} = \frac{\text{TP}}{\text{TP} + \text{FN}}(\text{真阳率}) \qquad \text{FPR} = \frac{\text{FP}}{\text{FP} + \text{TN}}(\text{假阳率})$$

对某个分类器而言，我们可以根据其在测试样本上的表现得到一个 TPR 值和 FPR 值。这样将分类器映射成 ROC 平面上的一个点，调整这个分类器的参数，得到一条经过(0, 0),(1, 1)的曲线，即此分类器的 ROC 曲线，如图 10-5 所示。

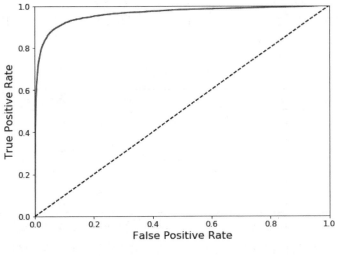

图 10-5　ROC 曲线

图 10-5 所示的上方曲线是不同参数值下的 ROC 曲线，横坐标是 FPR，纵坐标是 TPR。一般情况下，这条曲线都应该处于(0, 0)和(1, 1)连线的上方。AUC(Area Under the Curve)的值就是处于 ROC 曲

线下方的那部分面积的大小。通常 AUC 的值介于 0.5 到 1.0 之间，较大的 AUC 代表较好的效率。一个好的分类器应尽可能远离该线（朝左上角），完美分类器的 ROC AUC 等于 1。

 ## 10.2 决策树

决策树是一种十分常见的分类方法，决策树学习是从训练数据集中归纳出一组分类规则，并以树状图形的方式表现出来。可以将决策树看成一个 if-then 规则的集合，决策树的每个节点对应一个规则，最底下的叶节点对应从根节点到这条路径的结论。对于一个新样本，从根节点开始，和节点的规则进行测试，根据测试结果，将该样本分配到其子节点，如此递归继续测试并分配，直至到达叶节点，最终将该样本分到叶节点所属的类别中。

决策树算法对训练数据集有很好的分类能力，常常用来解决分类和回归问题，其结果直观、易于理解，应用非常广泛。比如，金融行业可以用决策树做贷款风险评估，保险行业可以用决策树做险种推广预测，医疗行业可以用决策树生成辅助诊断手段，企业可以利用决策树进行用户分级评估或评估生产方案等。但是该算法容易发生过拟合现象，也就是测试数据集未必能很好地分类，这时需要对已生成的决策树进行自下而上的剪枝，去掉过于细化的叶节点，或者通过随机森林的方式来解决。

常见的决策树算法包括 CART（Classification and Regression Tree）、ID3、C4.5 等。

10.2.1 算法原理

首先通过一个实际的例子来了解一些与决策树有关的基本概念。表 10-2 记录了某银行的客户信用记录，属性包括"姓名""年龄""职业""月薪""信用等级"，每一行是一个客户样本，每一列是一个属性（特征）。这里把这个表记作数据集 D。

表 10-2　信用记录表

姓名	年龄	职业	月薪	信用等级
李斌	21	职员	4300	良
王亚东	32	医生	8100	优
周鹏	52	教师	6500	优
……	……	……	……	……
刘红	45	待岗	1800	差

银行需要解决的问题是，根据数据集 D，建立一个信用等级分析模型。当银行在未来的某个时刻收到某个客户的贷款申请时，依据这些规则来预测其信用等级，以确定是否提供贷款给该用户。这里的信用等级分析模型，就可以是一棵决策树。

在这个案例中，研究的重点是"信用等级"这个属性。给定一个信用等级未知的客户，根据其属性划分到信用等级为"优""良""差"这 3 个类别的某一类别。这里把"信用等级"这个属性称为类标签。

"信用等级"的全部取值就构成了类别集合:Class={"优","良","差"}。

最终构造的决策树如图10-6所示,例如年龄<40的医生信用等级为优。

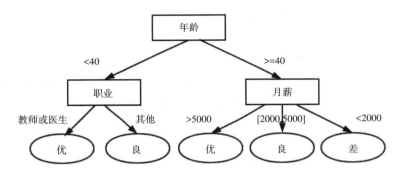

图10-6　决策树实例

一棵决策树由根节点、若干个子节点、分支、叶节点组成。

(1)根节点:最顶部的那个节点。

(2)叶节点:决策树最末端的节点,也就是最终的决策结果。

(3)非叶节点:树中间的一些条件节点,其下面会有更多分支,也称为分支节点。

使用决策树进行决策的过程就是从根节点开始,测试待分类项中相应的特征属性,并按照其值选择输出分支,直到到达叶节点,将叶节点存放的类别作为决策结果。

决策树方法包括两个基本步骤:一是构建决策树,二是将决策树应用于测试数据。大多数研究都集中在如何有效地构建决策树,一旦构造好了决策树,分类或预测任务就比较简单。如图10-6所示当一个新客户进行信用分类时,首先从根节点开始,判断"年龄"特征,满足分支上对应的条件后进入分支节点,再继续进行判断进入相应的节点,直到叶节点。

如何从给定的训练集构造出一棵决策树,特征选择是关键。例如,信用等级的评估取决于多个特征,那么优先考虑哪个特征——年龄、收入还是职业? 在考虑年龄条件时使用30岁为划分点,还是40岁为划分点? 因此选择一个合适的特征作为分支节点,可以快速地实现分类,减少决策树的深度。这是决策树算法的关键。

如何进行特征的选择? 首先需要熟悉信息论中熵(entropy)和信息增益(information gain)的概念。

(1)熵度量事物的不确定性,越不确定的事物,它的熵就越大。设随机变量 X 是一个取有限个值的离散随机变量,其概率分布为:

$$P\{X = x_i\} = p_i \quad i = 1, 2, \cdots, n$$

则随机变量 X 的熵定义为:

$$H(X) = -\sum_{i=1}^{n} p_i \log_2 p_i, i = 1, 2, \cdots, n$$

例如,抛一枚硬币为事件 T,$p(正) = \dfrac{1}{2}$,$p(反) = \dfrac{1}{2}$,

$$H(T) = -\left(\frac{1}{2}\log_2\frac{1}{2} + \frac{1}{2}\log_2\frac{1}{2}\right) = 1$$

掷一枚骰子为事件 G，$p(1) = p(2) = \cdots = p(6) = \frac{1}{6}$，

$$H(G) = -\left(\sum_{i=1}^{6}\frac{1}{6}\log_2\frac{1}{6}\right) = 1.75$$

$H(G) > H(T)$，显然掷骰子的不确定性比抛硬币的不确定性要高。因为抛硬币里面只有两种类别，相对稳定一些；而掷骰子中类别太多，熵值就会大很多。

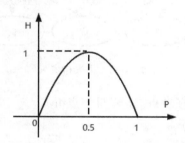

图 10-7　抛硬币时正面向上的概率和熵的关系

图 10-7 展示了抛硬币时概率和熵的关系，结果的不确定性越大，得到的熵值也就越大。抛硬币时，当概率 $p=0.5$，熵 $H(p)=1$，此时随机变量的不确定性最大，因为此时硬币朝上还是朝下完全是随机的，不确定性最大。当 $p=0$，硬币正面向下，随机变量取值没有了不确定性。因此熵 $H(p)=0$。

设训练数据集为 D，$|D|$ 表示样本个数，有 K 个类 C_k，$i = 1, 2, \cdots, K$，$|C_k|$ 为属于类 C_k 的样本个数，熵 $H(D)$ 表示对数据集 D 进行分类的不确定性，定义为：

$$H(D) = -\sum_{k=1}^{K}\frac{|C_k|}{|D|}\log_2\frac{|C_k|}{|D|}$$

显然在分类任务中我们希望通过分支节点后数据集的熵 $H(D)$ 值越小越好。

（2）当新增一个特征 X 时，信息熵 $H(D)$ 的变化大小即为信息增益 $\text{Gain}(D,X)$，它表示特征 X 使分类的不确定性减少的程度，能衡量特征 X 对数据集 D 的分类能力。在决策树学习中，根据信息增益选择特征作为分支节点。不同的特征往往具有不同的信息增益，信息增益越大，则该特征越适合用来分类。

下面通过一个范例来说明如何使用信息增益来构造决策树。

范例 10-1：决策树构造实例

通过给定的数据集构建一棵决策树，对今天的天气是否适合打球做出预测。数据集 D 见表 10-3。

（1）数据集 D：14 天打球的天气情况。

（2）特征：4 种环境因素（outlook，temperature，humidity，windy）。

（3）类别：yes 或 no，yes 表示打球；no 表示不打球。

表10-3 数据集

outlook	temperature	humidity	windy	play
sunny	hot	high	FALSE	no
sunny	hot	high	TRUE	no
overcast	hot	high	FALSE	yes
rainy	mild	high	FALSE	yes
rainy	cool	normal	FALSE	yes
rainy	cool	normal	TRUE	no
overcast	cool	normal	TRUE	yes
sunny	mild	high	FALSE	no
sunny	cool	normal	FALSE	yes
rainy	mild	normal	FALSE	yes
sunny	mild	normal	TRUE	yes
overcast	mild	high	TRUE	yes
overcast	hot	normal	FALSE	yes
rainy	mild	high	TRUE	no

首先考虑根节点的特征划分,可以采用4种方法,分别对应上面4个特征。因此需要计算每一个特征的信息熵。

(1)计算数据集的原始信息熵。

从数据集中可知,14天中有9天打球,5天不打球,则数据集D的信息熵为:

$$-\frac{9}{14}\log_2\frac{9}{14}-\frac{5}{14}\log_2\frac{5}{14}=0.940$$

(2)计算每个特征的信息熵。

数据集有4个特征,这里以特征outlook为例计算其信息熵,outlook包括3个特征值,图10-8显示了3个特征值对应的统计结果。我们分别计算3种取值下的熵值。

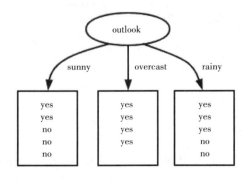

图10-8 基于outlook的划分

● sunny 时,有 2 / 5 的概率会打球,3 / 5 的概率不会,它的熵为:

$$-\frac{2}{5}\log_2\frac{2}{5}-\frac{3}{5}\log_2\frac{3}{5}=0.971$$

● overcast 时,有 100% 的概率会打球,它的熵为 0。

● rainy 时,有 3 / 5 的概率会打球,2 / 5 的概率不会,它的熵为:

$$-\frac{3}{5}\log_2\frac{3}{5}-\frac{2}{5}\log_2\frac{2}{5}=0.971$$

从表10-3所示的数据集中,可以统计outlook取值为sunny、overcast、rainy的概率分别为5/14、4/14、5/14。最终outlook特征的熵值为其对应各个值的熵值乘以这些值对应概率。

$$\frac{5}{14}*0.971+\frac{4}{14}*0+\frac{5}{14}*0.971=0.693$$

(3)计算每个特征的信息增益,选择信息增益最大的特征作为根节点。

数据集D的原始信息熵是0.940,现在加入outlook这一特征后,系统的熵值从原始的0.940下降到了0.693。这说明信息变得更加清晰,分类效果越来越好。因此outlook特征信息增益为:

$$\text{Gain}(\text{outlook})=0.940-0.693=0.247$$

同样的方式可以计算出其他特征的信息增益,

$$\text{Gain}(\text{temperature})=0.029,\ \text{Gain}(\text{humidity})=0.152,\ \text{Gain}(\text{windy})=0.048$$

那么选取信息增益最大的那个作为根节点,显然信息增益最大的是特征 outlook。

(4)把每个节点当作一棵新的树,挑选剩余的特征,重复上面的步骤,继续通过信息增益找到分支节点。最终生成的决策树如图10-9所示。

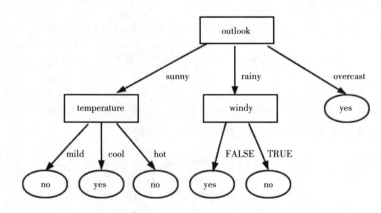

图 10-9　最终生成的决策树

10.2.2　决策树的剪枝

在建立分类模型的过程中,很容易出现过拟合的现象。过拟合是指模型在学习训练中,对训练样本的分类达到非常高的正确率,但对未知的测试样本分类却没有那么精确。决策树可以通过剪枝来避免过拟合现象,剪枝分为预剪枝和后剪枝两种。

(1)预剪枝指在决策树生长过程中,使用一定条件来限制树的大小,一旦某个分支满足了停止准则,则停止该分支的生长,使其在产生过拟合的决策树之前就停止生长。预剪枝的判断方法也有很多,比如限制叶节点个数;树的深度达到用户所要的深度;节点中样本个数少于用户指定个数;信息增益小于一定阈值的时候通过剪枝使决策树停止生长。但如何确定一个合适的阈值也需要一定的依据,阈值太高导致模型拟合不足,阈值太低又导致模型过拟合。

(2)后剪枝是在决策树生长完成之后,根据一定的准则,自底向上剪去决策树中那些不具一般代表性的叶节点或分支。后剪枝策略通常比预剪枝策略保留更多的分支。一般情况下,后剪枝决策树的欠拟合风险很小,泛化能力往往优于预剪枝决策树,但是它的训练时间开销比未剪枝决策树和预剪枝决策树都要大得多。

10.2.3 常用的决策树算法

常用的决策树算法包括ID3、C4.5、CART等。

(1)ID3 决策树采用信息增益选择特征,但是信息增益的选择会倾向于具有大量值的特征。因为特征值越多就意味着确定性更高,举个极端的例子,对上面范例的数据集增加一个ID特征,每个样本的ID不同,这时特征ID信息增益最大(因为ID的熵为0),但是这样的决策树分类的泛化能力是非常弱的。

(2)C4.5算法与ID3算法相似,不过在生成树的过程中,采用信息增益率作为选择特征的准则。C4.5通过引入信息增益率,一定程度上对取值比较多的特征进行惩罚,避免ID3出现过拟合的特性,提升决策树的泛化能力。特征X的信息增益率定义其信息增益$g(D, X)$与训练数据集D关于特征X的值的熵$H_X(D)$的比,即$g_r(D, X) = \dfrac{g(D, X)}{H_X(D)}$,其中,$H_X(D) = -\sum\limits_{k=1}^{n} \dfrac{|C_i|}{|D|} \log_2 \dfrac{|C_i|}{|D|}$,$n$是特征$X$的取值个数。

(3)CART 的构造准则是基尼指数,基尼指数和熵的衡量标准类似,计算公式不同。对应给定的样本集合D,其Gini系数定义为:

$$\text{Gini}(D) = 1 - \sum_{k=1}^{K} \left(\frac{|C_k|}{|D|} \right)^2$$

这里$|C_k|$为类C_k的样本个数,K为类的个数。

从样本类型的角度,ID3只能处理离散型特征,而C4.5和CART可以处理连续型特征,C4.5处理连续型特征的方法:通过对数据排序之后,找到类别不同的分割线作为切分点,根据切分点把连续型特征转化为布尔型,从而将连续型特征转化为多个取值区间的离散型特征。由于构建CART时每次都会对特征进行二次划分,因此也很好地应用于连续型特征。

10.2.4 决策树的代码实现及应用

前面介绍了决策树算法的基本原理,下面通过一个范例介绍算法实现过程。

范例10-2：决策树算法的实现：银行贷款申请

本例模拟一个申请银行贷款的样本数据表，数据集包括4个特征和1个类别。F1-AGE、F2-WORK、F3-HOME、F4-LOAN，详细特征描述见表10-4。

表10-4　数据集特征描述

特征名	描述
F1-AGE	青年为0，中年为1，老年为2
F2-WORK	是为1，否为0
F3-HOME	是为1，否为0
F4-LOAN	一般为0，好为1，非常好为2

类别：1表示通过申请；0表示不通过申请。根据样本数据创建一棵决策树，为银行信贷业务提供参考。

1. 生成并加载数据集

```python
#加载相关库函数
from matplotlib.font_manager import FontProperties
import matplotlib.pyplot as plt
from math import log
import operator
def createDataSet():
    #生成数据集
    dataSet = [[0, 0, 0, 0, 'no'],
            [0, 0, 0, 1, 'no'],
            [0, 1, 0, 1, 'yes'],
            [0, 1, 1, 0, 'yes'],
            [0, 0, 0, 0, 'no'],
            [1, 0, 0, 0, 'no'],
            [1, 0, 0, 1, 'no'],
            [1, 1, 1, 1, 'yes'],
            [1, 0, 1, 2, 'yes'],
            [1, 0, 1, 2, 'yes'],
            [2, 0, 1, 2, 'yes'],
            [2, 0, 1, 1, 'yes'],
            [2, 1, 0, 1, 'yes'],
            [2, 1, 0, 2, 'yes'],
            [2, 0, 0, 0, 'no']]
    #4个特征
    labels = ['F1-AGE', 'F2-WORK', 'F3-HOME', 'F4-LOAN']
        return dataSet, labels
```

函数createDataSet返回数据集dataSet和特征属性名labels。

2. 特征选择

构建决策树的关键是分支节点的特征选择。在进行特征选择前，首先设计一些基本函数，以便主程序调用。基本函数包括计算信息熵和提取部分数据集。

(1)计算信息熵函数。

根据前面数据集 D 的信息熵定义: $H(D) = -\sum_{k=1}^{K} \frac{|C_k|}{|D|} \log_2 \frac{|C_k|}{|D|}$,分别统计每个类别下的样本个数,然后求和得到对应数据集的熵,具体代码如下。

```python
def calcShannonEnt(dataset):
    #计算给定数据集的熵
    numexamples = len(dataset)  # 样本总个数
    labelCounts = {}            # 类别字典,格式{类别:值}
    # 统计每个类别的样本个数,存到字典labelCounts中
    for featVec in dataset:
        currentlabel = featVec[-1]
        if currentlabel not in labelCounts.keys():
            labelCounts[currentlabel] = 0
        labelCounts[currentlabel] += 1
    shannonEnt = 0
    # 计算数据集的熵值
    for key in labelCounts:
        prop = float(labelCounts[key])/numexamples
        shannonEnt -= prop*log(prop,2)
    return shannonEnt
```

参数 dataSet 表示要求熵的数据集。

(2)提取部分数据集函数。

特征的熵计算中包括对各特征值的熵值计算,因此要提取第 featNum 个特征下值为 value 的数据集。

```python
def getDataSet(dataset,featNum,featvalue):
    #划分数据集,返回第featNum个特征下值为value的样本集合,
    #并且返回的样本数据中已经删除给定特征featNum和值value
    retDataSet = []                    #创建新的list对象
    for featVec in dataset:
        if featVec[featNum] == featvalue:
            #从样本中删除第featNum个特征其值为value
            reducedFeatVec = featVec[:featNum]
            reducedFeatVec.extend(featVec[featNum+1:])
            retDataSet.append(reducedFeatVec)
    return retDataSet
```

参数 featNum、featvalue 分别对应特征号及特征值。

(3)特征选择函数。

首先遍历所有特征,对每个特征计算信息熵,求出信息增益最大的特征。

```python
def chooseBestFeatureToSplit(dataset):
    # 选择最好的特征
    featNum = len(dataset[0]) - 1
```

```
    # 计算样本熵值,对应公式中:H(D)
    baseEntropy = calcShannonEnt(dataset)
    bestInfoGain = 0
    bestFeature = -1
    # 以每一个特征进行分类,找出使信息增益最大的特征
    for i in range(featNum):
        #获得该特征的所有取值
        featList = [example[i] for example in dataset]
        #去掉重复值
        uniqueVals = set(featList)
        newEntropy = 0
        # 计算以第i个特征进行分类后的熵值
        for val in uniqueVals:
            subDataSet = getDataSet(dataset,i,val)
            prob = len(subDataSet)/float(len(dataset))
            #计算满足第i个特征,值为val的数据集的熵,并累加该特征熵
            newEntropy += prob * calcShannonEnt(subDataSet)
        # 计算信息增益
        infoGain = baseEntropy - newEntropy
        # 找出最大的熵值及其对应的特征
        if (infoGain > bestInfoGain):
            bestInfoGain = infoGain
            bestFeature = i
    return bestFeature
```

函数 chooseBestFeatureToSplit 返回值 bestFeature 表示选中的特征。

3. 创建决策树

构建决策树时首先选择根节点,然后根据该节点的特征值继续向下构建决策树。因此采用递归形式完成决策树的创建。

(1)判定叶节点的类别。

如果决策树递归生成完毕,且叶节点中的样本不属于同一类,则以少数服从多数原则确定该叶节点的类别。

```
def majorityCnt(classList):
    classCount={}
    # 统计每个类别的样本个数
    for vote in classList:
        if vote not in classCount.keys():classCount[vote] = 0
        classCount[vote] += 1
    # iteritems:返回列表迭代器
    # operator.itemgeter(1):获取对象第一个域的值
    # True:降序
    sortedclassCount = sorted(classCount.items(),\
                              key=operator.itemgetter(1),reverse=True)
    return sortedclassCount[0][0]
```

(2)递归构建决策树。

程序中首先判断递归结束的两个条件：第一，所有样本属于同一类时，停止递归，返回该节点类别；第二，所有特征已经遍历完，停止递归，返回该节点类别。如果不满足上述两个条件，则构建决策树，选择信息增益最大的特征作为根节点，根据选择的特征，遍历该特征的所有值，在每个数据子集上递归调用函数 createTree。最终决策树信息存储在字典变量 myTree 中。

```
def createTree(dataset,labels,featLabels):
    #构建决策树
    #classList:数据集的分类类别
    classList = [example[-1] for example in dataset]
    # 所有样本属于同一类时,停止划分,返回该类别
    if classList.count(classList[0]) == len(classList):
        return classList[0]
    # 所有特征已经遍历完,停止划分,返回样本数最多的类别
    if len(dataset[0]) == 1:
        return majorityCnt(classList)
    # 选择最好的特征进行划分
    bestFeat = chooseBestFeatureToSplit(dataset)
    bestFeatLabel = labels[bestFeat]
    featLabels.append(bestFeatLabel)
    # 以字典形式存储决策树
    myTree = {bestFeatLabel:{}}
    del labels[bestFeat]
    # 根据选择特征,遍历所有值,每个划分子集递归调用createDecideTree
    featValue = [example[bestFeat] for example in dataset]
    uniqueVals = set(featValue)
    for value in uniqueVals:
        sublabels = labels[:]
        myTree[bestFeatLabel][value] = createTree\
            (getDataSet(dataset,bestFeat,value),sublabels,featLabels)
    return myTree
```

4. 主程序

调用 createTree 函数，生成决策树。

```
if __name__ == '__main__':
    dataset, labels = createDataSet()
    featLabels = []
    #生成决策树
    myTree = createTree(dataset,labels,featLabels)
    #输出结果
    print(myTree)
```

运行结果如下。

```
{'F3-HOME': {0: {'F2-WORK': {0: 'no', 1: 'yes'}}, 1: 'yes'}}
```

运行结果中最终生成的决策树以字典的形式显示，树的根节点是 F3-HOME，下面取值为 1 的节点类别为 yes；取值为 0 的节点为 F2-WORK，值为 0 时类别为 no，值为 1 时类别为 yes。

201

10.2.5　决策树算法实践

本节介绍如何使用sklearn中DecisionTreeClassifier模型训练决策树,DecisionTreeClassifier模型的默认算法是CART,使用CART决策树可以进行回归和分类处理。

范例10-3:决策树算法应用

1. 在sklearn中创建决策树并显示结果

下面以鸢尾花数据集为例,展示决策树算法应用。iris鸢尾花数据集集成在sklearn机器学习包中,是一个经典数据集,在统计学习和机器学习领域都经常被用作示例。数据集内包含3个类别(iris-setosa, iris-versicolour, iris-virginica),每类各50个数据,共150条数据;4项特征(花萼长度、花萼宽度、花瓣长度、花瓣宽度)。详细描述见表10-5。

表10-5　鸢尾花数据集

列名	说明	类型
sepal_length	花萼长度	Float
sepal_width	花萼宽度	Float
petal_length	花瓣长度	Float
petal_width	花瓣宽度	Float
class	类别(iris-setosa, iris-versicolour, iris-virginica)	String

iris数据集里有两个属性:iris.data、iris.target。data是一个矩阵,每一列代表了萼片或花瓣的长宽,一共4列。target是一个数组,存储了data中每条数据属于哪一类鸢尾植物,数组的长度是150,值为3类鸢尾植物。图10-10显示了部分数据集内容。

sepal_length	sepal_width	petal_length	petal_width	class
5.1	3.5	1.4	0.2	SETOSA
4.9	3	1.4	0.2	SETOSA
4.7	3.2	1.3	0.2	SETOSA
4.6	3.1	1.5	0.2	SETOSA
5	3.6	1.4	0.2	SETOSA
5.4	3.9	1.7	0.4	SETOSA
4.6	3.4	1.4	0.3	SETOSA
5	3.4	1.5	0.2	SETOSA
4.4	2.9	1.4	0.2	SETOSA
4.9	3.1	1.5	0.1	SETOSA
5.4	3.7	1.5	0.2	SETOSA
4.8	3.4	1.6	0.2	SETOSA
4.8	3	1.4	0.1	SETOSA

图10-10　鸢尾花数据集部分内容

(1)基本库函数的导入。

```
import numpy as np
import os
%matplotlib inline
import matplotlib.pyplot as plt
```

（2）加载数据集，并创建决策树模型。

这里取鸢尾花的两个特征 petal length 和 petal width 进行决策树分类。在 sklearn 中，函数 DecisionTreeClassifier 创建决策树模型，其中 fit 方法用于模型的训练，predict 方法用于模型的预测，具体代码如下。

```
iris = load_iris()    #加载数据
X = iris.data[:,2:] # 取鸢尾花的两个特征 petal length 和 width
y = iris.target
#创建决策树模型,参数 max_depth 限制树的高度为2
tree_clf = DecisionTreeClassifier(max_depth=2)
#输入训练数据,训练模型
tree_clf.fit(X,y)
```

（3）树模型的可视化展示。

可视化决策树需要下载工具包，这里使用 graphviz 工具包，可以去官网下载，下载安装成功后，graphviz 可以将决策树模型生成对应的 dot 文件，具体代码如下。

```
from sklearn.tree import export_graphviz
export_graphviz(
    tree_clf,
    out_file="iris_tree.dot",
    feature_names=iris.feature_names[2:],
    class_names=iris.target_names,
    rounded=True,
    filled=True
)
```

命令 export_graphviz 的主要参数说明如下。

①tree_clf：决策树模型。

②out_file：输出文。

③feature_names：特征名称。

④class_names：类别名称。

运行上面的代码后，生成 iris_tree.dot 文件，然后使用 graphviz 包中的 dot 命令行工具将此 .dot 文件转换为各种格式，如 PDF 或 PNG。下面命令行将 .dot 文件转换为 .png 图像文件：

```
dot -Tpng iris_tree.dot -o iris_tree.png
```

打开 iris_tree.png，显示效果如图 10-11 所示。

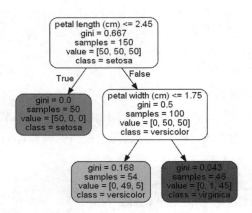

图 10-11　鸢尾花分类决策树

图 10-11 中以根节点为例，各部分说明如下。

💧 petal length(cm) < 2.45：该节点选择特征 petal length 进行分类。如果特征值 < =2.45，则到左分支继续分类；否则，到右分支继续分类。

💧 gini=0.667：决策树特征选择的准则采用基尼系数。

💧 samples=150：该节点的样本个数。

💧 value=[50,50,50]：列表中对应 3 种类别样本的个数。

💧 class=setosa：该节点判定类别是 setosa 类别。

（4）决策边界展示。

plt.contourf()能够根据训练数据集结果画出等高线，函数中输入的参数是两个特征 x1、x2 对应的网格数据及该网格对应的结果（高度值）。因此需要先调用 np.meshgrid(x,y)把 x、y 值转换成网格数据，完整的代码如下。

```
from matplotlib.colors import ListedColormap
def plot_decision_boundary(clf, X, y, axes=[0, 7.5, 0, 3], iris=True, legend=False):
    #显示决策树分类后的边界
    # 生成x1,x2的数据
    x1s = np.linspace(axes[0], axes[1], 100)
    x2s = np.linspace(axes[2], axes[3], 100)
    # 把x1,x2数据生成mesh网格状的数据,
    #因为等高线的显示是在网格的基础上添加上高度值
    x1, x2 = np.meshgrid(x1s, x2s)
    X_new = np.c_[x1.ravel(), x2.ravel()]
    # 计算x1,x2坐标对应的高度值y_pred
    y_pred = clf.predict(X_new).reshape(x1.shape)
    custom_cmap = ListedColormap(['#fafab0','#9898ff','#a0faa0'])
    # 填充等高线
    plt.contourf(x1, x2, y_pred, alpha=0.3, cmap=custom_cmap)
    #输出样本点
    plt.plot(X[:, 0][y==0], X[:, 1][y==0], "yo", label="Iris-Setosa")
    plt.plot(X[:, 0][y==1], X[:, 1][y==1], "bs", label="Iris-Versicolor")
```

```
    plt.plot(X[:, 0][y==2], X[:, 1][y==2], "g^", label="Iris-Virginica")
    plt.axis(axes)
plt.figure(figsize=(8, 4))
plot_decision_boundary(tree_clf, X, y)
plt.title('Decision Tree decision boundaries')
plt.show()
```

运行结果如图10-12所示。

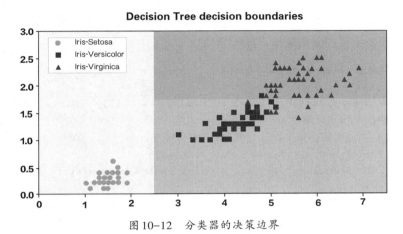

图10-12　分类器的决策边界

图10-12中不同形状的图标对应不同类别的鸢尾花数据点,决策树的分类结果用不同矩形块进行区分。

(5)预测数据。

训练好的决策树模型可以预测未知类别的鸢尾花数据,例如,花瓣长5厘米,宽1.5厘米。predict_proba方法可以输出预测概率值,在Python输入以下命令:

```
tree_clf.predict_proba([[5,1.5]])
```

输出结果:

```
array([[0.        , 0.90740741, 0.09259259]])
```

上面3个数值分别对应3种类别的概率,选择概率最大的作为预测类别。predict方法可以直接输出预测类别,例如:

```
tree_clf.predict([[5,1.5]])
```

输出结果:

```
array([1])
```

2. 决策树中的剪枝

前面讲过,决策树容易过拟合。因此在模型训练时,对其进行预剪枝,DecisionTreeClassifier类中有一些参数限制树的形状,相当于对其进行剪枝,例如:

♦ min_samples_split(节点在分割之前必须具有的最小样本数);

♦ min_samples_leaf(叶节点必须具有的最小样本数);

♦ max_leaf_nodes(叶节点的最大数量);

♦ max_features(在每个节点处评估用于拆分的最大特征数);

♦ max_depth(树最大的深度)。

范例10-4：决策树的剪枝

　　分别建立两棵决策树,一棵不加限制,另一棵要求叶节点具有的最小样本数为4,否则不再继续向下分支,对比两棵决策树的分类效果,具体代码如下。

```
from sklearn.datasets import make_moons
#生成数据集
X,y = make_moons(n_samples=100,noise=0.25,random_state=53)
#分别建立两棵决策树,一棵不加限制
#一棵要求叶节点必须具有的最小样本数为4,否则不再继续分支
tree_clf1 = DecisionTreeClassifier(random_state=42)
tree_clf2 = DecisionTreeClassifier(min_samples_leaf=4,random_state=42)
tree_clf1.fit(X,y)
tree_clf2.fit(X,y)
#显示第一棵决策树
plt.figure(figsize=(12,4))
plt.subplot(121)
plot_decision_boundary(tree_clf1,X,y,axes=[-1.5,2.5,-1,1.5],iris=False)
plt.title('No restrictions')
#显示第二棵决策树
plt.subplot(122)
plot_decision_boundary(tree_clf2,X,y,axes=[-1.5,2.5,-1,1.5],iris=False)
plt.title('min_samples_leaf=4')
```

　　运行结果如图10-13所示。

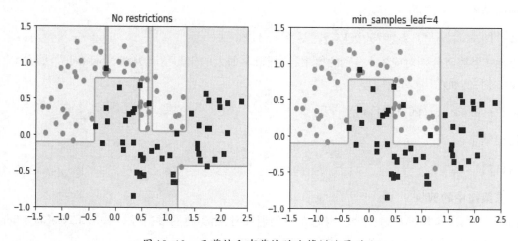

图10-13　无剪枝和有剪枝的决策树边界对比

从图10-13中可以看出,第一棵无剪枝决策树的边界非常复杂,出现了过拟合现象,比如右下角有一个圆形的离群点样本,但分类器画出一个矩形边界。而第二棵有剪枝决策树的分类决策边界简单,没有过拟合现象,更加符合数据的真实分布情况。

10.3 支持向量机

支持向量机(Support Vector Machine,简称SVM)是一种非常重要和应用广泛的机器学习算法,主要用于小样本下的二分类、多分类及回归分析。基本思想是寻找一个超平面来对样本进行分割,把样本中的正例和反例用超平面分开,使每一类样本中距离该平面最近的样本到平面的距离尽可能远,使分类误差最小化。

支持向量机有扎实的理论基础和优秀的泛化能力,尤其在小样本训练集上能够得到比其他算法好很多的结果,但是当数据集很大时,SVM的训练时间就会比较长。目前SVM算法在人脸识别、文本分类、疾病检测、手写字符识别等领域中都得到了广泛应用。

10.3.1 决策边界和距离

首先举一个简单的例子,如图10-14所示,现在有一个二维平面,平面上有两类数据,分别用圆圈和三角形表示。由于这些数据是线性可分的,所以可以用一条直线将这两类数据分开,这条直线就相当于一个超平面,超平面一边的数据点全是正例,另一边所对应的数据点全是负例。

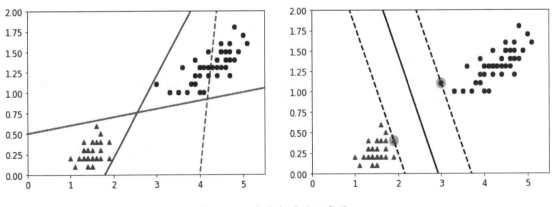

图 10-14 分类超平面示意图

图10-14中,左图可以观察到有多条直线可以将样本分开,那是不是某条直线比其他的更加合适?我们可以凭直觉来定义评价一条直线好坏的标准:距离样本太近的直线不是最优的。因为这样的直线对噪声敏感度高、泛化性较差,我们的目标是找到一条离所有样本点尽可能远的直线,右图中间的实线分类超平面满足这样的条件,因此是最优分类超平面。

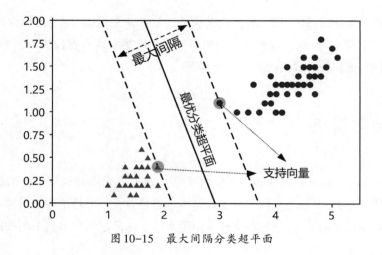

图 10-15　最大间隔分类超平面

如图 10-15 所示,SVM 算法的实质就是找出一个最优分类超平面,所有训练样本离超平面的最小距离称为间隔(margin),那些距离超平面最近的点称为支持向量(Support Vectors),例如图中虚线上面的两个数据点就是支持向量,最优分类超平面能够将间隔最大化。概括一下,SVM 的目标是利用间隔最大化来求得最优分类超平面。

10.3.2　SVM 算法原理

下面介绍 SVM 算法的基本原理。首先考虑数据集线性可分的情况,设有如下两类样本的训练集:

$$D = \{(x_1, y_1), (x_2, y_2), \cdots, (x_n, y_n)\}$$

$$y_i = 1 \text{ 表示} x_i \in \omega_1; \quad y_i = -1 \text{ 表示} x_i \in \omega_2$$

ω_1、ω_2 代表两个类别。

1. 超平面和分类间隔

线性可分情况意味着存在超平面,使训练点中的正类和负类样本分别位于该超平面的两侧。在样本空间中,分类超平面可通过如下线性方程来描述:

$$w^{\mathrm{T}} x + b = 0$$

其中 w 是平面的法向量,决定平面的方向;b 为位移项,决定超平面与原点之间的距离。

分类超平面对应的模型表示为:

$$f(x) = w^{\mathrm{T}} x + b$$

其中 w、b 是模型参数。

如图 10-16 所示,样本点分为正负两类,中间实线为分类超平面。该平面由法向量 w 和位移 b 确定,记作超平面 (w, b)。

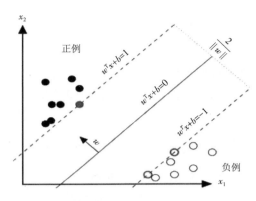

图 10-16　两类样本的分类超平面及分类间隔

若超平面 (w,b) 将训练样本正确分类,即对应数据集中的样本点 (x_i,y_i),超平面 (w,b) 方程应满足:

$$w^{\mathrm{T}}x_i + b > 0, \ y_i = +1$$
$$w^{\mathrm{T}}x_i + b < 0, \ y_i = -1$$

为后续计算和推导的方便,可以通过放缩变换,令

$$w^{\mathrm{T}}x_i + b \geq 1, \ y_i = +1$$
$$w^{\mathrm{T}}x_i + b \leq 1, \ y_i = -1$$

两式合并后:

$$y_i(w^{\mathrm{T}}x_i + b) \geq 1 \tag{10.1}$$

根据点到平面公式,样本空间中任意点 x 到超平面 (w,b) 的距离为:

$$\mathrm{dist}(x,w,b) = \frac{1}{\|w\|}\left| w^{\mathrm{T}}x + b \right|$$

图 10-16 中两条虚线上的样本点(支持向量)使式(10.1)中的等号成立。因此两条虚线之间的距离为:

$$\mathrm{dist}(x,w,b) = \frac{2}{\|w\|}$$

称之为分类间隔。

2. 目标函数

前面讲过 SVM 算法的实质是利用间隔最大化来求得最优分类超平面,因此找最大间隔的超平面表述成如下的最优化问题:

$$\max_{w,b} \frac{2}{\|w\|}$$
$$s.t. \ y_i(w^{\mathrm{T}}x_i + b) \geq 1 \ i = 1, \ 2, \ \cdots, \ n$$

一般情况下,我们会将求解极大值问题转换成极小值问题,最终将目标函数定义为:

$$\min_{w,b} \frac{1}{2}\|w\|^2$$
$$s.t.\, y_i(w^\mathrm{T}x_i + b) \geqslant 1 \quad i = 1, 2, \cdots, n \tag{10.2}$$

这里引入平方是为了便于后面的求导计算。

为了求解式(10.2),对式(10.2)的每条约束添加拉格朗日乘子α_i,则原问题定义的拉格朗日函数可写为:

$$L(w, b, \alpha) = \frac{1}{2}\|w\|^2 - \sum_{i=1}^{n}\alpha_i(y_i(w^\mathrm{T}x_i + b) - 1) \tag{10.3}$$

其中$\alpha = [\alpha_1, \alpha_2, \cdots, \alpha_n]$,$\alpha_i \geqslant 0$为拉格朗日乘子向量。

这样将有约束的原始函数转换为无约束的新构造的拉格朗日函数,因此SVM的目标函数由式(10.2)修改为:

$$\min_{w,b} \max_{\alpha} L(w, b, \alpha)$$
$$s.t.\, \alpha_i \geqslant 0 \quad i = 1, 2, \cdots, n$$

根据拉格朗日对偶性,将其转化为对偶问题,通过求解对偶问题得到原问题的解,原始问题的对偶问题是极大极小问题$\max_{\alpha} \min_{w,b} L(w, b, a)$。因此目标函数定义为:

$$\max_{\alpha} \min_{w,b} \frac{1}{2}\|w\|^2 - \sum_{i=1}^{n}\alpha_i(y_i(w^\mathrm{T}x_i + b) - 1) \tag{10.4}$$
$$s.t.\, \alpha_i \geqslant 0 \quad i = 1, 2, \cdots, n$$

3. 目标函数求解

下面对式(10.4)的目标函数进行求解,步骤如下。

(1)求$\min_{w,b} L(w, b, \alpha)$。

令$\nabla_b L(w, b, \alpha) = 0$, $\nabla_w L(w, b, \alpha) = 0$,得到:

$$\sum_{i=1}^{n} y_i \alpha_i = 0 \tag{10.5}$$

$$w = \sum_{i=1}^{n} y_i \alpha_i x_i \tag{10.6}$$

将式(10.5)代入目标函数(10.4),并利用式(10.6),化简得到:

$$\min_{w,b} L(w, b, \alpha) = \sum_{j=1}^{n}\alpha_j - \frac{1}{2}\sum_{i=1}^{n}\sum_{j=1}^{n} y_i y_j \alpha_i \alpha_j x_i^\mathrm{T} x_j \tag{10.7}$$

显然,得到的$\min_{w,b} L(w, b, \alpha)$函数已经没有了变量$w$和$b$,只有$\alpha$。

(2)求α的极大值。

通常我们将求极大值转换成极小值,再考虑式(10.4)的约束,就得到与之等价的最优化问题:

$$\min_{\alpha} L(w, b, \alpha) = \frac{1}{2} \sum_{i=1}^{n} \sum_{j=1}^{n} y_i y_j \alpha_i \alpha_j x_i^{\mathrm{T}} x_j - \sum_{j=1}^{n} \alpha_j$$

$$s.t. \sum_{i=1}^{n} \alpha_i y_i = 0 \qquad\qquad (10.8)$$

$$\alpha_i \geqslant 0 \quad i = 1, 2, \cdots, n$$

对式(10.8)的 α 求导,解出 α^*。因为 α 解的个数与样本个数有关,实际运算中开销很大,所以通常会利用SMO算法(序列最小优化算法)进行求解。SMO算法采用了一种启发式的方法,它每次只优化两个变量,将其他的变量都视为常数。由于 $\sum_{i=1}^{n} \alpha_i y_i = 0$,假如将 $\alpha_3, \alpha_4, \cdots, \alpha_n$ 固定,那么 α_1, α_2 之间的关系也确定了。重复此过程,直到达到某个终止条件后程序退出,并得到我们需要的优化结果,SMO算法将一个复杂的优化算法转化为一个比较简单的两变量优化问题。对SMO算法的详细介绍可以参考其他资料,这里不再详解。

(3)求出分类超平面 (w^*, b^*) 方程。

假设 α 的解为 $\alpha^* = (\alpha_1^*, \alpha_2^*, \cdots, \alpha_n^*]^T$,由 α^* 求出原问题 (w, b) 的解 (w^*, b^*)。

$$w^* = \sum_{i=1}^{n} \alpha_i^* y_i x_i \qquad\qquad (10.9)$$

任选一个 $\alpha_j > 0$ 对应的 (x_j, y_j),得:

$$b^* = y_j - \sum_{i=1}^{n} \alpha_i^* y_i x_i^T x_j \qquad\qquad (10.10)$$

从而求得分类超平面方程:

$$w^{*\mathrm{T}} x + b^* = 0 \qquad\qquad (10.11)$$

将式(10.9)带入式(10.11),最大分类超平面可以写成:

$$\sum_{i=1}^{n} \alpha_i^* y_i x_i^{\mathrm{T}} x + b^* = 0 \qquad\qquad (10.12)$$

最大分类超平面所对应的模型表示为:

$$f(x) = \sum_{i=1}^{n} \alpha_i^* y_i x_i^{\mathrm{T}} x + b^* \qquad\qquad (10.13)$$

4. 支持向量

KKT条件是拉格朗日乘子法在不等式约束条件下的延伸,即求解不等式约束条件下最优化问题的必要条件。式(10.2)中有不等式约束,因此上述求解过程需满足KKT条件,KKT条件中有一条要求是:

$$\alpha_i^* (y_i(w^{*\mathrm{T}} x_i + b^*) - 1) = 0 \qquad\qquad (10.14)$$

显然由式(10.14)可知:对应任意样本点 (x_i, y_i),总有 $\alpha_i^* = 0$ 或 $y_i(w^{*\mathrm{T}} x_i + b^*) = 1$。当 $\alpha_i^* = 0$ 时,则该样本点在式(10.9)的求和中不会出现,也就不会对超平面 (w^*, b^*) 有任何影响;当 $\alpha_i^* > 0$ 时,则必有 $y_i(w^{*\mathrm{T}} x_i + b^*) = 1$,这时样本点 (x_i, y_i) 位于最大间隔边界上,是支持向量。因此分类超平面 (w^*, b^*) 仅由支持向量来决定,而其他样本点对应于 $\alpha_i^* = 0$,对分类超平面 (w^*, b^*) 没有影响。

范例 10-5：SVM 求解实例

已知训练数据有 3 个样本点，其中正例 $x_1 = (2, 0)$，$x_2 = (1, 1)$，负例 $x_3 = (2, 3)$，试用 SVM 算法求解分类超平面。

根据式（10.8）：

$$\min_{\alpha} L(w, b, \alpha) = \frac{1}{2} \sum_{i=1}^{n} \sum_{j=1}^{n} y_i y_j \alpha_i \alpha_j x_i^{\mathrm{T}} x_j - \sum_{j=1}^{n} \alpha_j$$

$$\text{s.t.} \sum_{i=1}^{n} \alpha_i y_i = 0$$

$$\alpha_i \geq 0 \quad i = 1, 2, \cdots, n$$

将数据代入，得：

$$\frac{1}{2} (4\alpha_1^2 + 2\alpha_2^2 + 13\alpha_3^2 + 4\alpha_1\alpha_2 - 8\alpha_1\alpha_3 - 10\alpha_1\alpha_3) - \alpha_1 - \alpha_2 - \alpha_3$$

由于 $\alpha_1 + \alpha_2 = \alpha_3$ 化简可得：$\frac{1}{2} (9\alpha_1^2 + 5\alpha_2^2 + 12\alpha_1\alpha_2) - 2\alpha_1 - 2\alpha_2$

求上式最小值。分别对 α_1 和 α_2 求偏导，偏导等于 0 可得：$\begin{cases} \alpha_1 = -\dfrac{1}{15} \\ \alpha_2 = \dfrac{13}{30} \end{cases}$

（并不满足式（10.8）的约束条件 $\alpha_i \geq 0$，所以解应在边界上）。因此：

将 $\alpha_1 = 0$ 代入式（10.15），对 α_2 求偏导可得：$\alpha_2 = \dfrac{2}{5}$

将 $\alpha_2 = 0$ 代入式（10.15），对 α_1 求偏导可得：$\alpha_1 = \dfrac{2}{9}$

当 $\alpha_1 = 0$，$\alpha_2 = \dfrac{2}{5}$ 时，式（10.15）解为：$-\dfrac{2}{5}$

当 $\alpha_1 = \dfrac{2}{9}$，$\alpha_2 = 0$ 时，式（10.15）解为：$-\dfrac{2}{9}$

因此 $\alpha_1 = 0$，$\alpha_2 = \dfrac{2}{5}$ 最小，此时 $\alpha_3 = \alpha_1 + \alpha_2 = \dfrac{2}{5}$

由上可知：$\alpha_2^* = \alpha_3^* = \dfrac{2}{5}$ 对应的样本点 x_2、x_3 是支持向量，而 $\alpha_1 = 0$，因此样本点 x_1 对超平面没有影响。

根据式（10.9）和（10.10），可得：

$$w^* = \sum_{i=1}^{n} \alpha_i^* y_i x_i = \frac{2}{5} \times 1 \times (1, 1) + \frac{2}{5} \times (-1) \times (2, 3) = \left(-\frac{2}{5}, -\frac{4}{5} \right)$$

$$b^* = y_j - \sum_{i=1}^{n} \alpha_i^* y_i x_i^{\mathrm{T}} x_j = 1 - \left(\frac{2}{5} \times 1 \times 2 + \frac{2}{5} \times (-1) \times 5 \right) = \frac{11}{5}$$

可得：

分类超平面为 $-0.4x_1 - 0.8x_2 + 2.2 = 0$

分类决策函数为 $f(x) = \text{sign}(-0.4x_1 - 0.8x_2 + 2.2)$

图10-17展示了该题目在二维平面中的样本点及分类超平面。

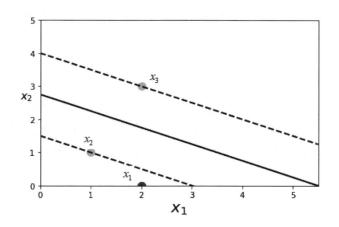

图10-17 间隔最大分类超平面范例

10.3.3 软间隔与正则化

在前面的讨论中,我们一直假定训练样本在样本空间或特征空间中是线性可分的,求解出来的间隔被称为"硬间隔"(hard margin),即可以将所有样本点划分正确且都在间隔边界之外,所有样本点都满足$y_i(w^\mathrm{T}x_i + b) \geq 1$。但硬间隔有两个缺点:第一,不适用于线性不可分数据集;第二,对离群点敏感。如图10-18所示,虚线应该是最大间隔的分类超平面,但因为左上角圆圈标识的离群点调整为实线标识的超平面,所以离群点带来了该分类平面对训练样本过拟合的问题。

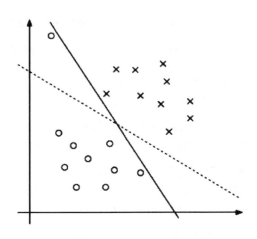

图10-18 带离群点的数据集

为了缓解这些问题,引入了"软间隔"(soft margin)的概念,即允许一些样本点跨越间隔边界甚至超平面。因此图10-18中虚线标识的直线可以作为分类超平面。

软间隔为每个样本点引入松弛变量 ξ_i，离群点的松弛变量值越大，该点离间隔平面越远，所有没离群的样本点松弛变量都等于0，即这些点都满足 $y_i(w^\mathrm{T}x_i + b) \geqslant 1$，优化问题变为：

$$\min_{w,b,\xi} \frac{1}{2}\|w\|^2 + C\sum_{i=1}^{n}\xi_i$$
$$\mathrm{s.t.}\, y_i(w^\mathrm{T}x_i + b) \geqslant 1 - \xi_i$$
$$\xi_i \geqslant 0 \quad i = 1,\ 2,\ \cdots,\ n$$

$C > 0$ 被称为惩罚参数，该优化问题的求解方法与线性可分的问题求解方法类似，不再赘述。

参数 C 设得越大，意味着对离群点的惩罚就越大，最终就会有较少的点跨过间隔边界，模型也会变得复杂，过拟合的风险大。而参数 C 设得越小，则较多的点会跨过间隔边界，最终形成的模型较为平滑，过拟合的风险小。

10.3.4 核函数

前面展示的硬间隔和软间隔的 SVM 主要用于处理线性分类问题，然而现实中很多分类问题是非线性的，即无法通过一个线性超平面将样本点分类。这时通常需要将数据点映射到高维空间中，使原本在低维空间线性不可分的数据在高维空间中线性可分。

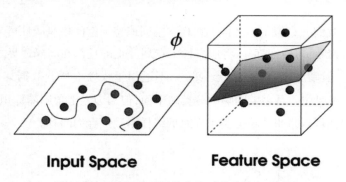

图 10-19 数据集从低维空间到高维空间的变换

图 10-19 中左图在二维空间中的点不能用一条直线来分类，分类的边界是一条曲线（非线性的）。但是在数据点没变的前提下，通过函数 ϕ 将数据转换到右图的三维空间，便可使用一个线性超平面进行分割。右图显示原来在二维空间不可分的两类样本点，在映射到三维空间后变为线性可分。

由上可知：用线性分类方法求解非线性分类问题分为两步，首先使用一个变换将原空间的数据映射到新空间，然后在新空间用线性分类学习方法，从训练数据中学习分类模型。

令 $\phi(x)$ 表示将 x 映射到高维空间后的特征向量，于是分类超平面对应的模型表示为：

$$f(x) = w^\mathrm{T}\phi(x) + b$$

其中 w、b 是要求解的参数，和 10.3.2 小节的求解方法相同，式（10.8）修改为：

$$\min_{\alpha} L(w, b, \alpha) = \frac{1}{2} \sum_{i=1}^{n} \sum_{j=1}^{n} y_i y_j \alpha_i \alpha_j \phi(x_i^{\mathrm{T}}) \phi(x_j) - \sum_{j=1}^{n} \alpha_j$$

$$\text{s.t.} \sum_{i=1}^{n} \alpha_i y_i = 0 \qquad (10.15)$$

$$\alpha_i \geqslant 0 \quad i = 1, 2, \cdots, n$$

式(10.15)中涉及计算 $\phi(x_i^{\mathrm{T}}) \phi(x_j)$，这是样本 x_i 和 x_j 映射到高维空间后的内积，由于维数较高，计算内积的复杂度很高，这个时候便需要利用核函数(kernel function)来简化计算的复杂度。为此，引入函数：

$$K(x_1, x_2) = \phi(x_1)^{\mathrm{T}} \phi(x_2)$$

这样 x_i 和 x_j 在高维空间的内积等于它们在原始空间中通过函数 $K(x_1, x_2)$ 计算的结果，通过直接求 $K(x_1, x_2)$ 函数值，不需要在高维空间中做内积运算，也不再需要考虑非线性变换 $\phi(x)$，降低了计算的复杂度。这里 $K(x_1, x_2)$ 就是核函数。

于是式(10.15)改为：

$$\min_{\alpha} L(w, b, \alpha) = \frac{1}{2} \sum_{i=1}^{n} \sum_{j=1}^{n} y_i y_j \alpha_i \alpha_j K(x_i, x_j) - \sum_{j=1}^{n} \alpha_j$$

$$\text{s.t.} \sum_{i=1}^{n} \alpha_i y_i = 0 \qquad (10.16)$$

$$\alpha_i \geqslant 0 \quad i = 1, 2, \cdots, n$$

求解后，最大分类超平面对应的模型表示为：

$$\begin{aligned} f(x) &= w^{*\mathrm{T}} \phi(x) + b^* \\ &= \sum_{i=1}^{n} \alpha_i^* y_i \phi(x_i)^{\mathrm{T}} \phi(x) + b^* \\ &= \sum_{i=1}^{n} \alpha_i^* y_i K(x, x_i) + b^* \end{aligned} \qquad (10.17)$$

公式(10.17)表明通过核函数对低维空间数据进行计算，得到最大分类超平面的模型表示，不需要显式定义映射函数 $\phi(x)$ 和高维空间。

核函数在机器学习算法中进行非线性改进的主要思路如下。

(1)非线性可分的样例映射到高维空间后线性可分，但是需要计算高维空间中数据之间的内积运算，计算量大且计算起来非常困难，甚至会引起"维数灾难"问题，可以用核函数解决。

(2)核函数是对低维数据的计算，其计算结果与高维数据的内积运算结果相同，从而不需要再选取映射函数 $\phi(x)$。用核函数代替高维数据的内积，避免了直接在高维空间的数据之间进行内积的复杂计算。

在诸如SVM、KNN、线性回归和聚类等算法中，需要计算特征空间中数据之间的内积运算时，都可以使用核函数。

范例10-6：核函数应用

$f(z)$ 的定义为：将三维数据 (z_1, z_2, z_3) 映射为九维的数据，$f(z) = (z_1 z_1, z_1 z_2, z_1 z_3, z_2 z_1, z_2 z_2, z_2 z_3, z_3 z_1, z_3 z_2, z_3 z_3)$，现有两个样例 $x_1 = (1, 2, 3)$，$x_2 = (4, 5, 6)$，计算 $f(x_1)$ 与 $f(x_2)$ 的内积。

由 $f(z)$ 的定义知：

$$f(x_1) = (1, 2, 3, 2, 4, 6, 3, 6, 9)$$

$$f(x_2) = (16, 20, 24, 20, 25, 30, 24, 30, 36)$$

$$f(x_1) \cdot f(x_2) = 16 + 40 + 72 + 40 + 100 + 180 + 72 + 180 + 324 = 1024$$

$$令 k(x_1, x_2) = (< x_1, x_2 >)^2$$

$$k(x_1, x_2) = (4 + 10 + 18)^2 = 1024$$

显然 $k(x_1, x_2) = f(x_1) \cdot f(x_2)$，但是 $k(x_1, x_2)$ 计算起来比 $f(x_1) \cdot f(x_2)$ 简单得多。$f(x_1) \cdot f(x_2)$ 是先将 x_1 和 x_2 映射到高维空间中，然后再根据内积的公式进行计算，而 $k(x_1, x_2)$ 直接在原来的低维空间中进行计算。如果 $k(x_1, x_2)$ 计算的时间复杂度是 $O(n)$，那么 $f(x_1) \cdot f(x_2)$ 就是 $O(n^2)$。核函数的优点是，可以在一个低维空间去完成高维度空间样本内积的计算。因此，在算法中遇到求映射后的 $f(x_1)$ 和 $f(x_2)$ 的内积 $f(x_1) \cdot f(x_2)$ 时，就可以直接使用 $k(x_1, x_2)$ 代替，不需要显式计算每一个 $f(x)$，甚至不必知道 $f(x)$ 是如何定义的。

目前研究最多的核函数主要有以下三类。

（1）多项式核（polynomial kernel）：得到一个 q 阶多项式的分类器。其具体形式为：

$$k(x_i, x_j) = [\gamma(x_i \cdot x_j) + c]^d$$

（2）高斯核（也称 RBF 核）：主要用于非线性可分的情形，是应用最为广泛的一种核函数。高斯核函数能够将数据映射到无限维空间，在无限维空间中，数据都是线性可分的。其具体形式为：

$$k(x_i, x_j) = e^{-\gamma \|x_i - x_j\|^2}$$

（3）sigmoid 核：来源于神经网络，现在已经大量应用于深度学习，被用作"激活函数"。其具体形式为：

$$k(x_i, x_j) = \tanh(\nu(x_i \cdot x_j) + c)$$

选择核函数包括两部分工作：一是确定核函数，二是确定核函数类型后的相关参数。具体实践时可以分别试用不同的核函数，采用交叉验证方法进行对比分析，在相同数据条件下，误差最小的核函数就是最好的核函数。

10.3.5 SVM 算法实践

SVM 在解决分类问题时具有良好的效果，出名的软件包有 libsvm（支持多种核函数）、liblinear。此外，Python 机器学习库 scikit-learn 也有 SVM 相关算法，sklearn.svm.SVC 和 sklearn.svm.LinearSVC 分别由 libsvm 和 liblinear 发展而来。

1. 在 sklearn 中利用 SVM 算法解决分类问题

创建 SVC 模型的语法如下。

```
sklearn.svm.SVC(C=1.0, kernel='rbf', degree=3, gamma='auto', coef0=0.0, shrinking=
True,            probability=False, tol=0.001, cache_size=200, class_weight=
```

```
None,                    verbose=False, max_iter=-1, decision_function_shape='ovr',
        random_state=None)
```

（1）SVC模型的基本参数如下。

C：错误项的惩罚系数（松弛变量），默认值为1.0，与10.3.3小节中的参数一致。C越大，即对分错样本的惩罚程度越大。因此在训练样本中准确率提高，但是泛化能力降低，也就是对测试数据的分类准确率降低。相反，减小C的话，容许训练样本中有一些误分类错误样本，泛化能力强。

kernel：算法中采用的核函数类型，默认为'rbf'，常用的核函数有linear（线性核函数）、poly（多项式核函数）、RBF（高斯核函数）、sigmod（sigmod核函数）。

degree：该参数只对kernel='poly'时有用，表示选择的多项式的最高次数，默认是3。

gamma：是选择'RBF'、'poly'和'sigmoid'核函数后，自带的参数。隐含了数据映射到新的特征空间后的分布，gamma越大，支持向量越少，可能导致过拟合；gamma越小，支持向量越多，可能导致欠拟合。支持向量的个数影响训练与预测的速度，默认是auto，使用特征位数的倒数，即$1/n$的特征数量。

coef0：是kernel='poly'或kernel='sigmoid'设置的核函数常数值。

（2）主要方法如下。

decision_function(X)：获取数据集X到分类超平面的距离。

fit(X, y)：在数据集（X,y）上使用SVM模型。

get_params([deep])：获取模型的参数。

predict(X)：预测数据值X的标签。

score(X,y)：返回给定测试集和对应标签的平均准确率。

（3）基本属性如下。

support_：以数组的形式返回支持向量的索引，即在所有的训练样本中，哪些样本成为支持向量。

support_vectors_：返回支持向量，汇总了当前模型所有的支持向量。

n_support_：每个类别支持向量的个数。

dual_coef_：支持向量在决策函数中的系数，多分类问题中，值会有所不同。

coef：每个特征系数，只有核函数是Linear的时候可用。

intercept_：核函数中的常数项（截距值），和coef_共同构成核函数的参数值。

范例10-7：在sklearn中利用SVC模型解决线性可分类问题

利用make_blobs生成两组数据，创建SVC模型，画出分类超平面及支持向量，具体代码如下。

```
%matplotlib inline
import numpy as np
import matplotlib.pyplot as plt
from sklearn import svm
from sklearn.datasets import make_blobs
def plot_svc_decision_boundary(clf, xmin, xmax,sv=True):
    #画出分类超平面
    w = clf.coef_[0]
```

```
    b = clf.intercept_[0]
    x0 = np.linspace(xmin, xmax, 200)
    #计算超平面方程
    decision_boundary = - w[0]/w[1] * x0 - b/w[1]
    margin = 1/w[1]
    #上、下两条间隔平面
    gutter_up = decision_boundary + margin
    gutter_down = decision_boundary - margin
    #标出支持向量的样本点
    if sv:
        svs = clf.support_vectors_
        plt.scatter(svs[:,0],svs[:,1],s=180,facecolors='#FFAAAA')
    #分别画出超平面及上下两条间隔平面
    plt.plot(x0,decision_boundary,'k-',linewidth=2)
    plt.plot(x0,gutter_up,'k--',linewidth=2)
    plt.plot(x0,gutter_down,'k--',linewidth=2)
# 生成数据集
X, y = make_blobs(n_samples=40, centers=2, random_state=6)
# 创建SVM模型
clf = svm.SVC(kernel='linear', C=1000)
clf.fit(X, y)
#调用函数,显示分类超平面
plot_svc_decision_boundary(clf, 4, 10)
#显示数据集
plt.plot(X[:,0][y==1],X[:,1][y==1],'bo')
plt.plot(X[:,0][y==0],X[:,1][y==0],'g^')
plt.show()
```

运行结果如图10-20所示。

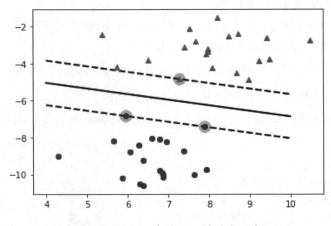

图10-20　sklearn中的SVC模型使用范例

2. 调节惩罚系数 C

惩罚系数 C 即 10.3.3 小节提到的松弛变量，它在优化函数里的作用主要是平衡支持向量的复杂度和误分类率两者之间的关系，可以理解为正则化系数。当 C 比较大时，损失函数也会越大，这意味着考虑比较远的离群点，分类间隔小，也容易过拟合。反之，当 C 比较小时，意味着不考虑那些离群点，分类间隔大。下面的代码对比了不同 C 值所带来的效果差异。

范例 10-8：惩罚系数 C 对模型的影响

```python
import numpy as np
from sklearn import datasets
import matplotlib.pyplot as plt
from sklearn.svm import SVC
from sklearn.datasets import  make_classification
#生成数据集
X, y = make_classification(n_features=2, n_redundant=0, n_informative=2,
                           random_state=1, n_clusters_per_class=1)
rng = np.random.RandomState(2)
X += 1.5 * rng.uniform(size=X.shape)
#创建两个SVC模型,C参数不同
svm_clf1 = SVC(kernel='linear',C=1)
svm_clf2 = SVC(kernel='linear',C=100)
svm_clf1.fit(X,y)
svm_clf2.fit(X,y)
#对比两个模型的分类超平面
plt.figure(figsize=(14,4.2))
plt.subplot(121)
plt.plot(X[:, 0][y==1], X[:, 1][y==1], "g^", label="x1")
plt.plot(X[:, 0][y==0], X[:, 1][y==0], "bs", label="x2")
plot_svc_decision_boundary(svm_clf1, -2, 3,sv=False)
plt.title("$C = {}$".format(svm_clf1.C), fontsize=16)
plt.axis([-1, 3, 0, 4])
plt.subplot(122)
plt.plot(X[:, 0][y==1], X[:, 1][y==1], "g^")
plt.plot(X[:, 0][y==0], X[:, 1][y==0], "bs")
plot_svc_decision_boundary(svm_clf2, -2, 3,sv=False)
plt.title("$C = {}$".format(svm_clf2.C), fontsize=16)
plt.axis([-1, 3, 0, 4])
```

运行结果如图 10-21 所示。

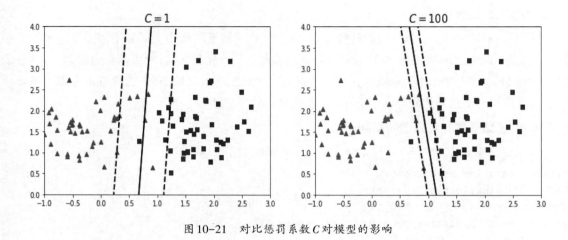

图 10-21　对比惩罚系数 C 对模型的影响

图 10-21 中, C 值较小时, 分类间隔大, 较多的离群点在分类间隔内; C 值较大时, 考虑离群点, 分类间隔小, 分类更精确。

3. 非线性支持向量机

下面通过一个范例验证 SVM 是否能对非线性数据进行分类, 以及不同的核函数和参数对分类结果的影响。

范例 10-9: 在 sklearn 中利用 SVM 模型解决非线性可分类问题

随机生成图 10-22 所示数据集中的两类数据, 分别用图标 "×" 和 "▲" 加以区别, 每个数据具有两个特征(在二维平面内用横坐标和纵坐标表示), 要求用带核函数的 SVM 算法分类数据集, 画出拟合出来的分类超平面。

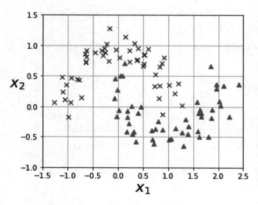

图 10-22　非线性可分的数据集

显然, 在二维空间, 无论如何也不能用一条直线将这两类样本正确分开, 该问题属于非线性 SVM 问题。

(1)通过调用 SVC(), 核函数类型为 "poly" 多项式核函数, 调节核函数的参数, 得到决策边界。具体代码如下。

```
from sklearn.datasets import make_moons
def plot_dataset(X, y, axes):
    #画出数据集
    plt.plot(X[:, 0][y==0], X[:, 1][y==0], "bx")
    plt.plot(X[:, 0][y==1], X[:, 1][y==1], "g^")
    plt.axis(axes)
def plot_predictions(clf,axes):
    #画出分类超平面
    x0s = np.linspace(axes[0],axes[1],100)
    x1s = np.linspace(axes[2],axes[3],100)
    x0,x1 = np.meshgrid(x0s,x1s)
    X = np.c_[x0.ravel(),x1.ravel()]
    y_pred = clf.predict(X).reshape(x0.shape)
    plt.contourf(x0,x1,y_pred,cmap=plt.cm.brg,alpha=0.2)
#生成数据集
X, y = make_moons(n_samples=100, noise=0.15, random_state=42)
#创建两个参数不同的SVM模型,核函数为"poly"
polynomial_svm_clf1=svm.SVC(kernel="poly", degree=3, coef0=1, C=5)
polynomial_svm_clf1.fit(X,y)
polynomial_svm_clf2=svm.SVC(kernel="poly", degree=10, coef0=100, C=5)
polynomial_svm_clf2.fit(X,y)
#对比两个SVM模型结果,显示数据集及分类超平面
plt.figure(figsize=(11, 4))
plt.subplot(121)
plot_predictions(polynomial_svm_clf1,[-1.5,2.5,-1,1.5])
plot_dataset(X,y,[-1.5,2.5,-1,1.5])
plt.title(r"$d=3, r=1, C=5$", fontsize=18)
plt.subplot(122)
plot_predictions(polynomial_svm_clf2,[-1.5,2.5,-1,1.5])
plot_dataset(X,y,[-1.5,2.5,-1,1.5])
plt.title(r"$d=10, r=100, C=5$", fontsize=18)
plt.show()
```

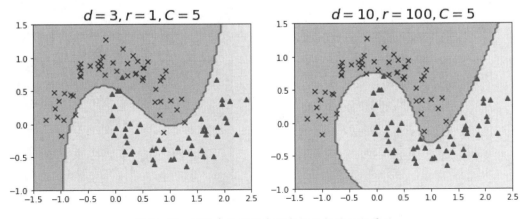

图10-23　不同参数下的多项式核函数的运行界面

多项式核函数的思想：通过产生新的多项式特征来扩充原数据集；参数 degree 表示多项式的阶数。当 d 比较大时，阶数越高，模型越复杂，从图 10-23 的对比可知：$d=3$ 时决策边界比 $d=10$ 时简单。

（2）核函数类型为"rbf"，调整参数 γ，得到不同的决策边界。代码如下。

```
#设置参数
gamma1, gamma2 = 0.1, 5
C1, C2 = 0.001, 1000
hyperparams = (gamma1, C1), (gamma1, C2), (gamma2, C1), (gamma2, C2)
#创建SVM模型
svm_clfs = []
for gamma, C in hyperparams:
    rbf_kernel_svm_clf =  svm.SVC(kernel="rbf", gamma=gamma, C=C)
    rbf_kernel_svm_clf.fit(X, y)
    svm_clfs.append(rbf_kernel_svm_clf)
#画图,对比结果
plt.figure(figsize=(11, 7))
for i, svm_clf in enumerate(svm_clfs):
    plt.subplot(221 + i)
    plot_predictions(svm_clf, [-1.5, 2.5, -1, 1.5])
    plot_dataset(X, y, [-1.5, 2.5, -1, 1.5])
    gamma, C = hyperparams[i]
    plt.title(r"$\gamma = {}, C = {}$".format(gamma, C), fontsize=16)
plt.show()
```

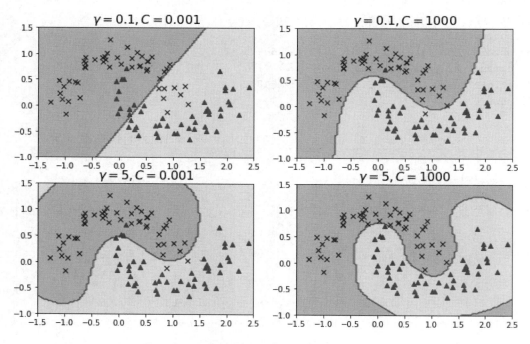

图 10-24　不同参数下的高斯核函数的运行结果

通过上面的实验我们发现,使用多项式核函数、高斯核函数的SVM确实可以解决部分非线性可分问题。不同的参数对精度的影响非常大,一般来说,参数C越大,训练得到的模型越准确。如果采用高斯核函数,参数的值对精度影响也非常大。从图10-24可知:超参数γ的取值非常重要,既不能过小,也不能过大,可以将γ理解为支持向量影响区域半径的倒数,γ越大,支持向量影响区域越小,决策边界倾向于只包含支持向量,模型复杂度高,容易过拟合;γ越小,支持向量影响区域越大,决策边界倾向于光滑,模型复杂度低,容易欠拟合。

另外,sklearn提供了GridSearchCV()函数,实现自动调参,把参数输进去,就能给出最优化的结果和参数。通过对线性核函数、多项式核函数和高斯核函数使用网格搜索,在C=(0.1,1,1000)和gamma=(1, 0.1, 0.01)组合的9种情况中选择最好的超参数。例如:

```
from sklearn.model_selection import GridSearchCV
tuned_parameters = [{'kernel': ['rbf'], 'gamma': [1,0.1,0.01],'C': [0.1, 1,1000]},
                    {'kernel': ['linear'], 'C': [0.1, 1,10]},
                    {'kernel': ['poly'],'gamma': [1,0.1,0.01],'C': [0.1, 1,1000]}]
model_grid = GridSearchCV(SVC(), tuned_parameters, cv=5)
model_grid.fit(X, y)
print("The best parameters are %s with a score of %0.2f"
      % (model_grid.best_params_, model_grid.best_score_))
```

运行结果如下。

```
 The best parameters are {'C': 1000, 'gamma': 0.1, 'kernel': 'rbf'} with a score
of 0.96
```

结果说明:当$C=1000$,$\gamma=1$时,采用RBF,能达到最好的分类效果。GridSearchCV()中的cv=5表示采用的是5折交叉验证。GridSearchCV可以保证在指定的参数范围内找到精度最高的参数,但是遍历所有可能参数的组合,在面对大数据集和多参数的情况下非常耗时,并且可能会调到局部最优而不是全局最优。

SVM算法是建立在统计学习理论基础上的机器学习方法,通过学习算法,SVM可以自动寻找出对分类有较好区分能力的支持向量,由此构造出的分类器可以最大化类与类的间隔,因而有较好的适应能力和较高的分类准确率,能很好地解决高维问题,对小样本情况下的机器学习问题效果好。SVM算法的缺点主要有以下几个。

(1)SVM算法对大规模训练样本难以实施。

(2)SVM模型对缺失数据敏感。

(3)对非线性问题没有通用解决方案,需要谨慎选择核函数来处理。

10.4 朴素贝叶斯算法

朴素贝叶斯(Naive Bayes)是一种基于概率统计的分类方法,它在条件独立假设的基础上,利用贝叶斯公式计算出其后验概率,选择具有最大后验概率的类作为该对象所属的类。

朴素贝叶斯算法简单高效、易于实现,是一种常用的分类方法,对于多分类问题,该算法同样很有效,算法复杂度也不会有大程度的提升,并且对缺失数据不太敏感。目前,朴素贝叶斯算法在垃圾邮件过滤、疾病诊断、推荐系统、文本分类及情感判别领域有广泛的应用。

10.4.1 朴素贝叶斯算法原理

贝叶斯定理是由英国学者贝叶斯提出的定理,贝叶斯方法源于他生前为解决一个"逆概"问题写的一篇文章,例如:假设袋子里面有 N 个白球,M 个黑球,伸手进去摸一把,摸出黑球的概率是多大,这是正向概率的问题。那么反过来问:如果我们事先并不知道袋子里面黑白球的比例,而是闭着眼睛摸出一个(或几个)球,观察这些摸出来的球的颜色之后,那么我们就可以对袋子里面的黑白球的比例作出什么样的推测,这就是逆概问题。

范例 10-10:一种诊断癌症的试剂,经临床试验有如下记录:得了这个癌症的人被检测出为阳性的概率为 95%,未得这种癌症的人被检测出阴性的概率为 94%,而人群中得这种癌症的概率为 0.5%,一个人被检测出阳性,问这个人得癌症的概率为多少?

首先设事件 A=检测出阳性,B_1 = 被诊断者患有癌症,则 B_2=被诊断者不患有癌症。$P(A|B_1)$ = 0.95,$P(A|B_2)$ = 0.06,这是正向概率,求概率 $P(B_1|A)$,即被检测出阳性得癌症的概率,这是逆概问题。

思路:首先求出"检测出阳性"的概率,即 $P(A)$ 的值,然后在"检测出阳性"事件中算出有多少得癌症的概率。具体步骤如下。

(1)$P(A) = P(B_1)P(A|B_1) + P(B_2)P(A|B_2) = 0.005 \times 0.95 + 0.995 \times 0.06 = 0.06445$

(2)求概率 $P(B_1|A)$:

$$P(B_1|A) = \frac{P(B_1)P(A|B_1)}{P(A)} = \frac{0.005 \times 0.95}{0.06445} = 0.0737$$

检测出阳性且得癌症的概率 $P(B_1|A)$ 是 7.37%。同理可得,检测出阳性且没得癌症的概率 $P(B_2|A)$ 是 92.63%。

通过范例 10-10 我们已经对贝叶斯公式有了直观的认识,下面给出贝叶斯公式的数学描述。

设 A 为样本空间 Ω 中的一个事件,B_1, B_2, $\cdots$, B_n 为 Ω 的一个划分,则

$$P(B_i|A) = \frac{P(A|B_i)P(B_i)}{P(A)} = \frac{P(A|B_i)P(B_i)}{\sum\limits_{j=1}^{n} P(A|B_j)P(B_j)}, \quad i = 1, 2, \cdots, n \tag{10.18}$$

这里 $P(B_i)$ 称为先验概率,表示人们对事件发生可能性大小的认识。条件概率 $P(A|B_i)$ 表示事件 B_i 发生后,事件 A 发生的可能性。$P(B_i|A)$ 称为后验概率,表示在事件 A 发生后,人们对事件 B_1, B_2, $\cdots$, B_n 发生可能性大小的新认识。

贝叶斯公式提供了从先验概率 $P(B_i)$ 和条件概率来计算后验概率 $P(B_i|A)$ 的方法。

从统计学知识回到机器学习领域，假设我们的分类模型样本有 n 个特征，分别为 F_1，F_2，$\cdots$，F_n，有 m 个类别，分别为 C_1，C_2，$\cdots$，C_m。从样本中我们可以得到与类别无关的概率 $P(F_1F_2\cdots F_n)$、先验分布 $P(C_i)$，以及先验条件概率分布 $P(F_1F_2\cdots F_n|C_i)$，则由式（10.18）贝叶斯公式可知：

$$P(C_i|F_1F_2\cdots F_n) = \frac{P(F_1F_2\cdots F_n|C_i)P(C_i)}{P(F_1F_2\cdots F_n)} \quad i = 1,2,\cdots,m \tag{10.19}$$

当给定测试集的一个新样本时，分别计算出 m 个类别的条件概率 $P(C_i|F_1F_2\cdots F_n)$，将新样本的类别判定为条件概率最大值所对应的类别，这就是贝叶斯判定准则，也称为最大后验概率。

基于贝叶斯公式来估计后验概率 $P(C_i|F_1F_2\cdots F_n)$ 的主要困难在于：类条件概率 $P(F_1F_2\cdots F_n|C_i)$ 是所有特征上的联合概率，难以从有限的训练样本中直接估计而得。因此朴素贝叶斯算法在贝叶斯的基础上引入了条件独立假设。对于已知类别，假设所有特征相互独立，最终朴素贝叶斯公式为：

$$P(C_i|F_1F_2\cdots F_n) = \frac{P(F_1|C_i)P(F_2|C_i)\cdots P(F_n|C_i)P(C_i)}{P(F_1F_2...F_n)} \quad i = 1,2,\cdots,m \tag{10.20}$$

由于式（10.20）中的分母 $P(F_1F_2\cdots F_n)$ 与类别无关，因此贝叶斯判定准则可写为：

$$f(x) = \mathrm{argmax}_k P(F_1|C_k)P(F_2|C_k)\cdots P(F_n|C_k)P(C_k) \tag{10.21}$$

显然朴素贝叶斯分类器的训练过程就是基于训练集 D 得到类先验概率 $P(C_i)$，并为每个特征计算类条件概率 $P(F|C_i)$。

朴素贝叶斯模型假设属性之间是相互独立的，但是这个假设在实际应用中很难成立，故会影响分类效果。因此在属性个数比较多或属性之间相关性较大时，分类效果并不一定好。另外，算法需要知道先验概率，并且先验概率在很多时候取决于假设，假设的模型可以有多种，从而导致在某些时候会由于假设的先验模型而使预测效果不佳，对输入数据的表达形式敏感。

10.4.2 朴素贝叶斯算法代码实现及应用

朴素贝叶斯主要应用在文本分析，邮件拦截，情感分类等场景，本范例实现基于视频网站弹幕评论的情感分类，情感分类是对带有感情色彩的主观性文本进行分析，将文本分为积极、中性、消极等类型的过程。

范例10-11：基于朴素贝叶斯的文本情感分析

以日本反思短片《你的善良一文不值》的弹幕评论为例，弹幕中表达了对善良的认知，包括正面和负面的情感，对此问题建立两个类别：正面类和负面类，分别用1和0表示。建立朴素贝叶斯模型，对新弹幕进行情感分类。朴素贝叶斯算法流程如图10-25所示。

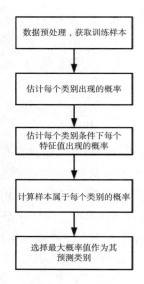

图 10-25　朴素贝叶斯算法流程

1. 加载数据集

数据集是从视频网站上抓取《你的善良一文不值》的弹幕后，筛选出正面和负面评论。下面的代码显示了数据集内容。

```python
import numpy as np
import jieba
import codecs
import re
def load_data( pos_file, neg_file):
    #加载数据
    neg_docs = codecs.open(neg_file, 'r', 'utf-8').readlines()
    pos_docs = codecs.open(pos_file, 'r', 'utf-8').readlines()
    return pos_docs, neg_docs
pos_tm,neg_tm= load_data( 'data/pos_file.txt', 'data/neg_file.txt')
print("弹幕(正面评论):",'\n',pos_tm)
print("弹幕(负面评论):",'\n',neg_tm)
```

运行结果如下。

弹幕（正面评论）：
['这个短片过激了啊，以目前为止你帮助别人会获得一声谢谢的\r\n',' 我是真的没有遇到过这样的人\r\n',' 有点小偏概全吧，我第一次去广州，基本见过的所有人都会让座，道谢\r\n',' 我遇到的都会说谢谢\r\n',' 我遇到的人都会说谢谢，我想不是偶然吧\r\n',' 看来我运气还不错从来没遇到这种\r\n',' 不会说谢谢的人我感觉没救了\r\n',' 爱国　敬业　诚信　友善\r\n',' 是的我们确实要反思自己了\r\n',' 现在的我做事不怎么主动，但是做好事的时候很主动']
弹幕（负面评论）：
['本来就很冷漠\r\n',' 人不如机器\r\n',' 世间人心冷漠无情，只有这小天狗还有点温度\r\n',' 我这周给小朋友让座被一个妇女给抢了。\r\n',' 我好不容易才变成现在这样冷漠，又想骗我去学善良\r\n',' 冷漠的社会\r\n',' 快到而立之年的我，悟出一个道理，想在这个社会不受伤害，首先要学会恶毒\r\n',' 我在公交车上给一对爷爷奶奶让座，站起来碍着旁外一位爷爷下了车。结果边下车边对我冷嘲热讽\r\n',' 我还是做机器人吧，太惨了\r\n',' 人将跟远古单细胞生物一样慢慢变成其他生物的一部分而彻底丧失自我\r\n']

2. 数据处理

在训练之前，我们需要对弹幕评论数据进行一系列的处理，包括语句分解、创建词汇表、将句子转换为词向量。

（1）语句分词。

分词处理采用 jieba 分词工具包。安装 jieba 库的方法：在命令窗口输入 pip install jieba。分词时，对评论的文本内容分别删去停用词和标点符号，停用词可以在网上下载中文常用停用词表 stopwords.txt 文件，删除标点符号利用正则表达式实现。

```python
def wordCut(sentence, stop_words='data/stopwords.txt'):
    # 将句子进行分词,包括去除停用词和标点符号
    # 删除标点符号
    remove_chars = '[·。,'!"\#$%&\'()#!()*+,-./:;<=>?\@,:?￥★、….  \
>【】《》?""''\[\\]^_`{|}~]+'
    sentence = re.sub(remove_chars, "", sentence)
    stop_words = [word.strip() for word in open(stop_words, 'r')]
    return [word.strip() for word in jieba.cut(sentence.strip())
                if word and word not in stop_words]
```

（2）创建词汇表。

词汇表包含了所有训练样本中出现的词（不包含停用词），获取训练集中所有不重复的词语构成词汇表。程序中巧妙地运用了 Python 的 set 数据类型，通过并集运算，可以生成一个包含所有文档中出现过的不重复词的列表。

```python
def createVocabList(dmList):
    #创建词汇表,词汇表包含了所有训练样本中出现的词(不包含停用词)
    myVocabList = set([])
    for dm in dmList:
        myVocabList = myVocabList | set(dm)
    return list(myVocabList)
```

建立的词汇表内容如下。

['一声', '机器', '理想', '一部分', '丧失', '受伤害', '自我', '谢谢', '本来', '太', '骗', '好不容易', '机器人', '做', '道谢', '小朋友', '惨', '冷嘲热讽', '妇女', '说', '目前为止', '爷爷', '所有人', '以偏概全', '过激', '感觉', '想', '悟出', '无情', '确实', '下车', '社会', '快到', '慢慢', '偶然', '生物', '冷漠', '运气', '短片', '反思', '一对', '抢', '天狗', '学会', '道', '友善', '温度', '而立之年', '爱国', '广州', '敬业', '碍', '世间', '公交', '远古', '不错', '做事', '站', '做好事', '真的', '善良', '人心', '让座', '这小', '恶毒', '主动', '爷爷奶奶', '诚信', '这周', '单细胞', '学', '没救']

检查上述词表，就会发现这里不会出现重复的单词。

（3）构建词向量。

实现将某条评论转换为词向量。首先创建一个空向量 returnVec，该向量长度等于词汇表长度，然后遍历该条评论中出现的单词，并将向量中对应该单词的位置设为1，该位置应是词汇表中该单词的位置。

```python
def setOfWords2Vec(vocabList, inputSet):
    #把一组词转换成词向量
    #返回值:文档向量
    #首先创建一个元素都为0的向量,长度等于词汇表的长度
```

```
returnVec = [0]*len(vocabList)
#遍历文档中的词汇
for word in inputSet:
    #如果文档中的单词在词汇表中,则相应向量位置为1
    if word in vocabList:
        returnVec[vocabList.index(word)] = 1
    #否则输出打印信息
    else: print("the word: %s is not in my Vocablary!" % word)
#向量的每一个元素为1或0,表示词汇表中的单词在文档中是否出现
return returnVec
```

该函数使用词汇表或想要检查的所有单词作为输入,然后为其中每一个单词构建一个特征。下面来看对弹幕信息"这个短片过激了啊,以目前为止你帮助别人会获得一声谢谢的"进行分词及词条转换输出的向量,输入以下代码。

```
dmVoca=wordCut('这个短片过激了啊,以目前为止你帮助别人会获得一声谢谢的', stop_words='data/
stopwords.txt')
Vec=setOfWords2Vec(vocabList, dmVoca)
print(dmVoca)
print(Vec)
```

输出结果如下。

```
['短片', '过激', '目前为止', '一声', '谢谢']
[1, 0, 0, 0, 0, 0, 0, 1, 0, 0, 0, 0, 0, 0, 0, 0, 0, 0, 0, 0, 0, 0, 1, 0, 0, 0, 1, 0,
0, 0, 0, 0, 0, 0, 0, 0, 0, 0, 0, 1, 0, 0, 0, 0, 0, 0, 0, 0, 0, 0, 0, 0, 0, 0, 0, 0,
0, 0, 0, 0, 0, 0, 0, 0, 0, 0, 0, 0, 0, 0, 0, 0, 0, 0, 0, 0]
```

显然,输出的向量和前面的词汇表长度一样,并且该条弹幕中出现过的单词在向量对应的位置为1。

3. 训练算法:利用训练集,求出每个类别中各单词的条件概率

经过前面的数据处理后,每条弹幕都转换为一个向量,词汇表中每个单词对应向量中的一位,代表一个特征。下面通过训练数据集计算每个类别中各单词的条件概率,计算思路如下。

(1)分别初始化两个类别的词汇向量。

(2)对每条弹幕:将该弹幕向量累加到词汇向量。

对每个类别:将该弹幕的单词数目加到该类别的单词总数。

(3)每个类别的条件概率=该类别的词汇向量/该类别的单词总数。

具体代码如下。

```
def train( trainMatrix, label):
    #获得训练集中的弹幕个数
    numTrainDanmu  = len(trainMatrix)
    # 分别统计正面和负面弹幕中每个词出现的次数
    # 默认每个词出现至少一次
    pos_each_word = np.ones(len(trainMatrix[0]))
```

```
neg_each_word = np.ones(len(trainMatrix[0]))
pos_words = 2.0 # 正面弹幕中所有词的总数
neg_words = 2.0 # 负面弹幕中所有词的总数
#遍历训练集trainMatrix中的所有弹幕
for i in range(numTrainDanmu):
     #如果是正面样本,则累加到正向词向量,且修改正向弹幕的总词数
    if label[i] == 1:
        pos_each_word += trainMatrix[i]
        pos_words += sum(trainMatrix[i])
    #如果是负面样本,则累加到负向词向量,且修改负向弹幕的总词数
    if label[i] == 0:
        neg_each_word += trainMatrix[i]
        neg_words += sum(trainMatrix[i])
# 对每个词出现的概率取对数
pos_each_word_prob = np.log(pos_each_word/pos_words)
neg_each_word_prob = np.log(neg_each_word/neg_words)
#对每个元素做除法求概率
#返回两个类别概率向量和一个概率
return pos_each_word_prob, neg_each_word_prob, \
    sum(label)/numTrainDanmu
```

贝叶斯公式中,$P(F_1|C_i)P(F_2|C_i)\cdots P(F_n|C_i)$涉及概率的乘积,如果其中一个概率值为0,那么最后的乘积也为0。为降低这种影响,可以将所有词的出现数初始化为1,并将分母初始化为2。

另外,因为大多数概率都很小,概率相乘导致太多的小数相乘,所以导致程序向下溢出或得不到正确的答案,一种解决办法就是通过取自然对数,将乘法改为加法。

返回值pos_each_word_prob、neg_each_word_prob为向量,保存每个单词在该类别中出现的概率。

4. 预测新弹幕

根据贝叶斯公式求出新弹幕分别属于两个类别的后验概率$P(C_i|F_1F_2\cdots F_n)$,比较两个类别概率的大小,将新弹幕判定为概率大的类别。根据式(10.21)求后验概率$P(C_i|F_1F_2\cdots F_n)$时,通过取自然对数,将乘法改为加法。

```
def classify(test_data, pos_each_word_prob, neg_each_word_prob, pos_prob):
    #测试数据,分别求出两个类别的概率
    #求和各个特征条件概率,再累加到该类别的对数概率上
    p1 = sum(test_data*pos_each_word_prob) + np.log(pos_prob)
    p0 = sum(test_data*neg_each_word_prob) + np.log(1-pos_prob)
    #将新弹幕判定为概率大的类别
    if p1 > p0:
        return 1, np.exp(p1), np.exp(p0)
    else:
        return 0, np.exp(p1), np.exp(p0)
```

5. 主程序

通过函数train求出每个类别下的单词出现的概率,输入新弹幕,对其分词并转换为向量进行

预测。

```
if __name__ == '__main__':
    pos_danmu_list, neg_danmu_list = load_data('data/pos_file.txt',\
                                               'data/neg_file.txt')

    danmuList = []
    # 把正负样本集合到一起
    for danmu in pos_danmu_list:
        danmu = wordCut(danmu)
        danmuList.append(danmu)
    for danmu in neg_danmu_list:
        danmu = wordCut(danmu)
        danmuList.append(danmu)
    # 得到所有样本label列表
    label = [1] * len(pos_danmu_list) + [0] * len(neg_danmu_list)
    #计算词汇表
    myvocabList = createVocabList(danmuList)
    #将弹幕数据集分词,并转化为向量
    train_data = []
    for danmu in danmuList:
        trainMat = setOfWords2Vec(myvocabList, danmu)
        train_data.append(trainMat)
    # 利用训练集,求出每个类别中各单词的条件概率
    pos_each_word_prob, neg_each_word_prob, pos_prob = train(train_data,label)
    #预测新弹幕
    test_sentences = codecs.open("data/test_file.txt", 'r', 'utf-8').readlines()
    for sentence in test_sentences:
        print(sentence)   #输出弹幕
        sentence = wordCut(sentence)                            #分词
        test_vec = setOfWords2Vec(myvocabList, sentence)    #转换为向量
        pred = classify(test_vec, pos_each_word_prob, \
                        neg_each_word_prob, pos_prob)
        print(pred)   #输出预测值
```

运行结果如下。

```
将来的社会,人类会更加冷漠
the word: 将来 is not in my Vocablary!
the word: 人类 is not in my Vocablary!
(0, 0.0003858024691358025, 0.00257201646090535)
别人帮助你,应该说声"谢谢"
(1, 0.0077160493827160455, 0.00017146776406035659)
```

测试集test_file.txt包括两条弹幕,从结果可知:第1条弹幕判定为0,表示负面样本,第2条弹幕为1,表示正面样本,分类正确。

6. 在sklearn中实现朴素贝叶斯分类

在scikit-learn中,一共有3个朴素贝叶斯的分类算法类,分别是GaussianNB、MultinomialNB和

BernoulliNB。其中GaussianNB就是先验为高斯分布的朴素贝叶斯,MultinomialNB就是先验为多项式分布的朴素贝叶斯,而BernoulliNB就是先验为伯努利分布的朴素贝叶斯。

下面在sklearn中利用朴素贝叶斯算法实现范例10-11的情感分析,这里利用多项式朴素贝叶斯。sklearn.naive_bayes.MultinomialNB(alpha=1.0, fit_prior=True, class_prior=None)主要用于离散特征分类,例如文本分类单词统计,以出现的次数作为特征值。参数说明如下。

alpha:浮点型,可选项,默认为1.0,添加拉普拉斯平滑参数。

fit_prior:布尔型,可选项,默认为True,表示是否学习先验概率,参数为False表示所有类标记具有相同的先验概率。

class_prior:类似数组,数组大小为(n_classes),默认为None,类先验概率。

具体代码如下。

```python
import numpy as np
from sklearn.naive_bayes import MultinomialNB
clf=MultinomialNB(alpha=1)
#拟合数据
clf.fit(train_data, label)
for sentence in test_sentences:
    print(sentence)   #输出弹幕
    sentence = wordCut(sentence)                          #分词
    test_vec = setOfWords2Vec(myvocabList, sentence)   #转换为向量
    pred = clf.predict([test_vec])
    print(pred)   #输出预测值
```

运行结果如下。

```
将来的社会,人类会更加冷漠
the word: 将来 is not in my Vocablary!
the word: 人类 is not in my Vocablary!
[0]
别人帮助你,应该说声"谢谢"
[1]
```

10.5 综合案例——基于SVM算法的癌症预测

支持向量机广泛应用于实际问题中,包括人脸识别、疾病检测、手写数字识别等领域。下面通过一个实例演示SVM算法在癌症预测上的应用。

1. 准备数据

sklearn自带的数据集中包含breast_cancer乳腺癌数据集,是一个二分类数据集,共有569个样本,30个特征,标签为二分类,见表10-6。

表10-6　乳腺癌数据集

类型	样本个数
良性 benign	357
恶性 malignant	212

首先加载并查看数据信息，代码如下。

```
from sklearn import datasets
# 加载乳腺癌数据集，将数据集赋值给变量cancer
cancer = datasets.load_breast_cancer()
#查看数据集信息
print('数据个数:',len(cancer.data))
#feature_names属性
print('特征名:',cancer.feature_names,sep='\n')
print('分类名称',cancer.target_names,sep='\n')
#data属性，查看数据集的数据(不包括标签)
print('数据X:',cancer.data,sep='\n')
#target属性，查看数据集的标签
print('标签y:',cancer.target,sep='\n')
```

运行结果如下。

```
数据个数: 569
特征名:
['mean radius' 'mean texture' 'mean perimeter' 'mean area'
 'mean smoothness' 'mean compactness' 'mean concavity'
 'mean concave points' 'mean symmetry' 'mean fractal dimension'
 'radius error' 'texture error' 'perimeter error' 'area error'
 'smoothness error' 'compactness error' 'concavity error'
 'concave points error' 'symmetry error' 'fractal dimension error'
 'worst radius' 'worst texture' 'worst perimeter' 'worst area'
 'worst smoothness' 'worst compactness' 'worst concavity'
 'worst concave points' 'worst symmetry' 'worst fractal dimension']
分类名称
['malignant' 'benign']
数据X:
[[1.799e+01 1.038e+01 1.228e+02 ... 2.654e-01 4.601e-01 1.189e-01]
 [2.057e+01 1.777e+01 1.329e+02 ... 1.860e-01 2.750e-01 8.902e-02]
 [1.969e+01 2.125e+01 1.300e+02 ... 2.430e-01 3.613e-01 8.758e-02]
 ...
 [1.660e+01 2.808e+01 1.083e+02 ... 1.418e-01 2.218e-01 7.820e-02]
 [2.060e+01 2.933e+01 1.401e+02 ... 2.650e-01 4.087e-01 1.240e-01]
 [7.760e+00 2.454e+01 4.792e+01 ... 0.000e+00 2.871e-01 7.039e-02]]
标签y:
[0 0 0 0 0 0 0 0 0 0 0 0 0 0 0 0 0 0 0 0 1 1 0 0 0 0 0 0 0 0 0 0 0
 1 0 0 0 0 0 0 0 1 0 1 1 1 1 1 0 0 1 0 0 1 1 1 1 0 1 0 0 1 1 1 1 0 1 0 0
 1 0 1 0 0 1 1 1 0 0 1 0 0 0 1 1 1 0 1 1 0 0 1 1 1 0 1 1 0 1 1
 1 1 1 1 1 0 0 0 1 0 0 1 1 1 0 0 1 0 1 0 0 1 0 0 1 1 0 1 1 0 1 1 1 1 0 1]
```

```
1 1 1 1 1 1 1 1 0 1 1 1 1 0 0 1 0 1 1 0 0 1 1 0 0 1 1 1 1 0 1 1 0 0 0 0 1 0
1 0 1 1 1 0 1 1 0 0 1 0 0 0 0 1 0 0 0 1 0 1 0 1 1 0 1 0 0 0 0 1 1 0 0 1 1
1 0 1 1 1 1 1 0 0 1 1 0 1 1 0 0 1 0 1 1 1 1 0 1 1 1 1 0 1 0 0 0 0 0 0 0
0 0 0 0 0 0 1 1 1 1 1 1 0 1 1 0 1 1 0 1 0 0 1 1 1 1 1 1 1 1 1 1 1 1 1
1 0 1 1 0 1 0 1 1 1 1 1 1 1 1 1 1 1 1 0 1 0 1 0 1 1 1 0 0 0 1 1
1 1 0 1 0 1 0 1 1 0 1 1 1 1 1 1 0 0 0 1 1 1 1 1 1 1 1 0 0 1 0 0
0 1 0 0 1 1 1 1 0 1 1 1 1 1 0 1 1 0 1 0 0 1 1 1 0 1 1 1 1 1 1 1
1 0 1 1 1 1 0 1 1 0 1 0 1 1 1 1 1 1 0 1 0 0 1 0 0 0 1 0 1 1 1 1 1 0 1 1
0 1 0 1 1 0 1 0 1 1 1 1 1 1 1 0 1 0 0 1 1 1 1 1 1 0 1 1 1 1 1 1 1 1 0 1
1 1 1 1 1 1 0 1 0 1 1 0 1 1 1 1 1 0 0 1 0 1 0 1 1 1 1 0 1 1 0 1 0 1 0 0
1 1 0 1 1 1 1 1 1 1 1 1 0 1 0 0 1 1 1 1 1 1 1 1 1 1 1 1 1 1 1 1 1
1 1 1 1 1 0 0 0 0 0 0 1]
```

2. 分割数据

利用函数 train_test_split 将数据集分为训练集占 70%, 测试集占 30%。

```python
from sklearn.model_selection import train_test_split
# 得到数据集数据
data = cancer.data
# 得到标签数据
labels = cancer.target
#准备训练集和测试集,按训练集 70%、测试集 30% 来分割数据集
# random_state=14 控制每次随机的结果都是一样的
X_train, X_test, y_train, y_test = train_test_split(
    data,labels, test_size=0.3, random_state=6)
# 查看训练集信息
print('训练集:',X_train.shape)
```

运行结果如下。

```
训练集: (398, 30)
```

3. 使用 Pipeline 管道机制,流水线化构建算法模型

管道 Pipeline 实现了对数据处理全部步骤的流式化封装和管理,可以把多个处理数据的节点按顺序打包在一起,将数据在前一个节点处理之后的结果转到下一个节点处理。前几步是转换器 (transformer),输入的数据集经过转换器的处理后,输出的结果作为下一步的输入,最后一步必须是估计器(estimator)对数据进行分类,每一步都用元组(名称,操作)来表示。代码如下。

```python
from sklearn.pipeline import Pipeline
from sklearn.preprocessing import StandardScaler
from sklearn.svm import SVC
from sklearn import metrics
#创建管道
#数据标准化,让数据处于同一个量级上,避免因为维度问题造成数据误差
#利用高斯核的 SVM 分类
model = Pipeline([
            ("scaler", StandardScaler()),
            ("svm_clf", SVC(kernel="rbf", gamma=0.1, C=100))
```

```
                    ])
#拟合训练数据
model.fit(X_train, y_train)
```

SVM算法需要对特征进行归一化处理,创建Pipeline管道时第一步需要对特征进行归一标准化,特征归一化是让不同维度之间的特征在数值上有一定比较性,可以大大提高分类器的准确性。例如,当计算待分类点与所有样本点的距离时,距离度量为欧式距离,如果数据预先没有经过归一化,那些绝对值大的特征在计算欧式距离的时候起了决定性作用。Python中的StandardScaler可以对数据集的每一列做标准化处理。数据特征标准化后,将转换后的数据输入给SVM分类器进行训练。

4. 模型评估

在训练SVM分类器之后,可以输入测试集进行测试,并评估模型结果。

```
#用测试集做预测
y_pred = model.predict(X_test)
target_names = cancer.target_names
print("Classification report for classifier %s:\n%s\n" %
    (model, metrics.classification_report(y_test, y_pred,target_names=
target_names)))
```

运行结果如下。

```
Classification report for classifier Pipeline(memory=None,
        steps=[('scaler',
                StandardScaler(copy=True, with_mean=True, with_std=True)),
               ('svm_clf',
                SVC(C=100, cache_size=200, class_weight=None, coef0=0.0,
                    decision_function_shape='ovr', degree=3, gamma=0.1,
                    kernel='rbf', max_iter=-1, probability=False,
                    random_state=None, shrinking=True, tol=0.001,
                    verbose=False))],
        verbose=False):
                precision    recall  f1-score   support

     malignant       0.97      0.96      0.97        74
        benign       0.97      0.98      0.97        97

      accuracy                           0.97       171
     macro avg       0.97      0.97      0.97       171
  weighted avg       0.97      0.97      0.97       171
```

图 10-26　模型评估输出结果

图10-26中间输出的列表左边的一列为分类的标签名,右边support列为每类标签的样本个数,最后两行avg为各列的平均值(support列为总和),其中宏平均(macro avg)的计算方式为对每个类别的precision、recall和f1-score值求算术平均值。加权平均(weighted avg)的计算方式与macro avg很相似,只不过weighted avg是用每一个类别样本数量在所有类别的样本总数的占比作为权重,是对宏平均的一种改进。

中间三列 precision、recall 和 f1-score 分别为各个类别的准确率/召回率及 F_1 值,这里以"恶性(malignant)"类别为例,准确率 precision 表示所有预测为 malignant 的样本中预测正确的样本所占比例。召回率 recall 表示所有预测正确的样本中类别为 malignant 的样本所占比例。F_1 值是准确率和召回率的调和平均值,当准确率和召回率都高时,F_1值也会高,F_1值为1时达到最佳值,最差为0。

从运行结果可知:利用高斯核SVM生成的模型对测试数据集进行预测,得到的预测准确率为0.97,模型效果较好。

 ## 10.6 高手点拨

在机器学习中,损失函数(loss function)、代价函数(cost function)和目标函数(objective function)这三个术语经常被交叉使用。

损失函数通常是针对单个训练样本而言,给定一个模型输出 $\hat{y}$ 和一个真实 y,损失函数输出一个实值损失 $L = f(y_i, \hat{y}_i)$。

代价函数通常是针对整个训练集(或在使用 mini-batch gradient descent 时一个 mini-batch)的总损失 $J = \sum_{i=1}^{N} f(y_i, \hat{y}_i)$。

目标函数是一个更通用的术语,表示任意希望被优化的函数,用于机器学习领域和非机器学习领域(如运筹优化)。

损失函数和代价函数只是在针对样本上有所区别,下面介绍一些常用的损失函数。

(1)0-1损失函数(0-1 loss function):如果预测值 $f(x)$ 和目标值 y 不相等,则值为1,否则值为0。其基本形式如下:

$$L(x, f(x)) = \begin{cases} 1, & y \neq f(x) \\ 0, & y = f(x) \end{cases}$$

感知机模型使用0-1损失函数。一般在实际使用中,相等条件过于严格,可适当放宽条件。即满足 $|Y - f(x)| < T$ 时,认为预测值和目标值相等。

(2)平方损失函数(quadratic loss function)用于线性回归模型。

最小二乘法是线性回归的一种方法,它将回归的问题转化为了凸优化的问题。最小二乘法的基本原则是:最优拟合曲线应该使所有点到回归直线的距离和最小,通常用欧式距离进行距离的度量。其基本形式如下:

$$L(y, f(x)) = \left(y - f(x)\right)^2$$

(3)对数损失函数(logarithmic loss function)用于Logistic回归模型,其基本形式如下:

$$L(y, p(y|x)) = -\log p(y|x)$$

(4)指数损失函数(exponential loss function)的基本形式如下:

$$L(y|f(x)) = \exp\left[-yf(x)\right]$$

AdaBoost模型的损失函数是指数损失函数。

(5)Hinge损失函数(hinge loss function)用于最大间隔(maximum margin)分类,其中最有代表性的就是支持向量机SVM。其基本形式如下:

$$L(y, f(x)) = \max\{0, 1 - yf(x)\}$$

编程练习

练习1:使用sklearn自带手写数字的数据,采用支持向量机算法进行数字识别。其中数据集由8×8像素的数字图像组成,数据集的images属性为每个图像存储8×8个灰度值数组,数据集的目标属性存储每个图像所代表的数字。

提示:要对图像数据应用SVM分类,首先需要将图像的二维灰度值数组转换为一维数组,数组大小从8×8转换成64,整个数据集大小为(n_samples,n_features),其中n_samples是图像的数量,n_features是每个图像中的像素总数。然后将数据分成训练和测试子集,并在训练样本上拟合支持向量分类模型。拟合分类器随后可用于预测测试集中样本的数字值。

练习2:使用朴素贝叶斯算法对新闻文本数据集进行分类。数据集采用20 newsgroups dataset (20类新闻文本),该数据集是用于文本分类、文本挖掘和信息检索研究的国际标准数据集之一。数据集收集了20000左右的新闻组文档,一共涉及20种话题。

提示:sklearn提供了该数据的接口sklearn.datasets.fetch_20newsgroups,可以自动下载该数据集。

在模型对文本进行分类前,需要将文本转为TF-IDF向量,TF-IDF是一种统计方法,用以评估某一字词对于一个文件集或一个语料库中的其中一份文档的重要程度。TF是词频(term frequency),IDF是逆文本频率指数(inverse document frequency)。字词的重要性随着它在文件中出现的次数(TF)成正比增加,但同时会随着它在语料库中出现的频率(IDF)成反比下降。

文本转为TF-IDF向量的命令如下。

```
vectorizer = TfidfVectorizer()
vectors = vectorizer.fit_transform(newsgroups_train.data)
```

10.8 面试真题

(1)假设总共有100个病例,真实情况是50个恶性肿瘤,50个良性肿瘤。使用机器学习算法预测后得到的结果如下。

①55个是恶性肿瘤(其中45个与实际相符,10个与实际不符)。

②45个是良性肿瘤(其中40个与实际相符,5个与实际不符)。

请计算这个机器学习算法的准确率、召回率和精度3个指标。

(2)假定使用SVM学习数据集X,数据集X里面有些样本点存在错误。现在如果使用一个二次核函数,松弛变量C作为超参之一,如果使用较小的C(C趋于0),则会带来什么缺点?

(3)假设训练SVM后,得到一个线性决策边界,你认为该模型欠拟合,应该考虑如何做?

第 11 章

回归算法

回归是在数学建模和预测过程中功能非常强大的工具之一，在工程、物理学、生物学、金融、社会科学等领域都有应用。本章介绍回归算法的原理、基本公式的推导、算法优化及如何用代码实现回归。

回归算法概述

什么是回归算法呢,下面通过一个例子来认识。假设某厂家需要调查手机的用户满意度与产品的一些基本特性之间的关系,根据常识可以知道手机的用户满意度应该与产品的质量、价格和形象等影响因素有关,那么这些影响因素对用户满意的影响程度有多大呢? 这可以通过大量的调研,收集用户满意度和产品形象、质量及价格等影响因素之间的调查数据,根据这些数据进行分析,就可以得到这些影响因素与满意度之间的关系,这个分析的过程可以看成是一种回归的过程。

假设以"用户满意度"为因变量,"质量""形象"和"价格"为自变量,使用收集的数据进行回归分析,得到如下回归方程:

$$用户满意度=0.008×形象+0.645×质量+0.221×价格$$

从上面的方程可以看出,影响用户满意度的3种影响因素中,质量的影响程度最高,其次是价格,最后是形象。即质量对用户满意度的贡献比较大,质量每提高1分,用户满意度将提高0.645分;而价格每提高1分,用户满意度将提高0.221分;形象对用户满意度的贡献相对较小,形象每提高1分,用户满意度仅提高0.008分。在使用回归分析得到上面的公式后,在今后的产品上市前,就可以根据产品的质量、价格和形象预测出用户对即将上市的产品的满意度。那么这个回归方程如何得到,就是本章重点研究的问题了。

在统计学中,回归分析(regression analysis)指的是确定两种或两种以上变量间相互依赖的定量关系的一种统计分析方法。该方法常使用统计学的基本原理,对大量统计数据进行数学处理,并确定因变量与某些自变量的相关关系,建立一个相关性较好的回归方程(函数表达式),并加以外推,用于预测今后的因变量的变化的分析方法。回归问题在日常生活中很常见,如预测房屋价格、气温、销售额等连续值的问题。

回归分析的方法有很多,大致有以下几种常见的方法。

(1)按照涉及的自变量的多少,分为一元回归分析和多元回归分析。

(2)按照自变量和因变量之间的关系类型,可分为线性回归分析和非线性回归分析。

常见的回归算法有线性回归、逻辑回归、多项式回归、逐步回归、岭回归、Lasso回归、ElasticNet回归等,本章主要介绍线性回归和逻辑回归。

 线性回归算法

下面就通过例子逐步认识回归算法。

11.2.1　线性回归算法原理

来看一个简单的例子,如果你要去银行贷款,银行首先会问你一些基本的信息,例如年龄、工资等,然后输入银行的评估系统决定是否给予你贷款及贷款额度,那么银行是如何评估的呢?来看表11-1。

表11-1　贷款额度与工资及年龄关系表

工资/元	年龄/岁	额度/元
4000	25	20000
8000	30	70000
5000	28	35000
7500	33	50000
12000	40	85000

上表是银行已有的一些数据,这个数据有5行3列,其中每一行是一个样本数据,前2列(工资和年龄)是已有的数据特征,最后一列是最终结果或标签。有了这些数据后,银行就会构建评估系统,当输入一个新的用户的工资和年龄的时候,系统会输出贷款额度的预测数据。那么输出和输入之间具有什么关系,关系如何建立,就是如何构建算法的问题。除此之外,因为工资和年龄都会影响最终银行贷款的结果,那么它们各自对结果有多大的影响,这是算法参数的问题。

上面这个问题可以这样进行分析:设 X_1、X_2 就是我们的两个特征(年龄、工资),Y 是银行最终会借给我们多少钱,找到最合适的一个面或一条线来最好地拟合我们的数据点,如图11-1所示。

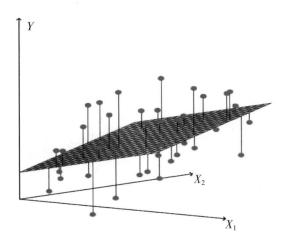

图11-1　线性回归拟合平面图

如何得到这个可以拟合数据点的面或线呢?这时就要用到数学知识了。

假设 θ_1 是年龄的参数,θ_2 是工资的参数,拟合的平面如下。

$$h_\theta(x) = \theta_0 + \theta_1 x_1 + \theta_2 x_2$$
$$= \sum_{i=0}^{n} \theta_i x_i = \theta^T x$$

其中 θ_0 为偏置项,根据已知数据求出这些参数,进而得到回归方程,是线性回归算法的核心。那么,怎么才能使计算出的所有误差的平方和最小呢?下面就介绍常用的两种算法:最小二乘法和梯度下降法。

11.2.2 线性回归算法的推导

线性回归算法的实现过程有多种推导方法,常见的有最小二乘法和梯度下降法,下面就介绍这两种方法的实现过程。

1. 最小二乘法

如上所述,假设输出和输入之间具有线性回归关系,那么根据得到的关系可以计算预测值,然而真实值和预测值之间肯定是要存在差异的,这个差异就是误差,记为 ε。

对于每个样本,存在下面的关系:

$$y^{(i)} = \theta^T x^{(i)} + \varepsilon^{(i)}$$

其中,i 表示第 i 个样本数据,$\theta^T x^{(i)}$ 为预测值,$y^{(i)}$ 为真实值,物理上已经明确证明,误差 ε 独立且具有相同的分布,并且服从均值为0、方差为 θ^2 的高斯分布。所谓独立,例如张三和李四一起来贷款,两人之间没有什么关系,这就是独立关系,银行会同等地对待他们;同分布是指符合同一性质,例如这两个贷款的人都来到某个假定的银行,高斯分布用通俗的比喻就是银行贷款时可能会多给,也可能会少给,但是绝大多数情况下这个浮动不会太大,极小情况下浮动会比较大,符合正常情况。图11-2是高斯分布曲线。

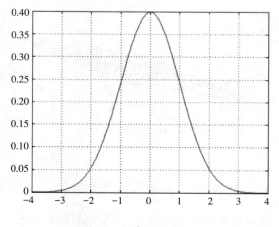

图 11-2　高斯分布曲线

(1)似然函数求解。

由于误差服从高斯分布,高斯分布的公式如下。

$$p(\varepsilon^{(i)}) = \frac{1}{\sqrt{2\pi}\,\sigma} \exp\left(-\frac{(\varepsilon^{(i)})^2}{2\sigma^2}\right)$$

将 $y^{(i)} = \theta^T x^{(i)} + \varepsilon^{(i)}$ 代入上式，可得：

$$p(y^{(i)}|x^{(i)};\theta) = \frac{1}{\sqrt{2\pi}\,\sigma} \exp\left(-\frac{(y^{(i)} - \theta^T x^{(i)})^2}{2\sigma^2}\right)$$

下面定义似然函数，将所有样本的误差连乘，如下式所示：

$$L(\theta) = \prod_{i=1}^{m} p(y^{(i)}|x^{(i)};\theta) = \prod_{i=1}^{m} \frac{1}{\sqrt{2\pi}\,\sigma} \exp\left(-\frac{(y^{(i)} - \theta^T x^{(i)})^2}{2\sigma^2}\right)$$

（2）目标函数推导。

为便于计算，对上式两边计算对数，可得：

$$\begin{aligned}
\log L(\theta) &= \log \prod_{i=1}^{m} \frac{1}{\sqrt{2\pi}\,\sigma} \exp\left(-\frac{(y^{(i)} - \theta^T x^{(i)})^2}{2\sigma^2}\right) \\
&= \sum_{i=1}^{m} \log \frac{1}{\sqrt{2\pi}\,\sigma} \exp\left(-\frac{(y^{(i)} - \theta^T x^{(i)})^2}{2\sigma^2}\right) \\
&= m\log \frac{1}{\sqrt{2\pi}\,\sigma} - \frac{1}{\sigma} \cdot \frac{1}{2} \sum_{i=1}^{m} (y^{(i)} - \theta^T x^{(i)})^2
\end{aligned}$$

极大似然估计方法（Maximum Likelihood Estimate，简称 MLE）也称为最大概似估计或最大似然估计，是求估计的另一种方法，根据极大似然估计，如果上式的值最大，则对应上式就应该使 $\frac{1}{2}\sum_{i=1}^{m}(y^{(i)} - \theta^T x^{(i)})^2$ 最小，该式称为损失函数。

（3）最小二乘法的求解。

现在目标函数可以变化为：

$$J(\theta) = \frac{1}{2} \sum_{i=1}^{m} (h_\theta(x^{(i)}) - y^{(i)})^2 = \frac{1}{2} (X\theta - y)^T (X\theta - y)$$

对上式计算偏导数：

$$\begin{aligned}
\nabla_\theta J(\theta) &= \nabla_\theta \left(\frac{1}{2} (X\theta - y)^T (X\theta - y)\right) \\
&= \nabla_\theta \left(\frac{1}{2} (\theta^T X^T - y^T)(X\theta - y)\right) \\
&= \nabla_\theta \left(\frac{1}{2} (\theta^T X^T X\theta - \theta^T X^T y - y^T X\theta + y^T y)\right) \\
&= \nabla_\theta (2X^T X\theta - X^T y - (y^T X)^T) \\
&= X^T X\theta - X^T y = 0 \\
&\Rightarrow \theta = (X^T X)^{-1} X^T y
\end{aligned}$$

通过上面的推导过程，得到的就是计算参数的公式，当公式中逆矩阵有解的时候，可以使用公式计算出预测公式中的各个参数。

在实际应用中如何评估最终的效果呢？机器学习中一般定义下面的评估项：

$$R^2 = 1 - \frac{\sum_{i=1}^{m}(\hat{y}_i - y_i)^2}{\sum_{i=1}^{m}(y_i - \bar{y})^2}$$

上式中的分子是残差平方和,分母是类似方差项,我们希望 R^2 的取值越接近于1,这样模型拟合得越好。

2. 梯度下降法

刚才使用最小二乘法推导得到参数 θ 在逆矩阵存在的时候才能求解,那么逆矩阵不存在的时候如何解决呢? 此时,梯度下降就可以解决这个问题,在求解损失函数的最小值时,可以通过梯度下降法来一步一步地迭代求解,得到最小化的损失函数和模型参数值。

(1)梯度下降法概述。

接下来介绍在线性回归中经常会遇到的梯度下降问题。梯度下降法的计算过程就是沿梯度下降的方向求解极小值(也可以沿梯度上升方向求解极大值)。

下面看一个简单的比喻,机器学习的基本思路就是交给机器一堆数据,并告诉它什么样的学习方式是对的(目标函数),然后让它朝着这个方向去做。这也是优化的过程,那么如何优化呢? 一口吃不成个胖子,要一步步地完成迭代,向着最优解运动,每次优化一点点,累积起来就是大成绩。

例如目标函数是 $J(\theta) = \frac{1}{2m}\sum_{i=1}^{m}(h_\theta(x^{(i)}) - y^{(i)})^2$,我们需要寻找最小值,如图11-3所示。

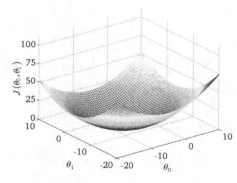

图11-3 梯度下降曲线

寻找最小值可以理解为在上图中寻找山谷的最低点,也就是我们的目标函数终点,寻找参数使目标函数达到极值点。假设现在在山顶,如果想到达山谷,可以考虑分以下几步走。

①找到当前最合适的方向。

②走一小步,走快了就会"跌倒"。

③按照方向与步伐去更新参数。

(2)梯度下降方法对比。

梯度下降的目标函数是 $J(\theta) = \frac{1}{2m}\sum_{i=1}^{m}(h_\theta(x^{(i)}) - y^{(i)})^2$,在数学上有3种计算梯度下降的方法,分别

是批量梯度下降、随机梯度下降和小批量梯度下降。

批量梯度下降:批量梯度下降同时考虑所有的样本,该方法容易求解,当样本数量非常大时,速度非常慢。下面是批量梯度下降的计算公式:

$$\frac{\partial J(\theta)}{\partial \theta_j} = -\frac{1}{m}\sum_{i=1}^{m}(h_\theta(x^{(i)}) - y^{(i)})x_j^{(i)} = 0$$

$$\Rightarrow \theta_j{'} = \theta_j + \alpha\frac{1}{m}\sum_{i=1}^{m}(y^{(i)} - h_\theta(x^{(i)}))x_j^{(i)}$$

随机梯度下降:随机梯度下降每次使用一个样本,迭代速度快,但不一定每次都朝着收敛的方向。下面是随机梯度下降的计算公式:

$$\theta_j{'} = \theta_j + \alpha\frac{1}{m}(y^{(i)} - h_\theta(x^{(i)}))x_j^{(i)}$$

小批量梯度下降:小批量梯度下降每次更新选择一小部分数据来算,例如一次选择10个,进行参数的修正。下面是计算公式:

$$\theta_j{'} = \theta_j - \alpha\frac{1}{10}\sum_{i=1}^{10}(h_\theta(x^{(i)}) - y^{(i)})x_j^{(i)}$$

后面实验中将会进行对比这几种梯度算法的效果。

(3)学习率对结果的影响。

前面提到梯度算法需要有合适的方向,而且步长不能太大,可以认为步长就是学习率,步长的数值会对学习的结果产生较大的影响。一般情况下,步长大的梯度下降算法会引起学习结果的不平稳,所得的结果不一定是最优结果,有可能围绕最优结果来回波动。通常设置的学习率较小,然后慢慢调整。如果学习率设置得太小,那么迭代速度就会很慢,可以根据具体问题尝试不同的数值,很多时候还要考虑机器的内存和运行的效率。

图11-4是不同学习率下损失随迭代次数的变化情况。

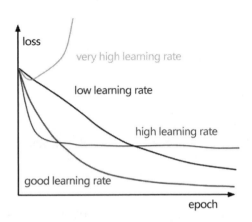

图11-4　不同学习率下损失随迭代次数变化图

从图11-4中可以看出,较高的学习率损失还会增加,较小的学习率损失变化很慢,并且不一定收敛到最优结果,合适的学习率可以很快地收敛到最佳效果。

11.2.3 线性回归算法的代码实现及使用

上面介绍了最小二乘法和梯度下降法求解线性回归算法中参数的方法,下面就通过基本的代码来介绍其实现的过程,以及通过模拟数据介绍如何使用线性回归算法进行求解。

范例11-1:线性回归算法的实现

目的:本范例通过基本模拟数据从零开始介绍线性回归算法的实现过程,主要包括以下步骤。

1. 基本库函数的导入。

2. 模拟数据的生成。

3. 最小二乘法。

4. 批量梯度下降代码。

5. 学习率对梯度下降结果的影响。

6. 随机梯度下降。

7. 小批量梯度下降。

8. 不同梯度下降。

这些过程涵盖了线性回归算法的整个过程,通过这些过程的代码实现,让读者对线性回归的实现、预测及效果评价有更加直观的印象,从而加深对算法的理解。

1. 基本库函数的导入

由于整个算法实现过程中,需要调用数据处理、绘图等第三方库,因此在程序开始的时候将这些库导入,主要涉及的库函数有matplotlib、numpy。

首先导入需要的库函数,代码如下。

```
import numpy as np
import os
%matplotlib inline
import matplotlib
import matplotlib.pyplot as plt
plt.rcParams['axes.labelsize'] = 14
plt.rcParams['xtick.labelsize'] = 12
plt.rcParams['ytick.labelsize'] = 12
import warnings
warnings.filterwarnings('ignore')    # 程序运行过程中忽略报警提示
np.random.seed(42)
```

2. 模拟数据的生成

使用numpy库产生随机的数据X和y,两个数据都是100*1维的。这些数据可以在后面的线性回归模型中验证曲线的拟合情况。

```
import numpy as np
```

```
X = 2*np.random.rand(100,1)
y = 4+ 3*X +np.random.randn(100,1)      #定义数据X和y
plt.plot(X,y,'b.')      # 将数据以点的形状显示的图形上
plt.xlabel('X_1')
plt.ylabel('y')
plt.axis([0,2,0,15])
plt.show()                              #绘制图形
```

其中X的范围为[0,2]区间，y通过公式$y=4+3*X$计算得到，并且每个y值也随机增加了一个[0,1]之间的数值，以保证数据不是在直线$y=4+3*X$上，而是在一定范围内浮动，这样更加接近实际的情况。这些数据的分布如图11-5所示。

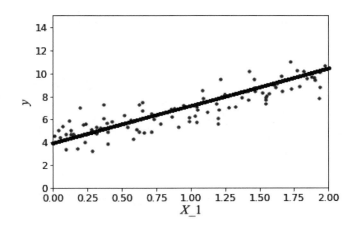

图11-5　模拟数据分布图

现在的任务就是根据数据拟合出这条直线，要想得到这条直线，必须得到它的截距和斜率，即该直线的参数。这时就可以使用前面介绍的最小二乘法或梯度下降法得到这条直线的参数，进而拟合出这条直线。下面就分别介绍如何使用最小二乘法和梯度下降法拟合这条直线，并考虑拟合过程中的一些外在影响因素对拟合结果的影响，例如学习率、不同梯度下降方法等。

3. 最小二乘法代码实现

根据前面介绍的最小二乘法的原理，推导出的参数计算公式$\theta = (X^{\mathrm{T}}X)^{-1}X^{\mathrm{T}}y$，直接编码即可得到未知参数，这个公式中主要包括向量转置、矩阵的逆及矩阵相乘等运算，可以使用numpy函数实现，代码如下所示。

```
X_b = np.c_[np.ones((100,1)),X]
theta_best = np.linalg.inv(X_b.T.dot(X_b)).dot(X_b.T).dot(y)
# 上一行代码根据最小二乘法公式计算参数值
```

此时可以得到这个线性回归方程的参数如下。

```
array([[4.21509616], [2.77011339]])
```

说明此时线性回归方程为：$y=4.21509616+2.77011339X$。

可以取两个点代入上面的方程，得到这条直线，如下所示。

```
X_new = np.array([[0],[2]])
X_new_b = np.c_[np.ones((2,1)),X_new]   #模拟两个数据点
y_predict = X_new_b.dot(theta_best)     #根据模拟的数据点计算预测值
y_predict
plt.plot(X_new,y_predict,'r--')
plt.plot(X,y,'b.')
plt.axis([0,2,0,15])
plt.show()
```

得到的回归方程直线如图11-6所示。

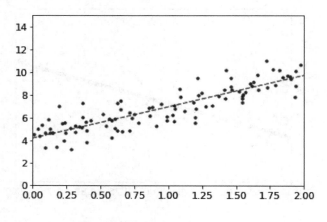

图11-6   回归方程直线示意图

从图11-6中可以看出，图形中根据数据拟合得到的直线与推测的直线相似。

上面的拟合过程使用最小二乘法，然而在拟合过程中需要计算矩阵的逆，当矩阵的逆不存在时，就无法进行拟合。下面就介绍使用梯度下降法进行拟合的代码。

4. 批量梯度下降代码过程

根据前面介绍的梯度下降公式 $\theta_j' = \theta_j + \alpha \dfrac{1}{m} \sum\limits_{i=1}^{m} (y^{(i)} - h_\theta(x^{(i)})) x_j^{(i)}$ 编制代码，此时 m 表示全部的数据集个数，其中主要涉及的计算包括矩阵相乘、求和等，具体代码如下。

```
eta = 0.1
n_iterations = 1000
m = 100
theta = np.random.randn(2,1)
for iteration in range(n_iterations):
    gradients = 2/m* X_b.T.dot(X_b.dot(theta)-y)
    #上一行代码根据梯度下降法公式计算每一步的梯度下降数值
theta = theta - eta*gradients      #根据学习率计算参数值
```

这段算法实现了批量梯度下降，一次计算的样本数量为全部样本，本例中为100个，学习率为0.1，

迭代次数为1000次,经过1000次迭代后,可以得到如下参数值。

```
array([[4.21509616],  [2.77011339]])
```

对比上面使用最小二乘法计算的参数,得到的结果相同。

5. 学习率对梯度下降结果的影响

从上面梯度下降的公式中可以观察到,eta是学习率,下面看一下学习率对结果的影响。由于计算梯度的代码会经常调用,因此可以把上面这段代码生成一个函数,便于后面多次调用,函数定义如下所示。

```
theta_path_bgd = []
def plot_gradient_descent(theta,eta,theta_path = None):
    # 定义梯度下降函数
m = len(X_b)
    plt.plot(X,y,'b.')
    n_iterations = 1000
    for iteration in range(n_iterations):
        y_predict = X_new_b.dot(theta)
        plt.plot(X_new,y_predict,'b-')
        gradients = 2/m* X_b.T.dot(X_b.dot(theta)-y)#计算梯度下降值
        theta = theta - eta*gradients  #计算参数值
        if theta_path is not None:
            theta_path.append(theta)
    plt.xlabel('X_1')
    plt.axis([0,2,0,15])
plt.title('eta = {}'.format(eta))
```

上面这段函数不仅把上面梯度下降的代码放到其中,而且增加了绘图功能,这样可以显示预测结果,然后分别使用不同的学习率调用这个函数。函数的输入包含theta、eta、theta_path,其中theta是初始参数值,eta是学习率,可以根据theta_path的值是否为真来确定是否保存迭代过程中的参数值。

下面的代码给出了不同的学习率。

```
theta = np.random.randn(2,1)
#计算不同学习率下的梯度变化并进行图像显示
plt.figure(figsize=(10,4))
plt.subplot(131)
plot_gradient_descent(theta,eta = 0.02)   #学习率为0.02
plt.subplot(132)
plot_gradient_descent(theta,eta = 0.1,theta_path=theta_path_bgd)
plt.subplot(133)
plot_gradient_descent(theta,eta = 0.5)     #学习率为0.5
plt.show()
```

上面的代码分别测试了学习率为0.02、0.1和0.5时曲线拟合的过程,运行结果如图11-7所示。

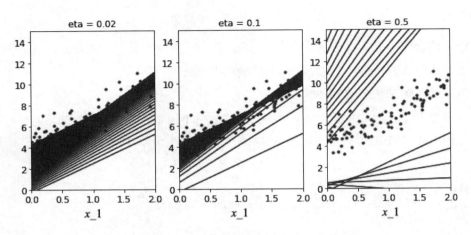

图 11-7　不同学习率下的迭代变化趋势

从上图可以观察到,当学习率分布为 0.02、0.1 和 0.5 的时候,迭代速度逐渐变化。当学习率为 0.02 的时候,迭代过程很慢地接近最终直线;当学习率为 0.1 的时候,迭代相对更快地接近最终直线;当学习率为 0.5 的时候,学习的结果远远偏离正确的结果。因此,对比起来,学习率的选择对结果影响很大,一般不要选择太大的学习率。

6. 随机梯度下降代码实现

根据随机梯度下降的原理,在迭代过程中,样本是一个一个从样本集中随机选择的,然后根据梯度修正参数,计算公式为 $\theta_j' = \theta_j + \alpha \dfrac{1}{m}(y^{(i)} - h_\theta(x^{(i)}))x_j^{(i)}$。根据公式可知,随机梯度计算和批量梯度计算的差别在于求和,其他代码类似,具体代码如下。

```
theta_path_sgd=[]
m = len(X_b)
np.random.seed(42)
n_epochs = 50

t0 = 5
t1 = 50

def learning_schedule(t):
    return t0/(t1+t)       #定义变化的学习率


theta = np.random.randn(2,1)

for epoch in range(n_epochs):
    for i in range(m):
        if epoch < 10 and i<10:
            y_predict = X_new_b.dot(theta)
            plt.plot(X_new,y_predict,'r-')
        random_index = np.random.randint(m)    #生成随机数
        xi = X_b[random_index:random_index+1]
```

```
            yi = y[random_index:random_index+1]  #随机从数据集中取数据
            gradients = 2* xi.T.dot(xi.dot(theta)-yi)
#根据随机梯度下降公式计算梯度变化值
            eta = learning_schedule(epoch*m+i)  #调用函数计算学习率
            theta = theta-eta*gradients   #计算参数值
            theta_path_sgd.append(theta)

plt.plot(X,y,'b.')
plt.axis([0,2,0,15])
plt.show()
```

这段代码使用变化的学习率,定义函数learning_schedule,开始学习率大,随着学习的过程逐渐衰减。图11-8给出了变化学习率下直线方程逐渐逼近拟合直线的过程。

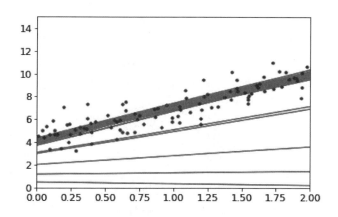

图 11-8　变化学习率下拟合曲线的逼近趋势

7. 小批量梯度下降代码实现

由于随机梯度下降参数更新过慢,因此可以使用小批量梯度下降方法。小批量梯度下降每次更新选择一小部分数据来算,例如一次选择 10 个,进行参数的修正,计算公式为 $\theta_j' = \theta_j - \alpha \frac{1}{10} \sum_{k=i}^{i+9} (h_\theta(x^{(k)}) - y^{(k)}) x_j^{(i)}$,其代码和批量梯度下降相同,只是求和的范围不同,批量梯度下降是全部数据求和,而小批量梯度下降是部分求和,下面是实现代码。

```
theta_path_mgd=[]
n_epochs = 50        #定义循环的次数
minibatch = 16       #定义小批量的大小
theta = np.random.randn(2,1)   #初始化参数值
t0, t1 = 200, 1000
def learning_schedule(t):
    return t0 / (t + t1)   # 定义变化的学习率
np.random.seed(42)
t = 0
for epoch in range(n_epochs):
```

```
shuffled_indices = np.random.permutation(m)
X_b_shuffled = X_b[shuffled_indices]
y_shuffled = y[shuffled_indices]       #将数据打乱
for i in range(0,m,minibatch):
    t+=1
    xi = X_b_shuffled[i:i+minibatch]
    yi = y_shuffled[i:i+minibatch]
    gradients = 2/minibatch* xi.T.dot(xi.dot(theta)-yi)
    #使用小批量梯度下降公式计算梯度变化值
    eta = learning_schedule(t)
    theta = theta-eta*gradients
    theta_path_mgd.append(theta)
```

上面的代码每次从数据集中选择16个数据作为一组进行迭代,算法和前面的批量梯度下降和随机梯度下降代码类似,只是计算梯度的一行不同。

8. 对比不同梯度下降策略

下面对比一下这3种梯度下降的不同,由于前面代码执行过程中,把梯度下降过程中参数的变化值都保存下来了,因此下面通过图形看一下参数的变化过程。

```
theta_path_bgd = np.array(theta_path_bgd)
theta_path_sgd = np.array(theta_path_sgd)
theta_path_mgd = np.array(theta_path_mgd)
#上面3行代码分别计算不同梯度下降方法中的参数变化值
plt.figure(figsize=(12,6))
plt.plot(theta_path_sgd[:,0],theta_path_sgd[:,1],'r-s',linewidth=1,label='SGD')
plt.plot(theta_path_mgd[:,0],theta_path_mgd[:,1],'g-+',linewidth=2,label='MINIGD')
plt.plot(theta_path_bgd[:,0],theta_path_bgd[:,1],'b-o',linewidth=3,label='BGD')
# 分别绘制3种梯度下降方法的参数变化曲线
plt.legend(loc='upper left')
plt.axis([3.5,4.5,2.0,4.0])
plt.show()
```

结果如图11-9所示。

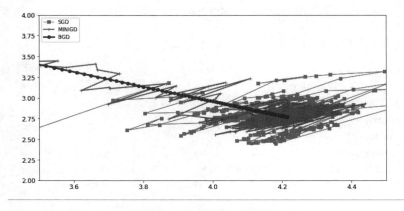

图11-9　不同梯度下降的对比

从图11-9中可以看出,批量梯度下降参数的变化过程很稳定,向最终结果慢慢逼近,但是速度很慢;随机梯度下降参数的变化过程没有规律,随机改变,而小批量梯度下降的变化过程中参数的值整体慢慢趋于稳定,但速度相比批量梯度下降更快。

11.3 逻辑回归算法

11.3.1 逻辑回归算法原理

Logistic Regression(逻辑回归)是机器学习中一个非常常见的模型,尽管名字中有"回归",却是一种经典的二分类模型,逻辑回归的决策边界可以是非线性的。下面介绍逻辑回归模型的原理及求解方法。

在前面讲述的线性回归模型中,处理的因变量都是数值型区间变量,建立的模型描述是因变量与自变量之间的线性关系。然而在分析实际问题时,所研究的变量往往不全是区间变量,而是顺序变量或属性变量。例如,在医疗诊断中,可以通过分析病人的年龄、性别、体重指数、平均血压、疾病指数等指标,判断这个人是否有糖尿病,假设 $Y=0$ 表示未患病,$Y=1$ 表示患病,这里的因变量就是一个两点(0或1)的分布变量,此时就不能用前面介绍的线性回归模型中自变量连续的值来预测这种情况下因变量 Y 的值(因为此时因变量只能取0或1),需采用逻辑回归模型解决。逻辑回归用于处理因变量为分类变量的回归问题,常见的有二分类或二项分布问题,也可以处理多分类问题,逻辑回归实际上属于一种分类方法。

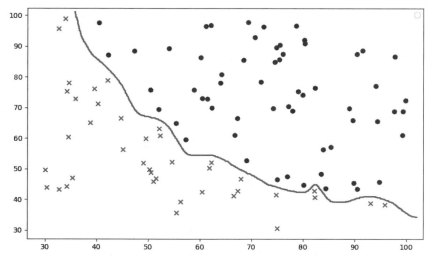

图 11-10　二分类模拟图

如图 11-10 所示,图中有两类数据点,目的是寻找两类数据的分类边界,可以看出,这个边界是非线性的。如果能够找到这个边界,那么就可以进行判断,边界的外面是一类数据,内部是另一类数据。可以定义这个边界的预测函数如下:

$$h_\theta(x) = g(\theta^T x) = \frac{1}{1+e^{-\theta^T x}}, \qquad \theta_0 + \theta_1 x_1 + \cdots + \theta_n x_n = \sum_{i=1}^{n} \theta_i x_i = \theta^T x$$

下面就引入一个 sigmoid 函数,其定义如下。

$$g(z) = \frac{1}{1+e^{-z}}$$

这个函数在逻辑回归及神经网络中会经常用到。上式中,自变量 z 取值为任意实数,值域的范围是[0,1],通过这个 sigmoid 函数,将任意输入映射到了[0,1]区间。图 11-11 是 sigmoid 函数的图形。

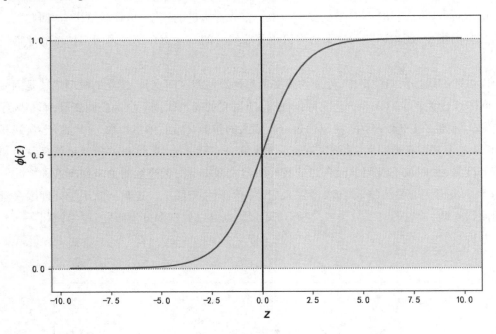

图 11-11　sigmoid 函数

预测函数中通过分母 $y = \theta_0 + \theta_1 x_1 + \cdots + \theta_n x_n = \sum_{i=1}^{n} \theta_i x_i = \theta^T x$ 可以得到一个预测值,再将该值使用 sigmoid 函数进行判断,这样就完成了由实数值到概率值的转换,也就是分类任务。$g(z) > 0$ 属于一类,$g(z) < 0$ 属于另一类。

有了这个预测函数后,分类任务可以定义如下:

$$\begin{cases} P(y=1|x;\theta) = h_\theta(x) \\ P(y=0|x;\theta) = 1 - h_\theta(x) \end{cases}$$
$$\Rightarrow P(y|x;\theta) = (h_\theta(x))^y (1 - h_\theta(x))^{1-y}$$

对于二分类任务,整合后 y 取 0 只保留 $(1-h_0(x))^{1-y}$,y 取 1 只保留 $(h_0(x))^y$。

11.3.2 逻辑回归算法推导

对于上面这个预测函数,也需要知道其中的参数才能进行分类判断,下面就介绍如何得到这些参数。引入似然函数:

$$L(\theta) = \prod_{i=1}^{m} P(y_i|x_i\,;\,\theta) = \prod_{i=1}^{m} (h_\theta(x_i))^{y_i} (1 - h_\theta(x_i))^{1-y_i}$$

上式两边取对数,进行化简,如下所示:

$$J(\theta) = \log L(\theta) = \sum_{i=1}^{m} (y_i \log h_\theta(x_i) + (1 - y_i)\log(1 - h_\theta(x_i)))$$

应用梯度上升求最大值,转换为梯度下降任务,如下所示:

$$\frac{\delta}{\delta\theta_j} J(\theta) = -\frac{1}{m} \sum_{i=1}^{m} (y_i \frac{1}{h_\theta(x_i)} \frac{\delta}{\delta\theta_j} h_\theta(x_i) - (1 - y_i) \frac{1}{1 - h_\theta(x_i)} \frac{\delta}{\delta\theta_j} h_\theta(x_i))$$

$$= -\frac{1}{m} \sum_{i=1}^{m} (y_i \frac{1}{g(\theta^{\mathrm{T}} x_i)} - (1 - y_i) \frac{1}{1 - g(\theta^{\mathrm{T}} x_i)}) \frac{\delta}{\delta\theta_j} g(\theta^{\mathrm{T}} x_i)$$

$$= -\frac{1}{m} \sum_{i=1}^{m} (y_i \frac{1}{g(\theta^{\mathrm{T}} x_i)} - (1 - y_i) \frac{1}{1 - g(\theta^{\mathrm{T}} x_i)}) g(\theta^{\mathrm{T}} x_i)(1 - g(\theta^{\mathrm{T}} x_i)) \frac{\delta}{\delta\theta_j} \theta^{\mathrm{T}} x_i$$

$$= -\frac{1}{m} \sum_{i=1}^{m} (y_i(1 - g(\theta^{\mathrm{T}} x_i)) - (1 - y_i)g(\theta^{\mathrm{T}} x_i)) x_i^j$$

$$= -\frac{1}{m} \sum_{i=1}^{m} (y_i - g(\theta^{\mathrm{T}} x_i)) x_i^j$$

$$= \frac{1}{m} \sum_{i=1}^{m} (h_\theta(x_i) - y_i) x_i^j$$

得到上面这个偏导数后,就可以对参数进行更新,公式如下:

$$\theta_j = \theta_j - \alpha \frac{1}{m} \sum_{i=1}^{m} (h_\theta(x_i) - y_i) x_i^j$$

上面是二分类问题,如果是多分类问题,则称为softmax分类,其函数定义如下:

$$h_\theta(x^{(i)}) = \begin{bmatrix} p(y^{(i)} = 1|x^{(i)}\,;\,\theta) \\ p(y^{(i)} = 2|x^{(i)}\,;\,\theta) \\ \vdots \\ p(y^{(i)} = k|x^{(i)}\,;\,\theta) \end{bmatrix} = \frac{1}{\sum_{j=1}^{k} e^{\theta_j^{\mathrm{T}} x^{(i)}}} \begin{bmatrix} e^{\theta_1^{\mathrm{T}} x^{(i)}} \\ e^{\theta_2^{\mathrm{T}} x^{(i)}} \\ \vdots \\ e^{\theta_k^{\mathrm{T}} x^{(i)}} \end{bmatrix}$$

11.3.3 逻辑回归算法的代码实现及使用

范例11-2:逻辑回归算法的实现——预测一个学生是否能被大学录取

目的:本范例通过建立一个逻辑回归模型来根据过去的考试数据预测一个学生是否能被大学录取。提供的数据集中有申请人的两次考试的历史数据及是否被录取,可以用这些数据作为逻辑回归算法的训练集。下面从零开始介绍逻辑回归算法的实现过程,主要包括以下步骤。

1. 基本库函数的导入。

2. 数据的导入。

3. 数据的可视化显示。

4. 逻辑回归模型的建立。

5. 数据重新排列。

6. 预测精度计算。

这些过程涵盖了逻辑回归算法的整个过程,通过这些过程的代码实现,让读者对逻辑回归的实现、分类及效果评价有更加直观的印象,从而加深对算法的理解。

1. 基本库函数的导入

```
import numpy as np
import pandas as pd
import matplotlib.pyplot as plt
```

2. 数据的导入

```
import os
path = 'data' + os.sep + 'LogiReg_data.txt'
pdData = pd.read_csv(path, header=None, names=['Exam 1', 'Exam 2', 'Admitted'])
pdData.head()
```

上面这段代码将提供的数据集文件'LogiReg_data.txt'使用panda的.read_csv方法导入系统中,并指定数据列的名字分别为'Exam 1'、'Exam 2'、'Admitted',同时显示前面几行数据(该数据由100个样本组成),如图11-12所示。

	Exam 1	Exam 2	Admitted
0	34.623660	78.024693	0
1	30.286711	43.894998	0
2	35.847409	72.902198	0
3	60.182599	86.308552	1
4	79.032736	75.344376	1

图11-12　数据属性

从图11-12中可以看出,每个数据样本有2个特征和1个标签,即这条数据是接收或不接收,这是一个二分类问题。

3. 数据的可视化显示

因为这个数据集是二维的,所以容易在二维空间坐标中显示,下面通过代码看一下这个数据集在空间的分布情况:

```
positive = pdData[pdData['Admitted'] == 1]
```

```
negative = pdData[pdData['Admitted'] == 0]
fig, ax = plt.subplots(figsize=(10,5))
ax.scatter(positive['Exam 1'], positive['Exam 2'], s=30, c='b', marker='o', label=
'Admitted')
ax.scatter(negative['Exam 1'], negative['Exam 2'], s=30, c='r', marker='x', label=
'Not Admitted')
ax.legend()
ax.set_xlabel('Exam 1 Score')
ax.set_ylabel('Exam 2 Score')
```

上面的代码首先从数据集中分别得到录取和不录取的样本,然后分别在图形中使用 .scatter 方法进行散点显示,同时使用不同的标识、颜色和标签进行显示,结果如图 11-13 所示。

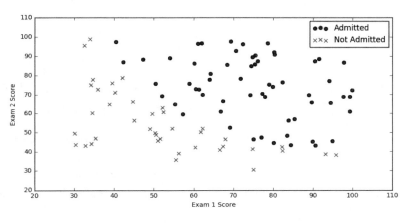

图 11-13　数据分布图

如上图所示,这两类数据并不是严格的线性可分的数据集,下面就尝试使用逻辑回归的方法进行分类。

4. 逻辑回归模型的建立

这一部分的主要目标是使用逻辑回归算法建立分类器(根据这个数据集的特点,需要求解出三个参数 $\theta0$、$\theta1$、$\theta2$),设定阈值,根据阈值判断录取结果。根据前面算法过程的推导,实现整个模型需要涉及的运算可以定义成函数,本实例需要使用下面几个函数。

(1)sigmoid : 映射到概率的函数。

```
def sigmoid(z):
    return 1 / (1 + np.exp(-z))
```

(2)model : 返回预测结果值。

```
def model(X, theta):

    return sigmoid(np.dot(X, theta.T))
```

(3)cost : 根据参数计算损失。

```
def cost(X, y, theta):
    left = np.multiply(-y, np.log(model(X, theta)))
    right = np.multiply(1 - y, np.log(1 - model(X, theta)))
    return np.sum(left - right) / (len(X))
```

（4）gradient：计算每个参数的梯度方向。

```
def gradient(X, y, theta):
    grad = np.zeros(theta.shape)
    error = (model(X, theta)- y).ravel()
    for j in range(len(theta.ravel())): #for each parmeter
        term = np.multiply(error, X[:,j])
        grad[0, j] = np.sum(term) / len(X)
    return grad
```

上面的函数即是 $\dfrac{\partial J}{\partial \theta_j} = \dfrac{1}{m}\sum_{i=1}^{m}(y_i - h_\theta(x_i))\, x_i^j$ 的代码实现过程。

（5）descent：进行参数更新。

前面介绍的梯度下降算法中有三种，在线性回归算法的代码实现中，已经详细地介绍了其实现过程。逻辑回归算法中梯度更新过程的代码和其完全相同，读者可以分析代码，加深理解。此外，需要定义算法什么时候最终停止，因为程序是迭代循环的，如果不定义停止条件，就会一直迭代下去，一般情况下有三种停止迭代的方法。

①设置迭代次数的阈值，当迭代次数超过这个阈值的时候，算法停止。

②比较前后两次迭代目标函数之间的差值，如果差值小于事先设置的阈值，算法停止。

③根据梯度变化的值，如果该数值小于事先设置的阈值，算法停止。

增加上面三种算法停止的策略，定义下面的代码：

```
STOP_ITER = 0
STOP_COST = 1
STOP_GRAD = 2

def stopCriterion(type, value, threshold):
    #设定三种不同的停止策略
    if type == STOP_ITER:        return value > threshold
    elif type == STOP_COST:      return abs(value[-1]-value[-2]) < threshold
    elif type == STOP_GRAD:      return np.linalg.norm(value) < threshold
```

函数 stopCriterion 根据输入的不同，选择不同的策略。

5. 数据重新排列

由于在梯度下降过程中，为了保持公平，每次都需要输入数据集，因此需要把数据集进行均匀打乱，以保持数据的均匀性。下面用函数实现这个功能：

```
import numpy.random
def shuffleData(data):
    np.random.shuffle(data)
    cols = data.shape[1]
```

```
    X = data[:, 0:cols-1]
    y = data[:, cols-1:]
    return X, y
```

上面使用numpy库函数中的shuffle方法实现了数据打乱功能。

下面就定义梯度下降算法的主程序：

```
import time
def descent(data, theta, batchSize, stopType, thresh, alpha):
    #梯度下降求解
    init_time = time.time()
    i = 0 # 迭代次数
    k = 0 # batch
    X, y = shuffleData(data)
    grad = np.zeros(theta.shape) # 计算的梯度
    costs = [cost(X, y, theta)] # 损失值
    while True:
        grad = gradient(X[k:k+batchSize], y[k:k+batchSize], theta)
        k += batchSize #取batch数量个数据
        if k >= n:
            k = 0
            X, y = shuffleData(data) #重新洗牌
        theta = theta - alpha*grad # 参数更新
        costs.append(cost(X, y, theta)) # 计算新的损失
        i += 1

        if stopType == STOP_ITER:        value = i
        elif stopType == STOP_COST:      value = costs
        elif stopType == STOP_GRAD:      value = grad
        if stopCriterion(stopType, value, thresh): break
    return theta, i-1, costs, grad, time.time() - init_time
```

上面的代码中共有6个输入参数：data表示输入的训练数据；theta是输入的参数；batchSize是要使用的样本大小，如果这个值等于样本的最大值则对应的是批量梯度下降。如果这个值是1，则对应随机梯度下降，如果这个值是1到最大值之间的数，则对应小批量梯度下降，stopType表示算法停止的方法，thresh表示阈值，alpha表示学习率。在函数中分别调用前面定义的代价函数和梯度函数，并使用其中一种停止策略。

可以使用下面的代码调用这个函数。

```
def runExpe(data, theta, batchSize, stopType, thresh, alpha):
    #import pdb; pdb.set_trace();
    theta, iter, costs, grad, dur = descent(data, theta, batchSize, stopType,
thresh, alpha)
    name = "Original" if (data[:,1]>2).sum() > 1 else "Scaled"
    name += " data - learning rate: {} - ".format(alpha)
    if batchSize==n: strDescType = "Gradient"
    elif batchSize==1:  strDescType = "Stochastic"
    else: strDescType = "Mini-batch ({})".format(batchSize)
```

```
    name += strDescType + " descent - Stop: "
    if stopType == STOP_ITER: strStop = "{} iterations".format(thresh)
    elif stopType == STOP_COST: strStop = "costs change < {}".format(thresh)
    else: strStop = "gradient norm < {}".format(thresh)
    name += strStop
    print ("***{}\nTheta: {} - Iter: {} - Last cost: {:03.2f} - Duration: {:03.2f}s".
format(
        name, theta, iter, costs[-1], dur))
    fig, ax = plt.subplots(figsize=(12,4))
    ax.plot(np.arange(len(costs)), costs, 'r')
    ax.set_xlabel('Iterations')
    ax.set_ylabel('Cost')
    ax.set_title(name.upper() + ' - Error vs. Iteration')
return theta
```

6. 预测精度计算

在数据处理过程中,不同维度的数据大小区间不同,对最终的结果会产生不同的影响。因此需要对数据进行标准化,将数据按其属性(按列进行)减去其均值,然后除以其方差。最后得到的结果是,对每个属性/每列来说,所有数据都聚集在0附近,方差值为1。

```
from sklearn import preprocessing as pp
scaled_data = orig_data.copy()
scaled_data[:, 1:3] = pp.scale(orig_data[:, 1:3])
```

可以分别使用批量梯度下降、随机梯度下降和小批量梯度下降计算梯度的最优值,具体寻优过程详见代码,下面给出随机梯度情况下的一组最优解:

```
runExpe(scaled_data, theta, 16, STOP_GRAD, thresh=0.002*2, alpha=0.001)
```

通过梯度下降进行参数更新,最终的参数为array([[1.17096801, 2.83171736, 2.61095087]])。有了这些参数后,就可以使用公式对数据进行预测,预测函数如下所示:

```
#设定阈值
def predict(X, theta):
return [1 if x >= 0.5 else 0 for x in model(X, theta)]
```

下面将原始数据输入上面的函数,进行验证:

```
scaled_X = scaled_data[:, :3]
y = scaled_data[:, 3]
predictions = predict(scaled_X, theta)
correct = [1 if ((a == 1 and b == 1) or (a == 0 and b == 0)) else 0 for (a, b) in zip
(predictions, y)]
accuracy = (sum(map(int, correct)) % len(correct))
print ('accuracy = {0}%'.format(accuracy))
```

上面代码的运行结果为accuracy = 89%,这表明有89%的数据的分类预测结果是正确的。

上面就是逻辑回归的梯度下降算法的实现方法。当然,回归分析中还有很多其他回归算法,本书仅介绍了两种基本的回归算法,相信读者掌握了这两种基本回归算法后,再从数学上学习其他算法将更为容易。

 11.4 综合案例——信用卡欺诈检测

信用卡在金融业变得越来越受欢迎,与此同时金融欺诈也在增多。下面就通过一个实际的综合案例,使用逻辑回归方法建立模型,对信用卡新用户进行欺诈检查。

范例11-3:综合案例——信用卡欺诈检测

这个案例使用的是一份竞赛数据集,根据银行提供的用户历史贷款数据判断用户是否存在信用卡欺诈问题。这个具体的目的和前面介绍的预测一个学生是否能被大学录取的案例类似,而且这个数据来源于真实场景。经过分析,可以利用逻辑回归算法进行信用卡欺诈检测。

1. 数据集及库函数导入

首先引入数据,代码如下。

```
import pandas as pd
import matplotlib.pyplot as plt
import numpy as np
%matplotlib inline
data = pd.read_csv("creditcard.csv")
data.head()
```

上面的代码中使用pandas库导入数据文件"creditcard.csv",并显示该数据的前5行记录,如图11-14所示。

	Time	V1	V2	V3	V4	V5	V6	V7	V8	V9	...
0	0.0	-1.359807	-0.072781	2.536347	1.378155	-0.338321	0.462388	0.239599	0.098698	0.363787	...
1	0.0	1.191857	0.266151	0.166480	0.448154	0.060018	-0.082361	-0.078803	0.085102	-0.255425	...
2	1.0	-1.358354	-1.340163	1.773209	0.379780	-0.503198	1.800499	0.791461	0.247676	-1.514654	...
3	1.0	-0.966272	-0.185226	1.792993	-0.863291	-0.010309	1.247203	0.237609	0.377436	-1.387024	...
4	2.0	-1.158233	0.877737	1.548718	0.403034	-0.407193	0.095921	0.592941	-0.270533	0.817739	...

5 rows × 31 columns

图11-14　数据预览图

如上图所示,原始数据为个人交易记录,该数据集总共有31列,特征有30列,其中amount表示贷款的金额,最后一列是分类结果。但是考虑到数据本身的隐私性,已经对原始数据进行了类似PCA的脱敏处理,也就是说这个数据集已经把特征数据提取好了。我们需要对这一组数据进行经典的二分类,分出哪些是正常的交易,哪些是异常的交易,其中Class列中的0代表正常的交易,1代表异常交易。

把数据导入内存后,接下来的问题就是如何建立模型使检测的效果达到最好。

2. 数据归一化

观察数据可以知道 Amount 列的数据变动幅度很大，所以需要对数据做归一化处理，代码如下。

```
from sklearn.preprocessing import StandardScaler
data['normAmount'] = StandardScaler().fit_transform(data['Amount'].reshape(-1, 1))
data = data.drop(['Time','Amount'],axis=1)
data.head()
```

上面的代码使用了 StandardScaler 方法对数据进行标准化处理，运行结果如图 11-15 所示，normAmount 列是处理后的数据。

V23	V24	V25	V26	V27	V28	Class	normAmount
-0.110474	0.066928	0.128539	-0.189115	0.133558	-0.021053	0	0.244964
0.101288	-0.339846	0.167170	0.125895	-0.008983	0.014724	0	-0.342475
0.909412	-0.689281	-0.327642	-0.139097	-0.055353	-0.059752	0	1.160686
-0.190321	-1.175575	0.647376	-0.221929	0.062723	0.061458	0	0.140534
-0.137458	0.141267	-0.206010	0.502292	0.219422	0.215153	0	-0.073403

图 11-15　标准化处理后的数据

3. 样本不均衡的解决方案

所谓样本不均衡，就是指正负两类样本数量不均衡，其中一类样本数量远多于另外一类样本数量，这时使用这些数据训练模型具有很大的偏向性，因此需要纠正这种情况。经过分析，发现这个数据集中类别为 0 的样本占比远高于类别为 1 的样本占比。因此需要进行样本不均衡的处理。数据分析中最常用的两种方法有下采样和过采样。本例中采用下采样方案，在类别为 0 的数据中进行随机选择，使数据样本数量与类别为 1 的样本数量相同。代码如下。

```
X = data.ix[:, data.columns != 'Class']
y = data.ix[:, data.columns == 'Class']
number_records_fraud = len(data[data.Class == 1])
fraud_indices = np.array(data[data.Class == 1].index)
normal_indices = data[data.Class == 0].index
random_normal_indices = np.random.choice(normal_indices, number_records_fraud,
replace = False)
random_normal_indices = np.array(random_normal_indices)
under_sample_indices = np.concatenate([fraud_indices,random_normal_indices])
under_sample_data = data.iloc[under_sample_indices,:]
X_undersample = under_sample_data.ix[:, under_sample_data.columns != 'Class']
y_undersample = under_sample_data.ix[:, under_sample_data.columns == 'Class']
print("Percentage of normal transactions: ", len(under_sample_data[under_sample_data.
Class == 0])/len(under_sample_data))
print("Percentage of fraud transactions: ", len(under_sample_data[under_sample_data.
Class == 1])/len(under_sample_data))
print("Total number of transactions in resampled data: ", len(under_sample_data))
```

运行结果如图11-16所示。

```
Percentage of normal transactions:  0.5
Percentage of fraud transactions:  0.5
Total number of transactions in resampled data:  984
```

图11-16　数据平衡结果

以上代码所实现的功能,使0类数据大大减少,两类数据数目接近。

4. 数据集划分

在进行模型创建之前,需要把数据集切分成训练集和测试集,用训练集对分类器进行训练,然后利用测试集来测试训练得到的模型(model),以此来作为评价分类器的性能指标,代码如下。

```
from sklearn.cross_validation import train_test_split
X_train, X_test, y_train, y_test = train_test_split(X,y,test_size = 0.3,
random_state = 0)
print("Number transactions train dataset: ", len(X_train))
print("Number transactions test dataset: ", len(X_test))
print("Total number of transactions: ", len(X_train)+len(X_test))
X_train_undersample, X_test_undersample, y_train_undersample, y_test_undersample =
train_test_split(X_undersample,y_undersample,test_size = 0.3,random_state = 0)
print("")
print("Number transactions train dataset: ", len(X_train_undersample))
print("Number transactions test dataset: ", len(X_test_undersample))
print("Total number of transactions: ", len(X_train_undersample)+len
(X_test_undersample))
```

上面的代码使用了sklearn机器学习库函数中的cross_validation函数对数据集进行划分,其中训练样本占30%,运行结果如图11-17所示。

```
Number transactions train dataset:  199364
Number transactions test dataset:  85443
Total number of transactions:  284807

Number transactions train dataset:  688
Number transactions test dataset:  296
Total number of transactions:  984
```

图11-17　数据集划分

5. 逻辑回归模型构建

下面的代码使用了sklearn库的LogisticRegression函数实现逻辑回归,通过库函数调用选择合适的训练参数。

```
from sklearn.linear_model import LogisticRegression
from sklearn.cross_validation import KFold, cross_val_score
from sklearn.metrics import confusion_matrix,recall_score,classification_report
def printing_Kfold_scores(x_train_data,y_train_data):
```

```
    fold = KFold(len(y_train_data),5,shuffle=False)
    c_param_range = [0.01,0.1,1,10,100]
    results_table = pd.DataFrame(index = range(len(c_param_range),2), columns =
['C_parameter','Mean recall score'])
    results_table['C_parameter'] = c_param_range
    j = 0
    for c_param in c_param_range:
        print('-------------------------------------------')
        print('C parameter: ', c_param)
        print('-------------------------------------------')
        print('')
        recall_accs = []
        for iteration, indices in enumerate(fold,start=1):
            lr = LogisticRegression(C = c_param, penalty = 'l1')
lr.fit(x_train_data.iloc[indices[0],:],y_train_data.iloc[indices[0],:].values.
ravel())
            y_pred_undersample = lr.predict(x_train_data.iloc[indices[1],:].values)
            recall_acc = recall_score(y_train_data.iloc[indices[1],:].values,
y_pred_undersample)
            recall_accs.append(recall_acc)
            print('Iteration ', iteration,': recall score = ', recall_acc)
        results_table.ix[j,'Mean recall score'] = np.mean(recall_accs)
        j += 1
        print('')
        print('Mean recall score ', np.mean(recall_accs))
        print('')
    best_c = results_table.loc[results_table['Mean recall score'].idxmax()]
['C_parameter']
print('*****************************************************************')
    print('Best model to choose from cross validation is with C parameter = ',
best_c)
print('*****************************************************************')
    return best_c
best_c = printing_Kfold_scores(X_train_undersample,y_train_undersample)
```

上面的代码使用了KFold交叉验证,参数C设定范围[0.01,0.1,1,10,100],然后通过循环程序试验每个参数,其中fit方法用于模型的拟合,predict方法用于模型的预测。在试验每个参数的时候,使用交叉验证对比recall值,不同C参数对应的最终模型效果如图11-18所示。从图中可以看出平均recall值最高的是C为0.01时,所以接下来以C为0.01来建立模型。

```
------------------------------------------------
C parameter:  0.01
------------------------------------------------

Iteration  1 : recall score =  0.958904109589
Iteration  2 : recall score =  0.917808219178
Iteration  3 : recall score =  1.0
Iteration  4 : recall score =  0.972972972973
Iteration  5 : recall score =  0.954545454545

Mean recall score  0.960846151257

------------------------------------------------
C parameter:  0.1
------------------------------------------------

Iteration  1 : recall score =  0.835616438356
Iteration  2 : recall score =  0.86301369863
Iteration  3 : recall score =  0.915254237288
Iteration  4 : recall score =  0.932432432432
Iteration  5 : recall score =  0.878787878788

Mean recall score  0.885020937099

------------------------------------------------
C parameter:  1
------------------------------------------------

Iteration  1 : recall score =  0.835616438356
Iteration  2 : recall score =  0.86301369863
Iteration  3 : recall score =  0.966101694915
Iteration  4 : recall score =  0.945945945946
Iteration  5 : recall score =  0.893939393939

Mean recall score  0.900923434357
```

图 11-18　不同参数下的 recall 值

6. 模型评价

　　下面就验证一下所创建模型的质量，使用混淆矩阵和 recall 来进行判断，在机器学习领域，混淆矩阵是一种评价分类模型好坏的形象化展示工具。其中，矩阵的每一列表示的是模型预测的样本情况；矩阵的每一行表示的是样本的真实情况。代码如下。

```
def plot_confusion_matrix(cm, classes,title='Confusion matrix',cmap=plt.cm.Blues):
    plt.imshow(cm, interpolation='nearest', cmap=cmap)
    plt.title(title)
    plt.colorbar()
    tick_marks = np.arange(len(classes))
    plt.xticks(tick_marks, classes, rotation=0)
    plt.yticks(tick_marks, classes)
    thresh = cm.max() / 2.
    for i, j in itertools.product(range(cm.shape[0]), range(cm.shape[1])):
        plt.text(j, i, cm[i, j],
                horizontalalignment="center",
                color="white" if cm[i, j] > thresh else "black")
```

```
    plt.tight_layout()
    plt.ylabel('True label')
    plt.xlabel('Predicted label')
import itertools
lr = LogisticRegression(C = best_c, penalty = 'l1')
lr.fit(X_train_undersample,y_train_undersample.values.ravel())
y_pred_undersample = lr.predict(X_test_undersample.values)
cnf_matrix = confusion_matrix(y_test_undersample,y_pred_undersample)
np.set_printoptions(precision=2)
print("Recall metric in the testing dataset: ", cnf_matrix[1,1]/(cnf_matrix[1,0]+
cnf_matrix[1,1]))
class_names = [0,1]
plt.figure()
plot_confusion_matrix(cnf_matrix , classes=class_names, title='Confusion matrix')
plt.show()
```

运行结果如图11-19所示。

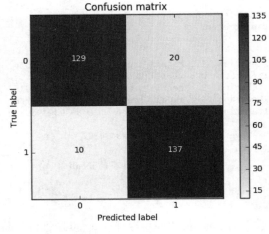

图11-19　混淆矩阵图

从图中可以清晰地看到原始数据中样本的分布及我们的模型的预测结果，用检测到的个数（137）除以总共异常样本的个数（10+137），就是recall的值，用这个数值来评估我们的模型。

上面这个实例介绍了如何使用逻辑回归模型在真实数据集上解决信用卡欺诈问题的步骤，其实现的基本过程包括库函数导入、数据集读入、数据集分析及划分、模型创建及验证。类似问题都可以采用相同过程进行解决。

 11.5 高手点拨

在编程过程中，使用for循环代替while循环，可以使代码运行更高效。

例如,下面的代码就使用了while循环。

```
def computeSum(size: int)->int:
sum_=0
i=0
while i<size:
  sum_+=i
  i+=1
Return sum_

def main():
 size = 10000
 for _ in range(size):
   sum_=computeSum(size)

main()
```

可以修改为for循环实现,代码如下。

```
def computeSum(size: int) -> int:
sum_= 0
for i in range(size):
   sum_ += i
return sum_

def main():
 size = 10000
 for _ in range(size):
   sum_ = computeSum(size)

main()
```

针对上面的例子,可以进一步用隐式for循环来替代显式for循环,代码如下。

```
def computeSum(size: int)->int:
return sum(range(size))
def main():
size = 10000
for _ in range(size):
  sum = computeSum(size)

main()
```

这样代码效率更高。

11.6 编程练习

练习1: 使用表11-2给出的数据,使用一元回归分析预测披萨的价格。

表11-2 披萨的数据表

序号	直径(英寸)	价格(美元)
1	6	7
2	8	9
3	10	13
4	14	17.5
5	18	18

预测的结果和真实的结果如图11-20所示。

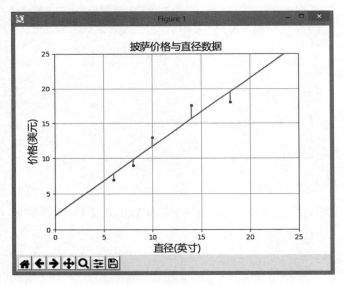

图 11-20 预测结果与真实结果

练习2: 判断糖尿病。

使用diabetes数据集(糖尿病数据集)判断病人是否有糖尿病,使用一元回归分析模型。其中糖尿病数据集包含442个患者的10个生理特征(年龄、性别、体重、血压)和一年以后的疾病级数指标。

提示:载入数据,同时将diabetes糖尿病数据集分为测试数据和训练数据,其中测试数据为最后20行,训练数据从0到-20行(不包含最后20行),结果如图11-21所示。

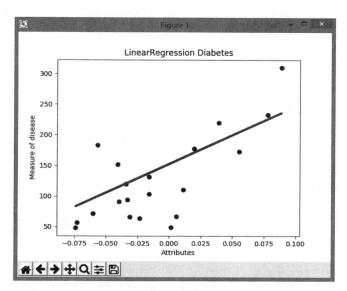

图 11-21　数据分布图

11.7　面试真题

（1）分类与回归有什么不同？

（2）什么叫过拟合？产生过拟合的原因是什么？避免过拟合的方法是什么？

第12章

聚类算法

　　前面的章节都是在已知数据类别的前提下建立分类模型,称为有监督学习。与有监督学习的分类算法不同,聚类分析是在事先并不知道任何样本类别的情况下,希望通过某种算法把一组未知类别的样本划分为若干类别,是一种无监督学习。无监督学习不依赖预先定义的类或带类标记的训练数据,而是由聚类学习算法来自动确定类标记,是在缺乏类别标签前提下的一种分类模型。

　　聚类算法的用途非常广泛,例如市场研究、客户分级、Web 文档分类、离群点分析及图像处理等。聚类可以帮助市场分析人员从消费者数据库中区分出不同的消费群体,概括出每一类消费者的消费模式或习惯;在欺诈探测中,离群点可能预示着欺诈行为的存在;利用聚类进行数据预处理,可以获得数据的基本概况,然后在此基础上进行特征抽取或进一步的数据分析。

12.1 聚类算法概述

聚类分析根据"物以类聚"的原理,通过分析数据在特征空间的聚集情况,按照某个特定标准(如距离准则)把一个数据集分割成不同的类或簇,在同一个聚类中的数据具有更多的相似性。如图12-1所示,数据可以被分到3个不同的簇中,从图上可以看出同一簇内的数据更接近,它们之间具有较高的相似度,不同簇之间具有较大的差异性。

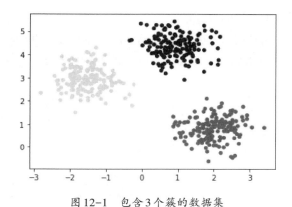

图 12-1　包含 3 个簇的数据集

聚类分析是一种探索性的分析,从样本数据出发,自动进行分类,事先并没有一个分类的标准,聚类算法的前提是假设特征空间里相近的两个样本很可能属于同一个类别。聚类分析所使用方法的不同,常常会得到不同的结论。不同研究者对于同一组数据进行聚类分析,所得到的聚类结果也未必一致。常用的聚类算法有 K-means 算法、层次聚类法、DBSCAN 算法等。

为了将数据集划分为不同的类别,必须定义一种相似性的测度来度量同一类数据样本间的相似性和不属于同一类数据样本之间的差异性。常用度量方法包括欧氏距离和余弦相似度。

1. 欧氏距离

欧氏距离就是数学上最常见的距离公式,可以简单地描述为多维空间的点与点之间的几何距离。数据样本可以看成特征空间的样本向量,它们之间的距离函数可以作为数据相似性的度量,并作为分类依据。欧氏距离的计算公式如下:

$$d = \sqrt{(X - Y)^{\mathrm{T}}(X - Y)} = \sqrt{\sum_{i=1}^{n}(X_i - Y_i)^2}$$

X 与 Y 为特征空间中的两个样本向量,X_i 和 Y_i 分别表示样本向量的各分量。n 表示样本向量的维度。

X 与 Y 之间的距离越小,则越相似。

X 与 Y 之间的距离越大,则越不相似。

2. 余弦相似度

余弦相似度是将向量根据坐标值绘制到向量空间中,通过计算两个向量 X 与 Y 之间的夹角余弦值来评估它们的相似度。余弦值越接近1,就表明夹角越接近0度,也就是两个向量越相似。余弦相似度计算公式如下:

$$\cos(\theta) = \frac{XY}{\|X\|\|Y\|} = \frac{\sum_{i=1}^{n} X_i Y_i}{\sqrt{\sum_{i=1}^{n}\left(X_i\right)^2}\sqrt{\sum_{i=1}^{n}\left(Y_i\right)^2}}$$

这里 X_i 和 Y_i 分别表示样本向量的各分量。

余弦值越接近1,表明夹角越接近0度,也就是两个向量越相似,夹角等于0,即两个向量相等。

下面借助图12-2中的三维坐标系来看看欧氏距离和余弦距离的区别。

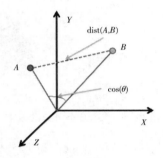

图12-2　欧氏距离和余弦距离

从图12-2中可以看出,欧氏距离 dist(A,B)衡量的是空间各点的绝对距离,跟各个点所在的位置坐标直接相关;而余弦距离 $\cos(\theta)$ 衡量的是空间向量的夹角,更加偏向于表现方向上的差异,而不是位置。如果保持 A 点位置不变,B 点沿原方向向外移动,那么这个时候余弦距离是保持不变的(因为夹角没有发生变化),而 A、B 两点的距离显然在发生改变,这就是欧氏距离和余弦距离之间的不同之处。

余弦距离使用两个向量夹角的余弦值来衡量两个样本间差异的大小。相比欧氏距离,余弦距离更加注重两个向量在方向上的差异,而对数值不敏感。

欧氏距离和余弦距离各自有衡量特征的计算方式,因此它们适用于不同的数据分析模型。例如,根据消费次数和平均消费额要对用户做聚类,两个样本数据分别为(2,10)和(10,50),这个时候用余弦夹角是不恰当的,因为它会将这两个样本数据算成相似用户,但显然后者的价值高得多,这时更需要注重数值上的差异,而不是夹角之间的差异。

12.2 K-means算法

K-means是聚类算法中的一种,其中 K 表示类别数目,means 表示均值。因此 K-means 也称为 K

均值聚类算法(k-means clustering algorithm),K-means算法的实现比较简单,聚类效果也不错。

K-means通常应用于维数、数值都很小且连续的数据集,例如根据标签、主题和文档内容将文档分为多个不同的类别;帮助营销人员根据客户的购买历史、兴趣或活动监控来对客户分级;使用聚类来发现离群点,从而检测欺诈等犯罪行为等。

12.2.1　K-means算法原理

K-means是一种通过均值对数据点进行聚类的算法。质心是该簇中所有数据对象的均值点,K-means算法通过预先设定的K值及每个簇类别的初始质心,按照数据点之间的距离大小,对相似的数据点进行簇类划分,并不断地迭代优化,从而获得最优的聚类结果。

图12-3通过数据点类别及簇质心的变化,形象演示了K-means的基本机制。

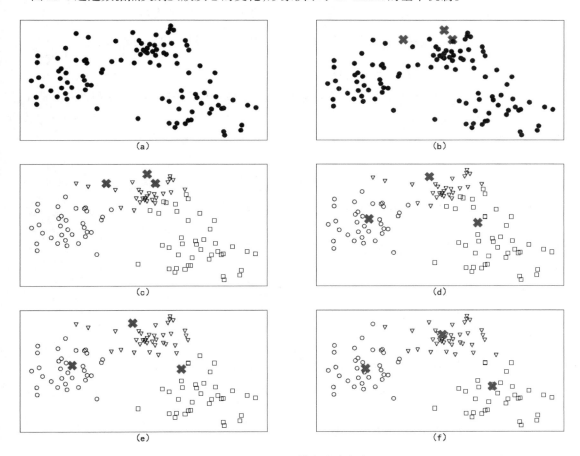

图12-3　K-means算法的迭代过程

假设簇的个数$K=3$,图(a)表示初始的数据集,图(b)中随机选择了3个簇类所对应的类别质心,图中以"X"型标记出3个质心,然后分别求样本中所有点到这3个质心的距离,并将每个数据点的类别标记为和该点距离最短的簇质心的类别,如图(c)所示,样本的类别用不同的形状来区分,这样我们得到了所有数据点的第一轮迭代后的类别。此时对于每个新形成的簇,原来的簇质心显然已经不满足要求了,我们分别对3个簇求其新的质心,如图(d)所示,新的质心的位置已经发生了变动。

图(e)和图(f)重复图(c)和图(d)的过程,即重新计算所有点的类别,并重新求新的质心,最终我们得到的样本的类别及3个质心如图(f)所示。

K-means算法的目标:把 n 个样本点划分到 k 个簇中,使每个点都属于离它最近的簇,让簇内的点尽量紧密地连在一起,让簇间的距离尽可能大。在实际的K-means算法中,我们一般会多次运行图(c)和图(d),才能达到最终的较优的效果。

12.2.2　K-means算法的基本概念

下面介绍聚类算法的基本概念。

(1)K-means算法需要提前指定簇的个数 k,k 表示聚类中簇或类别的个数。

(2)每个簇的质心 μ_i:是簇 C_i 的均值向量,即 $\mu_i = \dfrac{1}{m_i} \sum\limits_{x \in C_i} x$,$m_i$ 是簇 C_i 包含的数据个数。

(3)数据到簇质心 μ_i 距离的度量,一般采用欧氏距离。

(4)K-means算法的优化目标:定义一个目标函数,该函数能够反映类别间的相似性和差别性,使聚类分析转化为寻找该目标函数极值的最优化问题。常用的指标是误差平方和,假设数据样本集被划分为簇集 $\{C_1, C_2, \cdots, C_k\}$,则我们的目标函数是最小化误差平方和,计算公式如下:

$$\min \sum_{i=1}^{k} \sum_{x \in C_i} \text{dist}(\mu_i, x)^2$$

其中 μ_i 为簇 c_i 的质心,$\text{dist}(\mu_i, x)$ 表示样本 x 到簇质心 μ_i 的距离。

12.2.3　K-means算法流程

K-means算法流程如下。

输入:样本集 $D = \{x_1, x_2, \cdots, x_n\}$,聚类的簇个数 k。

输出:簇划分 $\{C_1, C_2 \cdots, C_k\}$

(1)从数据集 D 中随机选择 k 个样本作为初始簇的质心:$\{\mu_1, \mu_2 \cdots, \mu_k\}$。

(2)计算每个数据点与 k 个质心之间的距离,将其分配到最近的质心所代表的簇中,形成 k 个簇。

(3)重新计算 k 个簇的质心。

(4)重复(2)和(3),直至 k 个簇的质心都不再发生变化。

(5)输出簇划分 $\{C_1, C_2 \cdots, C_k\}$。

12.2.4　K-means算法的代码实现及使用

本节介绍K-means算法的实现过程,并利用鸢尾花数据集进行K-means聚类算法实践。

范例12-1:K-means算法的实现

目的:本范例介绍K-means算法的实现过程,并利用数据集进行聚类实践,主要包括以下步骤。

1. 随机选择k个簇的质点。

2. 计算样本点离各个簇质心的距离,从而得到样本点的簇类归属。

3. 更新簇的质点位置,得到新的质点。

4. K-means算法模型构建。

5. 鸢尾花数据集聚类任务。

6. 聚类效果展示。

通过这些过程的代码实现,让读者对K-means聚类算法的实现、预测及效果评价有更加直观的印象,从而加深对算法的理解。

1. 随机选择k个簇的质点

K-means聚类算法首先需要从数据中随机抽取k个点作为初始簇类的质心,代码如下所示。

```python
def centroids_init(data,num_clusters):
    num_examples = data.shape[0]    #得到样本数目
    # 对0-num_examples之间的序列进行随机排序
    random_ids = np.random.permutation(num_examples)
    #取前num_clusters个样本作为簇的初始质心
    centroids = data[random_ids[:num_clusters],:]
    return centroids
```

函数centroids_init初始化各个簇的质心点,输入参数包括data和num_clusters,其中data是训练数据,num_clusters是簇的个数。返回值是num_clusters个质心点。

2. 计算样本点的归属

通过计算样本点到每个簇质心的距离,得到离其最近的簇质心,从而判定该样本点的归属簇,代码如下所示。

```python
def centroids_find_closest(data,centroids):
    #计算样本点的归属
    num_examples = data.shape[0]
    num_centroids = centroids.shape[0]
    closest_centroids_ids = np.zeros((num_examples,1))
    for example_index in range(num_examples):
        #遍历所有样本点
        distance = np.zeros((num_centroids,1))
        for centroid_index in range(num_centroids):
            #计算该样本点到每个质心的距离
            distance_diff = data[example_index,:] \
                            - centroids[centroid_index,:]
```

```
        distance[centroid_index] = np.sum(distance_diff**2)
    #得到与其最近的质心
    closest_centroids_ids[example_index] =np.argmin(distance)
return closest_centroids_ids
```

方法 centroids_find_closest 中的参数 centroids 表示各个簇的质心点。函数 np.argmin 给出最小值的下标;返回值 closest_centroids_ids 保存每个样本点所属的簇。

3. 更新各个簇的质心

通过计算每个簇中所有样本的均值,从而得到该簇的新质点,代码如下所示。

```
def centroids_compute(data,closest_centroids_ids,num_clusters):
    #更新簇的质心
    num_features = data.shape[1]
    centroids = np.zeros((num_clusters,num_features))
    for centroid_id in range(num_clusters):
        #得到属于该簇的所有样本
        closest_ids = closest_centroids_ids == centroid_id
        #计算样本的均值,作为新的质心
        centroids[centroid_id] = np.mean(data[closest_ids.\
                                        flatten(),:],axis=0)
    return centroids
```

4. K-means算法模型构建

通过调用前面各个模块,实现 K-means 聚类算法。K-means算法流程:将每个样本点划分到离其最近的簇;对每个簇计算质心;重复前两步操作,直到完成迭代次数。具体代码如下。

```
def train(data,num_clusters,max_iterations):
    #1.先随机选择K个质心
    centroids = centroids_init(data,num_clusters)
    #2.开始训练
    num_examples = data.shape[0]
    closest_centroids_ids = np.empty((num_examples,1))
    for _ in range(max_iterations):
        #3.得到当前每一个样本点到K个质心的距离,找到最近的质心
        closest_centroids_ids = centroids_find_closest\
        (data,centroids)
        #4.进行簇质心位置更新
        centroids = centroids_compute(data,closest_centroids_ids,\
                                    num_clusters)
    return centroids,closest_centroids_ids
```

方法 train()的输入参数 data 表示训练数据;num_clusters 表示簇的个数;max_iterations 表示迭代次数。

5. 鸢尾花数据集聚类任务

下面以鸢尾花数据集为例,演示 K-means算法的应用。为了直观显示聚类结果,这里选择鸢尾花数据集的两个特征 'petal_length'和 'petal_width'进行聚类分析,簇的个数 k 预设为3,初始质心随机选

择,迭代次数为50。具体代码如下所示。

```python
import numpy as np
import pandas as pd
import matplotlib.pyplot as plt
#设置中文字体
plt.rcParams['font.sans-serif'] = ['SimHei']
#读取样本数据
data = pd.read_csv('data/iris.csv')
#样本类别3类:'SETOSA','VERSICOLOR','VIRGINICA'
iris_types = ['SETOSA','VERSICOLOR','VIRGINICA']
#选取两个样本特征
x_axis = 'petal_length'
y_axis = 'petal_width'
#准备训练的样本数据集
num_examples = data.shape[0]
x_train = data[[x_axis,y_axis]].values.reshape(num_examples,2)
#指定训练所需的参数:簇的个数和迭代次数
num_clusters = 3
max_iteritions = 50
#调用已创建的聚类模型,返回聚簇结果
centroids,closest_centroids_ids =train(x_train,num_clusters,max_iteritions)
#将聚类结果和原始数据集对比
plt.figure(figsize=(16,5))
mValue = ['v','o','s']
plt.subplot(1,2,1)
#显示原始数据集(带标签)
plt.title('原始数据集(带标签)',fontsize=15)
for iris_id,iris_type in enumerate(iris_types):
    plt.scatter(data[x_axis][data['class']==iris_type],\
                data[y_axis][data['class']==iris_type],\
                label = iris_type,marker=mValue[iris_id],c='',edgecolors='k')
plt.subplot(1,2,2)
#显示聚类后的样本集
plt.title('聚类后的数据集',fontsize=15)
for centroid_id, centroid in enumerate(centroids):
    current_examples_index = (closest_centroids_ids == centroid_id)\
    .flatten()
    plt.scatter(data[x_axis][current_examples_index],\
        data[y_axis][current_examples_index],label = centroid_id,\
                marker=mValue[centroid_id] ,c='',edgecolors='k')
#画出3个簇的质心
for centroid_id, centroid in enumerate(centroids):
    plt.scatter(centroid[0],centroid[1],marker='X', s=250)
plt.legend()
plt.show()
```

6. 聚类效果展示

运行结果如图12-4所示。

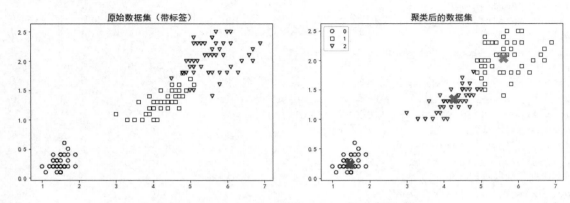

图12-4　K-means算法对鸢尾花数据集的聚类结果

图12-4中左图为带类别标签的原始数据集，不同类别用不同形状表示，右图是对无标签原始数据集聚类后的结果，"x"表示3个聚类的质心。对比两张图，聚类的分类结果基本正确。

 K-means算法实践

本节介绍如何使用sklearn库的KMeans类进行聚类，并分析影响K-means算法的因素，以及聚类评估方法。

12.3.1　KMeans类介绍

Python中的sklearn库中提供了KMeans聚类的实现方法。KMeans类的语法格式如下。

```
class sklearn.cluster.KMeans(n_clusters=8, init='k-means++', n_init=10, max_iter=
300, tol=0.0001, precompute_distances='auto', verbose=0, random_state=None, copy_x=
True, n_jobs=1, algorithm='auto')
```

主要参数如下。

n_clusters: 即簇个数k，一般需要多试一些值以获得较好的聚类效果。

max_iter: 最大的迭代次数。

n_init: 用不同的初始化质心运行算法的次数。由于K-means是结果受初始值影响的局部最优的迭代算法，因此需要多运行几次来选择一个较好的聚类效果，默认是10，一般不需要改。

init: 即初始值选择的方式，可以为完全随机选择"random"，建议使用默认的"k-means++"。

algorithm: 有auto、full、elkan三种选择。full就是传统的K-means算法，建议直接用默认的auto。

下面介绍KMeans类的使用方法。

（1）导入相关库函数，并生成模拟样本数据集。

```
>>> from sklearn.cluster import KMeans
>>> import numpy as np
>>> X = np.array([[1, 2], [1, 4], [1, 0],[10, 2], [10, 4], [10, 0]])
```

（2）创建两个簇的聚类模型，并训练模型。

```
>>> kmeans = KMeans(n_clusters=2, random_state=0).fit(X)
```

（3）输出模型结果，包括样本的类标签、簇质心等信息，这里属性cluster_centers代表每个簇中心的坐标；属性labels_代表每个数据的分类标签，标签从0开始。

```
>>> kmeans.labels_
array([1, 1, 1, 0, 0, 0])
>>> kmeans.cluster_centers_
array([[10.,  2.],
       [ 1.,  2.]])
```

（4）预测新样本[0, 0]和[12, 3]。

```
>>> kmeans.predict([[0, 0], [12, 3]])
array([1, 0])
```

两个样本预测结果分别为1和0。

12.3.2　算法应用

本范例利用sklearn实现K-means聚类算法应用。

范例12-2：在sklearn中实现K-means聚类应用，并演示K-means聚类算法迭代过程

（1）首先读取数据集，代码如下。

```
%matplotlib inline
from sklearn.datasets import make_blobs
import numpy as np
import matplotlib.pyplot as plt
import pandas as pd
#读取数据集
df = pd.read_csv('data\dataSet.csv')
X = df.values
def plot_clusters(X, y=None):
#显示数据集
    plt.scatter(X[:, 0], X[:, 1], c=y, s=18)
    plt.xlabel("$x_1$", fontsize=14)
    plt.ylabel("$x_2$", fontsize=14, rotation=0)
plt.figure(figsize=(8, 4))
plot_clusters(X)
plt.show()
```

读取的数据集显示如下。

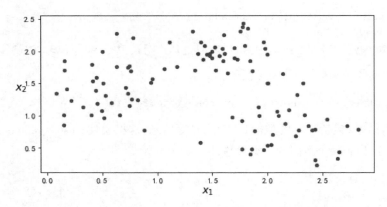

图12-5　读取的数据集显示

(2)执行K-means聚类算法,并显示每次迭代的结果。

```python
def plot_centroids(centroids, weights=None, circle_color='w', \
                   cross_color='k'):
    #显示质心点的函数
    plt.scatter(centroids[:, 0], centroids[:, 1],
                marker='o', s=30, linewidths=8,
                color=circle_color, zorder=10, alpha=0.9)
    plt.scatter(centroids[:, 0], centroids[:, 1],
                marker='x', s=50, linewidths=50,
                color=cross_color, zorder=11, alpha=1)
from sklearn.cluster import KMeans
plt.rcParams['font.sans-serif']=['SimHei'] #显示中文标签
k = 3
#创建3个kmeans模型,分别执行1次,2次,3次迭代
kmeans_iter1 = KMeans(n_clusters = 3,init = 'random',
                      n_init = 1,max_iter=1,random_state=1).fit(X)
kmeans_iter2 = KMeans(n_clusters = 3,init =kmeans_iter1.cluster_centers_,
                      n_init = 1,max_iter=2,random_state=1).fit(X)
kmeans_iter3 = KMeans(n_clusters = 3,init = kmeans_iter2.cluster_centers_,
                      n_init = 1,max_iter=3,random_state=1).fit(X)
#显示聚类效果
plt.figure(figsize=(12,8))
plt.subplot(221)
plt.title('原始数据')
plt.plot(X[:, 0], X[:, 1], 'k.', markersize=10)
mValue = ['^','o','*']
plt.subplot(222)
plt.title('第1次迭代')
for label in range(0,k):
    XX=X[kmeans_iter1.labels_==label]
    plt.scatter(XX[:, 0], XX[:, 1], marker=mValue[label],c='',\
```

```
                edgecolors='k')
plot_centroids(kmeans_iter1.cluster_centers_, circle_color='r',\
                cross_color='k')
plt.subplot(223)
plt.title('第2次迭代')
for label in range(0,k):
    XX=X[kmeans_iter2.labels_==label]
    plt.scatter(XX[:, 0], XX[:, 1], marker=mValue[label],c='',\
                edgecolors='k')
plot_centroids(kmeans_iter2.cluster_centers_, circle_color='r',\
                cross_color='k')
plt.subplot(224)
plt.title('第3次迭代')
for label in range(0,k):
    XX=X[kmeans_iter3.labels_==label]
    plt.scatter(XX[:, 0], XX[:, 1], marker=mValue[label],c='',\
                edgecolors='k')
plot_centroids(kmeans_iter3.cluster_centers_, circle_color='r', \
                cross_color='k')
```

运行结果如图12-6所示。

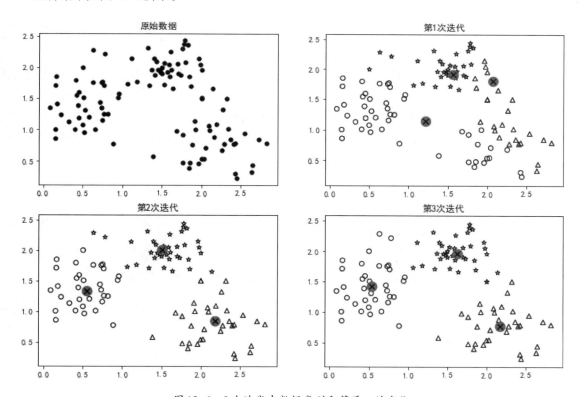

图12-6　3次迭代中数据类别和簇质心的变化

从图12-6中可知,每次迭代都重新计算各样本的归属及各个簇的质心,经过迭代后,簇的质心位置更加合理,直到质心点趋于稳定。

12.3.3　影响K-means算法的因素

　　K-means算法必须提前指定聚类簇的个数,但是有时候我们并不知道数据集应该聚成多少个簇。例如在范例12-1鸢尾花聚类代码中将簇个数k改为4,则运行结果如图12-7右图所示,聚类结果和带标签的原始数据集对比差异较大。因此在事先不知道类标签的前提下,簇的个数难以确定,并且簇的个数对最终结果影响较大。

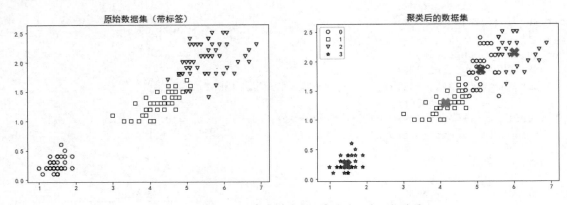

图12-7　将例12-1中的簇个数k修改为4的运行结果

　　K-means聚类算法中k个簇的初始质心是随机选定的,在后面的迭代中再重新计算,直到收敛。但是根据算法的步骤不难看出,最后所生成的结果很大程度上取决于一开始k个质点的位置,也就意味着聚类结果具备很大的随机性,每次都会因为初始随机选择的质点不一样而导致结果不一样,因此K-means算法是不稳定的算法。下面通过范例12-3对比不同初始质心对K-means算法结果的影响。

范例12-3:对比不同初始质心的K-means模型

　　(1)生成模拟数据。

```
#生成模拟数据
X1, y1 = make_blobs(n_samples=80, centers=((4, -4), (0, 0)),\
                    random_state=42)
X1 = X1.dot(np.array([[0.374, 0.95], [0.732, 0.598]]))
X2, y2 = make_blobs(n_samples=50, centers=1, random_state=42)
X2 = X2 + [6, -8]
X = np.r_[X1, X2]
y = np.r_[y1, y2]
plt.plot(X[:, 0], X[:, 1], 'k.', markersize=2)
```

　　运行结果如下。

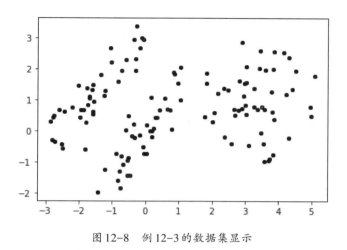

图12-8　例12-3的数据集显示

从数据点分布图中可以看出,数据集主要聚集成3个簇,因此k值取为3。

(2)分别创建两个K-means模型,第一个指定簇的初始质心,第二个随机化初始质心,对比两个模型的聚类效果。

```
#分别创建两个kmeans模型,第一个指定初始质心,第二个随机初始质心
k = 3
kmeans_good = KMeans(n_clusters=3,init=np.array([[-1.5,2.5]\
            ,[0.5,0],[4,0]]),n_init=1)
kmeans_bad = KMeans(n_clusters=3,random_state=12)
kmeans_good.fit(X)
kmeans_bad.fit(X)
#显示第一个聚类效果
plt.figure(figsize = (20,8))
plt.subplot(121)
mValue = ['^','*','o']
for label in range(0,k):
    XX=X[kmeans_good.labels_==label]
    plt.scatter(XX[:, 0], XX[:, 1], marker=mValue[label],\
                s=60,c='',edgecolors='k')
plot_centroids(kmeans_good.cluster_centers_, \
                circle_color='r', cross_color='k')
plt.title('Good - model',fontsize=15)
#显示第二个聚类效果
plt.subplot(122)
for label in range(0,k):
    XX=X[kmeans_bad.labels_==label]
    plt.scatter(XX[:, 0], XX[:, 1], marker=mValue[label],\
                s=60,c='',edgecolors='k')
plot_centroids(kmeans_bad.cluster_centers_, \
                circle_color='r', cross_color='k')
plt.title('Bad - model',fontsize=15)
```

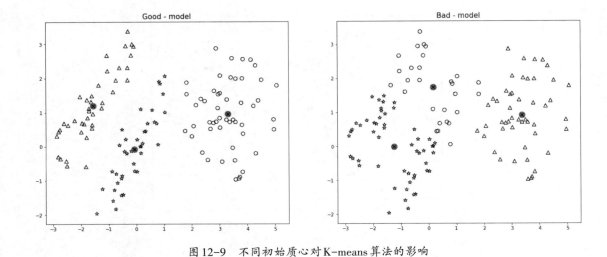

图 12-9   不同初始质心对 K-means 算法的影响

图 12-9 的左图 Good-model 因为指定了初始质心,聚类效果合理。右图 Bad-model 中随机初始化质心,K-means 聚类算法效果较差。

K-means 聚类算法主要用于发现圆形或球形簇,对于数据集中的离群点和孤立点敏感,并且该算法需要不断对数据进行分类调整,不断计算调整后新的聚类质心。因此当数据量非常大时,算法的时间开销也非常大。

12.3.4   评估指标

与有监督学习不同,无监督聚类方法数据集没有给定样本的类别,也就无法直接进行聚类评估,但是我们可以从簇内的稠密程度和簇间的离散程度来评估聚类的效果,下面结合范例 12-2 的聚类结果来介绍常用的评估方法。

(1)inertia 指标:表示每个样本与其质心的距离。

在 sklearn 中,KMeans 类的 inertia 属性代表每个簇内样本到其质心的距离之和,各个簇的 inertia 相加的和越小,即簇内越相似。

例如,查看聚类结果的 inertia 属性,代码如下。

```
>>> kmeans_iter1.inertia_
165.33784324265721
>>> kmeans_iter2.inertia_
99.91067127703192
```

范例 12-4:利用 inertia 属性,对比范例 12-2 中不同 k 值对应的聚类偏差图,可以帮助我们找到最佳簇的数目 k

```
#建立聚类模型,k值变化范围:1-9,用来对比 inertia 属性
kmeans_per_k = [KMeans(n_clusters = k).fit(X) for k in range(1,10)]
inertias = [model.inertia_ for model in kmeans_per_k]
```

```
plt.figure(figsize=(8,4))
plt.xlabel("K", fontsize=14)
plt.ylabel("inertia", fontsize=14)
plt.plot(range(1,10),inertias,'bo-')
plt.show()
```

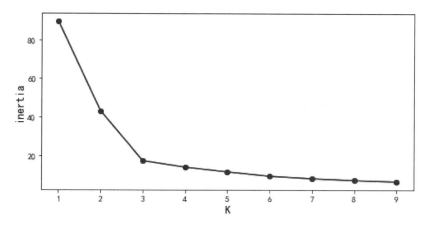

图 12-10　不同 k 值下的 inertia 值折线图

k 值越大, inertia 值越小, 但是实际的数据分布并不是 k 值越大效果越好。从图 12-10 中可以看出, 当 k 取 3 时, 前面 inertia 值骤减, 而后面 inertia 值变化不大, 因此簇的个数取 3 较为合理。

(2) 轮廓系数: 结合聚类的凝聚度和分离度, 用于评估聚类的效果。该值处于 –1 和 1 之间, 轮廓系数越大, 表示聚类效果越好。具体计算公式如下。

$$s(i) = \frac{b(i) - a(i)}{\max\{a(i),b(i)\}}$$

也可以写成:

$$s(i) = \begin{cases} 1 - \dfrac{a(i)}{b(i)}, a(i) < b(i) \\ 0, a(i) = b(i) \\ \dfrac{b(i)}{a(i)} - 1, a(i) > b(i) \end{cases}$$

其中 $a(i)$ 定义为样本 i 的簇内不相似度, 计算样本 i 到同簇其他样本的平均距离, $a(i)$ 越小, 说明样本 i 越应该被聚类到该簇。

$b(i)$ 定义为样本 i 的簇间不相似度, 计算样本 i 到其他簇 C_j 的所有样本的平均距离为 b_{ij}, $b(i) = \min\{b_{i1}, b_{i2}, \cdots, b_{ik}\}$。

从上面的公式中不难发现, 若 $a(i)$ 趋于 0, 或者 $b(i)$ 足够大, 那么 $s(i)$ 接近 1, 说明样本 i 的聚类效果比较好, 因此有下面的结论。

$s(i)$ 接近 1, 则说明样本 i 聚类合理。

$s(i)$接近-1,则说明样本i更应该分类到另外的簇。

若$s(i)$近似为0,则说明样本i在两个簇的边界上。

范例12-5:演示不同k值的聚类结果中轮廓系数的变化

```
#导入轮廓系数的相关库
from sklearn.metrics import silhouette_score
#对比k取值1-9,观察轮廓系数变化
kmeans_per_k = [KMeans(n_clusters = k).fit(X) for k in range(1,10)]
silhouette_scores = [silhouette_score(X,model.labels_) for model in kmeans_per_k[1:]]
plt.figure(figsize=(8,4))
plt.xlabel("K", fontsize=14)
plt.ylabel("Silhouette Coefficient", fontsize=14)
plt.plot(range(2,10),silhouette_scores,'bo-')
plt.show()
```

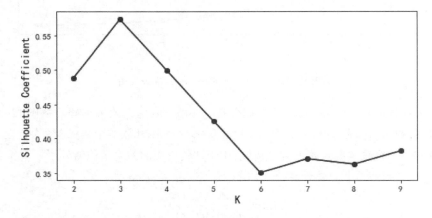

图 12-11　不同k值下的轮廓曲线折线图

从图12-11中可以看出,当k值为3时,轮廓系数最高,因此数据集分3个簇是最优的,与数据集相匹配。inertia指标或轮廓系数可以对K-means算法中簇个数的选择提供参考,令k的取值从2到一个固定值(例如10),然后在每个k值上计算当前的inertia值或轮廓系数,从而选取相应的k作为最佳簇数目。在实际应用中,K-means算法一般用于数据的预处理或者辅助分类。

 12.4　DBSCAN算法

K-means算法中的k值难以确定,适合球形簇的数据分布,很难发现任意形状的簇。DBSCAN (Density-Based Spatial Clustering of Applications with Noise,具有噪声的基于密度的聚类算法)是一种典型的基于密度的聚类方法。它将簇定义为密度相连的点的最大集合,能够把具有足够密度的区域划分为簇,具有有效处理噪声点和发现任意形状的聚类等优点。

DBSCAN算法应用广泛,例如在交通领域,以乘客出行行为分析为例,该算法可以从乘客的历史出行链中提取其出行分布特征。

12.4.1 基本概念

DBSCAN是基于一组邻域来描述样本集的紧密程度,参数$(\varepsilon, MinPts)$用来描述邻域中样本分布的紧密程度。

(1)ε:表示在一个数据点周围邻近区域的半径。

(2)$MinPts$:表示在该点的ε邻域内至少包含的数据点个数。

图12-12中的圆圈区域表示数据点P以ε为半径的邻域。

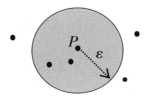

图12-12 点P在半径为ε下的邻域

根据以上两个参数,可以把样本中的点分成三类。

(1)核心点:如果一个数据点在其ε-邻域内的样本数大于等于$MinPts$数,则该对象为核心点。

(2)边界点:如果一个数据点在其ε-邻域内的样本数小于$MinPts$数,但是该点落在核心点的邻域内,则该点为边界点。

(3)离群点:如果一个数据点既不是核心点也不是边界点,则该点为离群点。

如图12-13所示,若$MinPts = 5$,则C是核心对象;B是边界点;A是离群点。

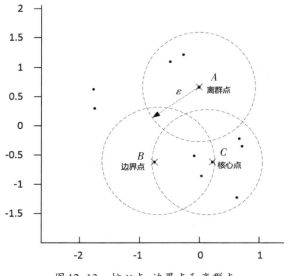

图12-13 核心点、边界点和离群点

数据集通过聚类形成的子集是簇。核心点位于簇的内部,它确定无误地属于某个特定的簇;离群点是数据集中的干扰数据,它不属于任何一个簇;边界点是一类特殊的点,它位于一个或几个簇的边缘地带,可能属于一个簇,也可能属于另外一个簇,其归属并不明确。

通常情形下,密度聚类算法从样本密度的角度来考察样本点之间的可连接性,主要包括以下情况。

(1)直接密度可达:若点p在点q的邻域内,且q是核心点,则p由q直接密度可达。

(2)密度可达:若有一个点的序列,$q_0, q_1, q_2, \cdots, q_k$,对任意的$q_i$由$q_{i+1}$直接密度可达,则称$q_0$由$q_1$密度可达。密度可达实际上是样本点$q_0$由一系列核心点直接密度可达传递到核心点$q_1$,是直接密度可达的传播。

(3)密度相连:若从某核心点p出发,点q与点k都是密度可达的,则称q与k是密度相连的。

图 12-14 中的虚线区域是ε-邻域,若$MinPts = 5$,A、C是核心点,B由A直接密度可达,D由A密度可达,B与D密度相连。

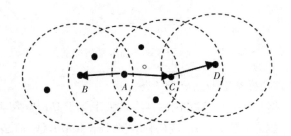

图 12-14　DBSCAN 的直接密度可达、密度可达和密度相连

核心点如果能够密度可达,则它们构成的以ε为半径的圆形邻域相互连接或重叠,这些连通的核心点及其所处的邻域内的全部点构成一个簇。

12.4.2　算法原理

DBSCAN 聚类算法的基本原理是:从某个核心点出发,找到所有直接密度可达、密度可达的点,将其归到某一个簇中,再从某一个未聚类的核心点出发,按照密度可达的方法形成新的簇,直至所有除了噪声点之外的点都加入已产生的簇中。

DBSCAN 聚类算法的伪代码描述如下。

输入:数据集D,输入参数 Eps,输入邻域密度阈值$MinPts$。

输出:基于密度的簇的集合。

```
标记所有数据点为 unvisited
Do
    随机选择一个 unvisited 数据点 p
    标记 p 为 visited
    If p 的 Eps 邻域至少有 MinPts 个数据点 then
```

```
            创建一个新簇C,并把p添加到C中
            令N为p的Eps邻域中的数据集合
            For N 中的每个点p'
                 If p'是unvisited then
                     标记p'为visited。
                     If p'的Eps邻域至少有MinPts个数据点 then
                          把这些点加到N
                     End if
                     If p'还不是任何簇的成员 then
                          把p'添加到C
                     End if
                 End If
            End For
            输出C
        Else
            标记p为噪声点
        End if
Until 没有标记为unvisited的数据点
```

DBSCAN 聚类算法有两个参数:半径 ε 和 $MinPts$,这两个参数设置都对聚类效果影响很大。半径 ε 设置得非常小,则意味着没有点是核心样本,可能会导致所有点被标记为离群点;ε 设置得非常大,可能会导致所有点形成单个簇。

选择DBSCAN的 ε 和 $MinPts$ 参数可以采用K-距离的方法,半径 ε 可以根据K-距离设定来找突变点。K距离是指在给定数据集 $P=\{p(i); i=0,1,\cdots,n\}$,计算点 $P(i)$ 到集合 D 的子集 S 中所有点之间的距离,距离按照从小到大的顺序排序,K-距离是点 $p(i)$ 到所有点(除了 $p(i)$ 点)之间第 k 近的距离。根据得到的所有点的K-距离集合,排序绘制K-距离的变化曲线图,通过观察,将曲线急剧发生变化的位置所对应的K-距离的值,设定为半径 ε 的值。$MinPts$ 的大小就是K-距离中K的值。

DBSCAN 聚类算法基于密度定义,可以对抗噪声,能处理任意形状和大小的簇,例如图12-15中的三种数据集用DBSCAN进行密度聚类,都能获得理想的效果。

图12-15　不同形状下的聚类数据集

DBSCAN聚类算法的缺点是,如果样本集的密度不均匀,聚类间距相差很大时,聚类质量较差;针对大数据样本集,聚类收敛时间较长;参数难以选择。

12.4.3 算法实践

范例12-5：DBSCAN聚类算法实践

（1）导入相关库文件。

```
from sklearn.cluster import DBSCAN
from sklearn.datasets import make_moons
import numpy as np
import matplotlib.pyplot as plt
```

（2）生成模拟数据。

```
from sklearn.datasets import make_moons
X, y = make_moons(n_samples=300, noise=0.05, random_state=42)
plt.plot(X[:,0],X[:,1],'b.')
```

（3）利用sklearn库中提供的DBSCAN聚类方法创建DBSCAN模型，参数eps = 0.05, min_samples= 5, 输入训练数据X。

```
dbscan = DBSCAN(eps = 0.05,min_samples=5)
dbscan.fit(X)
```

和K-means聚类方法一样，可以查看训练好的模型属性，示例如下。

（1）查看前10个样本的簇标签，-1表示离群点。

```
> > > dbscan.labels_[:10]
array([ 0,  2, -1, -1,  1,  0,  0,  0,  2,  5], dtype=int64)
```

（2）查看前10个核心点的索引值。

```
> > > dbscan.core_sample_indices_[:10]
array([ 0,  4,  5,  6,  7,  8, 10, 11, 12, 13], dtype=int64)
```

（3）查看聚类的簇号。

```
> > > np.unique(dbscan.labels_)
array([-1,  0,  1,  2,  3,  4,  5,  6], dtype=int64)
```

从输出结果可以得到：数据集被分为7个簇，簇号分布从0到6，-1表示离群点。

（1）两个DBSCAN模型，参数eps取不同的值，对比聚类效果。

```
#创建DBSCAN模型1,eps = 0.1,min_samples=5
dbscan1 = DBSCAN(eps = 0.1,min_samples=5)
y_predict1=dbscan1.fit_predict(X)
dbscan1.labels_[:10]
dbscan1.core_sample_indices_[:10]
#创建DBSCAN模型2,eps = 0.2,min_samples=5
```

```
dbscan2 = DBSCAN(eps = 0.2,min_samples=5)
y_predict2=dbscan2.fit_predict(X)
def plot_dbscan(dbscan, X, Y_pred):
#展示聚类效果
    cValue = ['r','g','b','y','m','c','w','k']
    mValue = ['>','*','.','x','s','h','^','d']
    for x1,x2,i in zip(X[:,0],X[:,1],Y_pred):
        #画出散点图
        plt.scatter(x1, x2, marker=mValue[i],c=cValue[i],\
                        edgecolors='k')
    #设置标题
    plt.xlabel("$x_1$", fontsize=14)
    plt.ylabel("$x_2$", fontsize=14, rotation=0)
    plt.title("eps={:.2f}, min_samples={},clusters={},"\
                .format(dbscan.eps,dbscan.min_samples,\
                            np.unique(dbscan.labels_)), fontsize=14)
#参数eps不同,对比显示聚类图像
plt.figure(figsize=(20,5))
plt.subplot(121)
plot_dbscan(dbscan1, X,y_predict1)
plt.subplot(122)
plot_dbscan(dbscan2, X, y_predict2)
plt.show()
```

运行结果如图12-16所示。

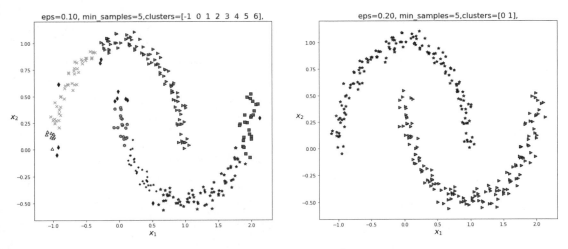

图12-16　不同参数下的DBSCAN算法运行结果

从图12-16中可以看出,当eps=0.10时,由于邻域半径过小,聚类结果为7个簇,类别从0到6,−1为离群点,每个簇分别用不同的图形来体现,实心菱形点代表离群点。当eps=0.20时,聚类结果为2个簇,类别为0和1,这更符合数据的真实分布。因此eps取0.20时,聚类效果更好。

12.5 **综合案例——图像分割**

图像分割是图像处理中的关键步骤,是指将一幅图像分解成若干个互不相交区域的集合,从而提取出图像的几何特征,为后续的目标检测提供形状和结构特征。图像分割通常使用的方法可以分为基于边缘的技术和基于区域的技术,聚类算法的图像分割属于基于区域的图像分割技术。

基于K-means聚类算法的图像分割是以图像的像素为数据点,按照指定的簇数对像素点进行聚类,然后将每个像素点以其对应的聚类中心替代,重构该图像。通过K-means聚类算法把图像分成若干个互不重叠的区域,实现图像分割的目标。

下面案例演示K-means聚类算法在图像分割上的应用。

范例12-6:综合案例——基于聚类K-means方法实现图像分割

(1)获取图像的所有像素点,并将其转换为样本数据。

彩色图像中的每一个像素是三维空间中的一个点,三维对应红、绿、蓝三原色的强度,输入参数为像素的横、纵坐标及R、G、B三色值共5个参数,这里调整为(样本数,特征数),其中样本数=图像行像素数*图像列像素数,特征数为3,分别对应RGB三种颜色,实现代码如下。

```
#导入相关库函数
from matplotlib.image import imread
from sklearn.cluster import KMeans
import matplotlib.pyplot as plt
#加载图片 ladybug.png
image = imread('data\ladybug.png')
#将图像矩阵转换为3列的形式表示
X = image.reshape(-1,3)
print(X.shape)
```

输出结果:

```
(426400, 3)
```

案例中的图片大小为533*800,因此输入样本数据集大小为(426400,3)。

(2)建立K-means模型,进行聚类计算。

```
#建立kmeans模型,指定簇的数目k=8
kmeans = KMeans(n_clusters = 8,random_state=42).fit(X)
#输出簇的中心点
kmeans.cluster_centers_
```

输出结果:

```
array([[0.98326355, 0.9351094 , 0.02573261],
       [0.02240384, 0.11051449, 0.00579273],
```

```
        [0.21762744, 0.38532948, 0.0572455 ],
        [0.7599995 , 0.20910062, 0.04433527],
        [0.09915568, 0.25297862, 0.01673489],
        [0.6116277 , 0.6297308 , 0.38689855],
        [0.37087163, 0.52249783, 0.156312  ],
        [0.8831067 , 0.72412664, 0.03478576]], dtype=float32)
```

K-means模型中的初始化簇个数为8，因此输出8个质心点。

（3）显示K-means聚类后的图像。

```
#将所有样本点的值都替换为所在簇的质心点值
#矩阵转换为533*800*3，并赋值给图像矩阵 segmented_img
segmented_img = kmeans.cluster_centers_[kmeans.labels_].reshape(533, 800, 3)
#输出图像
plt.imshow(segmented_img)
```

聚类把相似的颜色点归纳到同一个簇，然后用簇质心点代表该簇所有的像素点，也可以看成是一次降维过程，kmeans.cluster_centers_[kmeans.labels_]实现将所有像素点的颜色替换为8个质心点的颜色。

（4）对比不同的*K*值，kmeans聚类后的图像效果如下。

```
#新建列表 segmented_imgs
segmented_imgs = []
K = (10,8,6,4,2)
for n_cluster in K:
    #取不同的K值，建立相应的kmeans模型
    kmeans = KMeans(n_clusters = n_cluster,random_state=42).fit(X)
    segmented_img = kmeans.cluster_centers_[kmeans.labels_]
    #聚类结果添加到列表 segmented_imgs
    segmented_imgs.append(segmented_img.reshape(image.shape))
plt.figure(figsize=(10,5))
plt.subplot(231)
plt.imshow(image)
plt.title('Original image')
for idx,n_clusters in enumerate(K):
    #显示列表中的各个图像
    plt.subplot(232+idx)
    plt.imshow(segmented_imgs[idx])
    plt.title('{}colors'.format(n_clusters))
```

输出结果如下。

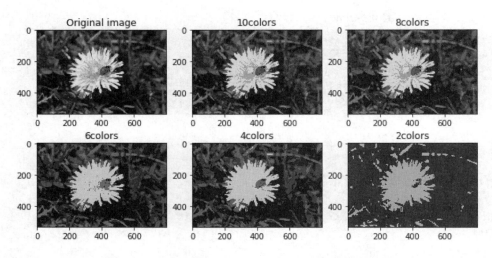

图 12-17 原始图像及 $K=10,8,6,4,2$ 聚类后的图像效果

从图 12-17 可观察到，随着 K 值的减少，图中的花朵与背景逐渐分开，达到图像分割的效果。

12.6 高手点拨

在机器学习中，通常模型的实际预测输出与样本的真实输出之间的差异称为误差。模型在训练集上的误差称为训练误差，在新样本上的误差称为泛化误差（generalization error），泛化误差可以分解为偏差（bias）、方差（variance）和噪声（noise）。

偏差是用所有可能的训练数据集训练出的模型输出的平均值与真实模型的输出值之间的差异。方差是不同的训练数据集训练出的模型输出值之间的差异。而噪声的存在是学习算法的过程中无法解决的问题，数据的质量决定了学习的上限。

当偏差大时，模型不能适配训练样本，表现为欠拟合，例如数据本质上是多项式的连续非线性数据，但模型只能表示线性关系。在此情况下，我们向模型提供多少数据不重要，因为模型根本无法表示数据的基本关系。实践中通过增加更多的特征，并寻找更好的、具有代表性的特征，从而提高模型复杂度，降低偏差。

模型复杂度太高时，模型能很好地适应训练集，但在测试集上表现很糟，模型出现方差很大、过拟合现象。此时可以通过增大数据集、减少数据特征、正则化方法、交叉验证法等方法降低模型复杂度。

图 12-18 所示为模型的偏差、方差与模型复杂度的变化情况。当模型训练程度不够时，模型不能很好地拟合训练样本，那么此时模型呈现的就是高偏差（欠拟合）的状态；随着训练程度增大，模型能够很好地拟合训练样本，但是在测试集上有较大的误差，这就意味着此时模型出现了高方差（过拟合）的状态，如图 12-18 所示。

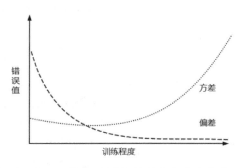

图 12-18　偏差、方差与模型复杂度的关系

　　模型的高方差与高偏差分别对应过拟合与欠拟合。因此,当模型出现这类情况时,可以按照处理过拟合与欠拟合的方法对模型进行改善,然后在这两者之间进行平衡。

　　理想情况下,我们希望得到一个偏差和方差都很小的模型,但实际上往往很困难。选择相对较好的模型顺序是:方差小和偏差小、方差小和偏差大、方差大和偏差小、方差大和偏差大。方差小和偏差大的模型之所以在实际中排位相对靠前,是因为实际中我们往往无法获得非常全面的数据集,如果一个模型在训练样本集上有较小的方差,说明它对不同数据集的敏感度不高,相对于方差大的模型,有较好的稳定性。

 编程练习

　　分别利用 K-means 算法和 DBSCAN 算法分析一个啤酒数据集,该数据集保存在文本文件 "data.txt" 中。

　　提示:beer 数据集一共 19 条样本,5 个特征,数据集部分内如图 12-19 所示。

	name	calories	sodium	alcohol	cost
0	Budweiser	144	15	4.7	0.43
1	Schlitz	151	19	4.9	0.43
2	Lowenbrau	157	15	0.9	0.48
3	Kronenbourg	170	7	5.2	0.73
4	Heineken	152	11	5.0	0.77
5	Old_Milwaukee	145	23	4.6	0.28
6	Augsberger	175	24	5.5	0.40
7	Srohs_Bohemian_Style	149	27	4.7	0.42
8	Miller_Lite	99	10	4.3	0.43

图 12-19　beer 数据集部分内容

　　对 4 个特征 calories、sodium、alcohol、cost 进行聚类分析。对于 K-means 算法可以利用轮廓系数确定 k 值,生成的轮廓系数如图 12-20 所示,可知:当 $k=2$ 时,聚类结果拥有最大的轮廓系数。

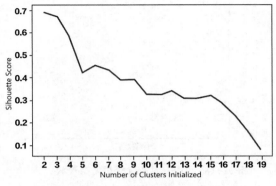

图 12-20 不同 k 值的轮廓系统折线图

12.8 面试真题

(1)简述聚类算法和分类算法的区别。

(2)简述 K-means 聚类的执行过程。

(3)简述 K-means 算法的调优可以采用哪些方法。

第 13 章

降维算法

　　降维是机器学习领域中常使用的数据处理方法，常被用于数据预处理阶段，在各个学科及各个领域都有应用。本章从原理和实践的角度介绍两种经典的降维算法——PCA和LDA。

13.1 降维算法概述

随着数据采集及存储能力的发展,在许多领域的研究与应用中,产生了海量的复杂高维数据集,如图像数据、网页文本数据、DNA微阵列数据等。高维数据集无疑会提供丰富的信息,但是维数过高将导致计算量剧增,而且有的维度具有相关性,其内在的维数可能较低。

我们来看一个实际的例子。假设要派两个同学参加数据分析学习,候选人的信息中有学号、姓名、性别、每学期各科的成绩、综合测评等特征。显然,在这些特征中,可以将课程按照相关性归为数学基础类、计算机类、数据分析类等。经归类后,在选择候选人时,就不用关注具体的各科成绩,仅关注抽象出来的各类成绩即可,因为将各类成绩作为特征明显比原始特征维度小,且更能直观地刻画学生的数据分析能力。如何从高维度减少众多特征,并尽可能地发现隐藏在高维数据后的规律,需要用到数据降维技术。

数据降维,也称为维数约简,指的是降低数据的维度,具体是指降低特征矩阵中特征的数量,通过某种映射方法,将原始高维空间中的数据点映射到低维空间中,在低维空间中重新表示高维空间中的数据。

通过数据降维,一来可以确保特征间的相互独立性,减少特征间的相关性;二来可以去噪,减少冗余的特征,利于有效信息的提取与综合;三来可以减少计算量,增强算法运算效率,提高效果;四来可以将原始数据投影到2维或3维空间,实现数据可视化。随着社会进入大数据时代,数据越来越多,也推动了数据降维的应用。

目前,成熟的数据降维的算法很多,常用的如下。

(1)根据数据的特性,分为以下两种。

线性降维:包括主成分分析(PCA)和线性判别分析(LDA)等。

非线性降维:包括基于特征的方法,如保留局部线性嵌入(LLE);基于核的方法,如核主成分分析(KPCA)等。

其中,线性降维方法应用较为广泛,在许多任务中都能取得较好的效果。

(2)根据是否考虑数据的监督信息可以分为以下三种。

无监督降维:主成分分析(PCA)。

有监督降维:线性判别分析(LDA)。

半监督降维:半监督概率(PCA)、半监督判别分析(SDA)等。

13.2 主成分分析

PCA(Principal Component Analysis)即主成分分析,是降维中最常用的一种线性降维方法,也是一种无监督降维方法,即只有数据,没有标签,也可以用PCA进行降维。PCA的基本应用是数据降维,还可以应用于数据可视化、数据压缩存储、异常检测、特征匹配与距离计算等。

13.2.1 PCA原理

PCA的主要目标是将特征维度变小,同时尽量减少信息损失。就是对一个样本矩阵,一是换特征,找一组新的特征来重新表示;二是减少特征,新特征的数目要远小于原特征的数目。

通过PCA将n维原始特征映射到k维($k < n$)上,称这k维特征为主成分。需要强调的是,不是简单地从n维特征中去除其余$n - k$维特征,而是重新构造出全新的k维正交特征,且新生成的k维数据尽可能多地包含原来n维数据的信息。例如,使用PCA将20个相关的特征转化为5个无关的新特征,并且尽可能保留原始数据集的信息。怎么找到新的维度呢? 实质是数据间的方差够大,通俗地说,就是能够使数据到了新的维度基变换下,坐标点足够分散,数据间各有区分。

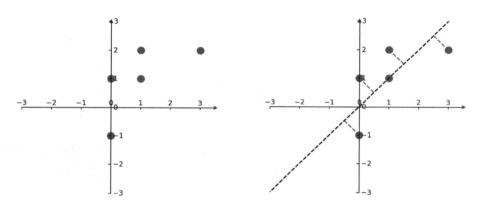

图 13-1   PCA降维的例子

图13-1所示的左图中有5个离散点,降低维度,就是需要把点映射成一条线。将其映射到右图中黑色虚线上则样本变化最大,且坐标点更分散,这条黑色虚线就是第一主成分的投影方向。

PCA是一种线性降维方法,即通过某个投影矩阵将高维空间中的原始样本点线性投影到低维空间,以达到降维的目的,线性投影就是通过矩阵变换的方式把数据映射到最合适的方向。降维的几何意义可以理解为旋转坐标系,取前k个轴作为新特征。降维的代数意义可以理解为$m \times n$阶的原始样本X,与$n \times k$阶的矩阵W做矩阵乘法运算$X \times W$(下面简记为XW),即得到$m \times k$阶的低维矩阵Y,这里$n \times k$阶的矩阵W就是投影矩阵。

本节从最大方差理论(最大可分性)的角度理解PCA的原理。最大方差理论主要是指投影后的样本点在投影超平面上尽量分开,即投影方差最大。其中涉及的概念如下。

1. PCA涉及的主要问题

(1)对实对称方阵,可以正交对角化,分解为特征向量和特征值,不同特征值对应的特征向量之间正交,即线性无关。特征值表示对应的特征向量的重要程度,特征值越大,代表包含的信息量越多,特征值越小,说明其信息量越少。在等式$Av = \lambda v$中,v为特征向量,λ为特征值。

（2）方差相当于特征的辨识度，其值越大越好。方差很小，则意味着该特征的取值大部分相同，即该特征不带有效信息，没有区分度；方差很大，则意味着该特征带有大量信息，有区分度。

（3）协方差表示不同特征之间的相关程序，例如，考察特征 x 和 y 的协方差，如果是正值，则表明 x 和 y 正相关，即 x 和 y 的变化趋势相同，x 越大 y 越大；如果是负值，则表明 x 和 y 负相关，即 x 和 y 的变化趋势相反，x 越小 y 越大；如果是零，则表明 x 和 y 没有关系，是相互独立的。

为计算方便，将特征去均值，设特征 x 的均值为 $\bar{x}$，去均值后的方差为 S，特征 x 和特征 y 的协方差为 $\mathrm{cov}(x,y)$，设样本数为 m，对应的公式分别为：

$$\bar{x} = \frac{1}{m}\sum_{i=1}^{m}x_i, \quad S = \frac{1}{m-1}\sum_{i=1}^{m}(x_i - \bar{x})^2,$$

$$\mathrm{cov}(x,y) = E\left[(x - E(x))(y - E(y))\right]$$

$$= \frac{1}{m-1}\sum_{i=1}^{m}(x_i - \bar{x})(y_i - \bar{y})$$

当 $\mathrm{cov}(x,y) = 0$ 时，表示特征 x 和 y 完全独立。

当有 n 个特征时，引用协方差矩阵表示多个特征之间的相关性，例如，有 3 个特征 x、y、z，协方差矩阵为：

$$\mathrm{cov}(x,y,z) = \begin{bmatrix} \mathrm{cov}(x,x) & \mathrm{cov}(x,y) & \mathrm{cov}(x,z) \\ \mathrm{cov}(y,x) & \mathrm{cov}(y,y) & \mathrm{cov}(y,z) \\ \mathrm{cov}(z,x) & \mathrm{cov}(z,y) & \mathrm{cov}(z,z) \end{bmatrix}$$

显然，协方差矩阵是实对称矩阵，其主对角线是各个特征的方差，非对角线是特征间的协方差，根据线性代数的原理，该协方差矩阵可以正交对角化，即可以分解为特征向量和特征值，特征向量之间线性无关，特征值为正数。

2. PCA 的优化目标

（1）构造彼此线性无关的新特征。

PCA 的目标之一是新特征之间线性无关，即新特征之间的协方差为 0。其实质是让新特征的协方差矩阵为对角矩阵，对角线为新特征的方差，非对角线元素为 0，用来表示新特征之间的协方差 0，对应的特征向量正交。

基于此目标，求解投影矩阵，具体过程如下。

不考虑降维，即维度不改变的情况下，设原始矩阵 X 为 m 个样本，n 维特征，转换后的新矩阵 Y 仍为 m 个样本，n 维特征。

首先对 X 和 Y 去均值化，为了简便，仍用 X 和 Y 分别表示均值化的矩阵，此时 X 的协方差矩阵为 $C = \frac{1}{m-1}X^{\mathrm{T}}X$，$Y$ 的协方差矩阵为 $C' = \frac{1}{m-1}Y^{\mathrm{T}}Y$。

接着，将 $m \times n$ 阶矩阵 X 变为 $m \times n$ 阶矩阵 Y，最简单的是对原始数据进行线性变换：$Y = XW$，其中 W 为投影矩阵，是一组按行组成的 $n \times n$ 矩阵。将公式代入后可得：

$$C' = \frac{1}{m-1}Y^{\mathrm{T}}Y = \frac{1}{m-1}(XW)^{\mathrm{T}}(XW) = \frac{1}{m-1}W^{\mathrm{T}}X^{\mathrm{T}}XW = W^{\mathrm{T}}CW$$

PCA 的目标之一是新特征之间的协方差为 0,即 C' 为对角矩阵,根据 C' 的计算公式可知,PCA 的目标就转换为:计算出 W,且 W 应使得 $W^{\mathrm{T}}CW$ 是一个对角矩阵。因为 C 是一个实对称矩阵,所以可以进行特征分解,所求的 W 即特征向量。

(2)选取新特征。

PCA 的目标之二是使最终保留的主成分,即 k 个新特征具有最大差异性。鉴于方差表示信息量的大小,可以将协方差矩阵 C 的特征值(方差)从大到小排列,并从中选取 k 个特征,然后将所对应的特征向量组成 $n \times k$ 阶矩阵 W',计算出 XW',作为降维后的数据,此时 n 维数据降低到了 k 维。

一般而言,k 值的选取有两种方法。

①预先设立一个阈值,例如 0.95,然后选取使下式成立的最小 k 值:

$$\frac{\sum_{i=1}^{k}\lambda_i}{\sum_{i=1}^{n}\lambda_i} \geq 0.95(\lambda_i 代表特征值)$$

②通过交叉验证的方式选择较好的 k 值,即降维后机器学习模型的性能比较好。

以图 13-1 所示的数据集为例,介绍 PCA 的求解过程。验证 $C' = WCW^{\mathrm{T}}$,W 为所求的投影矩阵,并求出降维后的数据。

设

$$X = \begin{bmatrix} 0 & -1 \\ 0 & 1 \\ 1 & 1 \\ 3 & 2 \\ 1 & 2 \end{bmatrix}$$

行代表一个样本,列代表特征,该数据集有 5 个样本,每个样本包含 2 个特征。将其去均值化,对应矩阵为

$$X,X = \begin{bmatrix} -1 & -2 \\ -1 & 0 \\ 0 & 0 \\ 2 & 1 \\ 0 & 1 \end{bmatrix}$$

X 的协方差矩阵为 C,

$$C = \frac{1}{4}X^{\mathrm{T}}X = \frac{1}{4}\begin{bmatrix} -1 & -1 & 0 & 2 & 0 \\ -2 & 0 & 0 & 1 & 1 \end{bmatrix}\begin{bmatrix} -1 & -2 \\ -1 & 0 \\ 0 & 0 \\ 2 & 1 \\ 0 & 1 \end{bmatrix} = \begin{bmatrix} 1.5 & 1 \\ 1 & 1.5 \end{bmatrix}$$

对 C 进行特征分解,求出特征值为 $\lambda_1 = 2.5$,$\lambda_2 = 0.5$,对应的特征向量分别为

$$\begin{bmatrix} \dfrac{\sqrt{2}}{2} \\ \dfrac{\sqrt{2}}{2} \end{bmatrix}, \begin{bmatrix} -\dfrac{\sqrt{2}}{2} \\ \dfrac{\sqrt{2}}{2} \end{bmatrix}$$

对应的 W 为特征向量矩阵,即

$$W = \begin{bmatrix} \dfrac{\sqrt{2}}{2} & -\dfrac{\sqrt{2}}{2} \\ \dfrac{\sqrt{2}}{2} & \dfrac{\sqrt{2}}{2} \end{bmatrix}$$

通过 XW 运算将矩阵 X 转换为 Y,结果如下。

$$Y = XW = \begin{bmatrix} -1 & -2 \\ -1 & 0 \\ 0 & 0 \\ 2 & 1 \\ 0 & 1 \end{bmatrix} \begin{bmatrix} \dfrac{\sqrt{2}}{2} & -\dfrac{\sqrt{2}}{2} \\ \dfrac{\sqrt{2}}{2} & \dfrac{\sqrt{2}}{2} \end{bmatrix} = \begin{bmatrix} -\dfrac{3\sqrt{2}}{2} & -\dfrac{\sqrt{2}}{2} \\ -\dfrac{\sqrt{2}}{2} & \dfrac{\sqrt{2}}{2} \\ 0 & 0 \\ \dfrac{3\sqrt{2}}{2} & -\dfrac{\sqrt{2}}{2} \\ \dfrac{\sqrt{2}}{2} & \dfrac{\sqrt{2}}{2} \end{bmatrix}$$

下面验证 Y 的特征线性无关。

求出 Y 的协方差矩阵为:$C' = \dfrac{1}{4} Y^{\mathrm{T}} Y = \begin{bmatrix} 2.5 & 0 \\ 0 & 2.5 \end{bmatrix}$,显然 C' 为对角矩阵,说明 Y 的特征线性无关。

对应地,$W^{\mathrm{T}} C W = \begin{bmatrix} \dfrac{\sqrt{2}}{2} & \dfrac{\sqrt{2}}{2} \\ -\dfrac{\sqrt{2}}{2} & \dfrac{\sqrt{2}}{2} \end{bmatrix} \begin{bmatrix} 1.5 & 1 \\ 1 & 1.5 \end{bmatrix} \begin{bmatrix} \dfrac{\sqrt{2}}{2} & -\dfrac{\sqrt{2}}{2} \\ \dfrac{\sqrt{2}}{2} & \dfrac{\sqrt{2}}{2} \end{bmatrix} = \begin{bmatrix} 2.5 & 0 \\ 0 & 2.5 \end{bmatrix}$

显然,$C' = W^{\mathrm{T}} C W$,W 为所求的投影矩阵。

取 $k = 1$,降维后的数据为 XW'。

$$XW' = \begin{bmatrix} -1 & -2 \\ -1 & 0 \\ 0 & 0 \\ 2 & 1 \\ 0 & 1 \end{bmatrix} \begin{bmatrix} \dfrac{\sqrt{2}}{2} \\ \dfrac{\sqrt{2}}{2} \end{bmatrix} = \begin{bmatrix} -\dfrac{3\sqrt{2}}{2} \\ -\dfrac{\sqrt{2}}{2} \\ 0 \\ \dfrac{3\sqrt{2}}{2} \\ \dfrac{\sqrt{2}}{2} \end{bmatrix}$$

投影到PCA形成的一维空间,结果如图13-2所示。

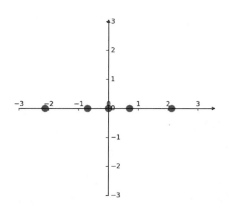

图13-2 PCA降维后的结果

13.2.2 PCA求解步骤

依据前面的PCA证明过程,得到PCA的求解步骤。

输入:m 条样本,特征数为 n 的数据集,即样本数据 $X = \{x_1, x_2, \cdots, x_m\}$,降维到的目标维数为 k。记样本集为矩阵 X。

$$X = \begin{bmatrix} x_{11} & x_{12} & \dots & x_{1n} \\ x_{21} & x_{22} & \dots & x_{2n} \\ \dots & \dots & \dots & \dots \\ x_{m1} & x_{m2} & \dots & x_{mn} \end{bmatrix}_{m \times n}$$

其中每一行代表一个样本,每一列代表一个特征,列号表示特征的维度,共 n 维。

输出:降维后的样本集 $Y = \{y_1, y_2, \dots, y_m\}$。

步骤如下。

第一步:对矩阵去中心化得到新矩阵 X,即每一列进行零均值化,也即减去这一列的均值 $\overline{x_i}$,$\overline{x_i} = \frac{1}{m} \sum_{j=1}^{m} x_{ji}$($i = 1, 2, \cdots, n$),所求 X 仍为 $m \times n$ 阶矩阵。

$$X = \begin{bmatrix} x_{11} - \overline{x_1} & x_{12} - \overline{x_2} & \dots & x_{1n} - \overline{x_n} \\ x_{21} - \overline{x_1} & x_{22} - \overline{x_2} & \dots & x_{2n} - \overline{x_n} \\ \dots & \dots & \dots & \dots \\ x_{m1} - \overline{x_1} & x_{m2} - \overline{x_2} & \dots & x_{mn} - \overline{x_n} \end{bmatrix}_{m \times n}$$

第二步:计算去中心化的矩阵 X 的协方差矩阵 $C = \frac{1}{m-1} X^{\mathrm{T}} X$,即 $n \times n$ 阶矩阵。

第三步:对协方差矩阵 C 进行特征分解,求出协方差矩阵的特征值 λ_k 及对应的特征向量 v_k,即 $C v_k = \lambda_k v_k$。

第四步:将特征向量按对应特征值从左到右按列降序排列成矩阵,取前 k 列组成矩阵 W,即 $n \times k$ 阶矩阵。

第五步:通过 $Y = XW$ 计算降维到 k 维后的样本特征,即 $m \times k$ 阶矩阵。

13.2.3 PCA实现

通过以下两种方式实现PCA算法。

1. 基于Python的numpy库实现PCA算法

范例13-1:基于Python的numpy库实现PCA算法

目的:本范例基于Python的numpy库,依照PCA的推导过程实现PCA算法,通过推导过程的代码实现,让读者对PCA的实现有更加直观的印象,从而加深对算法的理解。

代码如下。

```
def pca(data, topk=999999):#利用numpy库实现PCA算法
    '''
    :param data: 样本数据
    :param topk: 目标维度
    :return: 降维后的数据lowDDataMat
    '''
    # 第一步:对样本数据X进行去中心化得到新矩阵X
    meanVals = (np.mean(data, axis=0))#求各个特征的均值
    print("每个特征的均值为:\n",meanVals)
    meanRemoved = data - meanVals #去均值
    print("每个特征去均值后的矩阵:\n",meanRemoved)
    # 第二步:计算去中心化的样本矩阵的协方差矩阵
    #利用numpy的cov()函数求协方差矩阵
    #设置rowvar=False,此时列为变量计算方式
    covmat = np.cov(meanRemoved,rowvar=False)
    print("协方差矩阵:\n", covmat)
    # 第三步:对协方差矩阵C进行特征分解,求特征值及特征向量矩阵
    eigVals, eigVects = np.linalg.eig(np.mat(covmat))#特征值和特征向量矩阵
    # 第四步:将特征向量按对应特征值从左到右按列降序排列成矩阵,取前topk列组成矩阵P
    print("特征值:\n", eigVals)
    print("特征向量:\n", eigVects)
    eigValInd = np.argsort(-eigVals)#将特征值从大到小排序
    eigValInd = eigValInd[:topk]   # 取前topk大的特征值的索引
    redEigVects = eigVects[:, eigValInd] #取特征值前topk大的特征向量
    print("前topk列的特征向量矩阵:\n",redEigVects)
    # 第五步:计算降维到k维后的样本数据
    lowDData = meanRemoved.dot(redEigVects) # 降维之后的数据
    print("降维后的数据:\n",lowDData)
    return lowDData   #返回降维后的数据
```

上面的pca()函数还原了PCA算法的降维过程,在需要时直接调用pca()函数并传入相应的参数即可。以图13-1的例子作为数据集,调用pca()函数,代码如下。

```
import numpy as np
```

```
X=np.array([[0,-1],[0,1],[1,1],[3,2],[1,2]])
pca(X,1)
```

运行结果如下。

```
每个特征的均值为:
 [1.  1.]
每个特征去均值后的矩阵:
 [[-1.  -2. ]
 [-1.   0. ]
 [ 0.   0. ]
 [ 2.   1. ]
 [ 0.   1. ]]
协方差矩阵:
 [[1.5 1. ]
 [1.  1.5]]
特征值:
 [2.5 0.5]
特征向量:
 [[ 0.70710678 -0.70710678]
 [ 0.70710678  0.70710678]]
前topk列的特征向量矩阵:
 [0.70710678]
 [0.70710678]]
降维后的数据:
 [[-2.12132034]
 [-0.70710678]
 [ 0.        ]
 [ 2.12132034]
 [ 0.70710678]]
```

图13-3　运行结果

从运行结果可以得出,Python实现的PCA与之前计算的结果相同。

2. 使用sklearn库实现PCA算法

sklearn库中通过sklearn.decomposition.PCA类实现PCA算法,主要参数是n_components,用来设置PCA降维后的特征维度,即要保留的成分数量。n_components的取值:①默认为None,即n_components=min(样本数,特征数);②n_components="mle",则PCA会用MLE算法根据特征的方差分布情况,选择一定数量的主成分特征来降维;③给定n_components为一个大于等于1的整数,则表示直接降维到的维度数目;④当给定n_components为一个(0,1]区间的浮点数,则表示主成分的方差和所占的最小比例阈值,让PCA类根据样本特征方差来决定降维到的维度数,如0.9表示降维后保留原特征90%的信息。

属性(PCA类的成员值)如下。

(1)explained_variance_:代表降维后的各主成分的方差值,方差值越大,说明对应的主成分越重要。

(2)explained_variance_ratio_:代表降维后的各主成分的方差值占总方差值的比例,比例越大,说明对应的主成分越重要。

(3)n_components_:代表主成分的数量。

(4)components_:代表主成分数组,表示数据中最大方差的方向。

主要方法如下。

(1)fit(X):在数据集X上训练模型。

(2)transform(X):在数据集X上进行降维。

(3)fit_transform(X):在数据集X上训练模型并进行降维。

通过调用sklearn.decomposition.PCA的相关函数,实现PCA算法,代码如下。

```
#导入PCA
from sklearn.decomposition import PCA
pca = PCA(n_components=k)#调用PCA函数,先实例化
pca.fit(data)  # 在数据集data上训练模型
pca.transform(data)#在数据集data上进行降维
```

通过上述语句,利用sklearn库实现了用PCA对数据data降维。

13.2.4 PCA实例

范例13-2:在鸢尾花数据集上使用PCA完成降维任务

其中鸢尾花数据集同第10章,本例将鸢尾花数据集存放于iris.data文件中。

(1)基本库函数的导入。

```
import numpy as np
import pandas as pd
from sklearn.decomposition import PCA
from matplotlib import pyplot as plt
```

(2)读取数据集,并将数据集的特征和标签分开。

```
df = pd.read_csv("iris.data")
# 原始数据没有给定列名,需要加上
df.columns = ["sepal_len", "sepal_wid", "petal_len", "petal_wid", "class"]
# 把数据分成特征和标签
X = df.iloc[:, 0:4].values
y = df.iloc[:, 4].values
```

(3)定义降维函数PCA_sklearn(),使用sklearn库实现PCA降维功能,其中需要传递的参数是数据集和降维数。

```
def PCA_sklearn(data, k):
    '''
    :param data:样本数据
    :param k:目标维度
    :return:降维后的数据data_new
    '''
    pca = PCA(n_components=k)  # 调用PCA函数,先实例化
    pca.fit(data)  # 用数据集data来训练PCA模型
    print("降维后的各主成分方差的贡献率:", pca.explained_variance_ratio_)
    print("降维后的各主成分的方差值\n", pca.explained_variance_)
    print("降维后的累计贡献率\n", pca.explained_variance_ratio_.sum())
    data_new = pca.transform(data)  # 将数据集data转换成降维后的数据
    return data_new
```

一般在训练前,需要对数据进行标准化处理,使用sklearn库中的StandardScaler方法即可,代码

如下。

```
from sklearn.preprocessing import StandardScaler
X = StandardScaler().fit_transform(X)
```

(4)调用 PCA_sklearn()函数。

```
data = PCA_sklearn(X, 2)
```

运行结果如下。

> 降维后的各主成分方差的贡献率：　[0.72620033 0.23147407]
> 降维后的各主成分的方差值
> [2.92442837 0.93215233]
> 降维后的累计贡献率
> 0.9576744018556446

从结果中可以看到，提取两个主成分的累计贡献率达到了0.9576，说明降维到2维后主成分的解释效果就比较好。

(5)降维后的结果可视化。

```
plt.figure(figsize=(6, 4))
for lab, marker, col in zip(("Iris-setosa", "Iris-versicolor", "Iris-virginica"),\
                            ("^", "s", "o"), ("blue", "red", "green")):
    plt.scatter(data[y == lab, 0],
                data[y == lab, 1],
                label=lab,
                marker=marker,
                color=col)
plt.xlabel("principal Component 1")
plt.ylabel("principal Component 2")
plt.legend(loc="best")
plt.tight_layout()
plt.show()
```

运行结果如图13-4所示。

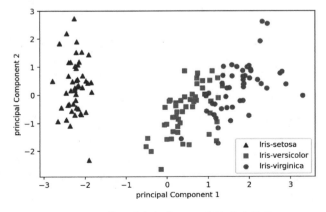

图 13-4　鸢尾花数据集 PCA 降维后的结果

上图是降维后的结果,横坐标代表主成分1,纵坐标代表主成分2,从数据点的分布来看,混杂在一起的数据不多,后续进行分类就更容易。

为与降维后的数据对比,对原始数据集取2维数据,并进行可视化。代码如下。

```python
plt.figure(figsize=(6, 4))
for lab, marker, col in zip(("Iris-setosa", "Iris-versicolor", "Iris-virginica"),\
                            ("^", "s", "o"), ("blue", "red", "green")):
    plt.scatter(X[y==lab, 1],
                X[y==lab, 0],
                label=lab,
                marker=marker,
                color=col)
plt.xlabel('X[1]')
plt.ylabel('X[0]')
plt.legend(loc='best')
plt.tight_layout()
plt.show()
```

运行结果如图13-5所示。

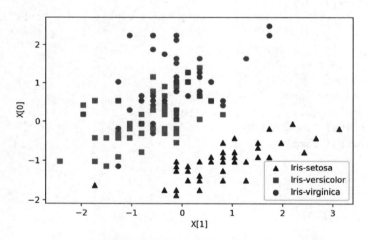

图13-5 取鸢尾花数据集两列的结果

上图中横坐标代表原始数据集的第一个特征,纵坐标代表第二个特征,从输出结果看,数据集并不能按类别分开,很多数据都重叠在一起。

 13.3 线性判别分析

LDA(Linear Discriminant Analysis)即线性判别分析,也称为Fisher线性判别,是一种经典的特征降维方法。与PCA相同的是,LDA也基于某个投影矩阵对样本点进行降维;与PCA不同的是,PCA是无监督的降维,只是数据维度上的减少,由原来的n维变为$1 \sim n - 1$维,而LDA是有监督的降维,降维后的维度数目包含数据类别信息,设原始数据分为 k 个类别,则降维后的维度为 $1 \sim k-1$ 维。如二分类问题,LDA可以降到一维。

13.3.1 LDA原理

LDA的目标是投影后最大化类间均值,最小化类内方差。通俗地解释就是,投影后同类别数据的投影点尽可能接近,离组织的中心越近越好;不同类别数据的投影点的中心点之间的距离尽可能大,类别间的数据点区分得越明显越好。

假设图13-1中用方块和三角来区分两类样本,如图13-6所示,这些数据特征是二维的,现将这些数据降维到一维的直线上。使用PCA的降维方法即图13-7左图的投影方向,两类样本无法分开;图13-7右图的投影方向,两类样本没有混合,而且既让同一个类别的样本投影点尽可能接近,又使方块和三角数据中心之间的距离尽可能大。

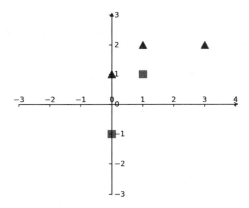

图13-6　两类样本点

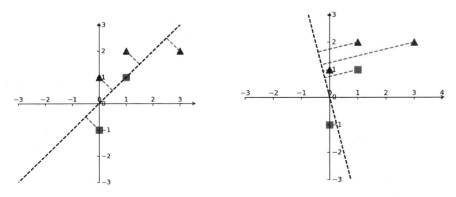

图13-7　不同的投影结果

下面从数学的角度来阐述和推导LDA,看如何实现这两个目标。

设给定数据集 X 有 m 条样本,特征数为 n,记 $X = \left\{ x_i \right\}_{i=1}^{m}$,数据集 X 分为 N 类,分别为 C_i(i =

$1,2,\cdots,N$)类，第C_i类样本的集合为X_{C_i}，第C_i类样本个数为m_{C_i}，设降维后的样本数据为$Z = \left\{ z_i \right\}_{i=1}^{m}$，投影到的低维空间的维度为$k$，对应的基向量为$(w_1,w_2,\cdots,w_k)$，基向量组成$n \times k$阶的矩阵$W$，显然$Z = XW$。LDA的目标就是求解矩阵$W$。

LDA的最终目的是，降维后的结果要最大化不同类别之间的距离，最小化同类样本之间的离散程度，定义LDA的目标函数为：

$$J(W) = \frac{最大化类间距离}{最小化类内离散程度}$$

求解$W^* = \underset{W}{\mathrm{argmax}}\ (J(W))$。

下面介绍类间距离（类间离散距离）与类内距离（离散程度）的具体定义。

1. 类间距离

数据集类内的中心点位置用类内均值表示，原始样本中第C_i类样本的类内中心点位置即类内均值记为$\overline{X}_{C_i}$，总体样本均值记为$\overline{X}$。降维后的第C_i类样本的均值到原点的距离为$\overline{\mu}_{C_i}$。

$$\overline{X}_{C_i} = \frac{1}{m_{C_i}} \sum_{x_j \in C_i} x_j, \overline{X} = \frac{1}{m} \sum_{i=1}^{N} X_{C_i}, \overline{\mu}_{C_i} = \frac{1}{m_{C_i}} \sum_{x_j \in C_i} w^{\mathrm{T}} x_j = w^{\mathrm{T}} \frac{1}{m_{C_i}} \sum_{x_j \in C_i} x_j = w^{\mathrm{T}} \overline{X}_{C_i}$$

降维后两个类别C_i和C_j的类间距离是两个类的中心点到原点的距离之差的平方，用$\|\overline{\mu}_{C_i} - \overline{\mu}_{C_j}\|^2$表示。

$$\|\overline{\mu}_{C_i} - \overline{\mu}_{C_j}\|^2 = w^{\mathrm{T}}(\overline{X}_{C_i} - \overline{X}_{C_j})(\overline{X}_{C_i} - \overline{X}_{C_j})^{\mathrm{T}} w$$

为了更好地区分类别它们，距离值越大越好。

2. 数据集中同类样本点的离散程度

同类数据点的离散程度用方差表示，方差越小，表示一个类别内的点越集中，反之则越分散。
投影后第C_i类样本类内的离散程度记为$\tilde{s}_i^2$。

$$\begin{aligned}
\tilde{s}_i^2 &= \sum_{x \in C_i} \left(w^{\mathrm{T}} x - \overline{\mu}_{C_i} \right)^2 \\
&= \sum_{x \in C_i} \left(w^{\mathrm{T}} x - w^{\mathrm{T}} \overline{X}_{C_i} \right)^2 \\
&= \sum_{x \in C_i} w^{\mathrm{T}} (x - \overline{X}_{C_i})(x - \overline{X}_{C_i})^{\mathrm{T}} w ,
\end{aligned}$$

显然，$\tilde{s}_i^2$越小，类别内的点越集中。

3. LDA投影后的目标函数

对于二分类问题：

$$J(w) = \frac{\left\| \bar{\mu}_{C_1} - \bar{\mu}_{C_2} \right\|^2}{\tilde{s}_1^2 + \tilde{s}_2^2}$$

$$= \frac{w^T (\bar{X}_{C_1} - \bar{X}_{C_2})(\bar{X}_{C_1} - \bar{X}_{C_2})^T w}{w^T (\sum_{x \in C_1} (x - \bar{X}_{C_1})(x - \bar{X}_{C_1})^T + \sum_{x \in C_2} (x - \bar{X}_{C_2})(x - \bar{X}_{C_2})^T) w}$$

对于多分类问题, $J(W)$ 为:

$$J(W) = \frac{W^T S_b W}{W^T S_w W}$$

其中:

S_b 为原始样本中的类间散度矩阵, $S_b = \sum_{i=1}^{N} m_i (\bar{X}_{C_i} - \bar{X})(\bar{X}_{C_i} - \bar{X})^T$;

S_w 为原始样本中样本的类内散度矩阵, $S_w = \sum_{i=1}^{N} \sum_{x \in C_i} (x - \bar{X}_{C_i})(x - \bar{X}_{C_i})^T$;

S_w 和 S_b 均为 $n \times n$ 阶方阵。

当分子分母是任意值时, $J(W)$ 将有无穷多个解, 故设分母 $W^T S_w W = 1$, 并作为拉格朗日乘子法的限制条件。因此最大化 $J(W)$ 等价于一个新的待约束条件的最小化问题。

$$\min_{W} (-W^T S_b W)$$

$$s.t. \quad W^T S_w W = 1$$

使用拉格朗日乘数法进行求解, $J(W) = -W^T S_b W - \lambda(1 - W^T S_w W)$, 对 W 求偏导并使其等于 0, 可得:

$$\frac{\partial(J(W))}{\partial W} = -2S_b W + 2\lambda S_w W = 0 \Rightarrow S_w^{-1} S_b W = \lambda W$$

故最大化 $J(W)$ 转变为求矩阵 $S_w^{-1} S_b$ 的特征值 λ 和特征向量 W。将较大特征值对应的特征向量作为最佳投影方向。

由于 S_b 的秩至多为 $N-1$, 所以 $S_w^{-1} S_b$ 不为 0 的特征值至多有 $N-1$ 个, k 最大为 $N-1$。

13.3.2 LDA求解步骤

依据前面的 LDA 证明过程, 得到 LDA 的求解步骤。

输入: 样本为 m 条 n 维数据, 即样本数据 $X = \{(x_1, y_1), (x_2, y_2), \cdots, (x_m, y_m)\}$, $y_i \in C_j (j = 1, 2, \cdots, N)$, 降维的目标维数为 k。

输出: 降维后的数据集 $Z = \{(z_1, y_1), (z_2, y_2), \cdots, (z_m, y_m)\}$。

步骤如下。

第一步: 计算原始样本的类内散度矩阵 S_w。

$$S_w = \sum_{i=1}^{N} \sum_{x \in C_i} (x - \bar{X}_{C_i})(x - \bar{X}_{C_i})^T$$

第二步:计算原始样本的类间散度矩阵S_b。

$$S_b = \sum_{i=1}^{N} m_i (\overline{X}_{C_i} - \overline{X})(\overline{X}_{C_i} - \overline{X})^{\mathrm{T}}$$

第三步:计算矩阵$S_w^{-1}S_b$。

第四步:计算矩阵$S_w^{-1}S_b$的特征值与特征向量。

第五步:将特征向量按对应特征值从左到右按列降序排列成矩阵,取前k列组成投影矩阵$\boldsymbol{W}$。

第六步:通过$\boldsymbol{Z} = \boldsymbol{XW}$计算降维到$k$维后的样本特征。

13.3.3 LDA实现

LDA算法可以通过以下两种方式来实现。

1. 基于Python的numpy库实现LDA算法

范例13-3:基于Python的numpy库实现LDA算法

目的:本范例基于Python的numpy库按LDA的推导过程实现LDA算法,通过代码的实现,让读者对LDA算法的实现有更加直观的印象,从而加深对算法的理解。

代码如下。

```
def lda(data, target, n_dim):
    '''
    :param data: 样本数据集(样本数为m,特征数为n)
    :param target: 数据类别N
    :param n_dim: 目标维度d
    :return: 降维后的样本数据集(样本数为m,特征数为n)
    '''
    labels = np.unique(target)#样本类别数
    print("样本类别数=\n",labels)
    if n_dim > len(labels)-1:#如果目标维度>样本类别数-1
        print("目标维度太大,请再次输入")
        exit(0)
    #第一步求出类内散度矩阵之和Sw
    Sw = np.zeros((data.shape[1],data.shape[1]))
    for i in labels:       #依次求出每类的类内散度矩阵
        datai = data[target == i]
        datai = datai-datai.mean(0)    #每类样本去均值
        Swi = datai.T.dot(datai)        #第i类的类内散度矩阵
        print("每类的类内散度矩阵:\n", Swi)
        Sw += Swi                       #所有类的类内散度矩阵之和
    print("类内散度矩阵之和Sw:\n", Sw)
    #第二步求出类间散度矩阵
    Sb = np.zeros((data.shape[1],data.shape[1]))
    u = data.mean(0).reshape(-1,1)    #所有样本的均值转换为列向量格式
    for i in labels:
        Ni = data[target == i].shape[0]    #第i个类别的样本数
```

```
      ui = data[target == i].mean(0).reshape(-1,1)  #第i个类别的均值
      Sbi = Ni*(ui - u).dot((ui - u).T)
      Sb += Sbi                                #所有类的类间散度矩阵之和
  print("类间散度矩阵之和Sb:\n", Sb)
  #第三步求Sw的逆矩阵和Sb的乘积
  S = np.linalg.inv(Sw).dot(Sb)
  #第四步求特征值与特征向量矩阵
  eigVals,eigVects = np.linalg.eig(S)
  print("特征值=",eigVals)
  print("特征向量\n",eigVects)
  #第五步取目标维度特征向量
  eigValInd = np.argsort(-eigVals) #将特征值从大到小排序
  eigValInd = eigValInd[:n_dim] # 取前n_dim大的特征值的索引
  redEigVects = eigVects[:,eigValInd] #取特征值前n_dim的特征向量矩阵
  print("前n_dim列的特征向量矩阵:\n",redEigVects)
  #第六步求降维后的数据
  data_ndim = data.dot(redEigVects)
  print("降维后的数据:\n", data_ndim)
  return data_ndim
```

说明:上面函数中的输入为 $m \times n$ 阶样本集合,计算类内散度矩阵、类间散度矩阵和降维后的样本矩阵均采用的是矩阵乘法运算。

将图13-5的数据作为lda()函数的参数,调用该函数的代码如下。

```
import numpy as np
X=np.array([[0,-1],[0,1],[1,1],[3,2],[1,2]])#样本数据集
Y=np.array([1,2,1,2,2])                 #样本类别
lda(X, Y, 1)                            #调用lda()函数,降维到1维
```

通过运行上述代码,可观察到每个步骤的求解结果,此处省略运行结果。

2. 使用sklearn库实现LDA方法

在sklearn库中通过sklearn.discriminant_analysis.LinearDiscriminantAnalysis类实现LDA方法,该类的主要参数和方法如下。

LDA算法做降维时主要使用的参数是n_components,表示降维后的维度 N',要求小于样本的类别总数,即 $N' \leqslant k - 1$。

主要属性(LDA类的成员值)如下。

(1)coef_:权重向量。

(2)intercept_:偏置。

(3)covariance_:协方差矩阵。

(4)explained_variance_ratio_:降维后各主成分的方差值占总方差值的比例,该值越大,表示对应的主成分越重要。

(5)means_:类别均值。

(6)scalings_:对各个特征取值按类别中心进行缩放。

（7）xbar_：总体均值。

（8）classes_：类别标签。

主要方法如下。

（1）fit(*X*)：在数据集*X*上训练模型。

（2）transform(*X*)：在数据集*X*上进行降维。

（3）fit_transform(*X*)：在数据集*X*上训练模型并进行降维。

定义一个使用 sklearn 库实现 LDA 算法的函数 LDA_sklearn()，通过调用 sklearn.discriminant_analysis.LinearDiscriminantAnalysis 的相关函数，实现 LDA 算法和结果演示，代码如下。

```
from sklearn.discriminant_analysis import LinearDiscriminantAnalysis as LDA
def LDA_sklearn(X,Y,k):
    '''
    :param data:样本数据
    :param k:目标维度
    :return:降维后的数据data_new
    '''
    lda = LDA(n_components=k)#调用LDA函数，先实例化
    lda.fit(X,Y)#用数据X和Y来训练LDA模型
    data_new = lda.transform(X)
    print("截距: ", lda.intercept_)#输出截距
    print("权重向量: \n", lda.coef_)    #输出权重向量
    print("各维度的方差值占总方差值的比例: ",
        lda.explained_variance_ratio_)
    print("各维度的方差值之和占总方差值的比例: ",
        lda.explained_variance_ratio_.sum())
    return data_new            #返回降维后的数据
```

13.3.4　LDA实例

范例13-4：在鸢尾花数据集上使用LDA完成降维任务

实现过程与13.2.4小节基本相同，只是在第五步时改为调用LDA_sklearn()函数，具体代码如下。

```
data=LDA_sklearn(X,y,2),
```

输出结果为：

```
截距: [-30.32024675  -2.90182243 -17.5992805 ]
权重向量:
[[  5.16686738    5.29450516 -29.54783829 -16.04815266]
 [ -1.2092762    -1.83887736   7.90151968    2.29387487]
 [ -3.85425383   -3.3497377   21.05536184   13.43331474]]
各维度的方差值占总方差值的比例: [0.99138649 0.00861351]
各维度的方差值之和占总方差值的比例: 1.0
```

从结果中可以看到，提取两个主成分的累计贡献率达到了1，说明LDA的解释效果较好。

第六步的运行结果如图13-8所示。

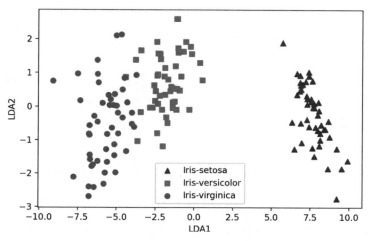

图 13-8   鸢尾花数据集 LDA 降维后的结果

上图是降维后的结果,从数据点的分布来看,混杂在一起的数据不多,后续进行分类就更容易。

 13.4   综合案例——基于PCA和逻辑回归算法对鸢尾花数据集分类

范例13-5:基于PCA和逻辑回归算法对鸢尾花数据集分类

目的:通过本案例演示对数据集利用PCA算法降维,再用逻辑回归算法进行分类的过程。一般建议,将数据集划分为训练集和测试集,先在训练集上训练PCA并降维,利用该PCA模型对测试集进行PCA降维;然后在降维后的训练集上建模,用降维后的测试集测试模型,得到模型评估结果。本案例使用逻辑回归算法对PCA降维后的数据集进行分类,具体步骤如下。

1. 数据集及库函数导入。

2. 数据集划分。

3. 对训练集和测试集分别进行PCA降维处理。

4. 利用降维后的训练集建立逻辑回归模型。

5. 对降维后的测试集进行分类,并获得测试结果。

下面为详细代码。

1. 数据集及库函数导入

```
#首先引入数据,代码如下
import numpy as np
import pandas as pd
from sklearn.decomposition import PCA
from sklearn.model_selection import train_test_split
from sklearn.linear_model import LogisticRegression
from sklearn import metrics
```

```
from sklearn.metrics import classification_report
#读取数据集
df = pd.read_csv("iris.data")
# 把数据分成特征和标签
X = df.iloc[:,0:4].values
Y = df.iloc[:,4].values
#将Y的种类转换为整数
y=pd.Categorical(Y).codes
```

2. 数据集划分

在 PCA 之前需要对特征进行标准化,保证所有特征在相同尺度下均衡。

```
from sklearn.preprocessing import StandardScaler
X=StandardScaler().fit_transform(X)
#利用函数train_test_split将数据集分为训练集占70%,测试集占30%。
x_train,x_test,y_train,y_test = train_test_split(X, y,train_size=0.7,\
                                                  random_state=6)
```

3. 对训练集和测试集分别进行 PCA 降维处理

```
#设置降维的占比
k=0.98
#调用PCA函数,先实例化
pca = PCA(n_components=k)
#在训练集上训练模型并进行降维
x_train_pca=pca.fit_transform(x_train)
#对测试集降维
x_test_pca = pca.transform(x_test)
print("主成分的数量:",pca.n_components_)
```

运行结果。

```
主成分的数量: 3
```

结果显示,当降维到 3 维时,保留了原特征 98% 的信息。

4. 利用降维后的训练集建立逻辑回归模型

```
model =LogisticRegression()
model.fit(x_train_pca, y_train)
```

5. 对降维后的测试集进行分类,并获得测试结果

```
y_test_pca = model.predict(x_test_pca)
print("测试集分类准确率:\n", metrics.accuracy_score(y_test,y_test_pca))
print(classification_report(y_test,y_test_pca))#输出评估报告
```

运行结果如图 13-9 所示。

```
测试集分类准确率：
0.9777777777777777
              precision    recall  f1-score   support

          0       1.00      1.00      1.00        14
          1       0.94      1.00      0.97        17
          2       1.00      0.93      0.96        14

   accuracy                           0.98        45
  macro avg       0.98      0.98      0.98        45
weighted avg      0.98      0.98      0.98        45
```

图13-9　模型评估

从结果中可以看到，对鸢尾花数据集降维后再分类的准确率为0.9777，说明主成分的解释效果较好。

上面这个实例介绍了对PCA降维后的数据进行分类的步骤，在实际的问题中，数据集经过降维后再建模可以采用相同过程进行解决。

13.5 高手点拨

13.2.4小节讲解了如何将鸢尾花数据集降维为2维特征并图形化显示降维结果，本节主要讲解如何显示降维到3维后的图形结果。

其中第1~3步同13.2.4小节，第4、5步的具体代码如下。

1.调用PCA_sklearn()函数

```
data = PCA_sklearn(X, 3)
```

运行结果如图13-10所示：

```
降维后的各主成分方差的贡献率：  [0.72770452 0.23030523 0.03683832]
降维后的各主成分的方差值
 [2.93035378 0.92740362 0.14834223]
降维后的累计贡献率
 0.9948480731910938
```

图13-10　调用PCA_sklearn()函数后的运行结果

从结果中可以看到，提取3个主成分的累计贡献率达到了0.9948，已接近于1。

2.降维后的结果可视化

```
plt.rcParams["font.sans-serif"] = ["SimHei"]      #用来显示中文
plt.rcParams["axes.unicode_minus"]=False          #用来正常显示负号
colors= pd.factorize(df['class'])    #将不同类别转换为数字，对应不同颜色
colors=colors[0].tolist()            #获取color[0]并将其转换为列表类型
result = pd.DataFrame(data, columns=['PCA%i' % i for i in range(3)], \
                    index=df.index)
#将降维后的数据转换为DataFrame类型
fig = plt.figure()
```

```
ax = fig.add_subplot(111, projection='3d') # projection表示投影
                                   #该语句表示在111图中画3D图
ax.scatter(result['PCA0'], result['PCA1'], result['PCA2'],\
           c=colors,cmap="Set2_r", s=60)      #画散点图
xAxisLine = ((min(result['PCA0']), max(result['PCA0'])), (0, 0), (0, 0))
ax.plot(xAxisLine[0], xAxisLine[1], xAxisLine[2], 'r') #画PCA0方向的直线
yAxisLine = ((0, 0), (min(result['PCA1']), max(result['PCA1'])), (0, 0))
ax.plot(yAxisLine[0], yAxisLine[1], yAxisLine[2], 'b') #画PCA1方向的直线
zAxisLine = ((0, 0), (0, 0), (min(result['PCA2']), max(result['PCA2'])))
ax.plot(zAxisLine[0], zAxisLine[1], zAxisLine[2], 'g') #画PCA2方向的直线
ax.set_xlabel("PCA1")                        #设置PCA1坐标轴标题
ax.set_ylabel("PCA2")                        #设置PCA2坐标轴标题
ax.set_zlabel("PCA3")                        #设置PCA3坐标轴标题
ax.set_title("鸢尾花数据集PCA降维结果")         #设置标题
plt.show()                                   #显示图像
```

运行结果如图 13-11 所示。

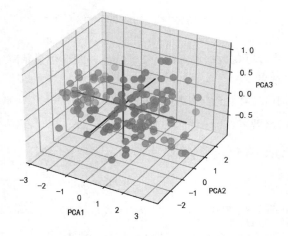

图 13-11　鸢尾花数据集 PCA 降维结果

13.6　编程练习

练习 1： 利用 PCA 算法对 wine 葡萄酒数据集降维，并用逻辑回归算法对降维后的数据集进行分类。

这里提示两点。

（1）wine 葡萄酒数据集是 sklearn 的 wine 数据，它有 178 个样本，13 个特征，总共分为 3 类。

（2）降维的维度可以通过 PCA() 函数中的参数 n_components 来控制，比如设置为 0.98，表示希望降维后保留原特征 98% 的信息。

练习2:利用LDA算法对wine葡萄酒数据集降维,并用SVM算法对降维后的数据集进行分类。

 13.7 面试真题

(1)PCA为什么要用协方差矩阵的特征向量矩阵来做投影矩阵呢?

(2)LDA与PCA的相同点和不同点是什么?

第14章

集成学习算法

　　前面已经学习了多种机器学习的算法，每种算法有其适用范围，能否将多种机器学习算法集成在一起，使计算出来的结果更好？这就是集成学习的思想。本章首先简介集成学习的基本思想，然后介绍 Bagging 和 Boosting 算法，最后介绍 XGBoost 的原理、建模以及调参过程。

14.1　集成学习概述

对于一个机器学习问题,可以采用以下两种方案。

(1)训练不同的模型,选取一个效果最好的模型作为解决方案,进行调参优化。

(2)采取集成学习,即构建多个不同的模型进行学习,并使用不同的策略,将这些模型的学习结果组合起来完成学习任务。

集成学习中可能每一个模型并不是最优的,但是综合考虑所有模型后的输出结果,可获得比单个模型显著优越的泛化性能。集成学习体现了"多多益善"的思想,它是目前机器学习的一大热门方向,适用于机器学习的所有领域,如回归、分类、推荐和排序等,也是很多注重算法性能的场合的首选方法。

如果训练的多个模型是同类的,例如都是决策树或都是神经网络等,则称该集成为"同质"的,每一个模型叫作"基学习器"。如果训练的多个模型非同类,例如既有决策树又有神经网络,则称该集成为"异质"的,每一个模型叫作"组件学习器"或"个体学习器"。

根据每个学习器的生成方式,集成学习的方法大致分为两大类,一类是以 Bagging 为代表的并行集成学习,即学习器间不存在依赖关系,以并行的方式同步生成;另一类以 Boosting 为代表的串行集成学习,即学习器间具有较强的依赖关系,需按照顺序逐一生成。

下面以分类问题为例,简单介绍 Bagging 和 Boosting 算法。

14.2　Bagging算法

Bagging(装袋法)是 Bootstrap Aggregating(引导聚集算法)的缩写,是一种并行集成学习方法,简而言之,Bagging 属于同一数据集,不同训练集,使用相同模型的集成学习方法。具体讲就是先对数据进行自助采样,构造多个不同的训练集,之后在每个新训练集上构造相应的模型作为基学习器或个体学习器,最后将这些学习器聚合起来得到最终的模型。其思想类似于一个人生病看了 n 个医生,每个医生都开了药方,最后哪个药方的出现次数多,就说明这个药方越有可能是最优解,Bagging 集成策略如图 14-1 所示。

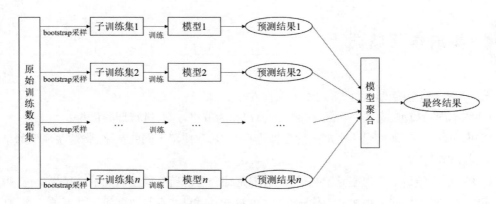

图 14-1　Bagging 集成策略

在上图中,Bagging 中有两个重要的部分——bootstrap 采样和模型聚合。

(1)bootstrap 采样,即对于 m 个样本的原始训练集,每次随机采集一个样本放入采样集,再把该样本放回,也就是说下次采样时该样本仍可能被采集到,这样采集 m 次,选取出 m 个样本集。由于是随机采样,每次的采样集和原始训练集不同,也和其他采样集不同。

(2)模型聚合,对于分类问题,一般采用投票(voting)的方法将 n 个模型的分类结果中出现最多的一个作为最终的分类结果;对于回归问题,一般直接取 n 个模型的输出平均值。

注意,使用 Bagging 还可以处理多类分类问题,只需要模型能够处理多类问题即可。

Bagging 算法的基本描述如下。

输入:D,训练样本集;n,模型数;模型算法(如决策树算法、神经网络等)。

输出:集成学习的复合模型 M*。

步骤一:训练 n 个模型器。

```
for i=1 to n
```

(1)对训练集进行随机采样 m 次,得到包含 m 个样本的采样训练集 S_i;

(2)对采样训练集 S_i 训练一个模型 $f_i(x)$。

步骤二:聚合 n 个模型器。

对于分类问题,采用投票法投出最多票数的类别为终类别。

对于回归问题,将 n 个模型的回归结果计算平均得到的值作为模型输出。

Bagging 算法由于多次采样,每个样本被选中的概率相同,因此噪声数据的影响下降,不太容易受到过拟合的影响。随机森林是 Bagging 集成学习中最实用的算法之一,在 sklearn 中有分别适用于分类问题和回归问题的 RandomForestClassifier 和 RandomForestRegressor 两种随机森林模型,有兴趣的读者可以查阅相关资料。

Boosting算法

Boosting(提升方法)是一种串行集成学习方法,就是对同一训练集顺次构建多个学习器。在构建新的学习器时,需要分析已经建立的学习器并进行优化,进而构建新的学习器,并使整体模型的预测误差不断减小,提高组合后的性能。Boosting很像一个产品迭代的过程,经过多次的迭代优化,最终达到令人满意的效果。Boosting需要逐个建立新的学习器,较难利用并行性来缩短训练时间。

Boosting的每一个新模型的生成都是建立在上一个模型的基础之上,只是具体细节各有不同,较有代表性的算法有AdaBoost、Generalized Boosted Models、XGBoost和LightGBM等。

AdaBoost算法的建模流程如下。

(1)初始化训练数据的权值分布。假设有m个训练样本数据,每一个训练样本最开始时都被赋予相同的权值。

(2)训练模型,并根据模型的结果更新权值:降低正确样本的权值,提升错误样本的权值。更新过权值的样本集被用于训练下一个模型,整个训练过程如此迭代地进行下去。

(3)将训练得到的各个模型组合成一个集成模型。组合的方法是:给得到的各个模型分配权值并相加,其中分配较大的权值给分类错误率小的模型,使其在最终的分类函数中起较大的决定作用;分配较小的权值给分类错误率大的模型,使其在最终的分类函数中起较小的决定作用。

上述过程如图14-2所示。

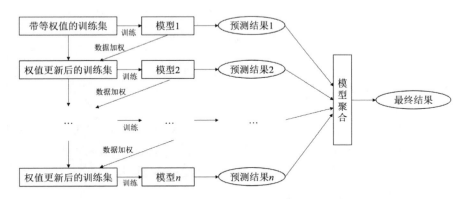

图14-2　AdaBoost算法计算流程

在sklearn中有分别适用于分类问题和回归问题的AdaBoostClassifier和AdaBoostRegressor两种AdaBoost模型,有兴趣的读者可以查阅相关资料。

14.4 XGBoost算法

XGBoost(eXtreme Gradient Boosting,极限梯度提升算法)是一种基于Boosting的集成学习算法,由陈天奇设计,致力于让提升树突破自身的计算极限,以实现运算快速、性能优秀的工程目标。XGBoost的基学习器可以是CART树,也可以是线性模型。在国外和国内的结构化数据比赛中,XGBoost应用十分广泛而且获得了不错成绩。

XGBoost的思想是采用迭代预测误差的方法串联多个模型共同进行决策,可以通过下面的例子加以理解。现在需要对工资进行预测,设预测值为1万元,构建模型1训练后预测为9200元,发现有800元的误差,那么模型2的训练目标就设为800元,但模型2的预测结果为720元,还存在80元的误差,就将80元作为第3个模型的训练目标……,以此类推,最后将所有模型预测结果进行求和就得到了最终预测结果。如图14-3所示,通过XGBoost算法建立了3棵树,预测的最终结果为9200+720+60=9980元。

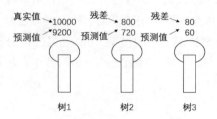

图 14-3　XGBoost 示意图

14.4.1　XGBoost算法的原理

XGBoost算法的具体原理主要包括四部分:第一,构造XGBoost的目标函数与损失函数;第二,对目标函数进行优化;第三,将树的结构引入目标函数;第四,XGBoost的建树过程。

下面依次介绍这四个部分:设要训练K个模型,每个模型为树模型。

1. 构造XGBoost目标函数与损失函数

设$\hat{y}_i^{(t)}$表示集成t棵树得到的预测值,即训练第t棵树模型时,对第i个样本累加得到的预测值,y_i为第i个样本真实值,$f_t(x_i)$表示第t棵树模型对第i个样本的预测值。

模型的学习过程是每一次保留原来的模型不变,再加入一个新的函数到总的模型中。具体求解过程如下。

初始化时(模型中没有树,其预测结果为0),$\hat{y}_i^{(0)} = 0$。

加入第1棵树模型时,$\hat{y}_i^{(1)} = f_1(x_i) = \hat{y}_i^{(0)} + f_1(x_i)$。

加入第2棵树模型时,$\hat{y}_i^{(2)} = f_1(x_i) + f_2(x_i) = \hat{y}_i^{(1)} + f_2(x_i)$。

加入第 t 棵树模型时,$\hat{y}_i^{(t)} = \sum_{i=1}^{t} f_i(x_i) = \hat{y}_i^{(t-1)} + f_t(x_i)$。

此公式的含义是,t 棵树模型得到的总预测值是将前面 $t-1$ 棵树模型的预测值累加后,再加上第 t 棵树模型的预测值。显然,在上述公式中,前 $t-1$ 棵树模型的预测值是已知的,故 $\hat{y}_i^{(t-1)}$ 的预测值也是已知的。因此,需要学习的是 $f_t(x_i)$,也就是如何选取 $f_t(x_i)$ 的问题,使最终树模型的预测值 $\hat{y}_i$ 尽量接近真实值 y_i,而且有尽量强的泛化能力。

XGBoost 的目标函数由损失函数和正则项构成,损失函数计算模型预测值和真实值的差异。正则项对每棵树模型的复杂度进行了惩罚,使学习出来的模型更加简单,有助于防止过拟合。第 t 棵树模型对应的目标函数 $obj^{(t)}$ 的计算公式如下。

$$obj^{(t)} = \sum_{i=1}^{n} L(y_i, \hat{y}_i) + \sum_{k=1}^{t} \Omega(f_k)$$
$$= \sum_{i=1}^{n} L(y_i, \hat{y}_i^{(t-1)} + f_t(x_i)) + \sum_{k=1}^{t-1} \Omega(f_k) + \Omega(f_t)$$

其中,$L(y_i, \hat{y}_i)$ 表示第 i 个样本的损失函数,对于 n 个样本产生的损失函数为 $\sum_{i=1}^{n} L(y_i, \hat{y}_i)$。$\Omega(f_k)$ 表示第 k 棵树模型的正则项。当训练第 t 棵树模型时,已经计算出 $\hat{y}_i^{(t-1)}$ 和 $\sum_{k=1}^{t-1} \Omega(f_k)$。鉴于目标函数中的常数项对最小化无影响,可以去掉,将目标函数继续化简,重新表达为:

$$obj^{(t)} \approx \sum_{i=1}^{n} L(y_i, \hat{y}_i^{(t-1)} + f_t(x_i)) + \Omega(f_t)$$

在此公式中,y_i 是真实值,$\hat{y}_i^{(t-1)}$ 是已知值,故模型学习的是 $f_t(x_t)$ 和 $\Omega(f_t)$。

2. 对目标函数进行优化

因为 XGBoost 的目标函数过于复杂且难以直接求解,这里使用泰勒多项式来逼近简化的目标函数。XGBoost 使用了一阶和二阶导数,二阶导数有利于梯度下降得更快更准。只要损失函数可一阶和二阶求导,均可作为 XGBoost 算法的损失函数。

令 $g_i = \partial_{\hat{y}^{(t-1)}} L(y_i, \hat{y}_i^{(t-1)})$,$h_i = \partial^2_{\hat{y}^{(t-1)}} L(y_i, \hat{y}_i^{(t-1)})$,分别表示损失函数的一阶和二阶导函数值,显然,在训练第 t 棵树模型时,g_i 和 h_i 已经可以求解出来了。使用泰勒展开式对损失函数做近似估计,得到目标函数 $obj^{(t)}$ 的近似表示为:

$$obj^{(t)} \approx \sum_{i=1}^{n} [L(y_i, \hat{y}_i^{(t-1)}) + g_i f_t(x_i) + \frac{1}{2} h_i f_t^2(x_i)] + \Omega(f_t)$$

在损失函数中,$L(y_i, \hat{y}_i^{(t-1)})$ 是常数,对最小值无影响,可以去掉。因此,目标函数可以继续化简为:

$$obj^{(t)} \approx \sum_{i=1}^{n} [g_i f_t(x_i) + \frac{1}{2} h_i f_t^2(x_i)] + \Omega(f_t)$$

在此公式中,$f_t(x_i)$ 和 $\Omega(f_t)$ 是需要求解的,下面讲述如何求解 $f_t(x_i)$ 和 $\Omega(f_t)$。

3. 目标函数的优化求解

求解 $obj^{(t)}$,就是将 $f_t(x_i)$ 和 $\Omega(f_t)$ 参数化。

(1)$f_t(x_i)$ 参数化。

$f_t(x_i)$ 是第 t 棵树模型对样本 x_i 的预测结果,就是把 x_i 规划到第几个叶节点上。

定义如下记法，ω_j 为叶节点 j 的权值，$q(x_i)$ 为样本 x_i 的位置，即位于第几个叶节点，$I_j = \{ i | q(x_i) = j \}$ 表示第 j 个叶子里包括的样本集合。

$$f_t(x_i) = w_{q(x_i)}$$

（2）$\Omega(f_t)$ 参数化。

正则项 $\Omega(f_t)$ 控制 XGBoost 中树模型的复杂度。树模型的复杂度由一个树模型叶子数和每个叶节点上面输出权值的 L2 模平方组成，即由叶子数 T 和对叶节点的权值 ω 确定，叶子数 T 越大，树模型越复杂。

$\Omega(f_t)$ 具体的计算公式如下。

$$\Omega(f_t) = \gamma T + \frac{1}{2} \lambda \sum_{j=1}^{T} \omega_j^2$$

其中，γ 与 λ 是自定义的值，在使用模型时可以设置。γ 为每增加一个叶子就会被减去的惩罚项，如果 γ 大，则树的叶节点数越多，惩罚越大。λ 控制 ω^2 来控制复杂度，惩罚叶节点总的预测值，理想情况下，模型是希望一步一步慢慢去逼近真实值，而不是一步逼近太多，导致后面可逼近范围太小。

通过对 $f_t(x_i)$ 和 $\Omega(f_t)$ 的参数化，得到目标函数 $\mathrm{obj}^{(t)}$ 的简化公式。

（3）目标函数的简化公式。

$$
\begin{aligned}
\mathrm{obj}^{(t)} &\approx \sum_{i=1}^{n} [\, g_i f_t(x_i) + \frac{1}{2} h_i f_t^2(x_i) \,] + \Omega(f_t) \\
&\approx \sum_{i=1}^{n} [\, g_i f_t(x_i) + \frac{1}{2} h_i f_t^2(x_i) \,] + \gamma T + \frac{1}{2} \lambda \sum_{j=1}^{T} \omega_j^2 \\
&\approx \sum_{i=1}^{n} [\, g_i w_{q(x_i)} + \frac{1}{2} h_i w_{q(x_i)}^2 \,] + \gamma T + \frac{1}{2} \lambda \sum_{j=1}^{T} \omega_j^2 \\
&\approx \sum_{j=1}^{T} [\, \sum_{i \in I_j} g_i w_j + \frac{1}{2} (\sum_{i \in I_j} h_i + \lambda) w_j^2 \,] + \gamma T
\end{aligned}
$$

设 $G_j = \sum_{i \in I_j} g_i$，$H_j = \sum_{i \in I_j} h_i$，分别表示所有属于叶节点 j 的样本点对应的 g_i 和 h_i 之和，得到目标函数，最终简化为：

$$\mathrm{obj}^{(t)} \approx \sum_{j=1}^{T} [\, (G_j w_j + \frac{1}{2} (H_j + \lambda) \omega_j^2 \,] + \gamma T$$

（4）求参数 w_j。

显然，上面 $\mathrm{obj}^{(t)}$ 的公式中只有 w_j 为待求解项，求 $\mathrm{obj}^{(t)}$ 最小值，就是求 w_j 的值。通过对 w_j 求导等于 0，得到：

$$w_j^* = -\frac{G_j}{H_j + \lambda}$$

把 w_j 最优解 w_j^* 代入目标函数 $\mathrm{obj}^{(t)}$，得到最终的目标函数。

（5）最终的目标函数。

$$\mathrm{obj}^{(t)} = -\frac{1}{2} \sum_{j=1}^{t} \frac{G_j^2}{H_j + \lambda} + \gamma T$$

4. XGBoost的建树过程

前面介绍了XGBoost的优化和计算,下面介绍在XGBoost中如何构建树,也就是如何将节点分裂,具体讲就是如何将一个节点一分为二,然后不断分裂,最终形成整棵树。

XGBoost的原始论文中给出了两种分裂节点的方法,本节仅介绍通过枚举所有不同树结构的贪心法来分裂节点,即控制局部最优来达到全局最优。该方法的思路是,从深度为0的树开始,不断地对每个叶节点枚举所有可能特征。

(1)对每个特征,把属于该节点的训练样本按特征值升序排列,计算节点分裂后的增益,寻找最佳分裂点,并记录最大增益。

(2)选择增益最大的特征为分裂特征,用该特征的最佳分裂点作为分裂位置,在该节点上分裂出左右两个新的叶节点,并为每个新节点关联对应的样本集。

(3)重复(1)和(2),递归执行到满足条件。

这里有说明以下两点。

①XGBoost中对于一个具体的分裂方案,即上述过程中的(1),其增益有如下计算方式。

假设一个节点分裂I为左右两个节点I_L和I_R,分裂前目标函数为$-\dfrac{1}{2}\left[\dfrac{\left(G_L + G_R\right)^2}{H_L + H_R + \lambda}\right] + \gamma$,分裂后为$-\dfrac{1}{2}\left[\dfrac{G_L^2}{H_L + \lambda} + \dfrac{G_R^2}{H_R + \lambda}\right] + 2\gamma$,则增益Gain就是将节点分裂为两个节点后的目标函数的减少量。具体的计算公式为:

$$\text{Gain} = \frac{1}{2}\left[\frac{G_L^2}{H_L + \lambda} + \frac{G_R^2}{H_R + \lambda} - \frac{\left(G_L + G_R\right)^2}{H_L + H_R + \lambda}\right] - \gamma$$

以如图14-4所示的例子,讲解一下分裂节点B后的增益。

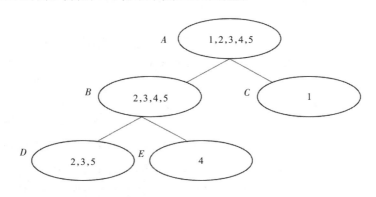

图14-4　节点B分裂前后的示意图

设g_i为样本i的损失函数的一阶导,h_i为样本i的损失函数的二阶导,即$g_i = \partial_{\hat{y}_i^{(t-1)}} L(y_i, \hat{y}_i^{(t-1)})$,$h_i = \partial_{\hat{y}_i^{(t-1)}}^2 L(y_i, \hat{y}_i^{(t-1)})$。

节点 B 包括样本 2、3、4、5，其目标函数为：

$$-\frac{1}{2}\left[\frac{(g_2 + g_3 + g_4 + g_5)^2}{h_2 + h_3 + h_4 + h_5 + \lambda}\right] + \gamma$$

分裂为左节点和右节点，对应的目标函数分别为：

$$-\frac{1}{2}\left[\frac{(g_2 + g_3 + g_5)^2}{h_2 + h_3 + h_5 + \lambda}\right] + \gamma$$

$$-\frac{1}{2}\left[\frac{g_4^2}{h_4 + \lambda}\right] + \gamma$$

则分裂后的增益为：

$$\frac{1}{2}\left[\frac{(g_2 + g_3 + g_5)^2}{h_2 + h_3 + h_5 + \lambda} + \frac{g_4^2}{h_4 + \lambda} - \frac{(g_2 + g_3 + g_4 + g_5)^2}{h_2 + h_3 + h_4 + h_5 + \lambda}\right] - \gamma$$

如果节点 D 不再分裂，则其作为叶节点的权值 w_D 为：

$$w_D = -\frac{g_2 + g_3 + g_5}{h_2 + h_3 + h_5 + \lambda}$$

叶节点 E 的权值 w_E 为：

$$w_E = -\frac{g_4}{h_4 + \lambda}$$

②上述过程中的(3)，循环迭代的停止条件如下。

a. 当节点分裂后产生的增益值小于一个阈值的时候，可以剪掉这个分裂，否则会继续分裂。所以并不是每一次分裂损失函数整体都会增加的，类似于预剪枝。

b. 设置超参数——最大深度 max_depth，当树达到 max_depth 时，则停止建树，树太深很容易过拟合。

c. 设置超参数——最小叶节点的样本权重之和 min_child_weight，当叶子权重和小于设定的 min_child_weight 时则停止建树，表示一个叶节点样本太少也要停止。

14.4.2　XGBoost 的安装

XGBoost 是一个独立的、开源的、专门提供梯度提升树及 XGBoost 算法应用的算法库，不存在于 sklearn 模块中，需要单独安装和下载。XGBoost 有 C、Python、R、Julia 等语言的实现版本，XGBoost 的 Python 版本的安装方法可以采用 pip 安装法，以 Windows 操作系统为例，在 cmd 下，使用 pip 命令进行 xgboost 库的安装和升级。

```
pip install xgboost #安装 xgboost 库

pip install --upgrade xgboost  #升级 xgboost 库
```

安装完毕之后,在 Python 中通过 import xgboost as xgb 语句导入 XGBoost,安装过程中如果没有报错,则说明安装成功。

14.4.3　XGBoost 的参数

XGBoost 有通用参数、学习目标参数和 Booster(提升器)参数这三类参数。一般地,通用参数使用默认值即可;学习目标参数与任务有关,确定下来通常也不需要调整;Booster 参数会影响模型性能,需要仔细调整。我们所说的调参,一般就是指调整 Booster 参数。

XGBoost 有两大类接口:XGBoost 原生接口和 sklearn 接口,其输入参数的写法不完全相同,但是功能是相同的。XGBoost 既可以做分类分析,也可以做回归分析,可以通过参数值加以区分。下面列举一些主要参数。

1. 通用参数

通用参数包括一些通用的模型配置参数,主要参数如下。

(1)booster。

含义:表示每次迭代时运行的模型类型,值为 gbtree 则指定树模型作为单模型(默认);值为 gbliner 则指定线性模型作为单模型。其中 gbtree 用得比较多。

(2)silent。

含义:值为 0(默认),表示输出模型训练过程中的提示信息;值为 1 则不输出。该参数现在废弃不用了。

(3)nthread。

含义:训练 XGBoost 模型时使用的线程数量,默认为当前最大可用数量。

2. 学习目标参数

学习目标参数包括与模型训练相关的参数,主要参数如下。

(1)objective。

含义:指定模型训练的目标函数,默认为 reg:linear,表示线性回归。常用的值包括:reg:logistic 表示逻辑回归,输出结果为概率(不是类别);binary:logistic 表示二分类逻辑回归,输出结果为概率;binary:logitraw 表示二分类逻辑回归,输出的结果为预测得分;multi:softmax 表示采用 softmax 目标函数处理多分类问题,输出结果为类别(不是概率),需要同时设置参数 num_class(类别个数)。

(2)eval_metric。

含义:表示模型训练的损失函数。对于回归问题,默认值是 rmse,表示均方根误差;对于分类问题,默认值是 logloss,表示对数损失,用于二分类问题。其他常用的值包括:mae 表示平均绝对误差,用于回归问题;error 表示二分类错误率,阈值为 0.5;mlogloss 表示多分类对数损失;auc 表示 ROC 曲线下方的面积,用于分类问题。

(3)seed。

含义:表示训练过程中涉及随机数操作时所用随机数的种子,可用于复现随机数的结果,默认认为 0。

3. Booster 参数

Booster 参数包括与单个模型相关的参数，一般用于调控模型的效果和计算代价。主要参数如下。

（1）n_estimators 或 num_boost_round。

含义：表示总共迭代的次数，即单个模型的个数。

n_estimators 是 sklearn 接口的参数，默认为 100 个。

num_boost_round 是原生接口的参数，默认为 10 个，需要传递给 train()方法。

（2）learning_rate 或 eta。

含义：表示学习率，控制每次模型迭代更新权重时的步长。

learning_rate 是 sklearn 接口的参数，eta 是原生接口的参数，默认为 0.3。值越小，训练越慢，其典型值为 0.01~0.2。

（3）min_child_weight。

含义：表示最小叶节点样本权重之和，默认值为 1。若一个叶节点样本权重和小于 min_child_weight，则不再分裂。值越大，越容易欠拟合；值越小，越容易过拟合。

（4）max_depth。

含义：表示树的深度，默认值为 6，典型值为 3~10。值越大，模型越复杂，越容易过拟合。

（5）gamma。

含义：表示惩罚项系数，在树模型的训练过程中，将每个节点通过判断条件拆分为两个子节点时，所需的损失函数的最小值，默认为 0。

（6）reg_alpha/alpha。

含义：表示 L1 正则化项，默认为 1。reg_alpha 是 sklearn 接口的参数，alpha 是原生接口的参数。

（7）reg_lambda/lambda。

含义：表示 L2 正则化项，默认为 1。reg_lambda 是 sklearn 接口的参数，lambda 是原生接口的参数。

（8）early_stopping_rounds。

含义：表示提前终止训练。在验证集上，当连续 n 次迭代，分数没有提高后，则提前终止训练。

如果设置了 early_stopping_rounds，则模型会生成三个属性：best_score、best_iteration、best_ntree_limit，用于下次选择最合适的迭代次数。

（9）subsample。

含义：表示每棵树随机采样的比例占全部训练集的比例，默认值为 1，典型值为 0.5~1。值越大，越容易过拟合；值越小，越容易欠拟合。

（10）colsample_bytree。

含义：表示每棵树使用的特征占全部特征的比例，默认值为 1，典型值为 0.5~1。

上述参数中，不是每个参数都需要仔细调整，而是按照一定的顺序调整主要的参数。

14.4.4 XGBoost的基本流程

XGBoost的Python版本有原生版本和为了与sklearn相适应的sklearn接口版本,两个版本建立模型使用的数据类型和函数不同。

1. XGBoost的原生接口实现模型建立和预测的过程

使用import xgboost as xgb导入后,可以按照图14-5所示的4步流程来实现XGBoost的基本流程。

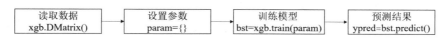

图14-5　XGBoost原生接口建立模型的流程

(1)读取数据。

XGBoost自定义了一个数据矩阵类DMatrix,在使用时需要将数据转换为DMatrix格式。XGBoost可以接受的数据包括LibSVM文本格式文件、不带表头的逗号分隔值(CSV)文件、NumPy 2D阵列、SciPy 2D稀疏阵列、DataFrame数据框和XGBoost二进制缓冲区文件等。

例如:将csv格式的数据转化为DMatrix格式的语句:

```
dtrain = xgb.DMatrix("train.csv")
```

(2)设置参数。

XGBoost的参数较多,为减少出错,一般提前定义这些参数,训练时只需将param参数传入train()函数即可。XGBoost可以使用列表或字典来设置参数:

```
param = {"max_depth": 2, "objective": "binary:logistic"}
param["seed"] = 28
```

最终

```
param={"max_depth": 2, "objective": "binary:logistic", "seed": 28}
```

(3)模型训练。

模型训练使用xgboost.train()方法,其返回值为xgboost.Booster对象,train()方法的主要参数有:params表示设置的参数;dtrain表示训练的数据;num_boost_round指迭代的个数(树的个数),默认为10;evals是一个列表,用于在训练过程中评估列表中的元素;obj表示自定义目的函数;feval表示自定义评估函数;maximize表示是否对评估函数进行最大化;early_stopping_rounds是早期停止次数,如指定100,表示验证集的误差迭代到一定程度在100次内不能再继续降低,就停止迭代;evals_result表示存储在watchlist中的元素的评估结果。

例如,用下面的代码完成模型训练。

```
bst= xgb.train(params,xgb.DMatrix(Xtrain, Ytrain))
```

其中Xtrain和Ytrain分别表示样本训练集特征数据和标签数据。

（4）预测结果。

首先，将测试集特征数据转换为DMatrix格式，然后调用predict()函数实现模型预测，代码如下。

```
Dtest=xgb.DMatrix(Xtest)      #将测试集特征数据转换为DMatrix格式
ypred=bst.predict(Dtest)      #获得预测结果,bst是模型名
```

需要注意的是，对于分类或回归问题，返回不同的预测结果。

通过上面（1）~（4）步，最简单的XGBoost模型就创建好了。

2. XGBoost的sklearn接口实现模型建立和预测的过程

XGBoost的sklearn接口中，分类模型使用from xgboost import XGBClassifier导入，回归模型使用from xgboost import XGBRegressor导入。建立分类和回归模型的方法分别为XGBClassifier()和XGBRegressor()，模型训练使用fit()函数，预测结果使用predict()函数。

例如，以下代码可以实现分类模型的建模和预测。

```
from xgboost import XGBClassifier#导入库函数
watchlist_sklearn= [(Xtrain,Ytrain),(Xtest,Ytest)]# 该值传递给参数eval_set
#建立分类模型,传递给XGBClassifier()函数的相关参数
model_sklearn=XGBClassifier(max_depth=2,objective="binary:logistic",\
                            seed=28, use_label_encoder=False)
#训练模型,Xtrain、Ytrain为训练样本的特征数据和标签数据
model_sklearn.fit(Xtrain, Ytrain, eval_set=watchlist_sklearn, \
                eval_metric="auc", verbose=10, \
                early_stopping_rounds=500)
#预测结果
ypred=model_sklearn.predict(Xtest) #模型预测
```

需要注意的是，XGBClassifier()函数中的参数用字典形式表示，在调用时需要用**，例如，将上面的代码

```
model_sklearn=XGBClassifier(max_depth=2,objective="binary:logistic",\
                            seed=28, use_label_encoder=False)
```

改写为

```
param={"max_depth": 2, "objective": "binary:logistic", "seed": 28},
model_sklearn =XGBClassifier(**param, use_label_encoder=False)
```

XGBoost原生接口和sklearn接口的主要区别如下。

（1）原生接口需将数据转换为Dmatrix格式，sklearn接口不需要数据转换。

（2）原生接口对训练集进行训练所用的函数为模型.train()，sklearn接口所用的函数为模型.fit()。

（3）原生接口中train()函数的参数evals形式为：

```
[(Dtrain,"train"),(Dvalid,"val")]
```

其中，

```
Dtrain = xgb.DMatrix(Xtrain, label=Ytrain)
Dvalid = xgb.DMatrix(Xtest, label=Ytest)
```

sklearn接口中fit()函数的参数eval_set形式为:

```
[(Xtrain,Ytrain),(Xtest,Ytest)]
```

3. 模型保存与加载

有时训练一个模型时间很长,保存模型有助于以后直接使用,这里采用pickle包实现对模型的保存与加载。代码如下。

```
import pickle #导入pickle包
#用dump函数来保存模型,将模型model命名成模型名 .dat,如model.dat。
pickle.dump(model, open("model.dat", "wb"))
#用load函数来加载model.dat命名为model_bst。
model_bst = pickle.load(open("model.dat", "rb"))
```

4. 可视化树及特征重要性绘制

使用XGBoost自带的plot_tree( )函数实现决策树的绘制,该函数的主要参数有:boost表示建立的模型;num_trees表示画第几棵树,默认值为0,表示第1棵树;rankdir表示图片的显示方式,"LR"表示从左到右,"UT"表示从上到下。

特征选择是一个重要课题,XGBoost通过自带的plot_importance()函数实现特征重要性排名及可视化,默认按weight权重排名。

下面的代码实现显示树模型。

```
import graphviz
xgb.plot_tree(bst_name)            #画出第1棵树结构,bst_name为模型名
plt.show()
```

下面的代码将树模型的值转换为dataframe输出。

```
print(bst_name.trees_to_dataframe())#bst_name为模型名
```

下面的代码将特征重要性按weight排名并可视化。

```
xgb. plot_importance(bst_name) #将特征重要性按weight排名及可视化
plt.show()
```

下面的代码将特征重要性转换为dataframe。

```
import pandas as pd
feature_important=model.get_score(importance_type="weight")
keys = list(feature_important.keys()) #特征重要性值
values = list(feature_important.values())
data = pd.DataFrame({"feature": keys,"score": values})
data = data.sort_values(axis=0, ascending=False, by="score")
```

5. 基于XGBoost原生接口的二分类的实例

范例14-1:通过一个二分类的例子,介绍XGBoost原生接口的使用

(1)导入相关的库。

```
import numpy as np
import matplotlib.pyplot as plt
#%matplotlib inline
from sklearn.datasets import make_classification
from sklearn.model_selection import train_test_split
from sklearn import metrics
import xgboost as xgb      #XGBoost原生接口
```

(2)数据集的准备。

数据集使用sklearn库datasets模块的make_classification生成一个随机的二分类数据集,进行可视化显示,并将数据划分为训练集和测试集,代码如下。

```
X, Y = make_classification(n_samples=400, n_features=2, n_redundant=0,\
                           n_clusters_per_class=1, n_classes=2)
for lab, marker,col in zip((0,1), ("^", "s"), ("blue", "red")):
    plt.scatter(X[Y==lab, 0],X[Y==lab, 1],label=lab,marker=marker,
                color=col)
plt.show()
```

运行结果如图14-6所示。

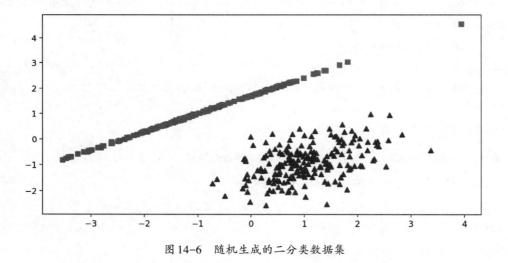

图14-6　随机生成的二分类数据集

```
#划分数据集
Xtrain, Xtest, Ytrain, Ytest = train_test_split(X, Y, test_size=0.3,\
                                                 random_state=0)
```

(3)使用原生接口进行训练和预测。

① 设置参数。

```
params={
    "max_depth": 3,                    #构建模型的深度,越大越容易过拟合
    "min_child_weight": 1,             #最小叶节点样本权重之和
    "gamma":0.3,                       #用于控制是否后剪枝的参数,越大越保守
```

```
    "subsample": 0.8,                    #随机采样训练样本
    "colsample_bytree": 0.8,             #生成模型时进行的列采样
    "booster": "gbtree",                 #基础模型的类型
    "objective": "binary:logistic",      #二分类问题
    "nthread":12,                        #CPU线程数
    "num_boost_round": 10,               #基础模型的数量
    "seed":28,                           #随机种子
    "eval_metric": "auc",                #模型训练的损失函数为AUC
    "eta": 0.3                           #学习率
}
```

上面设置了主要参数,未设置的参数使用默认值。

② 将数据转换为DMatrix格式。

```
Dtrain = xgb.DMatrix(Xtrain, label=Ytrain)
Dvalid = xgb.DMatrix(Xtest, label=Ytest)
Dtest = xgb.DMatrix(Xtest)
```

③ 模型训练。

```
watchlist_xgb = [(Dtrain, "train"), (Dvalid, "valid")]
model_bst = xgb.train(params, Dtrain, 40, evals=watchlist_xgb,\
                    early_stopping_rounds=10, verbose_eval=10)
```

上面代码中的40表示共建立40个树模型,verbose_eval表示每产生10个树模型则显示一次结果,上面的代码运行结果如图14-7所示。

```
[0]     train-auc:0.91297     valid-auc:0.90636
[10]    train-auc:0.99538     valid-auc:0.98250
[20]    train-auc:0.99689     valid-auc:0.98416
[30]    train-auc:0.99811     valid-auc:0.98694
[35]    train-auc:0.99857     valid-auc:0.99000
```

图14-7　建立40个树模型的运行结果

train()函数中,early_stopping_rounds=10表示连续10轮,分数没有提高后,则提前终止训练,设置early_stopping_rounds,可以输出best_iteration、best_score和best_ntree_limit三个属性,代码如下。

```
print("best_iteration=",model_bst.best_iteration)
print("best_score=",model_bst.best_score)
print("best_ntree_limit=",model_bst.best_ntree_limit)
```

运行结果如图14-8所示。

```
best_iteration= 25
best_score= 0.989997
best_ntree_limit= 26
```

图14-8　三个属性的结果

运行结果显示,在25轮迭代后观察到了最好的效果。

④ 模型预测。

```
#预测结果为概率值
Ypred_prod= model_bst.predict(Dtest)
#将概率值转换为类别值,当概率值大于0.5时,设置类别为1
Ypred= (Ypred_prod >= 0.5)*1
```

(4)树模型可视化及特征重要性可视化。

```
import graphviz
#画出第1棵树的树结构
xgb.plot_tree(model_bst)
plt.show()
```

运行结果如图14-9所示。

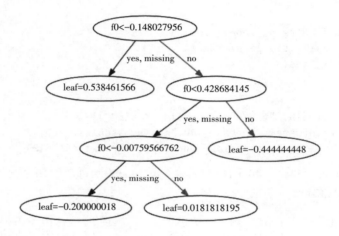

图14-9　第1棵树的树结构

```
#将树模型的值转换为dataframe输出
print(model_bst.trees_to_dataframe())#bst_name 为模型名
```

运行的结果较多,部分运行结果如图14-10所示。

	Tree	Node	ID	Feature	Split	Yes	No	Missing	Gain	Cover
0	0	0	0-0	f0	-0.148028	0-1	0-2	0-1	109.668198	55.250000
1	0	1	0-1	Leaf	NaN	NaN	NaN	NaN	0.538462	18.500000
2	0	2	0-2	f0	0.428684	0-3	0-4	0-3	11.943489	36.750000
3	0	3	0-3	f0	-0.007596	0-5	0-6	0-5	1.498388	10.750000
4	0	4	0-4	Leaf	NaN	NaN	NaN	NaN	-0.444444	26.000000
5	0	5	0-5	Leaf	NaN	NaN	NaN	NaN	-0.200000	3.500000
6	0	6	0-6	Leaf	NaN	NaN	NaN	NaN	0.018182	7.250000
7	1	0	1-0	f0	0.170323	1-1	1-2	1-1	70.249161	55.978573
8	1	1	1-1	f0	-0.148028	1-3	1-4	1-3	1.538055	24.055513
9	1	2	1-2	f0	0.270574	1-5	1-6	1-5	1.871328	31.923060
10	1	3	1-3	Leaf	NaN	NaN	NaN	NaN	0.421561	19.083017

图14-10　部分运行结果

上述结果显示了树的序号、节点、节点特性(叶子或内部节点)、Grain值等。

```
#特征重要性可视化
xgb.plot_importance(model_bst)
plt.show()
```

运行结果如图14-11所示。

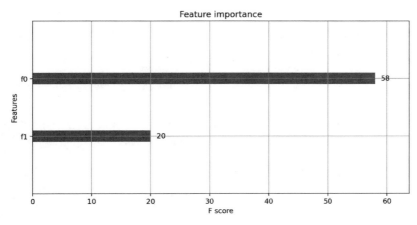

图 14-11 特征重要性

上述结果中,f0和f1分别代表第1和2特征,感兴趣的读者可以查阅显示特征名的资料。

(5)模型保存与加载。

代码如下。

```
import pickle #导入pickle包
#用dump函数来保存模型,将模型model_bst命名成bst.dat。
pickle.dump(model_bst, open("bst.dat", "wb"))
#用load函数来加载数据bst.dat命名为模型 bst_name。
bst_name = pickle.load(open("bst.dat", "rb"))
```

 14.5 综合案例——基于XGBoost算法的客户流失预测

对于运营类公司和服务类公司,因为维护客户的成本比获取一个新客户的成本要低得多,所以客户流失分析和客户流失率常常是公司的关键运营指标。

本节通过一个实际的综合案例,介绍XGBoost建立客户流失预测模型,以及如何进行XGBoost的调参。本实例采用jupyter notebook进行调试。

范例14-2:综合案例——客户流失预警

本案例使用的是一份竞赛的电信客户数据集,要求根据某电信公司客户使用电信服务的情况,对用户是否流失做出合理判断,并建立流失预测模型,从而降低客户流失率。显然,该问题属于二分类问题,其评价标准为AUC值。

主要内容如下。

1.数据集及库函数导入。

2.数据预处理,包括检查各个属性是否有缺失值和异常值、特征处理、不平衡样本数据处理等。

3.模型训练及验证。

4. 调参。

1. 数据集及库函数导入

（1）导入 Python 库函数，用于数据计算、可视化显示、模型建立等。

```
import warnings
warnings.filterwarnings('ignore')
import pandas as pd
import numpy as np
import matplotlib.pyplot as plt
plt.rcParams["font.sans-serif"] = ["SimHei"]  #显示中文
%matplotlib inline
from sklearn.model_selection import GridSearchCV
import seaborn as sns
from sklearn.model_selection import train_test_split as TTS
from imblearn.over_sampling import SMOTE
from sklearn import metrics
from sklearn.metrics import accuracy_score
from xgboost import XGBClassifier
import xgboost as xgb
```

（2）读取数据。

该数据集存放于"Telco-Customer-Churn.csv"文件中，利用 Pandas 的 read_csv() 函数进行数据读取，代码如下。

```
#读取数据集
Telco_data=pd.read_csv("Telco-Customer-Churn.csv")
```

（3）查看数据。

显示该数据前5行记录，代码如下。

```
Telco_data.head()
```

运行结果如图 14-12 所示。

	customerID	gender	SeniorCitizen	Partner	Dependents	tenure	PhoneService	MultipleLines	InternetService	OnlineSecurity
0	7590-VHVEG	Female	0	Yes	No	1	No	No phone service	DSL	No
1	5575-GNVDE	Male	0	No	No	34	Yes	No	DSL	Yes
2	3668-QPYBK	Male	0	No	No	2	Yes	No	DSL	Yes
3	7795-CFOCW	Male	0	No	No	45	No	No phone service	DSL	Yes
4	9237-HQITU	Female	0	No	No	2	Yes	No	Fiber optic	No

5 rows × 21 columns

图 14-12　数据预览图

通过 .shape 查看 Telco_data 的形状，代码如下。

```
Telco_data.shape
```

运行结果为(7043, 21)，表示该数据集共7043条记录，21个字段，除了目标变量，还有20个特征。利用.info()查看数据的整体信息，代码如下。

```
Telco_data.info()
```

运行结果如图14-13所示，在21个字段中，Churn字段是目标变量，也就是我们需要进行预测的值。Churn="Yes"代表流失，Churn="No"代表未流失。很显然这是个二分类的预测问题，要分析出哪些是未流失的客户，哪些是流失的客户。

```
<class 'pandas.core.frame.DataFrame'>
RangeIndex: 7043 entries, 0 to 7042
Data columns (total 21 columns):
customerID         7043 non-null object
gender             7043 non-null object
SeniorCitizen      7043 non-null int64
Partner            7043 non-null object
Dependents         7043 non-null object
tenure             7043 non-null int64
PhoneService       7043 non-null object
MultipleLines      7043 non-null object
InternetService    7043 non-null object
OnlineSecurity     7043 non-null object
OnlineBackup       7043 non-null object
DeviceProtection   7043 non-null object
TechSupport        7043 non-null object
StreamingTV        7043 non-null object
StreamingMovies    7043 non-null object
Contract           7043 non-null object
PaperlessBilling   7043 non-null object
PaymentMethod      7043 non-null object
MonthlyCharges     7043 non-null float64
TotalCharges       7043 non-null object
Churn              7043 non-null object
dtypes: float64(1), int64(2), object(18)
memory usage: 1.1+ MB
```

图 14-13　数据集的基本信息

2. 数据预处理

（1）检查各个属性是否有缺失值和异常值。

上面的信息显示，21列中没有缺失值，但实际上TotalCharges列为浮点型，被误当作字符串型。因此要修复错误输入的数据集，并检查是否有缺失值，因为缺失值较少，所以删除缺失值的记录即可，代码如下。

```
# 将TotalCharges列中的空值全部替换为nan
Telco_data.replace(to_replace=r"^\s*$",value=np.nan,regex=True,inplace=True)
# 将TotalCharges列中的空值全部删除
Telco_data.dropna(axis=0, how="any", inplace=True)#删除缺失值的记录
# 将值转变为浮点型
Telco_data["TotalCharges"] = pd.to_numeric(Telco_data["TotalCharges"])
```

通过上面的代码处理TotalCharges列后，再次通过.shape查看Telco_data删除缺失值后的维度，共7032条记录，代码如下。

```
Telco_data.shape
```

```
(7032, 21)
```

为方便后续的特征选择,通过 .columns 获得所有特征属性,代码如下。

```
#获取特征名称
columns=Telco_data.columns
```

将标签提取出来,代码如下。

```
# 在特征中去除标签
features_columns=columns.delete(len(columns)-1)
#获取特征
X=Telco_data[features_columns]
#获取标签
Y=Telco_data["Churn"]
```

(2)选取相关特征。

将数据导入内存后,挑选出与流失相关的特征以使预测效果更好。接下来就是分析哪些特征与流失量相关,经分析,20个输入特征中,与顾客流失关联性较大的指标包括:是否使用网络服务,以及在使用了网络服务的情况下是否采用网络安全、网络备份、设备保护、技术支持,是否为老年人,合同期限,已使用年限,支付方式,月消费,即特征 InternetService、OnlineSecurity、OnlineBackup、DeviceProtection、TechSupport、SeniorCitizen、Contract、tenure、PaymentMethod、MonthlyCharges,选出这些特征作为样本数据,代码如下。

```
features_columns=["SeniorCitizen","Contract","InternetService",
                  "PaymentMethod","OnlineSecurity","OnlineBackup",
                  "DeviceProtection","TechSupport","tenure",
                  "MonthlyCharges"]
X=Telco_data[features_columns]
```

(3)特征工程。

完成预处理后,需要在已有特征的基础上,通过特征工程生成尽可能多的新特征。特征工程是建模前的关键步骤,特征处理得好,可以提升模型的性能。本例中是把一类数据采用相同的处理,然后再合并所有处理过的特征。

①将标签数据分离转化为0、1形式,把No转换为0,把Yes转换为1。

```
Y=np.where(Telco_data["Churn"] == "Yes",1,0)
```

②是否为老人的特征已经是数值,不用处理,只是获取特征,即 X["SeniorCitizen"]

```
SeniorCitizen=X["SeniorCitizen"].values.reshape(-1,1)
```

③处理标称属性的离散型数据,即数据值只提供足够信息区分对象,而本身不具有任何顺序或数值计算的意义。本案例中属于这类特征的变量有:合同期限、是否使用网络服务。属性"Contract"有三个属性值分别为"Month-to-month", "One year", "Two year",属性"InternetService"有三个属性值分别为"No", "No internet service", "Yes"。采用One-Hot的方式进行编码,构造虚拟变量。

```
Contract=X["Contract"]
Contract_dummies=pd.get_dummies(Contract).values
InternetService=X["InternetService"]#
InternetService_dummies=pd.get_dummies(InternetService).values
```

④XGBoost无法处理字符串类型的数据,所以需要一些方法将字符串数据转化为数值数据。鉴于有些属性的值对模型有用,有些属性值是冗余的,因此采用0-1变量进行编码,就可以表达其包含的信息内容,不必将其每一个类别都采用虚拟变量表示出来。经分析,这类特征包括:PaymentMethod 、OnlineSecurity、OnlineBackup、DeviceProtection 、TechSupport。例如,PaymentMethod(支付方式)特征值有Electronic check、Mailed check、Bank transfer (automatic)、Credit card (automatic),但是只有值为Electronic check的情况下,流失率才会出现明显的差异。因此PaymentMethod属性只需区分是Electronic check还是非Electronic check即可,其他属性的分析也类似。采用0-1变量对该类属性进行编码,代码如下。

```
#将PaymentMethod ,OnlineSecurity,OnlineBackup,DeviceProtection ,TechSupport 转化为0-1
编码
PaymentMethod=np.where(X["PaymentMethod"]==
                        "Electronic check",1,0).reshape(-1,1)
OnlineSecurity=np.where(X["OnlineSecurity"] == "Yes",1,0).reshape(-1,1)
OnlineBackup=np.where(X["OnlineBackup"] == "Yes",1,0).reshape(-1,1)
DeviceProtection=np.where(X["DeviceProtection"]== "Yes",1,0).reshape(-1,1)
TechSupport=np.where(X["TechSupport"]== "Yes",1,0).reshape(-1,1)
```

⑤数值型数据的处理,目前属于该类的属性有tenure、MonthlyCharges。可以采用连续特征离散化的处理方式,本案例采用无监督分箱中的等频分箱进行操作,代码如下。

```
tenure=X["tenure"]# tenure特征离散化
tenure_group=pd.qcut(tenure,6)#将tenure分6组
tenure_dummies=pd.get_dummies(tenure_group).values
MonthlyCharges=X["MonthlyCharges"]# MonthlyCharges特征离散化
MonthlyCharges_group=pd.qcut(MonthlyCharges,5)#将MonthlyCharge分6组
MonthlyCharges_dummies=pd.get_dummies(MonthlyCharges_group).values
```

将所有输入合并,最终得到模型的属性。

```
X=np.concatenate((SeniorCitizen,Contract_dummies,InternetService_dummies,
                PaymentMethod,OnlineSecurity,OnlineBackup,
                DeviceProtection,TechSupport,tenure_dummies,
                MonthlyCharges_dummies),axis=1)
```

使用.shape查看新的特征维度,结果为(7032, 23)。

```
X.shape
```

(4)样本不均衡解决方案。

数据集存在严重不均衡时,预测得出的结论也是有偏颇的。因此,在构建模型之前,需要分析是否有样本不均衡的情况。

```
counts =pd.Series(Y).value_counts()
plt.pie(counts, labels = counts.index, autopct="%.2f%%");
plt.title("客户流失情况")
```

运行结果如图14-14所示。

客户流失情况

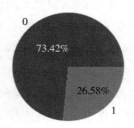

图14-14　客户流失情况饼图

上图中,浅色为已流失客户,占比26.58%;未流失客户占比73.42%。显然,该流失率不算低,且数据集不均衡,需要采用适当的抽样技术进行抽样。本例中,首先将数据划分为测试集和训练集,使用SMOTE算法对测试集进行数据均衡处理,SMOTE算法是通过添加生成的少数类样本改变不平衡数据集的数据分布,代码如下。

```
# 将数据拆分为训练集和测试集
Xtrain1,Xtest,Ytrain1,Ytest = TTS(X,Y,test_size=0.3,random_state=420)
# 运用SMOTE算法实现训练数据集的平衡
oversampler=SMOTE(random_state=0)
Xtrain,Ytrain=oversampler.fit_sample(Xtrain1,Ytrain1)
print("训练集特征维度:", Xtrain.shape)
print("测试集标签维度:", Xtest.shape)
print("训练集标签维度:", Ytrain.shape)
print("测试集标签维度:", Ytest.shape)
# 重抽样前的类别比例
print("重抽样前的类别比例:\n", pd.Series(Ytrain1).value_counts()/len(Ytrain1))
# 重抽样后的类别比例
print("重抽样后的类别比例:\n", pd.Series(Ytrain).value_counts()/len(Ytrain))
```

运行结果如图14-15所示。

```
训练集特征维度: (7276, 23)
测试集标签维度: (2110, 23)
训练集标签维度: (7276,)
测试集标签维度: (2110,)
重抽样前的类别比例:
 0    0.73913
1    0.26087
dtype: float64
重抽样后的类别比例:
 1    0.5
0    0.5
dtype: float64
```

图14-15　采用SMOTE算法后的运行结果

如上面的运行结果所示,经重采样后,两个类别的比例均衡,下面利用重抽样的数据构建 XGBoost 模型。

3. XGBoost 模型训练及验证

首先是建立该二分类问题的 XGBoost 初始模型。

为方便预测结果的显示,这里定义了一个二分类问题预测结果输出的函数,实现概率、评价指标 (包括准确率、召回率、AUC、混淆矩阵、分类报告)等结果信息的输出。该函数的参数 Ypred、 Ypredprob 和 Ytest 分别代表预测的分类结果、预测的概率和真实值。本节中只显示 AUC 的值,其他值 可通过运行源程序获得。

```
def print_eval(Ypred,Ypredprob,Ytest,):
    '''
    :param Ypred:       预测的分类结果
    :param Ypredprob:预测的分类概率
    :param Ytest:       真实值
    :return: None        无返回值
    '''
#输出相关的测试结果
    print ("AUC: %.4f" % metrics.roc_auc_score(Ytest, Ypredprob))
    print ("Accuracy: %.4f" % metrics.accuracy_score(Ytest, Ypred))
    print ("Recall: %.4f" % metrics.recall_score(Ytest, Ypred))
    print ("F1-score: %.4f" %metrics.f1_score(Ytest, Ypred))
    print ("Precesion: %.4f" %metrics.precision_score(Ytest, Ypred))
    print("分类报告:\n",metrics.classification_report(Ytest, Ypred))
    confusion_matrix_result = metrics.confusion_matrix(Ytest, Ypred)
    print("混淆矩阵:\n",confusion_matrix_result)
    # 利用热力图对于结果进行可视化
    plt.figure(figsize=(8, 6))
    sns.heatmap(confusion_matrix_result, annot=True, cmap="Blues",fmt=".0f")
    plt.xlabel("Predicted labels")
    plt.ylabel("True labels")
    plt.show()
```

方便起见,定义一个用于交叉验证的函数,代码如下。

```
def modelfit( model, X_train, X_test, Y_train, Y_test, useTrainCV=True,
            cv_folds=5, early_stopping_rounds=50 ):
    '''
    :param model:XGBoost模型
    :param X_train, X_test, Y_train, Y_test:训练集、测试集的特征、标签
    : param useTrainCV:是否使用cv函数
    :return: model:返回XGBoost模型
    '''
    #若训练中使用交叉验证
    if useTrainCV:
        #获取模型参数
        xgb_param = model.get_xgb_params()
        num_boost=model.get_params()["n_estimators"]
```

```
    Dtrain = xgb.DMatrix(X_train, Y_train )
    cv_result  = xgb.cv(xgb_param, Dtrain,
                    num_boost_round=num_boost,
                    nfold=cv_folds,metrics="auc",
                    early_stopping_rounds=early_stopping_rounds)
    #设置模型参数n_estimators
    model.set_params( n_estimators=cv_result .shape[0] )

print( "n_estimators 最优值: %d" % cv_result .shape[0] )

# 在训练集上训练model,评估指标为AUC
model.fit( X_train, Y_train, eval_metric="auc" )

# 根据训练好的模型,在训练数据上进行预测
pred_train = model.predict( X_train )
predprob_train = model.predict_proba( X_train )[:,1]

# 根据训练好的模型,在测试数据上进行预测
pred_test = model.predict( X_test )
predprob_test = model.predict_proba( X_test )[:,1]

#输出预测的结果分析
print("训练数据的结果分析:\n")
print_eval(pred_train, predprob_train, Y_train)
print("测试数据的结果分析:\n")
print_eval(pred_test,predprob_test,Y_test)
return model
```

上面的代码中用get_xgb_params()获得XGBoost模型的参数,用set_params()设置模型参数,利用cv()函数实现交叉验证。

下面构建XGBoost的原始模型,为了方便后续的调参,使用XGBoost的sklearn接口,其参数一般取默认值,且使用一个较大的学习率,因为该问题是二元分类问题,所以模型目标为binary:logistic。代码如下。

```
#设seed为统一值
seed=18
#设计模型参数
xgb_params_sklearn = {
    "n_estimators": 1000,       #基础模型的数量
    "booster": "gbtree",        #基础模型的类型
    "objective": "binary:logistic",#二分类问题
    "seed": seed,               #随机种子
    "learning_rate": 0.1,       #学习率
    "gamma": 0.1,               #用于控制是否后剪枝的参数,越大越保守
    "colsample_bytree": 0.8,    #生成模型时进行的列采样
    "subsample": 0.8,           #随机采样训练样本
    "max_depth": 5,             #构建模型的深度,越大越容易过拟合
    "min_child_weight": 1,      #最小叶节点样本权重之和
```

```
    "eval_metric": "auc",          #模型训练的损失函数为AUC
    "nthread": 4,                  # CPU线程数
}
#训练模型,注意传递模型参数采用**xgb_params_sklearn
bst_sklearn=XGBClassifier(**xgb_params_sklearn,use_label_encoder=False)
bst_sklearn.fit(Xtrain, Ytrain,eval_metric="auc")
#预测数据
Y_pred = bst_sklearn.predict(Xtest)
Y_predprob = bst_sklearn.predict_proba(Xtest)[:,1]
print_eval( Y_pred,Y_predprob,Ytest)
```

上面的代码运行后得到AUC为0.8215,此处省略其他的输出结果值。将该模型中的参数值作为初值,进行下面的调参。

4. XGBoost的调参

下面的调参过程需要用到GridSearchCV(网格搜索)。

调参基本上包括以下四步。

第一步:确定"最优树的个数"。

第二步:根据确定的学习率和树的个数,调整"树相关的参数",比如max_depth、min_child_weight、gamma、subsample、colsample_bytree。

第三步:为避免过拟合,调整"正则化参数",如lambda、alpha。

第四步:用之前调好的参数,减小学习率并增加树的个数,确定模型。

本节为方便设置模型参数,在下面的代码中反复利用了之前模型获得的最优参数,就不用再显示设置模型的最优参数了。

具体的调参过程如下。

第一步:开始用一个业界公认的学习率0.1,然后将交叉验证误差作为评估指标,确定基模型数量。代码如下。

```
bst_sklearn=modelfit( bst_sklearn, Xtrain, Xtest, Ytrain, Ytest)
```

通过调用modelfit()函数,返回当前的模型,得到最优树的个数292,此时AUC提升为0.8316。

第二步:根据确定的学习率和树的个数,调整"树相关的参数",如max_depth、min_child_weight、gamma、subsample、colsample_bytree。

(1)使用上一步得到的模型bst_sklearn(树的个数为292),因为参数max_depth和min__child_weight对最终结果有很大的影响,所以先对它们进行调优。

首先大范围地粗调参数,然后小范围地微调。利用网格搜索对max_depth和min_child_weight两个参数调优,大范围地粗调参数的代码如下。

```
#设置max_depth和min_child_weight的取值
xgb_param_grid1 = {
    "max_depth":range(3,10,2),
    "min_child_weight":range(1,6,2)
}
```

```
#GridSearchCV寻优max_depth和min_child_weight
gsearch1=GridSearchCV(estimator =bst_sklearn,param_grid=xgb_param_grid1,\
                        scoring="roc_auc",n_jobs=4,cv=5)
#训练模型
gsearch1.fit(Xtrain,Ytrain)
print("\n\n最佳模型参数grid.best_params_ ",gsearch1.best_params_)
```

上面的代码中将max_depth和min_child_weight按步长2变化,由输出结果可知参数的最佳取值:
{"max_depth": 7, "min_child_weight": 3}。

可以通过print(gsearch1.best_params_)输出最佳模型分数,print(gsearch1.best_estimator_)输出最佳
模型,该模型作为下一步调参的模型使用。

微调max_depth和min_child_weight,让其分别在7和3的基础上浮动±1,代码如下。

```
#获得gsearch1.best_estimator_
bst_sklearn=gsearch1.best_estimator_
#微调并设置max_depth和min_child_weight的取值
xgb_param_grid1 = {
    "max_depth":range(3,10,2),
    "min_child_weight":range(1,6,2)
}
#GridSearchCV寻优max_depth和min_child_weight
gsearch1=GridSearchCV(estimator =bst_sklearn,param_grid=xgb_param_grid1,\
                        scoring="roc_auc",n_jobs=4,cv=5)
#训练模型
gsearch1.fit(Xtrain,Ytrain)
print("\n\n最佳模型参数grid.best_params_ ",gsearch1.best_params_)
```

运行上面的代码,由输出结果可知参数的最佳取值:{"max_depth": 6, "min_child_weight": 3}。

(2)在获得的模型gsearch1.best_estimator_的基础上对gamma参数调优,代码如下。

```
#获得gsearch1.best_estimator_
bst_sklearn=gsearch1.best_estimator_
xgb_param_grid2 = {"gamma":[ 0.1 * i for i in range(0,5)]}
#GridSearchCV寻优gamma
gsearch2=GridSearchCV(estimator =bst_sklearn,param_grid=xgb_param_grid2,\
                        scoring="roc_auc",n_jobs=4,cv=5)
#训练模型
gsearch2.fit(Xtrain,Ytrain)
print("\n\n最佳模型参数grid.best_params_ ",gsearch2.best_params_)
```

运行上面的代码,由输出结果可知参数的最佳取值:{"gamma": 0.1}。对得到的最优模型
gsearch2.best_estimator_,再重新调最优n_estimators,训练模型并评估性能,代码如下。

```
#获得gsearch2.best_estimator_
bst_sklearn=gsearch2.best_estimator_
#训练模型,返回最优树的个数
bst_sklearn=modelfit( bst_sklearn, Xtrain, Xtest, Ytrain, Ytest )
```

运行上面的代码,返回当前的模型,得到最优树的个数203,此时AUC提升为0.8319。

采用类似的方法,调整 subsample 和 colsample_bytree,代码如下。

```
#设置subsample和colsample_bytree的取值
xgb_param_grid3 = {
    "subsample":[i/10.0 for i in range(6,10)],
    "colsample_bytree":[i/10.0 for i in range(6,10)]
}
#GridSearchCV寻优subsample和colsample_bytree
gsearch3=GridSearchCV(estimator =bst_sklearn,param_grid=xgb_param_grid3,\
                        scoring="roc_auc",n_jobs=4,cv=5)
#训练模型
gsearch3.fit(Xtrain,Ytrain)
print("\n\n最佳模型参数grid.best_params_ ",gsearch3.best_params_)
```

运行上面的代码,由输出结果可知参数的最佳取值:{"colsample_bytree": 0.9, "subsample": 0.9}。

第三步:调整"正则化参数",如 reg_alpha,再确定最优 n_estimators。

```
#获得gsearch3.best_estimator_
bst_sklearn=gsearch3.best_estimator_
#设置reg_alpha的取值
xgb_param_grid4 = { "reg_alpha":[ 0.5, 1, 5, 10]}
#GridSearchCV寻优reg_alpha
gsearch4=GridSearchCV(estimator =bst_sklearn,param_grid=xgb_param_grid4,\
                        scoring="roc_auc",n_jobs=4,cv=5)
#训练模型
gsearch4.fit(Xtrain,Ytrain)
bst_sklearn=gsearch4.best_estimator_
#训练模型,返回最优树的个数
bst_sklearn=modelfit( bst_sklearn, Xtrain, Xtest, Ytrain, Ytest)
```

运行上面的代码,由输出结果可知参数的最佳取值:{"reg_alpha": 0.5},最优 n_estimators 为 168,此时 AUC 为 0.8319。

第四步:用调好的参数,使用更小的学习率并增大 n_estimaors,训练模型并评估,代码如下。

```
#获得gsearch4.best_estimator_
bst_sklearn=gsearch4.best_estimator_
bst_sklearn.set_params(n_estimators=2000,learning_rate=0.01)
#训练模型并评估
bst_sklearn=modelfit( bst_sklearn, Xtrain, Xtest, Ytrain, Ytest)
```

上面的代码中通过 set_params()函数修改 n_estimators 和 learning_rate 参数,训练后的模型,AUC 提升为 0.8374。

经过调参后,AUC 由初始的 0.8215 提升到 0.8341。

以上为 XGBoost 的调参过程,从结果中显见调参对于模型准确率的提高有一定的帮助,但这是有限的。要想模型的表现有质的飞跃,最重要的还是通过其他手段,如数据清洗、特征选择、特征融合,模型融合等来进行改进。

14.6 高手点拨

(1)调整决策树的图大小。

XGBoost 自带的 plot_tree()函数未提供修改图像大小的参数,可以采用以下方法调整决策树的图大小:新建 Figure,Axes 对象调整 Figure 大小,再在其上画决策树的图,代码如下。

```
fig,ax = plt.subplots()  #相当于fig = plt.figure()  ax = fig.add_subplot(1,1,1)
fig.set_size_inches(200,100)      #设置Figure大小
xgb.plot_tree(model,ax = ax, ,num_trees=1) #model表示所建XGBoost模型名
                                  #num_trees表示画第几棵树
#通过fig的savefig方法来保存图像
fig.savefig('xgb_tree.jpg')          #xgb_tree.jpg为保存的图像名
```

执行上述代码后,将根据设置的 Figure 大小,显示出决策树,并生成下面这个文件。

🖼 **xgb_tree.jpg**

(2)采用 to_graphviz()函数绘制决策树。

XGBoost 中除了使用其自带的 plot_tree()函数实现决策树的绘制,还能采用 graphviz 实现模型的可视化,对应的可视化函数是 to_graphviz(),该函数的主要参数有:boost 表示建立的模型;num_trees 表示画第几棵树,默认值为 0,表示第 1 棵树;该函数将返回一个 digraph 对象,具体实现代码如下。

```
digraph=xgb.to_graphviz(mode, num_trees=1) #model为所建XGBoost模型名
digraph.format = 'png'          #保存图像类型为png文件
#通过view()函数将图像显示出来
digraph.view('./demo')    #demo为图像名,
```

执行上述代码后将显示决策树,同时生成下面两个文件。

📄 **demo**
🖼 **demo.png**

 14.7 编程练习

练习1:利用 XGBoost 对皮马印第安人的糖尿病进行分类。要求:建立基本的 XGBoost 分类模型,画出树模型,并保存模型。

这里提示以下几点。

(1)该数据集记录预测了皮马印第安人 5 年内糖尿病的发病情况,一共有 768 个样例,包含 8 个特征和 1 个类变量,该数据都是数值型,因此不用做任何转换。

（2）该数据集保存在"pima-indians-diabetes.csv"文件中。

（3）该问题是一个二元分类问题，设衡量指标为AUC。

练习2：对练习1中的题目进行参数调优。

 ## 14.8 面试真题

（1）XGBoost为什么使用泰勒二阶展开，优势在哪里？

（2）XGBoost防止过拟合的方法是什么？

第15章

基于价值的强化学习 (Value-Based RL)算法

2016年，由Google DeepMind公司开发的AlphaGo程序击败了人类围棋选手。AlphaGo程序不仅可以做出长远推断，又可像人类的大脑一样自发学习进行直觉训练，以提高下棋实力，最终实现了战胜世界一流的人类围棋选手。强化学习(Reinforcement Learning, RL)又称增强学习，强调如何基于环境而行动，以取得最大化的预期利益。本章及第16章将介绍强化学习中常用的算法。

15.1 强化学习

什么是强化学习,其与我们所学习的机器学习算法(SVM、贝叶斯、决策树等)、深度学习(CNN、RNN、LSTM等)算法之间又是什么关系呢? 这可以说是每一个强化学习初学者的疑惑。

15.1.1 强化学习的定义

在介绍强化学习之前,先看一个实际生活中的例子。相信大家都玩过如图15-1这样的走迷宫游戏,从一个入口进去,尝试不同的路线,从另外一个出口出来,中间许多路都是不通的,那么如何能走出去呢? 这时只有分别尝试不同的线路,如果一个线路走错,那么就记录下来,再尝试其他的线路。这就是增强学习的一个例子。

增强学习是试错学习(Trail-And-Error),参与学习的个体或机器要不断与环境进行交互,通过试错的方式来获得最佳策略。另外,由于增强学习的指导信息很少,而且往往是在事后(最后一个状态)才得到反馈信息,例如采取某个行动是获得正回报或负回报,如何将回报分配给前面的状态以改进相应的策略,从而规划下一步的操作。就像小孩在日常的学习过程中,如果考试考得好,家长会给予奖励。如果考试成绩不理想,家长会给予惩罚一样。强化学习强调如何基于环境而行动,以取得最大化的预期利益,如图15-2所示。

图 15-1　迷宫探路

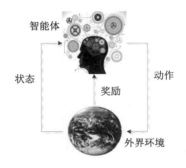

图 15-2　强化学习基本过程

增强学习考虑的是智能体(Agent)与环境(Environment)的交互问题,智能体获取外界的状态信息,结合自身状态进行判断,进而采取相应的动作,外界环境对智能体的动作给予相应的反馈(奖励或惩罚),智能体根据外界的反馈提高自身知识能力,产生能获得最大利益的习惯性行为。增强学习的目标是找到一个最优策略,使智能体获得尽可能多的来自环境的奖励。

强化学习包含四要素:状态(State)、动作(Action)、策略(Policy)、奖励(Reward)。例如赛车游戏,游戏场景是环境,赛车是智能体,赛车的位置是状态,对赛车的操作是动作,怎样操作赛车是策略,比赛得分是奖励。

智能体会根据当前状态观察来确定下一步的动作。因此状态和动作之间存在映射关系,这种关系就是策略,可以使用下式表示。

$$\pi: s \longrightarrow a, \ a = \pi(s)$$

其中 s 表示状态,a 表示智能体采取的动作,π 表示策略。

开始学习时往往采用随机策略进行实验,得到一系列的状态、动作和奖励样本,算法根据样本改进策略,最大化奖励。这种算法就称为增强学习。

15.1.2　强化学习的分类

强化学习的分类有多种方法,根据与环境之间的关系可以分为两种:无模型的强化学习(Model-Free RL)和基于模型的强化学习(Model-Based RL)两大类。见表15-1。

表 15-1　强化学习的分类

无模型的强化学习(Model-Free RL)		基于模型的强化学习(Model-Based RL)	
Policy Optimization	Q-Learning	Learn the Model	Given the Model
Policy Gradient、A2C/A3C、PPO、TRPO	DQN、C51、QR-DQN、HER	World Models、I2A、MBMF、MBVE	AlphaZero
	DDPG、TD3、SAC		

无模型的强化学习就是不去学习和理解环境,环境只给出信息;而基于模型的强化学习是去学习和理解环境,学会用一个模型来模拟环境,通过模拟的环境来得到反馈,预判接下来会发生的所有情况,然后选择最佳的情况。

例如让机器人走迷宫,Model-Based RL方法就是一开始就给机器人这个迷宫的地图,让其事先了解整个游戏环境,根据过往的经验选取最优策略;Model-Free RL方法不依赖模型,这种情况下就是让机器人在迷宫探索,然后机器人会根据现实环境的反馈采取下一步的动作。这种方法不对环境进行建模也能找到最优策略。

此外,根据使用的策略或潜在奖励分为两种:Policy-Based 的强化学习 和 Value-Based 的强化学习。Policy-Based 的强化学习算法是通过对策略抽样训练出一个概率分布,并增强回报值高的动作被选中的概率。而 Value-Based 的强化学习算法是通过潜在奖励计算出回报期望高的动作来作为选取动作的依据。

根据更新的时间可以分为回合更新和单步更新。假设强化学习就是在玩游戏,游戏回合有开始和结束。回合更新指的是游戏开始后,等到打完这一局才对这局游戏的经历进行总结,学习新的策略。而单步更新则是在游戏进行中的每一步都进行更新,这样就可以一边游戏一边学习,不用等到回合结束。其中 Monte-Carlo Learning 和基础版的 Policy Gradients 等都属于回合更新制,Q-Learning,Sarsa,升级版的 Policy Gradients 等都是单步更新制。因为单步更新更有效率,所以现在大多方法都是基于单步更新的。

此外,还有其他的学习方式,例如,On-Policy 在线学习智能体本身必须与环境进行互动,然后一边选取动作一边学习。Off-Policy 是指智能体可以亲自与环境进行交互学习,也可以通过别人的经验进行学习,也就是说经验是共享的,可以是自己的过往经验,也可以是其他人的学习经验。

15.2 Q-Learning算法

Q-Learning是强化学习算法中Value-Based的算法,下面就来学习这种算法。

15.2.1 算法原理

为了便于理解Q-Learning,我们举一个日常的例子来说明。现在手机已经使用得非常广泛,伴随而来的是很多人经常使用手机玩游戏。很多小朋友也是这种情况,作业不写一直玩游戏,学习成绩下降,因此许多家长规定"不写完作业就不准玩手机"。做事情都要有一个行为准则,所以小孩在写作业这种状态下,好的行为就是继续写作业,直到写完作业,这样可以得到奖励;不好的行为就是没写完作业就去玩手机了,被爸妈发现,后果很严重。类似的事情做多了,在小孩的成长过程中会慢慢形成很多行为准则。这和本节要介绍的Q-Learning算法有什么关系呢? Q-Learning算法是一个决策过程,和小朋友慢慢培养行为准则的情况差不多。

假设现在小朋友处于写作业的状态,所以现在他有两种选择:继续写作业或玩手机。因为以前没有被罚过,所以他选择玩手机,然后现在的状态变成了玩手机,他如果继续选择玩手机,接着还是玩手机,最后爸妈回家,发现没写完作业就去玩手机了,狠狠地惩罚了小朋友一次,这个小朋友也深刻地记下了这一次经历,并在脑海中将"没写完作业就玩手机"这种行为更改为负面行为。以后就会先写作业,等作业写完后再去玩手机,这样就形成了做作业过程的行为准则。Q-Learning方法也是采用类似的方法,通过学习得到每个状态的行为准则,进而做出相应的决策,以获得最大的收益。

Q-Learning的目的就是找到一条能够到达终点获得最大奖赏的策略。Q即为$Q(s,a)$,就是在某一个时刻的状态s下,采取动作a能够获得期望的收益,环境会根据智能体的动作反馈相应的奖赏(reward),所以算法的主要思想就是将状态(state)和动作(action)构建成一张Q_table表来存储Q值,然后根据Q值来选取能够获得最大收益的动作。

Q-Learning的学习算法公式如下。

$$Q(s, a) = r(s, a) + \gamma \max_a Q(s', a)$$

其中Q就是要学习的行为准则,这里是一张状态行为表,r是每个状态采取某种行为的奖励,γ为折扣因子(Discount Factor),在对状态进行更新时,会关心到眼前利益r和记忆中的利益$\max_a Q(s', a)$。新位置s'能得到的最大累计奖励。也就是说Q-Learning包含两部分,一部分是眼前的瞬时奖励r,另外一部分是$\max_a Q(s', a)$,是指根据以前的积累经验,得到上一个动作发生后,接下来怎么做才能获得更大的奖励。假设整个过程的状态序列为$\{s_0, s_1, \cdots, s_n\}$,行为序列为$\{a_0, a_1, \cdots, a_n\}$,Q-Learning的目标就是找到一个行为序列,也就是最好的策略,使获得的累计奖励最大,如下式所示。

$$R(\tau) = E[r(s_0) + \gamma r(s_1) + \gamma^2 r(s_2) + \cdots]$$

15.2.2 算法实现过程

下面通过一个实例看一下 Q-Learning 是如何通过学习得到每个状态的行为准则的。

如图 15-3 所示,假设一个建筑物内有 5 个房间,分别为 0、1、2、3、4,房间之间有门相通,建筑物外部也定义为一个房间,标号为 5。根据图中房间之间的连通性,可以绘制一个房间之间的连通图,如图 15-4 所示,在这个连通图中,图的节点表示房间号,图中的有向边表示从某个房间可以到达另外一个房间。

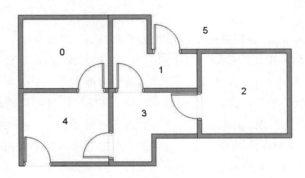

图 15-3 房间探索

我们的目的是训练一个机器人,随机放到其中一个房间,让它经过探索,能走出房间,到达外部。当然开始的时候,这个机器人没有任何行为准则,我们可以先根据房间是否连通可以定义一个奖励机制,如图 15-5 所示。

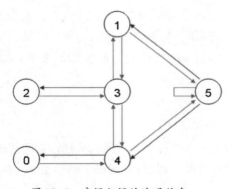

图 15-4 房间之间的连通信息

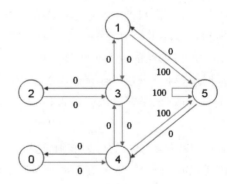

图 15-5 开始的奖励机制

如图 15-5 所示,从一个房间通过一个门到达另外一个房间得到瞬时的奖励 0,如果走出建筑物到达 5 可以得到瞬时的奖励 100。

此时,我们可以定义这个机器人为一个智能体,每间房间为一个状态,通过门到达另外一个房间是一个动作,最终到达外部称为达到目标。假设机器人在房间 2,从房间 2 它只能通过连接门去房间 3,而在房间 3,它可以通过连接门去房间 1 和 4,或者回到房间 2,如果进入房间 1,它就有可能走到房间外 5。因为初始的时候,机器人有可能是在不同的房间。因此它需要经过多次探索,才能形成自己的行为准则,当下次再处于某个房间的时候,就知道如何能够尽快找到合适的路线走出房间,到达外部了。

也就是说,开始的时候,没有任何行为准则,只有一个在某个房间通过连接门进入其他房间的奖励值,我们可以把这个奖励表示成一个二维表的形式,其中两个房间如果不相连接,则给予惩罚值-1。可以构建一个矩阵表,如下所示。

$$
R = \begin{bmatrix}
-1 & -1 & -1 & -1 & 0 & -1 \\
-1 & -1 & -1 & 0 & -1 & 100 \\
-1 & -1 & -1 & 0 & -1 & -1 \\
-1 & 0 & 0 & -1 & 0 & -1 \\
0 & -1 & -1 & 0 & -1 & 100 \\
-1 & 0 & -1 & -1 & 0 & 100
\end{bmatrix}
$$

这个表可以称为奖励表,其中行表示对应的状态,就是在哪个房间,列表示采取的行动。例如表中第一行的0表示在第0个房间可以采取的行动是进去房间4,其他的行动都将给予惩罚。因为房间0只有一个门与房间4相连,与其他房间没有门相连,所以也无法进入其他房间。-1表示当前状态无法进入其他房间,给予惩罚,需要重新选择行动。通过学习需要在机器人的大脑中形成一个行为准则,就是在哪个房间需要采取哪种行动,可以尽快地找到行动路线到达外面获得最大奖励。当然,开始的时候脑海中没有如何行动的操作,所以所有的知识为0,假设这个行为准则的表用Q表示,则Q的值如下所示。

$$
Q = \begin{bmatrix}
0 & 0 & 0 & 0 & 0 & 0 \\
0 & 0 & 0 & 0 & 0 & 0 \\
0 & 0 & 0 & 0 & 0 & 0 \\
0 & 0 & 0 & 0 & 0 & 0 \\
0 & 0 & 0 & 0 & 0 & 0 \\
0 & 0 & 0 & 0 & 0 & 0
\end{bmatrix}
$$

此时机器人就开始自主地进行探索,通过Q-Learning进行学习,多次尝试,从不同房间出发,到达最终目标,经过经验的积累,最终形成自己的行为准则。下面看一下学习过程。

假设开始机器人在房间1,根据矩阵**R**可以看出,此时只可能有两个行动可以采取:一个是进入房间3,另外一个是到达目标5。此时因为行为准则Q中都为0,所以随机进行选择。假设选择5为下一步的行为,通过R表可以观察到,在状态5有三种行为可以选择,分别是进入房间1、房间4和最终的状态5。因此根据行为准则的更新公式可以得到如下计算:

$$Q(1,5) = r(1,5) + \gamma \max_a Q(5,a)$$
$$= 100 + 0.8 * \max(Q(5,1), Q(5,4), Q(5,5))$$
$$= 100 + 0.8 * \max(0,0,0) = 100$$

此时,到达状态5,即已经到达目的地,此次探险结束。然后重复探险,假设这次初始位置在房间3,根据矩阵**R**可以看出,此时只可能有三个行动可以采用,分别是进入房间1、房间2、房间4。此时因为行为准则中对应的值都是0,所以随机选择状态1进入,在状态1,可以采取的行动有进入房间3和进入房间5。因此根据此时的行为准则更新公式,计算如下。

$$Q(3,1) = r(3,1) + \gamma \max_a Q(1,a)$$
$$= 0 + 0.8*\max(Q(1,3), Q(1,5))$$
$$= 0 + 0.8* \max(0,100) = 0.8*100 = 80$$

此时到达房间1,继续按照上面所述方法进行探索,然后更新Q表,最终经过多次探索之后,迭代收敛后的Q表如下所示。

$$Q = \begin{bmatrix} 0 & 0 & 0 & 0 & 80 & 0 \\ 0 & 0 & 0 & 64 & 0 & 100 \\ 0 & 0 & 0 & 64 & 0 & 0 \\ 0 & 80 & 51 & 0 & 80 & 0 \\ 64 & 0 & 0 & 64 & 0 & 100 \\ 0 & 80 & 0 & 0 & 80 & 100 \end{bmatrix}$$

这个表就是使用Q-Learning学习算法经过多次学习得到的经验,作为自己以后的行为准则。对应的结构如图15-6所示。

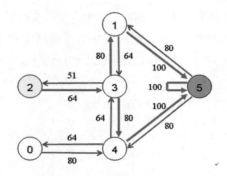

图15-6　经过学习之后的奖励图

假设某一时刻智能体处于房间2,那么根据已有的行为准则,选择数值64作为此时的行动依据,进入房间3。此时房间3可以进入房间1和房间4,二者的数值都是80,可以随机选择一个进入。假设进入房间1,然后在房间1选择数值100的行为准则,进入状态5,即到达了目的地。

Q-Learning算法的更新公式除了上面采用的之外,还有一些其他形式,例如下式也是较为常用的一种更新公式。

$$Q(s,a) = Q(s,a) + \alpha(r(s,a) + \gamma \max_{a'} Q(s',a') - Q(s,a))$$

其中$Q(s,a)$是待更新的Q值,α是学习率,γ是折扣因子,$\max_{a'} Q(s',a')$表示未来采取某个行动达到某个状态的最大Q值。

15.2.3　算法实现

下面就通过一个简单的实例,看一下如何计算Q表的内容。

范例 15-1:Q-Learning 算法的实现

目的:本范例使用 Q-Learning 算法对模拟数据进行训练,从零开始学习 Q 表的构建过程。

假设这个实例中状态空间有 16 个,动作有 4 个,则对应的 Q 表维度为 16*4。

程序代码如下所示。

```python
#导入所需要的第三方库函数
import gym
import numpy as np
import random
# 创建环境
env = gym.make('FrozenLake-v0')
# 根据epsilon参数的值,确定如何计算Q表的内容。
def epsilon_greedy_policy(state, epsilon, i):
if random.uniform(0, 1) < epsilon:
        return env.action_space.sample()
    else:
        return np.argmax(Q[state, :] + np.random.randn(1, env.action_space.n) *
epsilon)
#初始化Q表
Q = np.zeros([env.observation_space.n, env.action_space.n])

# 定义学习的超参数
ALPHA = 0.1
GAMMA = 0.999
NUMBER_EPISODES = 3000
epsilon = 0.015
#程序循环使用Q-Learning算法构建Q表
total_REWARDS = []
for i in range(NUMBER_EPISODES):
    # 重置环境参数,设置初始状态
state = env.reset()
    sum_reward = 0
    done = False
    j = 0
    # 循环实现Q-Learning算法
while True:
    #调用epsilon_greedy_policy函数,得到下一步采取的行动
    action = epsilon_greedy_policy(state, epsilon, i)
        # 从环境得到新的状态和奖励
    state_next, reward, done, _ = env.step(action)
        # 使用Q-Learning 算法更新Q表
        Q[state, action] = Q[state, action] + ALPHA * (reward + GAMMA * np.max(Q
[state_next, :]) - Q[state, action])
        #计算累计奖励
    sum_reward += reward
        state = state_next
        if done == True:
            break
```

```
    #将累计奖励存入 total_REWARDS 表
total_REWARDS.append(sum_reward)
print("--- Q[S,A]-Table ---")
```

上面代码中主要的更新算法代码为"Q[state, action] = Q[state, action] + ALPHA * (reward + GAMMA * np.max(Q[state_next, :]) − Q[state, action])"。学习率设为0.1，GAMMA值设为0.999。运行上面的程序，可以打印出经过Q-Learning学习之后的Q表，如图15-7所示。

```
[[0.73040672 0.62040843 0.61024537 0.62782305]
 [0.20740094 0.15565314 0.14605291 0.56024627]
 [0.41555608 0.16643166 0.08111403 0.04523826]
 [0.00699403 0.0429967  0.00574282 0.04090788]
 [0.74172007 0.46153354 0.46207611 0.27767008]
 [0.         0.         0.         0.        ]
 [0.37382306 0.11090823 0.08630913 0.05774358]
 [0.         0.         0.         0.        ]
 [0.41549613 0.34181646 0.57984206 0.76127144]
 [0.46706074 0.76865923 0.58205249 0.48567891]
 [0.65169086 0.45932747 0.12169142 0.23338746]
 [0.         0.         0.         0.        ]
 [0.         0.         0.         0.        ]
 [0.42469769 0.5094257  0.87511488 0.66995577]
 [0.62511585 0.97050465 0.67515084 0.52992902]
 [0.         0.         0.         0.        ]]
```

图15-7　经过Q-Learning学习之后的Q表的数值

可以看出，经过3000次学习之后，Q表从开始的所有值都为0，每次根据奖励及Q-Learning算法的更新，最终生成了上面的Q表。

15.3　DQN（Deep Q-Learning）算法

2015年，Google在Nature上发表了一篇论文 *Human-level control through deep reinforcement learning*，重点介绍了DQN的原理。文章描述了如何让电脑自己学会打Atari 2600电子游戏。Atari 2600是20世纪80年代风靡美国的游戏机，总共包括49个独立的游戏，其中不乏我们熟悉的Breakout（打砖块）、Galaxy Invaders（小蜜蜂）等经典游戏。算法的输入只有游戏屏幕的图像和游戏的得分，在没有人为干预的情况下，电脑自己学会了游戏的玩法，而且在29个游戏中打破了人类玩家的记录。之后DQN算法推动了深度强化学习的应用。下面就来介绍DQN算法。

15.3.1　DQN实现的基本过程

Q-Learning虽然具有学习到全局最优的能力，但是其收敛慢。另一个更为重要的问题是状态的个数，上面提到的探索房间的例子中只有6个状态，而真实环境中存在的状态可能非常多，难以枚举。比如说下围棋，围棋的盘面变化层出不穷，每一个状态要采取的落子方法也有多种选择，此时就无法使用Q-Learning逐步学习行为准则。而且形成的Q表非常庞大,内存无法存放,从中查找某种状态采取什么行动的Q值所带来的开销也非常大。如果某个场景状态以前训练过,Q表中没有储存对应的状态行为值,那么当智能体遇到这种情况时就不知如何行动。

联想前面神经网络中学到的知识,我们可以将行为准则Q表转化为一个网络模型,以前当智能体处于某个状态想采取行动的时候,需要去查询Q表,但是现在只需要将状态和动作(或仅输入状态)输入神经网络即可获得相对应的Q值,这样,我们在内存中只需要保存神经网络模型即可,既简单又节省内存。可以把环境状态通过神经网络映射为智能体动作,得到复杂的非线性函数$(s,a) \rightarrow Q(s,a)$。网络架构、网络超参数的选择及学习都在训练阶段完成。DQN 允许智能体探索非结构化的环境并获取知识,经过时间积累,它们可以模仿人类的行为。在网络学习过程中,将状态和动作当成神经网络的输入,然后经过神经网络计算后得到动作的 Q 值;也可以只输入状态值,输出所有的动作 Q 值,然后按照Q-Learning的原则,直接选择拥有最大值的动作为下一步要做的动作。可以想象,神经网络接受外部的信息,相当于智能体通过各种感官收集信息,然后通过大脑加工输出每种动作的值,最后通过强化学习的方式选择动作。

对于神经网络,根据已知的训练集,进行多次训练,最终得到神经网络的权值,然后使用训练好的网络进行预测。但是在强化学习中,训练集是未知的,因为我们的要求是机器进行自我学习。换句话说,就是神经网络的更新是实时的,一边进行探索得到实时的状态行为,一边使用这些数据进行训练。可以把网络输出看成预测的值,使用公式计算得到的结果看成真实的值。例如使用下式。

$$Q(s,a) = Q(s,a) + \alpha(r(s,a) + \gamma \max_{a'} Q(s',a') - Q(s,a))$$

真实值和预测值的误差可以作为损失函数,使用神经网络中的反向传播算法,在更新网络权值的时候,把这个损失函数乘以一个学习率,再向前逐渐更新网络权值。损失函数可以定义如下。

$$\text{Loss} = (r(s,a) + \gamma \max_{a'} Q(s',a') - Q(s,a))^2$$

Q-Learning 是一种 Off-olicy 离线学习法,它能学习当前经历的,也能学习过去经历过的,甚至是学习别人的经历。所以每次 DQN 更新的时候,都可以随机抽取一些之前的经历进行学习。随机抽取这种做法打乱了经历之间的相关性,也使神经网络更新更有效率,这种方法称为重播缓冲区(Experience Replay),它能记住智能体所经历的行为。用重播缓冲区里的随机样本来进行训练,可以减少智能体的经验之间的关联性,并有助于智能体从更广泛的经验中进行学习。

此外,还可以采用Fixed Q-Targets方法,在 DQN 中使用两个结构相同但参数不同的神经网络,预测 Q 估计的神经网络具备最新的参数,而预测 Q 现实的神经网络使用的参数则是很久以前的。

15.3.2 DQN的不同改进版本

DQN在实际应用中还有一些改进版本,下面介绍其中一些。

1. Double DQN

上面介绍了深度强化学习方法DQN,DQN的框架仍然是Q-Learning。DQN只是利用了卷积神经网络表示动作值函数,并利用了经验回放和单独设立目标网络这两个技巧。DQN无法克服Q-

Learning 本身所固有的缺点——过估计。过估计是指估计的值函数比真实值函数要大。一般来说，Q-Learning 之所以存在过估计的问题，根源在于 Q-Learning 中的最大化操作。

最大化操作使估计的值函数比值函数的真实值大。值函数的过估计会影响最终的策略决策，从而导致最终的策略并非最优，而只是次优。为了解决值函数过估计的问题，Hasselt 提出了 Double Q-Learning 的方法。所谓 Double Q-Learning，是将动作的选择和动作的评估分别用不同的值函数来实现。

2. Dueling DQN

Dueling DQN 通过优化神经网络的结构来优化算法，将整个模型结构分成了两个部分，一个为状态值函数(Value Function)，另一个为优势函数(Advantage Function)。第一部分仅仅与状态 s 有关，与具体要采用的动作 a 无关，第二部分同时与状态 s 和动作 a 有关，最终的价值函数可以重新表示为二者之和。基于这个思想，同一个网络会同时估计状态值函数和优势函数，它们结合起来可以得到 Q 函数。这是一个一分为二，再合二为一的过程。它的出发点是因为对于很多状态，其实并不需要估计每个动作的值。引入优势函数后，对于新加入的动作可以很快学习，因为它们可以基于现有的状态值函数来学习。

这种分层学习的做法有三个好处：一是状态值函数可以得到更多的学习机会，因为以往一次只更新一个动作对应的 Q 函数；二是状态值函数的泛化性更好，动作越多时优势越明显，直观上看，当有新动作加入时，它并不需要从零开始学习；三是因为 Q 函数在动作和状态维度上的绝对数值往往差很多，这会引起噪声和贪婪策略的突变，而用该方法可以改善这个问题。

15.3.3　算法实现

下面就通过一个简单的实例，看一下如何使用 DQN 算法解决实际的学习问题。

范例 15-2：使用 DQN 算法模拟小车爬山

目的：本范例使用 DQN 算法创建小车爬山的模拟环境，从零开始自主学习，开始小车在山底，不知如何爬上，经过多次尝试，从山底爬上山顶，如图 15-8 所示。

图 15-8　小车开始的状态

图中小车初始时刻处于山谷底部，可知小车爬山有两个状态：位置和速度。在每个时刻，智能体可以对小车施加3种动作中的一种:向左运动、静止不动、向右运动。智能体动作和小车的水平位置会共同决定小车下一时刻的速度。根据常识,小车要想运动到右端小旗位置,即爬上山坡,需要左右移动,获得足够的动能,当有一定的动能时,才能到达山坡处。图15-9所示为小车运动过程中的状态。

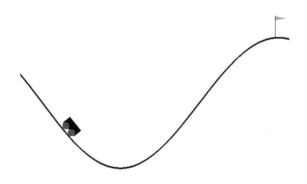

图15-9　小车在运动过程中

最终小车运行到右端山顶小旗处,成功完成任务。

下面就介绍如何实现小车爬山。首先导入所需要的库函数,如下所示。

```
import numpy as np
import torch
import torch.nn as nn
import torch.nn.functional as F
from torch import optim
import matplotlib.pyplot as plt
import gym
```

其中主要有pytorch、gym和matplotlib库函数,并指定环境为gym的"mountaincar",这个环境是gym库提供的,可以直接调用。

```
env = gym.make('MountainCar-v0')
```

接着定义神经网络,代码如下。

```
class Net(nn.Module):
    def __init__(self):
        super(Net, self).__init__()
        #网络为两层全连接层,输入维度为2,隐藏层神经元为30,输出神经元维度为3
        self.fc1 = nn.Linear(NUM_STATES, 30)
        self.fc1.weight.data.normal_(0, 0.1)
        self.fc2 = nn.Linear(30, NUM_ACTIONS)
        self.fc2.weight.data.normal_(0, 0.1)
    #定义前向传播计算为ReLU函数
    def forward(self, x):
        x = self.fc1(x)
        x = F.relu(x)
```

```
        x = self.fc2(x)
        return x
```

前面介绍DQN算法的时候提到,在DQN中使用两个结构相同但参数不同的神经网络,预测Q估计的神经网络具备最新的参数,而预测Q现实的神经网络使用的参数则是很久以前的。由于DQN学习算法涉及的方法较多,因此构建DQN类,下面分别看一下DQN中具体方法的程序代码。

```
def __init__(self):
#定义两个参数相同的网络
    self.eval_net, self.target_net = Net(), Net()
    self.memory = np.zeros((MEMORY_CAPACITY, NUM_STATES *2 +2))
    #定义优化函数的损失函数
    self.memory_counter = 0
    self.learn_counter = 0
    self.optimizer = optim.Adam(self.eval_net.parameters(), LR)
    self.loss = nn.MSELoss()
    self.fig, self.ax = plt.subplots()
```

上面是类初始化的代码,可以看出定义了两个相同的网络,一个用于训练,另一个用于预测。同时定义了网络的优化器为adam,损失函数为最小均方函数。下面的代码给出了学习算法每次根据当前状态如何采取行动。

```
def choose_action(self, state):
    # 根据状态定义采取的行动
    # 使用EPSILON算法定义随机数,当随机数小于EPSILON的时候,选择最大得分的行动,当随机数小于
    EPSILON的时候,随机选择一个行动
    state = torch.unsqueeze(torch.FloatTensor(state) ,0)
    if np.random.randn() <= EPSILON:#探索
        action_value = self.eval_net.forward(state)# 得到各个action的得分
        action = torch.max(action_value, 1)[1].data.numpy() # 找最大的那个action
        action = action[0] #get the action index
    else:
        action = np.random.randint(0,NUM_ACTIONS)
    return action
```

在训练过程中保存每一步的状态和奖励,代码如下。

```
def store_trans(self, state, action, reward, next_state):
    if self.memory_counter % 500 ==0:
        print("The experience pool collects {} time experience".format(self.
memory_counter))
    index = self.memory_counter % MEMORY_CAPACITY
#记录一条数据,保存状态、行动、奖励及下一时刻的状态
    trans = np.hstack((state, [action], [reward], next_state))
self.memory[index,] = trans
#内存计数器加1
    self.memory_counter += 1
```

这些保存的数据用于后面更新网络参数的时候形成批处理数据。

学习函数代码如下。

```python
def learn(self):
    # 学习次数每间隔100次,更新网络参数
    if self.learn_counter % Q_NETWORK_ITERATION ==0:
#学了100次之后,target 网络参数等于eval网络的权重)
        self.target_net.load_state_dict(self.eval_net.state_dict())
    self.learn_counter+=1
    #获取一个batch数据
    sample_index = np.random.choice(MEMORY_CAPACITY, BATCH_SIZE)
#从保存的内存值中获取batch对应的状态、行动、奖励和下一时刻的状态
    batch_memory = self.memory[sample_index, :]
    batch_state = torch.FloatTensor(batch_memory [:, :NUM_STATES])
    batch_action = torch.LongTensor(batch_memory[:, NUM_STATES:NUM_STATES+1].astype
(int))
    batch_reward = torch.FloatTensor(batch_memory[:, NUM_STATES+1: NUM_STATES+2])
    batch_next_state = torch.FloatTensor(batch_memory[:, -NUM_STATES:])
    #得到当前实际的Q值Q(s,a)
    q_eval = self.eval_net(batch_state).gather(1, batch_action)
#得到当前Q(s',a')
    q_next = self.target_net(batch_next_state).detach()
#使用DQN参数更新公式计算预测的Q值
    q_target = batch_reward + GAMMA*q_next.max(1)[0].view(BATCH_SIZE, 1)
    #计算损失函数
loss = self.loss(q_eval, q_target)
#使用梯度向后传播优化权值
    self.optimizer.zero_grad()
    loss.backward()
    self.optimizer.step()
```

这部分是DQN算法的核心,并不是每次都更新权值,而是学习次数每间隔100次更新网络参数。此时把eval网络的权重赋值给target网络,然后从前面保存的内存状态中取出批处理数据,每条数据包含状态、行动、奖励和下一时刻的状态。接着按照DQN算法计算公式,计算 Q 值,并与实际的 Q 值进行比较,计算损失函数,最后反向传播,更新网络参数。

下面就看一下如何调用DQN类,进行学习。

```python
def main():
#定义网络
    net = Dqn()
    print("The DQN is collecting experience...")
    step_counter_list = []
#循环EPISODES回合
for episode in range(EPISODES):
#网络初始化
        state = env.reset()
        step_counter = 0
        while True:
            step_counter +=1
```

```
            env.render()
#根据当前状态选择下一步行动
            action = net.choose_action(state)
            next_state, reward, done, info = env.step(action)
#将获得的当前奖励
            reward = reward * 100 if reward >0 else reward * 5
#保存当前这组数据
            net.store_trans(state, action, reward, next_state)

            # 并不是每一步都进行算法的学习,而是设置一个参数,当超过参数的时候才形成批处理数
            据,进行参数更新
if net.memory_counter >= MEMORY_CAPACITY:
            net.learn()
            if done:
                print("episode {}, the reward is {}".format(episode, round
(reward, 3)))
            if done:
            step_counter_list.append(step_counter)
            net.plot(net.ax, step_counter_list)
            break
            state = next_state
```

　　网络初始化之后,根据每一步的状态选择行动,得到奖励,把每一步对应的数值保存起来。然而并不是每一步都进行算法的学习,而是设置一个参数,当超过参数的时候才形成批处理数据,进行参数更新。

　　上面就是这个算法的大致过程,经过多次算法学习和参数更新,小车可以从山谷底部运动到山顶,如图15-10所示。

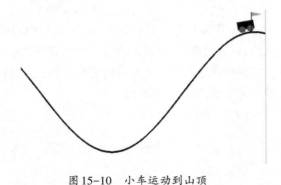

图15-10　小车运动到山顶

15.4 综合案例——让AI自主探索迷宫

范例 15-3：使用 Q-Learning 算法让 AI 自主探索迷宫

目的：本范例使用 Q-Learning 算法，在一个迷宫中进行自动探索，算法一直不断更新 Q_table 里的值，然后根据新的值来判断要在某个 state 采取怎样的 action，如图 15-11 所示。开始的时候箱子在图形的左上角，经过探索到达圆形所在的位置，如果走到黑色的方形所在的位置，则需要从头开始，重新进行探索。

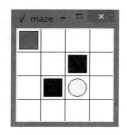

图 15-11　迷宫示意图

这个案例的实现包含环境的构建和学习算法的构建，环境的构建直接调用已有的库 maze_env 就可以，maze_env 是用 Python 的图形窗口 tkinter 模块编写的，不需要重新编写。

程序首先导入环境构建模块 maze_env 和学习算法模块 RL_brain，如下所示。

```
from maze_env import Maze
from RL_brain import Q-Learning-Table
```

根据分析，如果到达黑色矩形所在位置，则给予惩罚 reward=-1，如果到达黄色圆形的位置，给予奖励 reward=1，到达其他位置的奖励值 reward=0。

1. 学习模块

强化学习的主算法在 RL_brain 中，其中定义了 Q-Learning-Table 方法，该方法总共有方法初始化函数 __init__()、选择行为函数 choose_action()、算法学习更新的函数 learn() 和检测状态是否存在的 check_state_exist() 四个函数。

初始化函数 __init__() 代码如下。

```
def __init__(self, actions, learning_rate=0.01, reward_decay=0.9, e_greedy=0.9):
    self.actions = actions  # a list
    self.lr = learning_rate # 定义学习率
    self.gamma = reward_decay # 定义奖励衰减的比率
    self.epsilon = e_greedy   # 定义贪婪度的值
# 初始Q_table,开始的时候,Q_table为空,这个表行为状态为action,随着探索的进行,逐渐增加
# Q_table表中的状态行
    self.q_table = pd.DataFrame(columns=self.actions, dtype=np.float64)
```

初始化代码主要定义游戏中的学习率、奖励衰减的比例、贪婪度的值及对Q_table进行初始化。

选择行为函数choose_action()，代码如下。

```
def choose_action(self, observation):
# 检测本 state 是否在 Q_table 中存在
    self.check_state_exist(observation)
    #选择 action,根据初始化中定义的贪婪度的值,确定一个随机选择行为的比例,当随机值大于这个值,
    #选择Q_table中最大的值,如果小于这个比例,就随机选择一个action
    if np.random.uniform() < self.epsilon:
        # # 选择 Q value最高的action
        state_action = self.q_table.loc[observation, :]
        state_action = state_action.reindex(np.random.permutation(state_action.
index))                action = state_action.idxmax()
    else:
        # 随机选择 action
        action = np.random.choice(self.actions)
    return action
```

这个函数定义如何根据当前所在的state，或是在这个state上的观测值(observation)来采取行动action。为了避免游戏总是走一条路线，定义贪婪度的值为0.1，也就是有10%的概率随意选择路线，其余情况下从Q_table中选择最大的值。

算法学习更新的函数learn()是这个增强学习的主要部分，使用Q-Learning算法更新Q_table表中的值，代码如下。

```
def learn(self, s, a, r, s_):
# 检测 Q_table 中是否存在 s_
    self.check_state_exist(s_)
#计算预测的Q值
    q_predict = self.q_table.loc[s, a]
# 判断下一个state是否结束
    if s_ != 'terminal':
#计算Q值
        q_target = r + self.gamma * self.q_table.loc[s_, :].max()
    else:
        q_target = r
# 更新对应的 state-action 值
    self.q_table.loc[s, a] += self.lr * (q_target - q_predict)  # update
```

这段代码的更新算法为"q_table（更新后的值）= q_（更新前的值）+ self.lr * (q_target − q_predict)"，可以理解成神经网络中的更新方式：学习率 * (真实值 − 预测值)。每次状态和行动改变的时候，都需要更新Q_table表中的值。

2. 程序的主模块

调用强化学习的程序测试模块算法如下。

```
def update():
#总共运行100个回合
```

```
for episode in range(100):
    # 初始化 state 的观测值
    observation = env.reset()
    while True:
            # 更新可视化环境
        env.render()
        # RL大脑根据当前state的观测值挑选action
        action = RL.choose_action(str(observation))
        # 探索者在环境中实施这个action, 并得到环境返回的下一个state的观测值, 及reward
        # 和done (是否掉下陷阱或到达目的地)
        observation_, reward, done = env.step(action)
        # R根据序列 (state, action, reward, state_)调用学习函数进行学习
        RL.learn(str(observation), action, reward, str(observation_))
        # 将下一个state的值传到当前状态变量, 作为下一次循环使用
        observation = observation_
        # 如果掉下陷阱或到达目的地, 这回合就结束
        if done:
            break
    # 游戏结束
    print('game over')
    env.destroy()
if __name__ == "__main__":
# 定义环境env和强化学习RL的方式
    env = Maze()
    RL = QLearningTable(actions=list(range(env.n_actions)))
    # 开始可视化环境env。每100ms更新环境, 调用环境更新的主循环
    env.after(100, update)
    env.mainloop()
```

　　上面是整个学习开始调用部分的代码,程序开始定义环境env和强化学习RL的方式,并且定义了每次更新的函数update。这个函数中定义了游戏回合的次数,然后初始化state的观测值,本案例中红色木块开始是在迷宫的左上角,也可以调整maze_env模块进行修改。在每个回合中,程序根据当前状态调用RL.choose_action选择下一步行动,然后探索者在环境中调用env.step函数实施这个action,并得到环境返回的下一个state的观测值,及reward和done(是否掉下陷阱或到达目的地)。运行程序代码,可以观察程序运行情况,图15-12是获胜状态的情况。

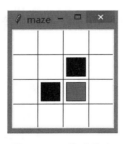

图15-12　获胜状态

15.5 高手点拨

如果问题域中的数据集类似于ImageNet数据集,则对该数据集使用预训练模型。使用最广泛的预训练模型有 VGGNet、ResNet、DenseNet 或 Xception 等。有许多层架构,例如,VGG(19 和 16 层)、ResNet(152、101、50层或更少)、DenseNet(201、169 和 121 层)。注意:不要尝试通过使用更多的层网来搜索超参数(例如 VGG-19、ResNet-152 或 DenseNet-201 层网络,因为它们的计算量很大),而是使用较少的层网(例如 VGG-16、ResNet-50 或 DenseNet-121 层)。选择一个预先训练过的模型,即你认为它可以用你的超参数提供最好的性能(比如 ResNet-50 层)。在获得最佳超参数后,只需选择相同但更多的层网(如 ResNet-101 或 ResNet-152 层),以提高准确性。

微调几层,或者如果你有一个小的数据集,只训练分类器,也可以尝试在要微调的卷积层之后插入 Dropout 层,因为它可以帮助对抗网络中的过拟合。

如果你的数据集与 ImageNet 数据集不相似,可以考虑从头构建并训练你的网络。

15.6 编程练习

使用 Q-Learning 的算法实现 CartPole,通过强化学习让 Agent 控制 cart,使 pole 尽量长时间不倒,如图 15-13 所示。

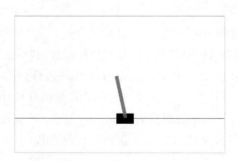

图 15-13　保持 pole 不倒效果

15.7 面试真题

(1)什么是强化学习?

(2)强化学习和监督学习、无监督学习的区别是什么?

(3)强化学习适合解决什么类型的问题?

第 16 章

基于策略的强化学习 (Policy-Based RL)算法

第 15 章介绍了基于 Value-Based 的强化学习方法，在 Value-Based 的方法中，学习一个动作的价值函数，然后根据这个动作的价值函数做出下一步选择，但是这个方法高度依赖动作价值函数，如果没有动作价值函数，也就不知道如何为下一步做出抉择。本章介绍强化学习中的另一类学习方法，这种方法训练一个策略，根据策略能直接给出下一步动作是什么。本章就介绍基于策略的强化学习方法。

16.1 策略梯度(Policy Gradient)算法

基于价值Value-Based的算法在某一种情况下要采取的动作是当前状况下得到价值最大的,动作是确定的。就如前面介绍的迷宫探险,在每一步要采取的动作是确定的,即保证采取这个动作得到的回报价值最大。而基于策略的Policy-Based算法在某一种情况下是根据概率选取下一步的动作,动作是随机的,也就是说如果同样在迷宫探险中,每种情况下根据事先制定的策略计算的概率来随机选择下一步的动作。

16.1.1 Policy-Based算法概述

Value-Based强化学习就是通过计算每一个状态动作的价值,然后选择价值最大的动作执行。在Value-Based方法里引入动作价值函数,接受状态和动作的输入、输出得到近似的动作价值,即得到非线性映射:

$$f: (s,a) \to Q(s,a)$$

在基于策略的算法中也用了类似的做法,对策略进行近似表示,此时策略π可以被描述为一个包含参数θ的函数,输入状态s,可以得到输出动作a,即:

$$f: a \to \pi(s,\theta)$$
$$a \to P(a|s,\theta)$$

上面映射中的第二行可以看成动作的输出概率。通过上面的映射,将策略表示成一个连续的函数后,就可以用连续函数的优化方法来寻找最优的策略了。而最常用的优化方法就是梯度上升法。

对于策略π,从起始状态s_1出发,根据该策略可以获取整个状态动作的轨迹:

$$\{s_1, a_1, r_1, s_2, a_2, r_2, \cdots, s_T, a_T, r_T\}$$

其中,s_i、a_i、r_i分别表示i时刻的状态、动作和奖励。整个过程的累积奖励为:

$$R(\tau) = R_\theta = \sum_{t=1}^{T} r_t$$

上式可以看成是在策略π下最终获得的累积奖励。由于实际情况下会采用不同的策略去完成某一个任务,因此综合考虑不同策略情况下的奖励期望如下:

$$\overline{R_\theta} = E(R(\tau)) = \sum_\tau R(\tau) P(\tau|\theta)$$

要想计算上式,需要知道概率$P(\tau|\theta)$,然而根据大数定律,当采样的数足够大的时候,事物出现的频率就能无限接近它的期望值。因此上式可以表示如下:

$$\overline{R_\theta} = \sum_\tau R(\tau) P(\tau|\theta) \approx \frac{1}{N} \sum_{n=1}^{N} R(\tau_n)$$

强化学习的目的就是使这个期望奖励最大化,因此要做的就是找出最大化的$\overline{R_\theta}$,即:

$$\theta_* = \arg\max_\theta \sum_\tau R(\tau) P(\tau|\theta)$$

根据前面章节所介绍的内容,常使用梯度来计算最大化的值。因此可以定义梯度如下:

$$\nabla \overline{R_\theta} = \sum_\tau R(\tau) \nabla P(\tau|\theta)$$

$$= \sum_\tau R(\tau) P(\tau|\theta) \frac{\nabla P(\tau|\theta)}{P(\tau|\theta)}$$

$$= \sum_\tau R(\tau) P(\tau|\theta) \nabla \log P(\tau|\theta)$$

$$\approx \frac{1}{N} \sum_{n=1}^{N} R(\tau_n) \nabla \log P(\tau|\theta)$$

$$= \frac{1}{N} \sum_{n=1}^{N} R(\tau_n) \sum_{t=1}^{T} \nabla \log(p(a_t|s_t,\theta))$$

上式中,$\sum_{n=1}^{N} R(\tau_n)$ 为奖励的值,$\log(p(a_t|s_t,\theta))$ 为某个状态下采取某个行动的概率值,这个公式可以理解为,如果在某个状态下采取的行动最后的奖励为正,那就增加这一项的概率;如果奖励为负,那就减少这一项的概率。

16.1.2 增加 Baseline

通过 Policy-Based 算法更新的公式可以看出,Policy Gradient 算法在更新策略时,基本思想就是增加奖励(reward)大的动作出现的概率,减小奖励小的策略出现的概率。然而在实际情况中,奖励有可能都是正的,只不过大小不同。例如,在游戏中可能我们的期望永远是正的,但是因为游戏中有很多动作,在一次游戏中,有可能有些动作没有使用,有些动作被多次使用,对于没有使用到的动作,它的 reward 就是 0。因此,如果一个比较好的动作没有被使用到,而使用到的不好的动作得到了一个比较小的正 reward,那么没有被采样到的好动作的出现概率会越来越小,这显然是不合适的。

在理想的情况下,考虑某个状态(state)下有三个动作 a、b、c,每一项的概率加起来为 1,每一项的奖励权重 weight(R)是不一样的,可能有的大,有的小,乘起来之后经过 Normalize,奖励高的自然概率就高,这也是我们想要的。然而在现实中,由于采用的是采样的方法,只能是采样到部分动作(action),假设只采样到了 b 和 c,没采样到 a,这时由于采样到的 b 和 c 概率在上升,没采样到的 a 只能下降,这样是非常不科学的。

解决的办法就是让期望减掉一个 Baseline,让一些不那么好的行为能得到一个负的反馈,也就是让奖励减去一个 b,如下式所示。

$$\nabla \overline{R_\theta} = \frac{1}{N} \sum_{n=1}^{N} \left(R(\tau_n) - b \right) \sum_{t=1}^{T} \nabla \log(p(a_t|s_t,\theta))$$

其中 b 有很多取法,一般令 $b \approx E[R(\tau)]$。

16.1.3 近端策略优化(Proximal Policy Optimization,PPO)算法

近端策略优化(Proximal Policy Optimization,简称 PPO)是 Policy Gradient 的一个变形。Policy Gradient 是 on-policy 的,也就是说要学习的 agent 和环境互动的 agent 是同一个,因为在做 Policy

Gradient 时，agent 需要先与环境互动收集资料，对于一个特定任务，都有自己的一个策略，策略通常用一个神经网络表示，其参数为 θ。从一个特定的状态（state）出发，一直到任务结束，被称为一个完整的 eposide。每一步都能获得一个奖励 r，一个完整的任务所获得的最终奖励被称为 R。然后根据收集到的资料，按照 Policy Gradient 的公式去更新策略的参数，从而优化 agent。

然而当任务的过程很长的时候，例如下围棋，这时需要很长的时间才能把一次任务的资料收集齐，然后才能更新策略的参数。此外还存在一个问题，这样收集的资料用来更新策略的参数时，只能使用一次。因为使用梯度下降法经过参数更新之后，参数变化了，那么对应的策略也就改变了，因此之前收集的资料就不能再使用了。如果想再更新参数就需要重新进行采样，也就是说需要从头开始再训练一个过程，对于过程短的策略还可以，对于过程长的策略是无法接受的，这也是 on-policy 的弊端。因此就需要想办法能尽可能地把采集到的数据多用几次，这可以称为 off-policy，即采集数据的策略与更新时的策略不相同。也就是让一个 agent 使用一种策略 $\pi_{\theta'}$ 跟环境做互动，用此时收集到的数据去训练另一个策略 π_θ。这意味着可以把策略 $\pi_{\theta'}$ 收集到的数据使用多次，即用同样的数据执行梯度上升公式多次进行参数的更新，这样会提升执行的效率。下面就介绍如何实现。

1. 重要性采样（Importance Sampling）

设存在函数 $f(x)$，则 $f(x)$ 的期望计算如下：

$$E_{x \sim p}[f(x)] \approx \frac{1}{N}\sum_{i=1}^{N}f(x_i)$$

其中，$f(x_i)$ 表示在 p 分布中采样的数据，现在对上式进行化简：

$$\begin{aligned} E_{x \sim p}[f(x)] &\approx \frac{1}{N}\sum_{i=1}^{N}f(x_i) \\ &= \int f(x)p(x)dx = \int f(x)\frac{p(x)}{q(x)}q(x)dx \\ &= E_{x \sim q}[f(x)\frac{p(x)}{q(x)}] \end{aligned}$$

此时，采样数据从原来的 p 分布中变化为从 q 分布中实现，这就是重要性采样的技巧。在这个式子中，$\frac{p(x)}{q(x)}$ 就是重要性权重。通过这个公式我们也可以想象到，理论上可以把 p 换成任何的 q。但是在实现上，p 和 q 不能差太多，因为两个随机变量的期望一样，并不代表方差一样。也就是说，只要对 p 这个分布采样足够多次，q 这个分布采样足够多次，得到的结果会是一样的。但是如果采样的次数不够多，它们的方差差距有可能存在非常大的差别。

因此，当 p 和 q 相差不大的时候，可以将原来的 on-policy 变成 off-policy，让一个 agent 使用一种策略 $\pi_{\theta'}$ 跟环境做互动，用此时收集到的数据去训练另一个策略 π_θ。这意味着可以把策略 $\pi_{\theta'}$ 收集到的数据使用多次，即用同样的数据执行梯度上升公式多次进行参数的更新，这样会提升执行的效率。也就是说，off-policy 的好处在于 θ 可以更新参数很多次，一直到 θ 训练到一定的程度，更新很多次以后，θ' 再重新去做采样。因此原先的 Policy Gradient 的更新公式可以修改为下式：

$$\nabla J(\theta) = \sum_{\tau} R(\tau) P(\tau|\theta) \nabla \log P(\tau|\theta)$$

$$\downarrow$$

$$\nabla J(\theta') = \sum_{\tau} R(\tau) \frac{P(\tau|\theta)}{q(\tau|\theta')} q(\tau|\theta') \nabla \log q(\tau|\theta'), \ \text{s.t} \ KL(\theta,\theta') < \sigma$$

如上所示,如果不希望 θ 与 θ' 的差距过大,在实际使用过程中就要想办法约束它。此时可以采用 KL 散度,KL 散度也称为相对熵,可以用来衡量两个分布之间的差异性。可以对目标函数增加一个约束条件,让二者之间的 KL 散度小于事先规定的某个 δ 值。

2. PPO 算法

将 KL 散度作为惩罚项,上式可以改写如下:

$$J_{ppo}^{\theta'}(\theta) = J^{\theta'}(\theta) - \beta KL(\theta,\theta')$$

其中:

$$J^{\theta'}(\theta) = E_{(s_t,a_t) \sim \pi_{\theta'}} \left[\frac{p_\theta(a_t|s_t)}{p_{\theta'}(a_t|s_t)} R(\tau) \nabla \log q(\tau|\theta') \right]$$

$$= E_{(s_t,a_t) \sim \pi_{\theta'}} \left[\frac{p_\theta(a_t|s_t)}{p_{\theta'}(a_t|s_t)} A^{\theta'}(s_t,a_t) \right]$$

3. PPO2 算法

除了上面的 PPO 算法之外,还有另一种更为常用的算法,即 PPO2 算法,效果比 PPO 要好一些。

$$J_{ppo2}^{\theta'}(\theta) = \sum_{(s_t,a_t)} \min\left(\frac{p_\theta(a_t|s_t)}{p_{\theta'}(a_t|s_t)} A^{\theta'}(s_t,a_t), \right.$$

$$\left. \text{clip}\left(\frac{p_\theta(a_t|s_t)}{p_{\theta'}(a_t|s_t)}, 1-\varepsilon, 1+\varepsilon \right) A^{\theta'}(s_t,a_t) \right)$$

PPO2 引入了 clip 函数,clip 函数的意思是,在括号里有 3 项,如果第 1 项小于第 2 项的话,那就输出 $1-\varepsilon$,第 1 项如果大于第 3 项的话,那就输出 $1+\varepsilon$。也就是说,第 1 项如果在第 2 项和第 3 项形成的区间内,就输出第 1 项,小于第 2 项时输出第 2 项,大于第 3 项时输出第 3 项。ε 是一个超参数,实际计算的时候可以设成 0.1 或 0.2。

范例 16-1:模拟月球登陆器在月球登陆的实现

目的:本范例使用 PPO 算法模拟月球登陆器在月球登陆,从零开始学习,寻找安全地点降落。

2020 年 12 月 1 日,中国嫦娥五号登月器和上升飞行器脱离轨道器,成功地在月球表面着陆。嫦娥五号采用软着陆方式,这实际上是人工智能的自主决策。"探测器非常聪明,它一直晃来晃去地拍照,琢磨这个地点安全不安全,如果 4 个点不能在一致的水平面上,是会翻车的。"嫦娥五号登月器一直在边走边找,最后做出判断和决策。下面就使用强化学习算法模拟月球登陆器在月球登陆,如图 16-1 所示。

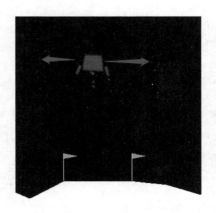

图 16-1 月球登陆车模拟实验

模拟的月球登陆车要安全登陆到图中两个小旗中间,由于小车开始并不知如何降落,在某一时刻,登陆车可能左移,也可能右移,还可能降落到小旗之外的区域。通过不断尝试,在空中左右移动,根据不同状态得到奖励,基于强化学习算法进行学习。

整个代码包含以下三部分。

1. 主函数。

2. PPO算法。

3. ActorCritic算法。

这个案例使用PPO算法进行学习。首先导入所需要的库函数,代码如下。

```
import torch
import torch.nn as nn
from torch.distributions import Categorical
import gym
```

注意:这个案例不仅要安装gym,而且还要安装两个库函数(box2d和box2d-kengz)。此外,这个代码最好在Linux系统下调试,因为在Windows系统下安装库函数时,有可能会与其他库函数产生冲突。

1. 主函数

主函数中首先定义网络的超参数,代码如下。

```
#命名学习环境为LunarLander-v2,这个环境是系统提供的
env_name = "LunarLander-v2"
# 创建环境
env = gym.make(env_name)
#定义环境中的状态空间和行动空间的维度
state_dim = env.observation_space.shape[0]
action_dim = 4
#定义是否显示图形化的着陆过程,如果显示,则执行过程较慢
render = False
solved_reward = 230          # 当平均奖励超过solved_reward值时,停止训练
log_interval = 20            # 打印平均奖励的间隔
```

```
max_episodes = 50000        # 最大训练回合数
max_timesteps = 300         # 每个训练回合最大的时间步长
n_latent_var = 64           # 隐藏层神经元的数目
update_timestep = 2000      # 经过多少时间步长更新策略
lr = 0.002
betas = (0.9, 0.999)
gamma = 0.99                # 定义折扣因子
K_epochs = 4                # 定义多少回合进行更新策略
eps_clip = 0.2              # clip参数
random_seed = None
```

上面的代码定义了整个强化学习过程中的超参数,也可以自己调整为其他参数,测试一下效果。

在学习过程中,如果想更新网络参数,必须使用当前网络训练一段时间,得到一定量的数据,例如某一状态下采取的行动,得到的奖励,通过不断地与环境进行交换,把这些数据保存下来用于后面更新网络参数。因此定义一个保存这些数值的memory类,在主程序中,首先初始化memory类,然后调用PPO算法,如下所示。

```
memory = Memory()
ppo = PPO(state_dim, action_dim, n_latent_var, lr, betas, gamma, K_epochs, eps_clip)
```

下面的代码是训练循环过程。

```
for i_episode in range(1, max_episodes+1):
#每次游戏开始进行初始化
    state = env.reset()
    for t in range(max_timesteps):游戏
        timestep += 1
        # 运行PPO算法中的policy_old策略,根据当前状态计算下一步的行为
        action = ppo.policy_old.act(state, memory)
#根据行为计算新的状态、奖励、是否终止及额外的调试信息
        state, reward, done, _ = env.step(action)
        # 把上面获得的奖励保存起来:
        memory.rewards.append(reward)
        memory.is_terminals.append(done)
        # 根据定义的更新时间步长进行更新
        if timestep % update_timestep == 0:
            ppo.update(memory)
            memory.clear_memory()
            timestep = 0
        #计算累加奖励
        running_reward += reward
#是否显示图形过程
        if render:
            env.render()
        if done:
            break
    #累计步长
    avg_length += t
```

```
    # 当平均奖励超过超参数solved_reward的值时,停止训练
    if running_reward > (log_interval*solved_reward):
        print("########## Solved! ##########")
        torch.save(ppo.policy.state_dict(), './PPO_{}.pth'.format(env_name))
        break


    # 记录日志信息
    if i_episode % log_interval == 0:
        avg_length = int(avg_length/log_interval)
        running_reward = int((running_reward/log_interval))
        #打印中间结果
        print('Episode {} \t avg length: {} \t reward: {}'.format(i_episode,
avg_length, running_reward))
        running_reward = 0
        avg_length = 0
```

在训练过程中,每次游戏过程都重新初始化,并且规定每次游戏最多可以完成的步数。每一步都运行PPO算法中的policy_old策略,根据当前状态计算下一步的行为,以及行为引起的状态、奖励等数值,并保存这些数值用于后续网络的更新,然后根据设置的更新时间确定是否更新网络参数。此处设置的时间步数为2000,当数据累积到2000步之后,使用PPO算法更新网络参数。同时,定义网络训练的停止条件和中间日志信息的记录和显示。这段主程序运行过程中多次调用PPO算法,下面就看一下PPO算法的实现。

2. PPO算法

下面看一下PPO算法的实现过程,在PPO算法中输入前面定义的超参数进行训练。根据前面算法的原理介绍可知,网络初始化需要定义两个策略,一个用于更新,另一个用于训练。此外,优化器使用Adam方法,损失误差使用均方误差,代码如下。

```
self.policy = ActorCritic(state_dim, action_dim, n_latent_var).to(device)
self.optimizer = torch.optim.Adam(self.policy.parameters(), lr=lr, betas=betas)
self.policy_old = ActorCritic(state_dim, action_dim, n_latent_var).to(device)
self.policy_old.load_state_dict(self.policy.state_dict())
self.MseLoss = nn.MSELoss()
```

这段代码中的policy_old用于与环境进行交换,得到数据,policy用于更新参数。

下面就来看一下PPO算法是如何更新策略的。

```
def update(self, memory):
    # 计算奖励的折扣数值,因为不同时刻的奖励对最终的累积奖励影响不同:
    rewards = []
    discounted_reward = 0
    for reward, is_terminal in zip(reversed(memory.rewards), reversed(memory.
is_terminals)):
        if is_terminal:
            discounted_reward = 0
        discounted_reward = reward + (self.gamma * discounted_reward)
        rewards.insert(0, discounted_reward)
```

```python
    # 归一化所有的奖励:
    rewards = torch.tensor(rewards, dtype=torch.float32).to(device)
    rewards = (rewards - rewards.mean()) / (rewards.std() + 1e-5)
    # 将状态、行为及概率转换为tensor格式
    old_states = torch.stack(memory.states).to(device).detach()
    old_actions = torch.stack(memory.actions).to(device).detach()
    old_logprobs = torch.stack(memory.logprobs).to(device).detach()
    # 使用最优策略优化 K 次:
    for _ in range(self.K_epochs):
        # 使用旧的状态和行为进行评估:
        logprobs, state_values, dist_entropy = self.policy.evaluate(old_states,
old_actions)
        # 计算新旧策略的比值:
        ratios = torch.exp(logprobs - old_logprobs.detach())
        # 使用奖励和状态值计算advantages的值,使用PPO2迭代公式计算损失值:
        advantages = rewards - state_values.detach()
        surr1 = ratios * advantages
        surr2 = torch.clamp(ratios, 1-self.eps_clip, 1+self.eps_clip) * advantages
        loss = -torch.min(surr1, surr2) + 0.5*self.MseLoss(state_values, rewards) -
0.01*dist_entropy
        # 进行梯度优化
        self.optimizer.zero_grad()
        loss.mean().backward()
        self.optimizer.step()
    # 将更新过的策略的参数复制到旧的策略中:
    self.policy_old.load_state_dict(self.policy.state_dict())
```

由于不同时刻的奖励对最终的奖励影响程度不同,因此计算奖励的折扣数值,然后使用保存的数值对网络参数更新事先定义的次数,这也保证了在游戏过程中采集到的数据不会只使用一次。更新网络参数的过程中,首先使用奖励和状态值计算advantages的值,然后使用PPO2迭代公式计算损失值,并进一步使用梯度反向计算权值,进行网络参数的更新,最后将更新过的策略对应的参数复制到旧的策略中,用于下一轮的数据采集。

3. ActorCritic算法

PPO算法中使用ActorCritic定义策略,ActorCritic中包含多个方法,因此定义成类,其中初始化函数定义如下。

```python
def __init__(self, state_dim, action_dim, n_latent_var):
    super(ActorCritic, self).__init__()
    # 定义actor的初始化网络参数,共三层网络
    self.action_layer = nn.Sequential(
            nn.Linear(state_dim, n_latent_var),
            nn.Tanh(),
            nn.Linear(n_latent_var, n_latent_var),
            nn.Tanh(),
            nn.Linear(n_latent_var, action_dim),
            nn.Softmax(dim=-1)
```

```
        )
    # 定义critic的初始化网络参数,使用三层网络
    self.value_layer = nn.Sequential(
            nn.Linear(state_dim, n_latent_var),
            nn.Tanh(),
            nn.Linear(n_latent_var, n_latent_var),
            nn.Tanh(),
            nn.Linear(n_latent_var, 1)
            )
```

可以看出,在这个初始化过程中,分别定义了actor和critic网络,两个网络都是三层神经网络。actor网络最后使用softmax函数计算输出,critic网络使用线性网络计算输出,中间层的激活函数都使用Tanh函数。

其中定义actor的行为及计算critic的数值的代码如下。

```
def act(self, state, memory):
#根据状态计算行为
    state = torch.from_numpy(state).float().to(device)
    action_probs = self.action_layer(state)
#按照给定的概率分布来进行采样
    dist = Categorical(action_probs)
    action = dist.sample()
    #保存状态、行为及概率值
    memory.states.append(state)
    memory.actions.append(action)
    memory.logprobs.append(dist.log_prob(action))
    return action.item()
# 定义评估函数
def evaluate(self, state, action):
action_probs = self.action_layer(state)
    dist = Categorical(action_probs)
    #计算行为的概率
    action_logprobs = dist.log_prob(action)
    dist_entropy = dist.entropy()
    #计算网络评估的状态值,判断网络的效果
    state_value = self.value_layer(state)
    return action_logprobs, torch.squeeze(state_value), dist_entropy
```

其中Actor负责生成动作(Action)并和环境交互,Critic负责评估Actor的表现,并指导Actor下一阶段的动作。

最终实现的登陆效果如图16-2所示。

图16-2　登陆器经过训练安全着陆

16.2　Actor-Critic算法

Actor-Critic算法是一种增强学习算法,采用基于策略(Policy-Based)和价值(Value-Based)相结合的方法,通过结果的奖惩信息计算不同状态下不同动作被采用的概率,又称为AC算法。

16.2.1　Actor-Critic算法基本思想

Actor-Critic包括两部分——行为者(Actor)和评价家(Critic)。其中Actor使用前面介绍的策略函数,负责生成动作(Action)并和环境交互。而Critic使用之前讲到的价值函数,负责评估Actor的表现,并指导Actor下一阶段的动作。Actor基于概率选择行为,Critic基于Actor的行为评判行为的得分,Actor根据Critic的评分修改选择行为的概率。

在介绍使用Actor-Critic算法更新公式之前,先来看看Policy Gradient的梯度计算公式:

$$\nabla \overline{R_\theta} = E_{\tau \sim p_\vartheta(\tau)}(R(\tau)\nabla \log p_\vartheta(\tau)) \approx \frac{1}{N}\sum_{n=1}^{N}R(\tau_n)\sum_{t=1}^{T}\nabla \log(p(a_t|s_t,\theta))$$

这个期望中包含两项。奖励函数 $R(\tau)$,选择action获得的分数,是一个标量;$\nabla \log p_\vartheta(\tau)$ 给出 $\log p_\vartheta(\tau)$ 函数对于参数 θ 变化最快的方向,参数在这个方向上更新可以增大或降低 $\log p_\vartheta(\tau)$,也就是能增大或降低轨迹 τ 的概率;策略梯度的直观含义是增大高回报轨迹的概率,降低低回报轨迹的概率。

上面的公式是通过获得最大期望奖励推导出的,在Policy Gradient中,如果用 Q 函数来代替 R,同时创建一个Critic网络来计算 Q 函数值,也就是使用Q-Learning算法中的更新公式计算 Q 函数值,那么就得到了Actor-Critic方法,公式变为:

$$\nabla \overline{R_\theta} = \frac{1}{N}\sum_{n=1}^{N}Q(s_t,a_t,\omega)\sum_{t=1}^{T}\nabla \log(p(a_t|s_t,\theta))$$

根据梯度计算公式,Actor-Critic中Actor参数的更新公式可以简写为:

$$\theta = \theta + \alpha Q(s_t,a_t,\omega)\nabla\log(p(a_t|s_t,\theta))$$

16.2.2　Actor-Critic算法的更新公式

首先定义三个函数：策略的价值函数、动作价值函数和优势函数。

策略的价值函数（Value Function）为$V(s)$，是期望的折扣回报（Expected Discounted Return），可以看作是下面的迭代的定义：

$$V(s) = E_{\pi(s)}[r + \gamma V(s')]$$

即当前状态s所能获得的回报（Return），是下一个状态s'所能获得回报和在状态转移过程中所得到奖励r的和的期望。

定义动作价值函数（Action Value Function）$Q(s,a)$如下：

$$Q(s,a) = r + \gamma V(s')$$

并且定义一个优势函数（Advantage Function）$A(s,a)$如下：

$$A(s,a) = Q(s,a) - V(s)$$

优势函数$A(s,a)$表达了在状态s下，选择动作a有多好。如果动作a比平均要好，那么优势函数$A(s,a)$就是正的，否则就是负的。

因此，如果基于状态价值函数进行评估，Actor-Critic中Actor参数的更新公式变为：

$$\theta = \theta + \alpha V(s,\omega)\nabla\log(p(a_t|s_t,\theta))$$

16.2.3　Advantage Actor-Critic（A2C）算法

前面介绍过，为了平衡算法中没有采取的动作需要增加一个基线，使反馈有正有负，同样的方式也可以优化Actor-Critic算法，这里的基线通常用状态的价值函数来表示：

$$\nabla \overline{R_\theta} = \frac{1}{N}\sum_{n=1}^{N}(Q(s_t,a_t,\omega) - V(s_t))\sum_{t=1}^{T}\nabla\log(p(a_t|s_t,\theta))$$
$$= \frac{1}{N}\sum_{n=1}^{N}A(s,a,\omega)\sum_{t=1}^{T}\nabla\log(p(a_t|s_t,\theta))$$

其中$A(s,a,\omega)$就是优势函数，如果基于优势函数进行评估，Actor-Critic中Actor参数的更新公式变为：

$$\theta = \theta + \alpha A(s,a,\omega)\nabla\log(p(a_t|s_t,\theta))$$

对Critic来说，对估计的Q值和实际Q值的平方误差进行更新，其loss可以定义为：

$$\text{loss} = \frac{1}{N}\sum_{n=1}^{N}\sum_{t=1}^{T}(r_t + V(s_{t+1}) - V(s_t))$$

运行一次得到的sample可以给我们提供一个$Q(s,a)$函数的无偏估计。根据优势函数的公式$A(s,a) = Q(s,a) - V(s)$，只需要知道价值函数$V(s)$，就可以计算优势函数$A(s,a)$。这个价值函数是容易使用神经网络进行计算的。可以将价值函数（Value Function）和动作价值函数（Action-Value Function）一起进行预测。最终的网络框架如图16-3所示。

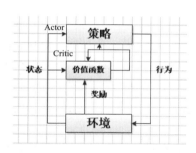

图16-3　A2C算法网络更新图

这个网络需要优化两个内容：Actor和Critic。其中Actor优化策略，使其表现得越来越好；而Critic尝试估计价值函数，使其更加准确。简单来讲，就是Actor执行动作，Critic进行评价，说这个动作的选择是好是坏。

16.2.4　Asynchronous Advantage Actor-Critic（A3C）算法

在日常生活中，例如学习下棋，如果总是和同一个人下，期望能提高棋艺，这当然没有问题，但是到一定程度就再难提高了，此时最好的方法是另寻高手切磋。平时学习也是一样，要多做不同的模拟题进行锻炼，这就是A3C算法的基本思想。A3C算法利用多线程的方法，同时在多个线程里面分别和环境进行交互学习，每个线程都把学习的成果汇总起来，最后主线程收集这些学习成果，进行参数的更新。

A3C主要采用了异步训练框架，如图16-4所示。

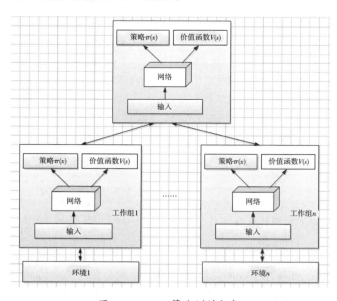

图16-4　A3C算法训练框架

有一个主网络，n个子线程，每个线程里有和公共的神经网络一样的网络结构，这些网络结构实际上就是一个A2C的网络，每个线程会独立地和环境进行交互得到经验数据，线程彼此之间互不干扰,独立运行。

A3C主要有两个操作,一个是pull操作,另一个是push操作。pull操作是指把主网络的参数直接赋予每个子网络;push操作是指使用各Worker中的梯度对主网络的参数进行更新。

整个过程中,主网络模型就是要学习的模型,而线程里的每个子网络模型主要是用于和环境交互,这些线程里的模型可以帮助线程更好地和环境交互,拿到高质量的数据帮助模型更快收敛。整个过程中的损失函数为:

$$Total_{loss} = Policy_{loss} + \alpha*Value_{loss} + \beta*Entropy_{loss}$$

$$Policy_{loss} = -E\sum_{t=1}^{T}\log \pi_{\theta}\left(a_{t}|s_{t}\right)A$$

$$Value_{loss} = E\left[\frac{1}{2}\sum_{t=1}^{T}(R(\tau) - V(s_{t};\theta_{v}))^{2}\right]$$

$$Entropy_{loss} = -H(\log \pi_{\theta}\left(a_{t}|s_{t}\right))$$

概括起来,A3C算法的主要思想是通过多个智能体并行学习并整合其所有经验,并不是像在DQN中只有一个智能体来学习最优策略,这里有多个智能体与环境交互。由于同时有多个智能体与环境交互,因此需对每个智能体提供环境副本,以便每个智能体都能与其各自的环境副本进行交互。每个智能体网络架构有两种类型的输出:行为者Actor和评论家Critic。行为者Actor的作用是学习一种策略,而评论家Critic的作用是对行为者所学习的策略评估其好坏。

范例16-2:采用A3C算法对倒立摆的摆动过程进行学习,通过学习使其保持平衡状态

目的:该任务是倒立摆杆,起始位置随机,如图16-5所示,让倒立摆左右移动,最终目的是让其倒立,如图16-6所示。本范例使用A3C算法实现这个强化学习。

图16-5　倒立摆初始随机状态

图16-6　倒立摆最终状态

分析:前面已经介绍过,A3C算法实际上就是将Actor-Critic放在了多个线程中进行同步训练,可以想象成几个人同时在玩一样的游戏,而他们玩游戏的经验都会同步上传到一个中央大脑,然后他们又从中央大脑中获取最新的玩游戏方法。为了实现A3C算法,需要创建两套体系,一套是中央大脑拥有全局的网络global net和相应的参数,另一套是每位玩家有一个global net的副本,是局部的local net,这个局部网络可以定时向全局的网络global net推送更新,然后定时从全局的网络global net获取综合版的更新参数。

整个程序由三部分构成：AC算法模块、定义每一个局部网络工作的模块、主函数调用模块。
首先导入所需要的模块，如下所示。

```
import multiprocessing
import threading
import tensorflow as tf
import numpy as np
import gym
import os
import shutil
import matplotlib.pyplot as plt
```

1. AC算法模块

下面来看一下AC算法的代码，为了便于调用，定义成一个类，这个class可以被调用生成一个全局网络，也能被调用生成一个局部网络，因为它们的结构是一样的。该方法的初始化方法如下所示。

```
def __init__(self, scope, globalAC=None):
# 根据scope的值，确定创建的是全局网络还是局部网络
        if scope == GLOBAL_NET_SCOPE:
#创建全局网络和对应的参数
            with tf.variable_scope(scope):
                self.s = tf.placeholder(tf.float32, [None, N_S], 'S')
                self.a_params, self.c_params = self._build_net(scope)[-2:]
        else:    # 创建局部网络及对应的参数
            with tf.variable_scope(scope):
                self.s = tf.placeholder(tf.float32, [None, N_S], 'S')
                self.a_his = tf.placeholder(tf.float32, [None, N_A], 'A')
                self.v_target = tf.placeholder(tf.float32, [None, 1], 'Vtarget')
            #使用build_net构建网络的均值、方差及相关的参数
                mu, sigma, self.v, self.a_params, self.c_params = self._build_net
(scope)
                td = tf.subtract(self.v_target, self.v, name='TD_error')
            # 计算 critic loss
    with tf.name_scope('c_loss'):
                    self.c_loss = tf.reduce_mean(tf.square(td))
                #计算均值和方差
                with tf.name_scope('wrap_a_out'):
                    mu, sigma = mu * A_BOUND[1], sigma + 1e-4
                #构建正态分布
                normal_dist = tf.distributions.Normal(mu, sigma)
                #计算 actor loss
    with tf.name_scope('a_loss'):
                    log_prob = normal_dist.log_prob(self.a_his)
                    exp_v = log_prob * tf.stop_gradient(td)
                    entropy = normal_dist.entropy()  # encourage exploration
                    self.exp_v = ENTROPY_BETA * entropy + exp_v
                    self.a_loss = tf.reduce_mean(-self.exp_v)
            # 根据局部参数选择action
```

```
                 with tf.name_scope('choose_a'):
                       self.A = tf.clip_by_value(tf.squeeze(normal_dist.sample(1), axis=
0), A_BOUND[0], A_BOUND[1])
                 #计算更新的梯度
 with tf.name_scope('local_grad'):
                       self.a_grads = tf.gradients(self.a_loss, self.a_params)
                       self.c_grads = tf.gradients(self.c_loss, self.c_params)
          #进行同步
            with tf.name_scope('sync'):
#执行pull操作,将全局网络的参数pull到局部网络
                 with tf.name_scope('pull'):
                       self.pull_a_params_op = [l_p.assign(g_p) for l_p, g_p in zip
(self.a_params, globalAC.a_params)]
                       self.pull_c_params_op = [l_p.assign(g_p) for l_p, g_p in zip
(self.c_params, globalAC.c_params)]
#执行push操作,将局部网络的参数送到全局网络进行梯度计算
                 with tf.name_scope('push'):
                       self.update_a_op = OPT_A.apply_gradients(zip(self.a_grads,
globalAC.a_params))
                       self.update_c_op = OPT_C.apply_gradients(zip(self.c_grads,
globalAC.c_params))
```

下面的代码用于创建 Actor 和 Critic 网络。

```
def _build_net(self, scope):
        w_init = tf.random_normal_initializer(0., .1)
#构建actor网络,此处由三个全连接层组成
        with tf.variable_scope('actor'):
            l_a = tf.layers.dense(self.s, 200, tf.nn.relu6, kernel_initializer=
w_init, name='la')
            mu = tf.layers.dense(l_a, N_A, tf.nn.tanh, kernel_initializer=w_init,
name='mu')
            sigma = tf.layers.dense(l_a, N_A, tf.nn.softplus, kernel_initializer=
w_init, name='sigma')
#构建critic网络,此处由两个全连接层组成
        with tf.variable_scope('critic'):
            l_c = tf.layers.dense(self.s, 100, tf.nn.relu6, kernel_initializer=
w_init, name='lc')
            v = tf.layers.dense(l_c, 1, kernel_initializer=w_init, name='v')  #
state value
        a_params = tf.get_collection(tf.GraphKeys.TRAINABLE_VARIABLES, scope=scope +
'/actor')
        c_params = tf.get_collection(tf.GraphKeys.TRAINABLE_VARIABLES, scope=scope +
'/critic')
        return mu, sigma, v, a_params, c_params
```

下面的代码由每个局部网络执行,用局部网络的游戏经验传送给全局网络,用于更新。

```
# 进行 push 操作
def update_global(self, feed_dict):  # run by a local
        SESS.run([self.update_a_op, self.update_c_op], feed_dict)  # local grads
```

```
applies to global net
```

下面的代码由每个局部网络执行,用于局部网络从全局网络得到更新过的参数。

```
# 进行 pull 操作
def pull_global(self):  # run by a local
        SESS.run([self.pull_a_params_op, self.pull_c_params_op])
```

下面的代码用于根据当前状态选择行为。

```
# 根据 s 选动作
 def choose_action(self, s):  # run by a local
        s = s[np.newaxis, :]
        return SESS.run(self.A, {self.s: s})[0]
```

2. 定义每一个局部网络工作的模块

每个worker创建的时候调用这个 class,定义自己的工作内容。

下面的代码是这个方法的初始化。

```
def __init__(self, name, globalAC):
# 创建自己的环境
    self.env = gym.make(GAME).unwrapped
    self.name = name
# 使用ACNet类创建local net,这个网络和全局网络globalAC的结构和参数一样
    self.AC = ACNet(name, globalAC)
```

下面是每个局部网络工作的过程,在工作中,根据当前状态计算下一步的行为及下一步的状态和奖励,并将每一时刻的状态、行为和奖励保存到定义的缓冲区中,并且计算每一步的累加奖励,最后把整个游戏回合中记录的信息传送给全局网络,用于全局网络的更新。

```
def work(self):
    global GLOBAL_RUNNING_R, GLOBAL_EP
    total_step = 1
#定义保存状态、行为和奖励的缓存
    buffer_s, buffer_a, buffer_r = [], [], []
    while not COORD.should_stop() and GLOBAL_EP < MAX_GLOBAL_EP:
        #每个回合重新设置环境
s = self.env.reset()
        ep_r = 0
        for ep_t in range(MAX_EP_STEP):
#对于第一个局部网络,显示图形运动界面
            if self.name == 'W_0':
                self.env.render()
#根据当前状态选择行为,然后根据行为确定下一步的状态、奖励等信息
            a = self.AC.choose_action(s)
            s_, r, done, info = self.env.step(a)
            done = True if ep_t == MAX_EP_STEP - 1 else False
            ep_r += r
# 将状态、行为和奖励添加到缓存
            buffer_s.append(s)
```

```
                buffer_a.append(a)
                buffer_r.append((r+8)/8)      # normalize
        # 每个UPDATE_GLOBAL_ITER步或回合结束之后，进行 sync 操作
                if total_step % UPDATE_GLOBAL_ITER == 0 or done:
 # 更新全部参数，然后分配给局部网络
# 获得用于计算TD error的下一state的value
                    if done:
                        v_s_ = 0   # terminal
                    else:
                        v_s_ = SESS.run(self.AC.v, {self.AC.s: s_[np.newaxis, :]})[0, 0]
# 定义保存所有累加奖励的缓存，计算累加奖励
                    buffer_v_target = []
                    for r in buffer_r[::-1]:
                        v_s_ = r + GAMMA * v_s_
                        buffer_v_target.append(v_s_)
                    buffer_v_target.reverse()
            #将游戏回合中的状态、行为、累加奖励生成字典文件，用于全局网络的更新
                    buffer_s, buffer_a, buffer_v_target = np.vstack(buffer_s), np.vstack
(buffer_a), np.vstack(buffer_v_target)
                    feed_dict = {
                        self.AC.s: buffer_s,
                        self.AC.a_his: buffer_a,
                        self.AC.v_target: buffer_v_target,
                    }
# 推送更新全局网络globalAC
                    self.AC.update_global(feed_dict)
# 清空缓存
                    buffer_s, buffer_a, buffer_r = [], [], []
# 获取 globalAC 的最新参数
                    self.AC.pull_global()
                s = s_
                total_step += 1
                if done:
                    if len(GLOBAL_RUNNING_R) == 0:
#记录运行回合的奖励
                        GLOBAL_RUNNING_R.append(ep_r)
                    else:
                        GLOBAL_RUNNING_R.append(0.9 * GLOBAL_RUNNING_R[-1] + 0.1 * ep_r)
#打印中间运行结果
                    print(
                        self.name,
                        "Ep:", GLOBAL_EP,
                        "| Ep_r: %i" % GLOBAL_RUNNING_R[-1],
                         )
                    GLOBAL_EP += 1
                    break
```

3. 主函数调用模块

在主函数中定义全局网络，并且根据电脑的CPU数量创建worker。

```
with tf.device("/cpu:0"):
#建立全局网络
    OPT_A = tf.train.RMSPropOptimizer(LR_A, name='RMSPropA')
    OPT_C = tf.train.RMSPropOptimizer(LR_C, name='RMSPropC')
    GLOBAL_AC = ACNet(GLOBAL_NET_SCOPE)
    workers = []
    # 创建每一个worker
    for i in range(N_WORKERS):
        i_name = 'W_%i' % i    # worker name
        workers.append(Worker(i_name, GLOBAL_AC))
```

下面的代码用于控制并行运算，分别创建不同的worker，让每一个worker在线程中进行工作，然后通过Coordinator()进行并行控制，协调工作。

```
# Coordinator()是Tensorflow 用于并行的工具
COORD = tf.train.Coordinator()
SESS.run(tf.global_variables_initializer())
worker_threads = []
# 下面代码循环创建每一个worker
for worker in workers:
    job = lambda: worker.work()
    t = threading.Thread(target=job)
    t.start()
    worker_threads.append(t)
# tf 的线程调度,协调不同的进行速度
COORD.join(worker_threads)
```

图16-7是最终训练结束后总的奖励图，可以看出，开始奖励很小，随着训练的进行，获得的累加奖励逐渐增加。

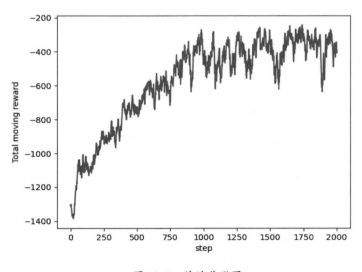

图16-7　总的奖励图

16.3 综合案例——超级马里奥的实现

范例16-3:超级马里奥的实现

目的:本范例使用A3C算法让机器自主学习玩转超级马里奥游戏,从零开始学习,寻找最优的通关模式。

相信大家小时候都玩过超级马里奥的电子游戏,如图16-8所示。马里奥是游戏中的角色,特征是大鼻子、头戴帽子、身穿背带裤,还留着胡子。在游戏中可以吃蘑菇变成超级马里奥,通过移动、跳跃等动作通过不同的关卡。下面就看一下如何通过强化学习的方法让AI自主学会玩游戏。

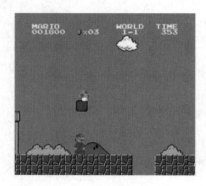

图16-8　超级马里奥游戏

整个程序代码包含训练train.py、测试test.py及模型构建model.py、环境构建env.py、最优化optimizer.py和训练过程处理process.py等代码。下面就看一下其中的主要代码部分。

1. 模型构建model.py

下面是模型构建代码。

```python
class ActorCritic(nn.Module):
    def __init__(self, num_inputs, num_actions):
        super(ActorCritic, self).__init__()
#使用四层卷积神经网络
        self.conv1 = nn.Conv2d(num_inputs, 32, 3, stride=2, padding=1)
        self.conv2 = nn.Conv2d(32, 32, 3, stride=2, padding=1)
        self.conv3 = nn.Conv2d(32, 32, 3, stride=2, padding=1)
        self.conv4 = nn.Conv2d(32, 32, 3, stride=2, padding=1)
#再使用一层LSTM网络,最后构建两个独立的全连接网络,一个用于actor功能,另一个用于critic功能
        self.lstm = nn.LSTMCell(32 * 6 * 6, 512)
        self.critic_linear = nn.Linear(512, 1)
        self.actor_linear = nn.Linear(512, num_actions)
        self._initialize_weights()

    def _initialize_weights(self):
```

```
        for module in self.modules():
#初始化各个网络层的权重和偏置
            if isinstance(module, nn.Conv2d) or isinstance(module, nn.Linear):
                nn.init.xavier_uniform_(module.weight)
                # nn.init.kaiming_uniform_(module.weight)
                nn.init.constant_(module.bias, 0)
            elif isinstance(module, nn.LSTMCell):
                nn.init.constant_(module.bias_ih, 0)
                nn.init.constant_(module.bias_hh, 0)


    def forward(self, x, hx, cx):
#网络前向计算,激活函数选择ReLU函数
        x = F.relu(self.conv1(x))
        x = F.relu(self.conv2(x))
        x = F.relu(self.conv3(x))
        x = F.relu(self.conv4(x))
        hx, cx = self.lstm(x.view(x.size(0), -1), (hx, cx))
#返回隐层和记忆单元的结果
        return self.actor_linear(hx), self.critic_linear(hx), hx, cx
```

由于马里奥游戏的画面是图形界面,里面有各种状态,因此网络采用四层卷积神经网络进行前端特征处理,然后通过一层LSTM网络将数据传送到两个独立的全连接网络,一个用于Actor功能,另一个用于Critic功能。网络前向传播每一层的激活函数使用ReLU函数。

2. 训练过程处理 process.py

这段代码主要包含local_train和local_test两个函数,分别用于定义模型训练和测试的主程序。下面就看一下如何让机器自主地进行训练和测试。

在训练过程中,首先创建环境和网络,代码如下。

```
#调用create_train_env函数创建游戏环境
env, num_states, num_actions = create_train_env(opt.world, opt.stage, opt.
action_type)
#调用ActorCritic创建学习的局部神经网络
local_model = ActorCritic(num_states, num_actions)
```

注意,由于A3C算法可以创建多个线程,每个线程可以单独地与环境进行交互,因此创建的模型为局部模型。每个局部模型与环境交互,进行学习的代码如下。

```
for _ in range(opt.num_local_steps):
#与外界环境交互num_local_steps步采集数据
    curr_step += 1
    logits, value, h_0, c_0 = local_model(state, h_0, c_0)
#创建局部模型,首层网络开始计算,获得输出的策略、熵等信息
    policy = F.softmax(logits, dim=1)
    log_policy = F.log_softmax(logits, dim=1)
    entropy = -(policy * log_policy).sum(1, keepdim=True)
    #对结果进行采样,确定采取的行为
    m = Categorical(policy)#采样
```

```
    action = m.sample().item()

    #根据采取的行为获取下一步的状态、奖励等信息
state, reward, done, _ = env.step(action)
    state = torch.from_numpy(state)
    #把每一步的结果保存起来用于后面更新网络参数
    values.append(value)
    log_policies.append(log_policy[0, action])
    rewards.append(reward)
    entropies.append(entropy)
```

这段代码是一个线程单独地与环境进行交互,采集数据。采集数据的步数由事先定义的超参数num_local_steps确定,每一步计算采取的行为以及下一步的状态、奖励等信息,并保存起来用于后面的网络更新。当网络数据采集到一定程度之后,就按照下面的代码进行梯度下降,更新权值。

```
for value, log_policy, reward, entropy in list(zip(values, log_policies, rewards,
entropies))[::-1]:
#根据A3C的公式分别计算优势函数、下一时刻的critic值及实际的损失值和熵值
    gae = gae * opt.gamma * opt.tau
    gae = gae + reward + opt.gamma * next_value.detach() - value.detach()
#Generalized Advantage Estimator 带权重的折扣项
    next_value = value
    actor_loss = actor_loss + log_policy * gae
    R = R * opt.gamma + reward
    critic_loss = critic_loss + (R - value) ** 2 / 2
    entropy_loss = entropy_loss + entropy
#计算总的损失值
total_loss = -actor_loss + critic_loss - opt.beta * entropy_loss
writer.add_scalar("Train_{}/Loss".format(index), total_loss, curr_episode)
#进行梯度传播,更新参数
optimizer.zero_grad()
total_loss.backward()
```

这段代码主要使用A3C的公式计算损失值,即"total_loss = −actor_loss + critic_loss − opt.beta * entropy_loss",然后根据损失值计算梯度,进行反向传播,更新网络参数。当模型训练完成后,就可以使用测试代码进行测试,测试代码和训练代码类似,只是没有反向传播的梯度计算部分。

3. 主函数 model.py

在主函数中,定义环境及创建主线程模型,主线程模型用于汇集各子线程的模型,进行参数的更新。下面是主要代码。

```
#创建游戏环境
env, num_states, num_actions = create_train_env(opt.world, opt.stage, opt.
action_type)
#创建全部模型
global_model = ActorCritic(num_states, num_actions)
```

然后在主函数中分别调用处理过程中的训练和测试函数,如下所示。

```
local_train(0, opt, global_model, optimizer, True)
local_test(opt.num_processes, opt, global_model)
```

利用卷积神经网络来识别游戏马里奥的状态,并利用增强学习算法做出动作选择,然后根据新的返回状态和历史状态来计算reward函数从而反馈给Q函数进行迭代,不断地训练直到游戏能够通关。

16.4 高手点拨

数据不足的时候怎么办?

数据增强方法是指将数据集的数量增大十倍以上,从而极大化利用小样本集中的每个样本,使之也可以训练得到一个较好的模型。数据增强方法还可以提高模型的鲁棒性,防止其在训练中出现过拟合的现象。

常用的数据增强方法如下。

(1)平移(Shift)变换:对原始图片在图像平面内以某种方式(预先定义或以随机方式确定平移的步长、范围及方向)进行平移。

(2)翻转(Flip)变换:沿竖直或水平方向对原始图片进行翻转。

(3)随机裁剪(Random Crop):随机定义感兴趣的区域以裁剪图像,相当于增加随机扰动。

(4)噪声扰动(Noise):对图像随机添加高斯噪声或椒盐噪声等。

(5)对比度变换(Contrast):改变图像对比度,相当于在HSV空间中保持色调分量H不变,而改变亮度分量V和饱和度S,用于模拟现实环境的光照变化。

(6)缩放变换(Zoom):以设定的比例缩小或放大图像。

(7)尺度变换(Scale):与缩放变换有点类似,不过尺度变换的对象是图像内容而非图像本身(可以参考SIFT特征提取方法),构建图像金字塔以得到不同大小、模糊程度的图像。

16.5 编程练习

使用基于Policy的算法实现CartPole,通过强化学习让Agent控制cart,使pole尽量长时间不倒。

16.6 面试真题

(1)简述on-policy和off-policy的区别。

(2)在强化学习中,Value-Based和Policy-Based的区别是什么?

第 17 章

神经网络模型算法

    人工神经网络（Artificial Neural Network，简写为 ANN）也简称为神经网络，是一种模仿动物神经网络行为特征，进行分布式并行信息处理的算法模型。最近十多年来，人工神经网络的研究工作不断深入，已经取得了很大的进展，在模式识别、智能机器人、自动控制、生物、医学、经济等领域已成功地解决了许多实际问题，表现出了良好的智能特性。本章重点介绍神经网络模型中常用的算法。

17.1 神经网络概述

在机器学习和相关领域,人工神经网络的计算模型灵感来自动物的中枢神经系统(尤其是脑),并且被用于估计或可依赖于大量的输入和一般的未知近似函数。

人工神经网络是对人脑神经网络进行抽象,按不同的连接方式组成的网络。从神经网络的诞生一直发展到现在,中间既有热潮时期,也有低潮时期,大致分为诞生期、发展期、繁荣期。

1. 神经网络诞生期(20世纪40至60年代)

1943年,神经病学家和神经元解剖学家W.S.McCulloch与数学家W.A.Pitts提出神经元M-P模型,并且证明了只要有足够的简单神经元,在这些神经元互相连接并同步运行的情况下,可以模拟任何计算函数。尽管现在看来M-P模型过于简单,并且观点也不是完全正确,不过这个模型被认为是第一个仿生学的神经网络模型,他们提出的很多观点一直沿用至今,比如说他们认为神经元有两种状态,兴奋或抑制。他们最重要的贡献就是开创了神经网络这个研究方向,为今天神经网络的发展奠定了基础。

1949年,心理学家Donald Olding Hebb提出了Hebb算法,提出"连接主义"(Connectionism)的思想,表明大脑的活动是靠脑细胞的组合连接实现的,如果源神经元和目的神经元均被激活,它们之间突触的连接强度将会增强,并且指出在神经网络中,信息存储在神经元之间的连接权值中。所提到的权值的思想也被应用到了我们目前所使用的神经网络中,可以通过调节神经元之间的连接权值来得到不同的神经网络模型,实现不同的应用。

1958年,计算机学家Frank Rosenblatt提出了一种神经网络结构,称为感知器(Perceptron),这个感知器模型是世界上第一个真正意义上的人工神经网络。感知器提出之后,在20世纪60年代掀起了神经网络研究的第一次热潮。这股感知器热潮持续了10年,直到1969年,人工智能的创始人之一的M.Minsky和S.Papert指出,简单神经网络只能运用于线性问题的求解,能够求解非线性问题的网络应具有隐层,而从理论上还不能证明将感知器模型扩展到多层网络是有意义的。由于M.Minsky在学术界的地位和影响,其悲观论点极大地影响了当时的人工神经网络研究,为刚刚燃起希望之火的人工神经网络泼了盆冷水,神经网络的研究也进入低潮时期。

2. 神经网络发展期(20世纪80至90年代)

1982年,美国物理学家John J.Hopfield博士提出了Hopfield神经网络。他引用了物理力学的分析方法,把网络作为一种动态系统并研究这种网络动态系统的稳定性。1985年,G.E.Hinton和T.J.Sejnowski借助统计物理学的概念和方法提出了一种随机神经网络模型——玻尔兹曼机(Boltzmann Machine)。1986年,Rumelhart、Hinton、Williams提出了BP(Back Propagation)算法(多层感知器的误差反向传播算法)。使用BP算法的多层神经网络也称为BP神经网络(Back Propagation Neural Network)。到今天为止,BP算法仍然是非常基础的算法,在很多数据处理中被加以应用,目前深度网络模型基本上都是在这个算法的基础上发展出来的。

3. 神经网络繁荣期(2006年至今)

2006年,多伦多大学的教授Geoffrey Hinton提出了深度学习,指出多层人工神经网络模型有很强的学习能力特征,深度学习模型学习得到的特征数据对原始数据有更好的代表性,这将大大便于分类和可视化。Hinton在论文中提出了一种新的网络结构——深度置信网络(Deep Belief Net,简称DBN),这种网络使训练深层的神经网络成为可能。2012年,Hinton课题组为了证明深度学习的潜力,首次参加ImageNet图像识别比赛,通过卷积神经网络AlexNet一举夺得冠军。也正是由于该比赛,卷积神经网络吸引了众多研究者的注意。2016年的人工智能围棋比赛中,由谷歌(Google)旗下的DeepMind公司开发的AlphaGo战胜了世界围棋冠军李世石。今天,图像识别、视频跟踪、自然语言理解、无人驾驶等很多应用出现在日常生活的方方面面。

17.2 神经元模型和神经网络模型

人工神经网络对人脑神经元网络进行抽象,按不同的连接方式组成不同的网络。神经网络是一种运算模型,由大量的节点(或称神经元)相互连接构成。每个节点代表一种特定的输出函数,称为激励函数(Activation Function)。每两个节点间的连接都代表一个通过该连接信号的加权值,称为权重,这相当于人工神经网络的记忆。网络的输出则根据网络的连接方式、权重值和激励函数的不同而不同。

17.2.1 神经元模型

神经网络模型是受人脑的神经元启发设计出来的。图17-1是一幅示意图,粗略地描绘了人体神经元与简化后的神经元的数学模型。

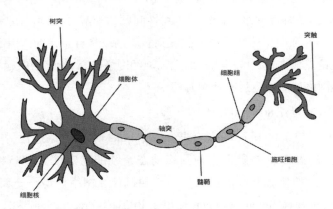

图17-1 人体神经元模型

神经元主要由细胞核、轴突、树突和突触组成,一个神经元具有多个树突,主要用来接收传入信息,接收到的信息在细胞核内经过一系列的计算,最终产生一个信号传递到轴突,轴突只有一条,轴突尾端有许多轴突末梢可以给其他神经元传递信息。轴突末梢跟其他神经元的树突产生连接,从而传递信号。这个连接的位置在生物学上叫作"突触"。也就是说,一个神经元接入了多个输入,最终只变成一个输出,而这个输出又可以传递给后面的神经元,基于此,可以尝试去构造一个类似的结构,如图17-2所示。

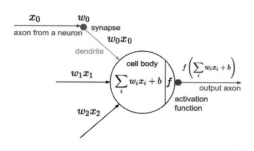

图17-2　抽象的神经元模型

神经元抽象出来的数学模型表达式为$\vec{y} = f(\sum\limits_{i=1}^{n} w_i x_i + b)$,其中$x$是当前神经元的输入向量,$x = (x_1, x_2, \cdots, x_n)$,$x_i$表示前面第$i$个神经元的输入值,$\vec{y}$是神经元的输出向量。$w$为权重矩阵,$w_1, w_2, \cdots, w_n$,分别是前面第$i$个神经元与当前神经元之间的连接权重,也是突触的传递效率,w_i通常情况下是一些随机值,其初值设定将会直接影响之后的训练过程,以及最终整个模型的性能,神经网络的各种模型主要就是学习这个权值。b是偏移量,可以用来避免输出为零的情况,加入偏置后增加了函数的灵活性,提高了神经元的拟合能力,并且能够加速某些操作。$f()$是激励函数,其输入为$\sum\limits_{i=1}^{n} w_i x_i + b$,其输出作为这个神经元的输出,该输出值看作信号的强度,或者神经元被激活和传导信号的结果。因此,神经元模型可以看作每个神经元对于输入和权重做内积,加上偏移量b,然后通过激励函数,最后输出结果。

17.2.2　神经网络模型

一般神经网络模型是将多个神经元模型联结在一起,一个神经元的输出作为另一个神经元的输入。例如,图17-3就是一个多层神经网络的拓扑结构,由输入层、隐藏层、输出层构成。多层神经网络是层级结构,不存在跨层连接,每层神经元与下一层神经元全互连,同层神经元不存在连接。隐藏层可以根据实际需要有多个。

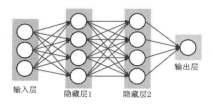

图17-3　多层神经网络的拓扑结构

神经元之间具有连接的连接线,每个连接线对应一个不同的权重,这需要通过模型训练得到。输入层仅接受输入,不进行计算,隐藏层是具有计算能力的功能神经元。输入层和输出层的神经元个数取决于输入数据特征个数和输出数据的类别个数,例如,对于图片数据而言,输入层的每个神经元表示的是输入图片对应位置的像素数值,输出层的神经元数依赖数据集的类别。对于CIFAR-10数据集,输入层的维数即$32 \times 32 \times 3$,共3072个神经元,输出层维数是10,即对应数据集的10个标签。中间的隐藏层可以有任意层,每层的神经元的个数也可以有任意个。

17.2.3　神经网络的训练和识别过程

(1)收集训练集:包括输入及对应类别标签的数据,每个数据叫作训练样本。

(2)设计网络结构:确定层数、每一隐藏层的节点数和激活函数、输出层的损失函数、训练数据、权重矩阵、偏移向量和网络输出对应的矩阵维度。

(3)数据预处理:将所有样本的输入数据和标签处理成能够使用神经网络的数据,并优化数据以便让训练易于收敛。

(4)权重初始化:在训练前,权重可以取随机值,权重初值决定了损失函数训练网络的损失值的初值。

(5)训练网络:对所有样本按照下面的步骤进行训练,直到达到算法迭代结束条件。

① 信号的前向传播:从输入层经过隐藏层,最后到达输出层,进行下面的运算。

正向传递:用训练集中的每个数据作为输入数据,经过神经网络计算出输出值。

计算损失值:根据选用的损失函数对输出值和标签计算损失值。

② 误差的反向传播,从输出层到隐藏层,最后到输入层,进行下面的运算。

计算梯度:从损失值开始反向传播计算各层神经元的权重与阈值对应的梯度。

更新权重:更新所有权重和阈值。

(6)预测/识别新值:训练完毕后,可以利用训练的网络来预测新的输入数据,此时输出值的预测结果较好。

17.2.4　激励函数

激励函数是神经元模型中的重要组成部分,激励函数一般用于神经元模型根据输入的信号,通过激励函数的转换之后作为下一层神经元的输入。激活函数的主要作用是将多个线性输入转换为非线性关系,使神经网络具有非线性建模能力。加入了激活函数之后深度神经网络就具备了分层的非线性映射学习能力。

一般除了输入层和输出层的神经元,其他的各层神经元都要包含激活函数。常见的激励函数包括sigmoid函数、tanh函数和ReLU函数。

1. sigmoid 函数

sigmoid 函数的数学表达式为：$f(x) = \dfrac{1}{1 + e^{-x}}$，图形如图 17-4 所示。

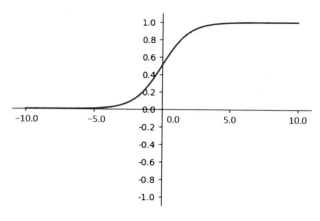

图 17-4　sigmoid 函数曲线

sigmoid 函数的优点是整个区间都可导，能够把输入的连续实值压缩到 0~1，输入的数字非常大的时候，结果会接近 1，而非常大的负数作为输入，则会得到接近 0 的结果。鉴于此优点，在早期的神经网络中，多将 sigmoid 函数作为激励函数，0 代表没有被激活，1 代表完全被激活，很好地解释了神经元受到刺激后是否被激活和向后传递的场景。

2. tanh 函数

tanh 函数的数学表达式为：$\tanh x = \dfrac{\sinh x}{\cosh x} = \dfrac{e^x - e^{-x}}{e^x + e^{-x}}$，图形如图 17-5 所示。

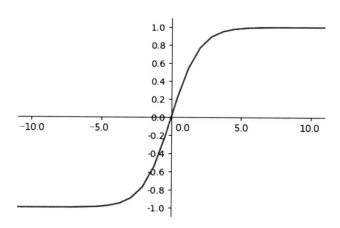

图 17-5　tanh 函数曲线

tanh 函数是对 sigmoid 函数进行平移，使其中心对称，将输入值压缩至 [-1,1]，在实际应用中，tanh 函数会比 sigmoid 函数用得多一些。

3. ReLU 函数

ReLU 函数的数学表达式为：$f(x) = \max(0, x)$，图形如图 17-6 所示。

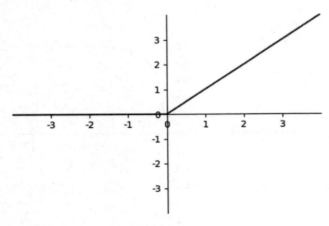

图 17-6　ReLU 函数曲线

输入 x 小于 0 时，函数输出都是 0，大于 0 时，函数输出等于输入。相对于 sigmoid 和 tanh 函数，ReLU 函数的导数等于 1 或 0，很容易计算出梯度，而且可以解决梯度弥散问题，极大地提升了随机梯度下降的收敛速度。在实际应用的神经网络中，近些年神经元的激励函数多采用 ReLU 函数。

17.2.5　单层神经网络模型

单层神经网络是早期提出的神经网络模型，也就是说只有 1 层神经网络，如图 17-7 所示。

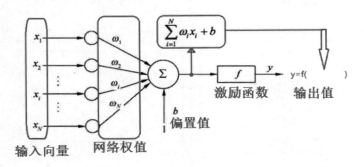

图 17-7　单层神经网络模型

输入向量 N 维向量 $(x_1, x_2, \cdots, x_N)$ 中的每一维特征与一个神经元相连，然后与权值 $(\omega_1, \omega_2, \cdots, \omega_N)$ 相乘并加上偏置值 b，通过一个激励函数 f 得到输出 $y = f(\sum_{i=1}^{N}\omega_i x_i + b)$。对应输入向量的标签值设为 d，则对于某一个输入，实际的输出和真实输出之间的误差为 $|y-b|$，权值更新公式可以定义为：

$$\omega_i(t+1) = \omega_i(t) + \eta(d(t) - y(t))x_i(t)$$

训练过程中，可以设定最大迭代次数或前后误差小于某个值，自动停止训练。下面就通过一个简单的实例看一下单层神经网络模型。

范例 17-1：使用单层神经网络对平面直角坐标系中的 4 个点进行分类

目的：本范例使用单层神经网络对平面直角坐标系中的 4 个点 {(3,3),(4,3),(1,1),(0,2)} 进行分类，其中前两个点属于一类，后两点属于另外一类。这个范例介绍如何使用 Python 基础代码构建单层神经网络，对线性可分数据进行分类。

输入数据是 2 维数据，为便于运算中偏置项的计算，可以把偏置项也看成一个神经元进行处理。因此可以扩充 2 维数据为 3 维数据，对应偏置项维度的值都为 1。此时，需要寻找一条直线将两类数据分开，这条直线定义为：

$$y = \omega_0 + \omega_1 x_1 + \omega_2 x_2$$

下面就分析一下代码，首先导入所需库函数和定义输入、输出数据及权值初始化。

```python
import numpy as np
import matplotlib.pyplot as plt
#定义输入数据
X=np.array([[1,3,3],
            [1,4,3],
            [1,1,1],
            [1,0,2]])
#定义对应的输出数据的标签
Y=np.array([[1],
            [1],
            [-1],
            [-1]])
#权值初始化,3个输入,1个输出,3行1列,取值范围-1~1,本身取值范围为0~1
W=(np.random.random([3,1])-0.5)*2
```

定义权值更新的函数，代码如下。

```python
def update():
    global X,Y,W,lr
#计算输出值
    O=np.sign(np.dot(X,W))
#计算权值更新的变化值
    W_C=lr*(X.T.dot(Y-O))/int(X.shape[0])
#更新权重
    W=W+W_C
```

上面使用 sign 函数作为激励函数，也可以使用其他函数。此时，单层神经网络的模型已经构建完成，就可以使用数据进行训练了。

```python
for i in range(100):
    update()    # 调用函数更新权值
    print(W)    # 打印权值
    print(i)    # 打印当前迭代次数
    O = np.sign(np.dot(X, W))  # 计算当前输出
#定义结束的条件,当真实输出和实际输出相等时,停止训练
```

```
if (O == Y).all():
    print("Finished")
    print("epoch:", i)
    break
```

上面使用训练数据进行了多轮训练,同时定义循环结束的条件,当真实输出和实际输出相等时,停止训练。训练结束之后,可以绘图显示分类的直线,效果如图17-8所示。可以看出,这条直线可以把两类数据较好地分开。

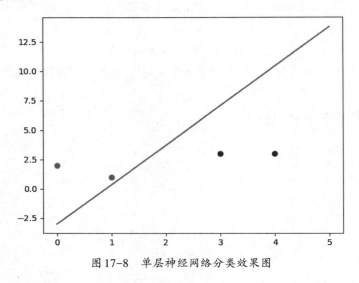

图17-8　单层神经网络分类效果图

然而单层神经网络模型只能处理线性可分数据,当数据是线性不可分的情况下,就无能为力,此时必须使用多层神经网络,下一节介绍神经网络中使用最为广泛的BP神经网络算法。

17.3　BP神经网络算法

BP(Back Propagation,反向传播)算法是一种由误差反向传播训练的多层前馈网络模型,是广泛应用的神经网络模型之一。BP神经网络模型的拓扑结构包括输入层、隐藏层和输出层,它的激活函数采用sigmoid函数。

17.3.1　BP神经网络算法基本原理

BP神经网络算法基本原理为:在前馈神经网络中,输入信号经输入层输入,通过隐藏层逐层计算输出并前向传播,最终经过输出层输出,输出值与已知的真实值比较,若有误差,将误差反向由输出层向输入层传播。在这个过程中,利用梯度下降算法对神经元权值和阈值进行调整,使网络的误差平方和最小。所以基本上包括两个过程:前向传播和后向传播。

　　前向传播是根据输入数据,以及神经网络中的权重和阈值,利用得分函数计算出得分值,求出损失函数值的过程,是从前到后的顺序。

　　反向传播是从后向前,通过计算出的损失函数,一步一步向回传,计算更新的梯度和权重。反向传播主要解决神经网络在训练模型时的参数更新问题,即需要解决权值如何更新,才能使最终输出的损失函数最小。

　　BP算法中核心的数学工具就是微积分的链式求导法则,用以求一个复合函数的导数。所谓复合函数,是指以一个函数作为另一个函数的自变量。如设 $f(x) = 3x, g(x) = x + 3, g[f(x)]$ 就是一个复合函数。

　　链式法则用文字描述,是指"由两个函数凑起来的复合函数,其导数等于里边函数代入外边函数的值的导数,乘以里边函数的导数"。

　　具体公式为:若 $y = f(u),\ u = g(x),$ 则 $\dfrac{\partial y}{\partial x} = \dfrac{\partial y}{\partial u}\dfrac{\partial u}{\partial x}$。

　　例如一个具有输入层、一个隐藏层和一个输出层的简单神经网络,设输入层神经元个数为 d 个,输出神经元个数为 1 个,隐藏层神经元个数为 q 个。假设给定训练集为 $D = \{\{x_1,y_1\},\{x_2,y_2\},\cdots,\{x_m,y_m\}\}, x_m \in R^d, y_m \in R^l$,经过前向神经网络计算之后,对于样本 $\{x_k,y_k\}$ 网络的输出为 $\hat{y}_k = (\hat{y}_k^{(1)},\hat{y}_k^{(2)},\cdots,\hat{y}_k^{(l)})$。此时对于该样本的均方误差为:

$$E_k = \frac{1}{2}\sum_{i=1}^{l}(\hat{y}_k^{(i)} - y_k^{(i)})^2$$

　　BP算法需要使用梯度下降计算隐藏层及输出层神经元之间的权值和阈值的更新值,可以使用链式法则分别计算均方误差对权重的导数。例如,对于输出层某一个神经元的权值更新计算公式如下:

$$\frac{\partial E_k}{\partial \omega_{hj}} = \frac{\partial E_k}{\partial \hat{y}_k^{(j)}}\frac{\partial \hat{y}_k^{(j)}}{\partial \beta_j}\frac{\partial \beta_j}{\partial \omega_{hj}}$$
$$= (\hat{y}_k^{(j)} - y_k^{(j)})\hat{y}_k^{(j)}(1 - \hat{y}_k^{(j)})b_h$$

　　然后使用梯度下降法更新权值 ω_{hj}:

$$\omega_{hj} = \omega_{hj} + \eta\frac{\partial E_k}{\partial \omega_{hj}}$$

　　类似地,输出层某一个神经元的阈值及隐藏层神经元的权值和阈值都可以使用链式法则进行计算。

　　每个输入样本输入神经网络中,都可以计算输出,然后与实际输出比较,计算均方误差,接着按照梯度下降方法,逐层反向传播误差的导数,更新网络中所有的权值和阈值,直到均方误差低于事先设定的值,训练结束。

　　可以用一个简单的例子看一下如何计算梯度,假设求函数 $f(x,y,z) = (x + y)*z$ 的梯度,即导数。

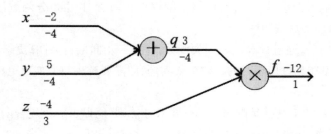

图 17-9　梯度计算模拟图

可以将公式分成两部分:$q = x + y$ 和 $f = q*z$,当输入数据 $x=-2$,$y=5$,$z=-4$ 时,可以利用图 17-9 中给出的计算的基本过程。前向传播从输入计算到输出,反向传播从尾部开始,根据链式法则递归地向前计算梯度,一直到网络的输入端。

具体过程如下。

根据已知数据,计算出 $q=3$,$f=-12$,这个从前向后的计算过程即前向传播过程。在图 17-9 中,最右边线下的值为 1 是 f 对自己的导数,之后从右到左一次计算出 $\frac{\partial f}{\partial q}$、$\frac{\partial f}{\partial x}$ 和 $\frac{\partial f}{\partial y}$,$\frac{\partial f}{\partial q} = z = -4$,$f$ 对 x 和 y 的导数即 $\frac{\partial f}{\partial x}$ 和 $\frac{\partial f}{\partial y}$ 无法直接求出,可以利用链式法则求出,$\frac{\partial f}{\partial x} = \frac{\partial f}{\partial q}\frac{\partial q}{\partial x} = z = -4$,$\frac{\partial f}{\partial y} = \frac{\partial f}{\partial q}\frac{\partial q}{\partial y} = z = -4$,如图 17-9 中线下所示。

各个参数对 f 的影响的判断原则是,当参数值变大,损失值增大,则需要减少参数值;反之,当参数值变大,损失值减少,则需要增大参数值。例如,z 对 f 的影响即 $\frac{\partial f}{\partial z} = q = 3$,意味着当 z 增大一倍,f 增大三倍,所以,应减少 z。

17.3.2　使用 BP 神经网络对 MNIST 数据集数字进行分类

范例 17-2:使用 BP 神经网络对 MNIST 数据集数字进行分类

目的:本范例使用 BP 神经网络对 MNIST 数据集数字进行分类。这个范例介绍如何使用 tensorflow 创建 BP 神经网络进行训练,同时也对比了使用不同隐藏层神经网络的情况。

MNIST 数据集来自美国国家标准与技术研究所。训练集由来自 250 个不同人手写的数字构成,其中 50% 是高中学生,50% 来自人口普查局的工作人员,测试集也是同样比例的手写数字数据。数据类别数为 10 个数字 0~9。将数据送入神经网络进行训练,最终达到可以识别数据的目的。如图 17-10 所示,当输入数字 9 的时候,经过神经网络进行判断,认为是数字 9 的概率为 0.87,可以认为就是数字 9。

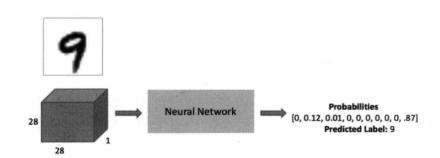

图 17-10　数字识别过程

首先导入所需要的库函数。

```
import tensorflow as tf
from tensorflow.examples.tutorials.mnist import input_data
mnist = input_data.read_data_sets("data/", one_hot=True)
```

上面代码中的第二行是下载数据集,存放到当前目录下的data目录中。

为了让读者更好地理解神经网络的构建步骤,下面分别构建具有1层隐藏层和2层隐藏层的神经网络。

首先定义网络参数如下。

```
numClasses = 10
inputSize = 784
numHiddenUnits = 50
trainingIterations = 10000
batchSize = 100
```

输入层神经元个数为784个,隐藏层神经元个数为50个,输出层神经元个数为10个,循环迭代次数为10000次。

然后对各层神经网络权值和阈值进行初始化,代码如下。

```
#定义输入神经元和输出神经元的维度大小
X = tf.placeholder(tf.float32, shape = [None, inputSize])
y = tf.placeholder(tf.float32, shape = [None, numClasses])
#初始化隐藏层的权值和阈值
W1 = tf.Variable(tf.truncated_normal([inputSize, numHiddenUnits], stddev=0.1))
B1 = tf.Variable(tf.constant(0.1), [numHiddenUnits])
#初始化输出层的权值和阈值
W2 = tf.Variable(tf.truncated_normal([numHiddenUnits, numClasses], stddev=0.1))
B2 = tf.Variable(tf.constant(0.1), [numClasses])
```

根据前向传播过程计算隐藏层和输出层每个神经元的输出:

```
#计算隐藏层神经元的输出
hiddenLayerOutput = tf.matmul(X, W1) + B1
hiddenLayerOutput = tf.nn.relu(hiddenLayerOutput)
#计算输出层神经元的输出
```

```
finalOutput = tf.matmul(hiddenLayerOutput, W2) + B2
finalOutput = tf.nn.relu(finalOutput)
#根据计算的输出层的类别和实际的类别值,计算误差和反向梯度
loss = tf.reduce_mean(tf.nn.softmax_cross_entropy_with_logits(labels = y, logits =
finalOutput))
opt = tf.train.GradientDescentOptimizer(learning_rate = .1).minimize(loss)
```

上面的误差使用交叉熵损失函数,梯度下降使用的学习率为0.1。

下面给出了正确率的计算公式。

```
correct_prediction = tf.equal(tf.argmax(finalOutput,1), tf.argmax(y,1))
accuracy = tf.reduce_mean(tf.cast(correct_prediction, "float"))
```

网络结构、损失函数、梯度下降定义完成之后,下面就可以进行多轮循环,使用数据进行训练,优化参数,代码如下。

```
#初始化变量
sess = tf.Session()
init = tf.global_variables_initializer()
sess.run(init)
#循环10000次,每次使用一批数据进行批处理
for i in range(trainingIterations):
    batch = mnist.train.next_batch(batchSize)
    batchInput = batch[0]
batchLabels = batch[1]
#使用定义的损失函数和优化方法进行训练
    _, trainingLoss = sess.run([opt, loss], feed_dict={X: batchInput, y:
batchLabels})
if i%1000 == 0:
#打印中间运行结果
        trainAccuracy = accuracy.eval(session=sess, feed_dict={X: batchInput, y:
batchLabels})
        print ("step %d, training accuracy %g"%(i, trainAccuracy))
```

上面根据定义的网络结构和初始化的权值,进行批处理数据训练10000次,使用梯度下降方法反向传播更新权值,训练结果如图17-11所示。

```
step 0, training accuracy 0.14
step 1000, training accuracy 0.96
step 2000, training accuracy 0.97
step 3000, training accuracy 0.92
step 4000, training accuracy 0.97
step 5000, training accuracy 0.97
step 6000, training accuracy 0.98
step 7000, training accuracy 0.98
step 8000, training accuracy 0.99
step 9000, training accuracy 1
```

图17-11 训练过程精确度变化

可以看出,循环10000次之后,在训练集上的精度可以达到100%。下面是用两层隐藏层神经网

络来训练。代码同单层神经网络类似，只不过网络定义多了一层，如下所示。

```
#定义第2层隐藏层神经元个数为100
numHiddenUnitsLayer2 = 100
trainingIterations = 10000


X = tf.placeholder(tf.float32, shape = [None, inputSize])
y = tf.placeholder(tf.float32, shape = [None, numClasses])
#定义第一隐藏层权值和阈值
W1 = tf.Variable(tf.random_normal([inputSize, numHiddenUnits], stddev=0.1))
B1 = tf.Variable(tf.constant(0.1), [numHiddenUnits])
#定义第二隐藏层权值和阈值
W2 = tf.Variable(tf.random_normal([numHiddenUnits, numHiddenUnitsLayer2], stddev
=0.1))
B2 = tf.Variable(tf.constant(0.1), [numHiddenUnitsLayer2])
#定义第一输出层权值和阈值
W3 = tf.Variable(tf.random_normal([numHiddenUnitsLayer2, numClasses], stddev=0.1))
B3 = tf.Variable(tf.constant(0.1), [numClasses])
#计算第一隐藏层神经元的输出
hiddenLayerOutput = tf.matmul(X, W1) + B1
hiddenLayerOutput = tf.nn.relu(hiddenLayerOutput)
#计算第二隐藏层神经元的输出
hiddenLayer2Output = tf.matmul(hiddenLayerOutput, W2) + B2
hiddenLayer2Output = tf.nn.relu(hiddenLayer2Output)
#计算输出层神经元的输出
finalOutput = tf.matmul(hiddenLayer2Output, W3) + B3
训练过程同单层网络一样,这次使用测试集验证网络效果
testInputs = mnist.test.images
testLabels = mnist.test.labels
acc = accuracy.eval(session=sess, feed_dict = {X: testInputs, y: testLabels})
print("testing accuracy: {}".format(acc))
```

测试效果为0.972,说明使用神经网络可以较好地进行数字的分类。

17.4 综合案例——使用神经网络进行回归预测

范例17-3:使用神经网络进行回归预测

目的:本范例使用神经网络对某地区2016年每天的气温进行回归预测。这个范例介绍如何使用tensorflow的keras创建神经网络进行训练,其中tensorflow使用的是2.x版本。

1. 库函数导入

首先导入所需要的库函数,如下所示。

```
import pandas as pd
import matplotlib.pyplot as plt
```

```
import tensorflow as tf
from tensorflow.keras import layers
import tensorflow.keras
import warnings
warnings.filterwarnings("ignore")
%matplotlib inline
```

2. 数据预处理

在进行网络创建前,需要分析一下数据的特征构成,使用代码如下。

```
features = pd.read_csv('temps.csv')
#查看数据前5行记录
features.head()
```

数据存放在一个 temps.csv 文件中,使用 pandas 的 read_csv 方法进行读取,结果放到 features 中。显示的结果如图 17-12 所示。

	year	month	day	week	temp_2	temp_1	average	actual	friend
0	2016	1	1	Fri	45	45	45.6	45	29
1	2016	1	2	Sat	44	45	45.7	44	61
2	2016	1	3	Sun	45	44	45.8	41	56
3	2016	1	4	Mon	44	41	45.9	40	53
4	2016	1	5	Tues	41	40	46.0	44	41

图 17-12　数据基本特征

可以看出,这个数据总共有9个特征,其中year、month、day、week分别表示具体的时间;temp_2表示前天的最高温度值;temp_1表示昨天的最高温度值;average表示在历史中,每年这一天的平均最高温度值;actual表示每天实际的温度值。可以从每天的温度绘图看看趋势变化,如图17-13所示。

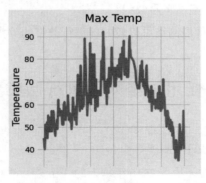

图 17-13　每天的温度变化趋势

可以看出全年的气温变化趋势,中间月份温度高,两边温度低,正好符合一年气温的变化情况。

由于其中week一列是字符型特征,因此转变成one-hot编码,代码如下。

```
features = pd.get_dummies(features)
features.head(5)
```

此时,特征转变为如图17-14所示。

	year	month	day	temp_2	temp_1	average	actual	friend	week_Fri	week_Mon	week_Sat	week_Sun	week_Thurs	week_Tues	week_Wed
0	2016	1	1	45	45	45.6	45	29	1	0	0	0	0	0	0
1	2016	1	2	44	45	45.7	44	61	0	0	1	0	0	0	0
2	2016	1	3	45	44	45.8	41	56	0	0	0	1	0	0	0
3	2016	1	4	44	41	45.9	40	53	0	1	0	0	0	0	0
4	2016	1	5	41	40	46.0	44	41	0	0	0	0	0	1	0

图 17-14　数据特征变换结果

我们把actual特征列作为预测的标签,其他特征作为输入特征。因此输入特征为14,输出特征为1。由于每列特征数据变化范围较大,因此对数据进行归一化操作,代码如下。

```
from sklearn import preprocessing
input_features = preprocessing.StandardScaler().fit_transform(features)
```

这段代码使用sklearn库的preprocessing函数对数据进行预处理。

3. 神经网络构建

使用tensorflow的keras创建神经网络,代码如下。

```
#创建序列化
model = tf.keras.Sequential()
#创建2个隐藏层神经网络,第一层神经元个数为16,第二层神经元个数为32
model.add(layers.Dense(16,kernel_initializer='random_normal'))
model.add(layers.Dense(32,kernel_initializer='random_normal'))
#创建1个输出层神经网络,由于预测目标是1个特征,因此神经元个数为1
model.add(layers.Dense(1,kernel_initializer='random_normal'))
#定义以优化函数为标准的梯度下降sgd,损失函数为均方误差'mean_squared_error'
model.compile(optimizer=tf.keras.optimizers.SGD(0.001),
              loss='mean_squared_error')
```

上面创建了2个隐藏层神经网络和1个输出层神经网络,权值使用正态分布进行初始化。整个模型结构如图17-15所示。

Layer (type)	Output Shape	Param #
dense (Dense)	(None, 16)	240
dense_1 (Dense)	(None, 32)	544
dense_2 (Dense)	(None, 1)	33

Total params: 817
Trainable params: 817
Non-trainable params: 0

图 17-15　模型结构

可以看出,网络定义非常简单,只需给出每层神经元个数,系统会根据神经元的数量自动创建权值和阈值。

4.网络训练及测试

网络训练也很简单,只需要使用fit函数即可,如下所示。

```
model.fit(input_features, labels, validation_split=0.25, epochs=100, batch_size=64)
```

上面给定输入数据input_features,输出数据labels,验证集的比例为25%,训练的回合数为100,批处理大小为64,部分训练过程如图17-16所示。

```
5/5 [==============================] – 0s 5ms/step – loss: 25.0765 – val_loss: 28.9625
Epoch 96/100
5/5 [==============================] – 0s 5ms/step – loss: 25.0943 – val_loss: 20.1318
Epoch 97/100
5/5 [==============================] – 0s 5ms/step – loss: 28.1537 – val_loss: 22.0828
Epoch 98/100
5/5 [==============================] – 0s 5ms/step – loss: 24.9978 – val_loss: 42.0797
Epoch 99/100
5/5 [==============================] – 0s 5ms/step – loss: 36.7763 – val_loss: 20.2916
Epoch 100/100
5/5 [==============================] – 0s 5ms/step – loss: 33.1016 – val_loss: 17.4300
```

图 17-16　部分网络训练结果

可以看出,最后训练误差和测试误差都逐渐降低,具体测试效果如何,通过图形更容易看出变化,代码如下。

```
# 计算预测值
predict = model.predict(input_features)
predictions_data = pd.DataFrame(data = {'date': test_dates, 'prediction': predict.reshape(-1)})
#绘制真实值的图形
plt.plot(true_data['date'], true_data['actual'], 'b-', label = 'actual')
# 绘制预测值的图形
plt.plot(predictions_data['date'], predictions_data['prediction'], 'ro', label = 'prediction')
plt.xticks(rotation = '60');
plt.legend()
# 添加标题
plt.xlabel('Date'); plt.ylabel('Maximum Temperature (F)'); plt.title('Actual and Predicted Values');
```

绘制的图形结果如图17-17所示。

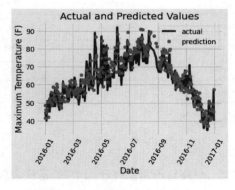

图 17-17　预测和真实结果对比

可以看出,预测值和真实值的趋势类似,达到了预测的目的。当然也可以使用精确率给出定性的结果,或者再使用其他参数进行调整,获得最优效果。

 ## 17.5 高手点拨

(1)寻找合适的学习率(Learning Rate)

学习率是一个非常重要的超参数,这个参数面对不同规模、不同batch-size、不同优化方式、不同数据集时,其最合适的值都是不确定的,我们无法光凭经验来确定LR的值,唯一可以做的就是在训练中不断寻找最合适当前状态的学习率。

一般来说,越大的batch-size使用越大的学习率。

原理很简单,越大的batch-size意味着我们学习的时候,收敛方向的Confidence越大,前进的方向更加坚定,而小的batch-size则显得比较杂乱,毫无规律性。因为相比批次大的时候,批次小的情况下无法照顾到更多的情况,所以需要小的学习率来保证不出错。在显存足够的条件下,最好采用较大的batch-size进行训练,找到合适的学习率后,可以加快收敛速度。另外,较大的batch-size可以避免Batch Normalization出现的一些小问题。

(2)Dropout

Dropout是指在深度学习网络的训练过程中,对于神经网络单元,按照一定的概率将其暂时从网络中丢弃。注意是"暂时",对于随机梯度下降来说,由于是随机丢弃,故而每一个mini-batch都在训练不同的网络。

Dropout类似于Bagging Ensemble减少variance,也就是通过投票来减少可变性。通常在全连接层部分使用Dropout,在卷积层则不使用。但Dropout并不适合所有的情况,不要"无脑"上Dropout。

Dropout一般适用于全连接层部分,而卷积层由于其参数并不是很多,所以不需要Dropout,对模型的泛化能力并没有太大的影响。

一般在网络的最开始和结束时使用全连接层,而Hidden Layers则是网络中的卷积层。所以一般情况下,在全连接层部分采用较大概率的Dropout,而在卷积层采用低概率或不采用Dropout。

 ## 17.6 编程练习

(1)使用神经网络预测异或问题。

(2)使用神经网络识别手写数字图片。

17.7 面试真题

(1)简述反向传播思想。
(2)简要介绍常用的激励函数。

第18章

循环神经网络算法

　　我们在日常生活中经常需要处理时间序列数据，时间序列数据是指数据前后具有时间上的相关性，前后时刻的状态相互关联，例如一段声音或文字等。循环神经网络（Recurrent Neural Network，简称RNN）是一种处理时间序列数据的神经网络，在自然语言处理、语音图像等领域均有非常广泛的应用。本章就介绍循环神经网络的基本概念，以及典型的循环神经网络算法，并结合案例介绍如何应用循环神经网络处理实际问题。

18.1 循环神经网络基本概念

首先看一个简单的填空问题,假设给一句话"我去银行取()",让你进行填空,如果没有前面的信息,只有一个"取"字,那后面的空中可以填很多内容,例如"书""花"等。但是根据整个句子,可以看出"银行"对后面要填什么会有影响,去银行应该是取"钱"。因此这个空就可以根据上下文填写完成,这就是处理时间序列的一个典型的例子。

18.1.1 循环神经网络基本结构

循环神经网络就是用于处理这种时间序列数据的神经网络。前面介绍的神经网络从输入层开始,数据信息逐层向前传递,模型中间层的神经元之间是没有联系的。而循环神经网络的中间层神经元之间有连接,彼此之间相互影响,此外,中间层每一个神经元的输入不仅包括前面层神经元的输出信息,还有同层其他神经元上一时刻的输出信息。循环神经网络实现了类似于人脑的这一机制,对处理过的信息留存有一定的记忆,并对之后的操作有影响。循环神经网络和其他网络最大的不同就在于它能够实现某种"记忆功能",因此需要有能够存储过去信息的机制。

循环神经网络的隐藏层的值不仅仅取决于当前这次的输入,还取决于上一次隐藏层的值,循环神经网络的基本结构如图18-1所示。

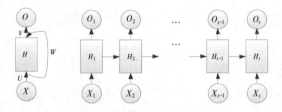

图 18-1　循环神经网络基本结构图

图中左边是一个循环神经网络模块的结构图,中间矩形代表隐藏层神经元,上面圆圈代表输出层神经元,X代表输入层,H代表隐藏层,O代表输出层。由输入连接到隐藏层神经元的权重参数为U,隐藏层神经元之间的权重参数为W,隐藏层到输出层的权重参数为V。这个循环神经网络模块与传统神经网络的不同之处在于,隐藏层神经元之间彼此相连,如图18-2所示。

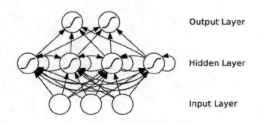

图 18-2　循环神经网络模块展开图

图18-1右边是多次重复执行的循环神经网络模块的连接图,每一个循环神经网络模块相当于序列数据某一时刻的处理模块。对于循环神经网络,所有循环神经网络模块的权重参数值共享。

t表示不同时刻,输入单元的输入分别表示为$\{X_1, X_2, \cdots, X_{t-1}, X_t, X_{t+1}, \cdots\}$,输出单元的输出分别表示为$\{O_1, O_2, \cdots, O_{t-1}, O_t, O_{t+1}, \cdots\}$,隐藏层单元的输出分别表示为$\{H_1, H_2, \cdots, H_{t-1}, H_t, H_{t+1}, \cdots\}$,设$f$是非线性激活函数,则$t$时刻隐藏层神经元的输出为:

$$H_t = f\left(UX_t + Ws_{t-1}\right) , \quad O_t = \text{soft max}(VH_t)$$

上式表明时刻t时,网络神经元的状态不仅仅由t时刻的输入X_t决定,也由$t-1$时刻的隐藏层神经元状态H_{t+1}决定。隐藏层神经元状态与最终输出不同,为了将当前时刻的状态转化为最终的输出,循环神经网络还需要另外一个全连接神经网络完成这个过程。

循环神经网络的训练算法是BPTT(Back-Propagation Through Time)。

BPTT算法是针对循环层的训练算法,它的基本原理和BP算法是一样的,包含以下三个步骤。

(1)前向计算每个神经元的输出值。

(2)反向计算每个神经元的误差项值,它是误差函数E对神经元j的加权输入的偏导数。

(3)计算每个权重的梯度。

18.1.2 循环神经网络处理自然语言

仍然用前面"我去银行取()"这个填空来看一下循环神经网络如何处理自然语言。要想让循环神经网络能自动处理这个问题,需要事先构建网络并使用语料库进行训练。假设语料库的其中一部分为"今天天气很好,我去打球",首先对语料库进行分词,这段语料库分词如下:{今,天,气,很,好,我,去,打,球}。如果定义时间步长为5,首先需要构建训练数据,和传统的分类与回归输出不同,传统的分类和回归输出的是一个类别或数值,循环神经网络输出的也是一个序列数据。输出序列数据是输入序列的下一个时刻的数据。因此对于这段基本语料,分别得到输入序列和输出序列,见表18-1。

表18-1 循环神经网络的输入和输出序列数据

输入序列	输出序列
今天天气很	天天气很好
天天气很好	天气很好,
天气很好,	气很好,我
气很好,我	很好,我去
很好,我去	好,我去打
好,我去打	,我去打球

这个分词及数据序列的构成把标点符号也当成了一个词,此外没有考虑词组的情况,例如分词可以是{今天,天气,很,好,我,去,打,球}。这个例子只是为了说明循环神经网络如何使用。构建循环神经网络如图18-3所示。

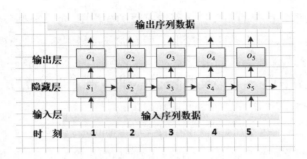

图 18-3　构建循环神经网络示意图

分别将输入序列数据和输出序列数据送入循环神经网络,对循环神经网络进行训练,输出层使用softmax激活函数进行输出,计算每个字输出的概率,选取最大概率的字进行输出,当输出不正确的时候,使用交叉熵损失函数计算误差,反向传播调整权值。当训练完成后,就可以完成上面的"我去银行取()"填空。当输入"我去银行取"序列数据的时候,最后的循环神经网络模块就会给出"钱"的输出,如图18-4所示。

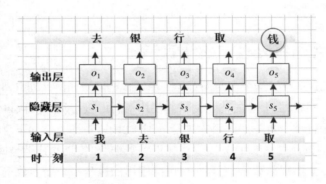

图 18-4　循环神经网络进行测试效果图

上面只是给出了如何使用分词后的序列数据对循环神经网络进行训练,当然在训练之前还需要把每个字词转换为向量,才能输入循环神经网络。最基本的转换方法是使用one-hot编码。假设词库中共有100个词,则对应每个字词所形成的向量就是100维的。其中内容是0或1,1表示这个字符出现在词库中的索引位置。例如字符"我"在词库中的位置是50,那么对应于"我"的向量长度是100维,其中向量中第50个元素值是1,其他全为0。当然还存在很多其他的编码格式。

 18.2　长短期记忆(LSTM)算法

在循环神经网络中,同层之间有连接,神经元前面的状态通过同层连接影响其他神经元,s_{t-1}会影响s_{t1},s_{t-2}会通过对s_{t-1}的影响间接地影响s_{t1}。同理,当使用梯度下降计算权值参数的时候也会反过来影响前面同层的神经元,当时间间隔较大的时候,循环神经网络的梯度容易出现衰减和爆炸。因此,必须采取一定的方法进行解决。长短期记忆(Long-Short Term Memory,简称 LSTM)算法和长期循环单元(Gate Recurrent Unit,简称 GRU)算法是两种经常采用的算法。

LSTM 中引入了 4 个门函数:输入门、遗忘门、调控门和输出门(此处为了便于理解,在原文输入门、遗忘门和输出门的基础上引入了调控门)来控制输入值、记忆状态值、隐藏状态值和输出值。图18-5 是长短期记忆的模块图。

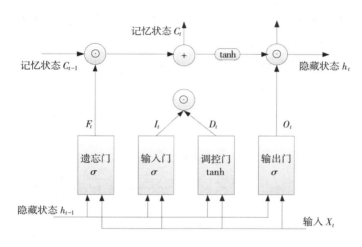

图 18-5 长短期记忆的模块图

该模块输入包括三部分:当前时刻的输入 X_t、上一时刻的隐藏状态的输入 h_{t-1},以及上一时刻的记忆状态输入 C_{t-1}。其中输入门、遗忘门和输出门使用的激活函数为 sigmoid 函数,控制输出的值在[0,1]范围,记忆门使用的激活函数为 tanh 函数,控制输出的值在[-1,1]范围。"⊙"是 Hadamard Product,也就是操作矩阵中对应的元素相乘。因此要求两个相乘矩阵是同型的。"+"代表进行矩阵加法。

输入门、遗忘门、调控门和输出门的输出如下。

$$遗忘门输出:F_t = \sigma\left(X_t W_{xf} + h_{t-1} W_{hf} + b_f\right)$$
$$输入门输出:I_t = \sigma\left(X_t W_{xi} + h_{t-1} W_{hi} + b_i\right)$$
$$输出门输出:O_t = \sigma\left(X_t W_{xo} + h_{t-1} W_{ho} + b_o\right)$$
$$调控门输出:D_t = \tanh\left(X_t W_{xd} + h_{t-1} W_{hd} + b_d\right)$$

经过上面这些输入门、遗忘门、调控门和输出门的共同作用,LSTM 模块内部大致分为三个阶段。

1. 忘记状态

遗忘门接收当前时刻的输入 X_t 和上一时刻的隐藏状态的输入 h_{t-1},产生的输入对记忆状态输入 C_{t-1} 产生影响,由于输入门的输出介于 0 和 1 之间。1 表示"完全接受",0 表示"完全忽略"。

2. 选择记忆状态

调控门对输入有选择性地进行"记忆",重要的则多记录一些,不重要的则少记一些。当前的输入内容由前面计算得到的 I_t 表示,而调控门的输出 D_t 作为门控信号来进行控制。

最后经过遗忘门调控后的记忆状态和经过调控门调控的输入进行合并,得到最终的当前时刻的

记忆状态,计算公式如下所示:

$$C_t = F_t \odot C_t + I_t \odot D_t$$

3. 输出状态

隐藏状态的输出使用前面已经计算的记忆状态和输出门的输出,计算公式如下:

$$h_t = F_t \odot C_{t-1} + I_t \odot D_t$$

上面是单个LSTM模块的内部结构,通过门控状态来控制传输状态,记住需要长时间记忆的,忘记不重要的信息,而不像普通的RNN那样只有一种记忆叠加方式。对很多需要"长期记忆"的任务来说,尤其好用。多个LSTM模块组合就构成了基于LSTM的循环神经网络,如图18-6所示。

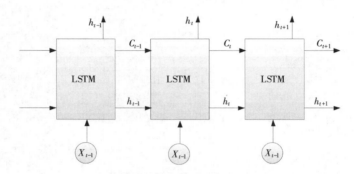

图 18-6　LSTM 的循环神经网络

然而因为LSTM引入了很多门控制,导致参数变多,也使训练难度加大了很多。因此很多时候我们往往会使用效果和LSTM相当,但参数更少的GRU来构建大训练量的模型。

范例18-1:使用循环神经网络进行基本的数字序列预测

目的:本范例使用循环神经网络对给定的数字序列进行分析,找出其规律,然后进行预测,介绍如何使用tensorflow创建循环神经网络的过程进行训练。

例如给出训练数据为:

```
[[[1], [2], [5], [6]], [[5], [7], [7], [8]], [[3], [4], [5], [7]]]
```

对应的测试数据为:

```
[[1, 3, 7, 11],[5, 12, 14, 15], [3, 7, 9, 12]]
```

上面的数据有什么规律呢?第一组输入数据有[[1], [2], [5], [6]]四个,此时,输出有四个对应的数据,这四个数据中第一个数据等于输入数据的第一个数据,第二个数据是输入数据的前两个数据相加(3=1+2),第三个数据是输入数据的第二个和第三个数据相加(7=2+5),第四个数据是输入数据的第三个和第四个数据相加(11=5+6)。上面就是这组数据的规律,就是输入数据维度为1,输出数据维度也为1,但是时间序列为4,即每次输入4个数字,此时对应的输出也是4个数字,这个实例的目的是让循环神经网络学习到这个规律,然后给出预测。

首先导入需要的库函数,如下所示。

```
import numpy as np
import tensorflow as tf
from tensorflow.contrib import rnn
```

下面定义SeriesPredictor类，其中包含类的初始化方法__init__()、模型创建方法model()、模型训练方法train()、模型测试方法test()。下面就分别介绍这些方法。

类的初始化方法__init__()代码如下。

```
Sub 编号转化()
Dim wxglist As List
For Each wxglist In ActiveDocument.Lists
wxglist.ConvertNumbersToText
    Next
End Sub
```

上面分别定义了循环神经网络的超参数、模型的权值、偏置及输入和输出的维度，同时给出了代价函数使用平方差和最优化方法使用adam计算。本例中输入的维度为1，时间序列的长度为4，隐藏神经网络的数目为10。

下面是模型创建方法model()的代码。

```
def model(self):
    # 定义基本的循环神经网络单元为LSTM模块,个数为隐藏神经元的值
cell = rnn.BasicLSTMCell(self.hidden_dim)
#使用tensorflow的dynamic_rnn方法构建循环网络,指定输入,计算的结果存放到outputs和states中
    outputs, states = tf.nn.dynamic_rnn(cell, self.x, dtype=tf.float32)
    num_examples = tf.shape(self.x)[0]
    # 将输出增加一个新的维度
    tf_expand = tf.expand_dims(self.W_out, 0)
    tf_tile = tf.tile(tf_expand, [num_examples, 1, 1])
#计算模型的实际输出
    out = tf.matmul(outputs, tf_tile) + self.b_out
    # 使用tf.squeeze将模型输出中所有维度是1的删除
    out = tf.squeeze(out)
    return out
```

上面使用LSTM模块作为基本循环神经网络单元，使用tensorflow的dynamic_rnn方法构建循环神经网络。模型构建之后，就可以使用数据进行训练和测试，下面是调用模型进行训练的代码。

```
def train(self, train_x, train_y):
    with tf.Session() as sess:
#初始化各变量
        tf.get_variable_scope().reuse_variables()
        sess.run(tf.global_variables_initializer())
#循环1000次
        for i in range(1000):
#指定定义的代价函数和优化函数,以及输入的数据和输出的数据使用模型进行训练
            _, mse = sess.run([self.train_op, self.cost], feed_dict={self.x:
train_x, self.y: train_y})
```

```
# 每隔100个循环显示中间误差的结果
            if i % 100 == 0:
                print(i, mse)
#保存模型
        save_path = self.saver.save(sess, './model')
        print('Model saved to {}'.format(save_path))
```

上面调用run方法按照指定定义的代价函数和优化函数，以及输入的数据和输出的数据使用模型进行训练，训练循环次数为1000次。下面是使用测试集进行测试的代码。

```
def test(self, test_x):
    with tf.Session() as sess:
#调用存储的模型进行测试
        tf.get_variable_scope().reuse_variables()
        self.saver.restore(sess, './model')
#指定输出的测试集
        output = sess.run(self.model(), feed_dict={self.x: test_x})
        return output
```

上面调用run方法，使用训练好的模型，指定测试数据集进行训练。上面是整个循环神经网络的创建过程，有了这个模型，就可以指定数据，调用模型进行训练和测试，下面是调用的代码。

```
#指定超参数的具体数值
predictor = SeriesPredictor(input_dim=1, seq_size=4, hidden_dim=10)
#给出训练的数据集（输入和输出的值）
train_x = [[[1], [2], [5], [6]],
           [[5], [7], [7], [8]],
           [[3], [4], [5], [7]]]
train_y = [[1, 3, 7, 11],
           [5, 12, 14, 15],
           [3, 7, 9, 12]]
#调用模型进行训练
predictor.train(train_x, train_y)
#给出测试的数据集（输入和输出的值）
test_x = [[[1], [2], [3], [4]],
          [[4], [5], [6], [7]]]
actual_y = [[[1], [3], [5], [7]],
            [[4], [9], [11], [13]]]
#调用模型进行测试
pred_y = predictor.test(test_x)
#显示测试结果
for i, x in enumerate(test_x):
    print("When the input is {}".format(x))
    print("The ground truth output should be {}".format(actual_y[i]))
    print("And the model thinks it is {}\n".format(pred_y[i]))
```

上面的代码给出了训练数据，调用模型进行训练，当训练完模型之后，使用测试数据集进行测试，运算结果如图18-7所示。

```
When the input is [[1], [2], [3], [4]]
The ground truth output should be [[1], [3], [5], [7]]
And the model thinks it is [1.2820448 2.7983074 5.1163893 7.0611734]

When the input is [[4], [5], [6], [7]]
The ground truth output should be [[4], [9], [11], [13]]
And the model thinks it is [ 4.016348  9.518406 11.884291 14.079255]
```

图 18-7　数字序列预测运行结果图

根据测试结果进行分析,可知当测试输入为[[1], [2], [3], [4]]的时候,根据规律,输出应该为[[1], [3], [5], [7]],实际的输出结果为[1.2820448 2.7983074 5.1163893 7.0611734],可以看出已经很接近实际的结果;当测试输入为[[4], [5], [6], [7]]的时候,输出应该为[[4], [9], [11], [13]]。实际的输出结果为[4.016348 9.518406 11.884291 14.079255]。根据测试结果可以知道,循环神经网络根据训练集进行训练,可以自主寻找数据中的规律。

18.3　长期循环单元(GRU)

长期循环单元也是循环神经网络的一种。和LSTM一样,也是为了解决长期记忆和反向传播中的梯度问题而提出来的。相比LSTM,使用GRU能够达到相当好的效果,并且相比之下更容易进行训练,能够很大程度上提高训练效率。

LSTM中引入了四个门函数:输入门、遗忘门、调控门和输出门,以控制输入值、记忆值和输出值。而在GRU模型中只有三个门,分别是更新门、调控门和重置门,将遗忘门和输入门合成了一个更新门,如图18-8所示。

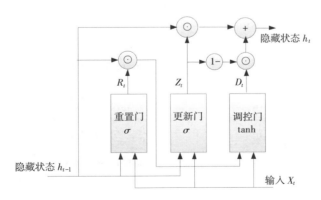

图 18-8　GRU模型

该模块输入包括两部分:当前时刻的输入X_t和上一时刻的隐藏状态的输入h_{t-1}。其中重置门和更新门使用的激活函数为sigmoid函数,控制输出的值在[0,1]范围,调控门使用的激活函数为tanh函数,控制输出的值在[-1,1]范围。"⊙"是Hadamard Product,也就是操作矩阵中对应的元素相乘,因此要求两个相乘矩阵是同型的。"+"代表进行矩阵加法,"1-"表示使用1相减的运算。

重置门和更新门的输出如下。

重置门输出:$R_t = \sigma(X_t W_{xr} + h_{t-1} W_{hr} + b_r)$

更新门输出:$Z_t = \sigma(X_t W_{xz} + h_{t-1} W_{hz} + b_z)$

经过上面这些重置门和更新门的共同作用,将数据变换为0~1范围内的数值,从而来充当门控信号。GRU模块内部大致分为以下阶段。

1. 隐藏状态的调控

重置门的输出用来调控上一时刻的隐藏状态,二者进行"⊙"操作,如果重置门的值接近0,则对应的隐藏状态也为0,即丢弃上一时刻的隐藏状态。如果重置门的值接近1,则保留上一时刻的隐藏状态。经过重置门调控后的隐藏状态再与当前时刻的输入相连接,通过调控门的tanh函数计算隐藏状态要调控输出的值,公式如下:

$$D_t = \tanh\left(X_t W_{xd} + (R_t \odot h_{t-1})W_{hd} + b_d\right)$$

因为上一时刻的隐藏状态可能包含了时间序列中截至上一时刻的全部历史信息,重置门可以丢弃与预测无关的历史信息,这样调控门的输出可以对隐藏状态进行调控。

2. 隐藏状态的输出

通过调控门对隐藏状态进行调控,再与更新门的输出一起,获得最终隐藏状态的输出,其公式如下所示:

$$h_t = Z_t \odot h_{t-1} + (1 - Z_t) \odot D_t$$

GRU使用了更新门控就同时可以进行遗忘和选择记忆,而LSTM则要使用多个门控。

概括起来,在GRU模块中,重置门用于调控时间序列中短期的依赖关系,而更新门用于调控时间序列中长期的依赖关系。有了GRU模块,就可以构成循环神经网络,时间序列的处理如图18-9所示。

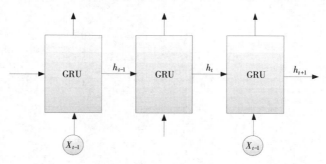

图18-9 基于GRU模块的循环神经网络

18.4 深度循环神经网络算法

在前面所介绍的循环神经网络中,整个网络有输入层、隐藏层和输出层,其中隐藏层中的神经元相互之间也有连接,这样,前面时刻的输出信息也加载到了隐藏层的后面神经元上,这个隐藏层只有一层。类似于传统神经网络具有多个隐藏层,循环神经网络也可以有多个隐藏层。深度循环神经网络就是指具有多个隐藏层的循环神经网络,其中每个隐藏层的状态不仅传递给当前层下一时刻的神经元,还继续传递给下一隐藏层的神经元。图18-10给出了工作示意图。

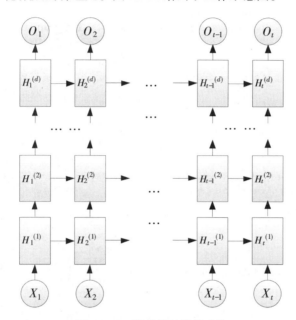

图 18-10   深度循环神经网络

上图包含了输入层、隐藏层和输出层,输入层有 t 个时刻,隐藏层具有 d 层,输出层也有 t 个时刻。其中,第一层隐藏层的隐藏状态计算和上面介绍的循环神经网络计算一样,而其他层的隐藏状态的计算公式如下:

$$H_t^{(k)} = \sigma(H_t^{(k-1)}W_{k-1,k}^{(k)} + H_{t-1}^{(k-1)}W_{kk}^{(k)} + b_k^{(k)})$$

输出层的计算公式如下:

$$O_t = \text{soft max}(H_t^{(d)}W_{dq} + b_q)$$

深度循环神经网络中较低的层起到了将原始输入转化为对更高层的隐藏状态更适合表示的作用。但是增加深度会带来优化困难,一般情况下,更容易优化较浅的架构。

如果将隐藏层的循环单元用GRU或LSTM替换,就得到深度门控循环神经网络和深度LSTM循环神经网络。

范例18-2：使用循环神经网络分析时间序列，预测温度【使用tensorflow2.x版本】

目的：本范例使用循环神经网络对给定的文件中的时间序列进行分析，这个数据是采集的每天不同时间的温度等气象数据指标，通过对数据进行分析，找出其规律，然后预测未来某一时间点的气温或未来某一时间片段的气温。这个范例介绍如何使用tensorflow创建循环神经网络进行训练。

1. 库函数的导入

首先导入所需要的库函数，代码如下。

```
from __future__ import absolute_import, division, print_function, unicode_literals
import warnings
warnings.filterwarnings("ignore")
#from __future__ import absolute_import, division, print_function, unicode_literals
import tensorflow as tf
import matplotlib as mpl
import matplotlib.pyplot as plt
%matplotlib inline
import numpy as np
import os
import pandas as pd

mpl.rcParams['figure.figsize'] = (8, 6)
mpl.rcParams['axes.grid'] = False
```

2. 数据导入和预处理

接下来读入数据，代码如下。

```
df = pd.read_csv('jena_climate_2009_2016.csv')
df.head()
```

这个数据集存放在一个excel文件中，是某个地区2009—2016年的气象数据，不仅有时间，也有温度、气压等参数，图18-11是部分数据。

	Date Time	p (mbar)	T (degC)	Tpot (K)	Tdew (degC)	rh (%)	VPmax (mbar)	VPact (mbar)	VPdef (mbar)	sh (g/kg)	H2OC (mmol/mol)	rho (g/m**3)	wv (m/s)	max. wv (m/s)	wd (deg)
0	01.01.2009 00:10:00	996.52	-8.02	265.40	-8.90	93.3	3.33	3.11	0.22	1.94	3.12	1307.75	1.03	1.75	152.3
1	01.01.2009 00:20:00	996.57	-8.41	265.01	-9.28	93.4	3.23	3.02	0.21	1.89	3.03	1309.80	0.72	1.50	136.1
2	01.01.2009 00:30:00	996.53	-8.51	264.91	-9.31	93.9	3.21	3.01	0.20	1.88	3.02	1310.24	0.19	0.63	171.6
3	01.01.2009 00:40:00	996.51	-8.31	265.12	-9.07	94.2	3.26	3.07	0.19	1.92	3.08	1309.19	0.34	0.50	198.0
4	01.01.2009 00:50:00	996.51	-8.27	265.15	-9.04	94.1	3.27	3.08	0.19	1.92	3.09	1309.00	0.32	0.63	214.3

图18-11　时间序列数据特征

可以看出，数据每间隔10分钟进行测试，保存的有时间、温度、气压、湿度等数据。

对于时间序列的预测，通常需要对序列数据进行处理，生成对应的时间序列片段。例如，根据一段时间的窗口数据预测之后某个时间的数据，如使用第1、2、3、4、5天的数据预测第6天的数据。数据集的分隔形式可以用表18-2表示。

表18-2　预测单日数据

时间窗口(假设窗口长度为5)	预测之后时间的数据
1,2,3,4,5	6
2,3,4,5,6	7
3,4,5,6,7	8

或者根据一段时间的窗口数据预测之后一个时间段的数据,如使用第1、2、3、4、5天的数据预测第6、7天的数据。数据集的分隔形式可以用表18-3表示。

表18-3　预测两日数据

时间窗口(假设窗口长度为5)	预测之后时间段的数据(假设窗口长度为2)
1,2,3,4,5	6,7
2,3,4,5,6	7,8
3,4,5,6,7	8,9

下面就定义一个函数用于从原始数据中构建时间序列数据,代码如下。

```
def univariate_data(dataset, start_index, end_index, history_size, target_size):
    data = []
    labels = []
# 索引开始的位置
    start_index = start_index + history_size
    if end_index is None:
        end_index = len(dataset) - target_size
#从开始索引到结束索引逐一构成时间序列数据
    for i in range(start_index, end_index):
        indices = range(i-history_size, i)
        # Reshape data from (history_size,) to (history_size, 1)
#构建时间序列输入数据和输出标签
        data.append(np.reshape(dataset[indices], (history_size, 1)))
        labels.append(dataset[i+target_size])
    return np.array(data), np.array(labels)
```

其中,dataset表示输入的数据集,里面可以是一个或多个列特征;history_size表示时间窗口的大小,indices = range(i−history_size, i)表示窗口序列索引,i表示每个窗口的起始位置;target_size表示要预测的结果是窗口后的第几个时间点,0则表示下一时间点的预测结果,取其当作标签。

由于原始数据集中气象数据的特征很多,下面就考虑只使用温度和多个气象特征一起使用情况下的预测效果。

3. 单特征训练模型

首先考虑只使用温度进行时间序列预测。取前30W个样本数据当作训练集,剩余的当作验证集。

```
#取时间和温度两列数据,温度作为特征数据
TRAIN_SPLIT = 300000
uni_data = df['T (degC)']
uni_data.index = df['Date Time']
uni_data = uni_data.values
#计算数据的均值和方差
uni_train_mean = uni_data[:TRAIN_SPLIT].mean()
uni_train_std = uni_data[:TRAIN_SPLIT].std()
#对数据进行归一化
uni_data = (uni_data-uni_train_mean)/uni_train_std
#设定时间窗口为20,预测之后时间点的数据
univariate_past_history = 20
univariate_future_target = 0
#调用前面定义的函数获取输入时间序列数据和输出标签
x_train_uni, y_train_uni = univariate_data(uni_data, 0, TRAIN_SPLIT,
                                           univariate_past_history,
                                           univariate_future_target)
x_val_uni, y_val_uni = univariate_data(uni_data, TRAIN_SPLIT, None,
                                       univariate_past_history,
                                       univariate_future_target)
```

运行上面的代码,可以得到输入的时间序列数据为2999808*20。

图18-12给出了第一个时间序列数据的示意图,图中曲线表示第一个时间序列数据,窗口长度为20,"×"表示对应的标签数据。

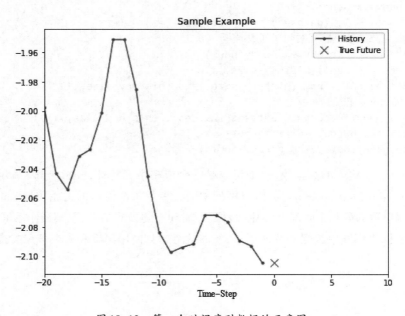

图18-12　第一个时间序列数据的示意图

在介绍循环神经网络之前,我们把输入数据中的20个数值进行平均作为预测值,来看看基本效果,如图18-13所示。

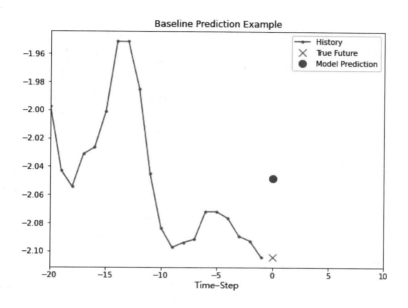

图18-13　平均值作为预测值效果

图中的黑点表示使用均值预测的结果,可以看出,使用平均值计算的预测结果与真实结果还是有很大的偏差。

4. 构建RNN模型进行预测

下面就构建循环神经网络模型,首先将数据转换成适合循环神经网络的格式,代码如下。

```
#定义批处理个数和缓冲器大小
BATCH_SIZE = 256
BUFFER_SIZE = 10000
#构建训练数据集并且将数据打乱
train_univariate = tf.data.Dataset.from_tensor_slices((x_train_uni, y_train_uni))
train_univariate = train_univariate.cache().shuffle(BUFFER_SIZE).batch(BATCH_SIZE).
repeat()
val_univariate = tf.data.Dataset.from_tensor_slices((x_val_uni, y_val_uni))
val_univariate = val_univariate.batch(BATCH_SIZE).repeat()
```

下面构建循环神经网络的隐藏层神经元为LSTM模块,隐藏层模块个数为8个,然后使用全连接层与一个输出相连。

```
simple_lstm_model = tf.keras.models.Sequential([
    tf.keras.layers.LSTM(8, input_shape=x_train_uni.shape[-2:]),
    tf.keras.layers.Dense(1)
])
```

```
#设定最优化方法为adam,损失函数为mae
simple_lstm_model.compile(optimizer='adam', loss='mae')
#使用数据进行训练
EVALUATION_INTERVAL = 200
EPOCHS = 10
#循环次数为10,也可以调整其他数值
simple_lstm_model.fit(train_univariate, epochs=EPOCHS,
                      steps_per_epoch=EVALUATION_INTERVAL,
                      validation_data=val_univariate, validation_steps=50)
```

图18-14是训练过程。

```
Epoch 1/10
200/200 [==============================] - 3s 15ms/step - loss: 0.4075 - val_loss: 0.1351
Epoch 2/10
200/200 [==============================] - 2s 11ms/step - loss: 0.1118 - val_loss: 0.0359
Epoch 3/10
200/200 [==============================] - 2s 11ms/step - loss: 0.0489 - val_loss: 0.0290
Epoch 4/10
200/200 [==============================] - 2s 12ms/step - loss: 0.0443 - val_loss: 0.0258
Epoch 5/10
200/200 [==============================] - 2s 12ms/step - loss: 0.0299 - val_loss: 0.0235
Epoch 6/10
200/200 [==============================] - 2s 12ms/step - loss: 0.0317 - val_loss: 0.0224
Epoch 7/10
200/200 [==============================] - 2s 11ms/step - loss: 0.0286 - val_loss: 0.0207
Epoch 8/10
200/200 [==============================] - 2s 11ms/step - loss: 0.0263 - val_loss: 0.0200
Epoch 9/10
200/200 [==============================] - 2s 11ms/step - loss: 0.0254 - val_loss: 0.0182
Epoch 10/10
200/200 [==============================] - 2s 11ms/step - loss: 0.0228 - val_loss: 0.0174
```

图18-14 训练过程

可以看出,随着训练的进行,训练集误差和验证集误差都逐渐减少。下面就用训练好的模型预测结果,看看效果如何,代码如下。

```
for x, y in val_univariate.take(3):
    plot = show_plot([x[0].numpy(), y[0].numpy(),
                      simple_lstm_model.predict(x)[0]], 0, 'Simple LSTM model')
    plot.show()
```

这段代码从验证集中随机选择三个数据,然后绘制图形,对比实际结果与预测结果的误差,图18-15至图18-17给出了三次不同的结果。

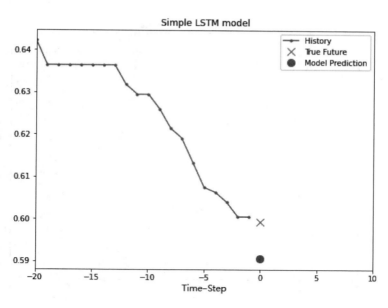

图 18-15　部分预测结果 1

图 18-15 是其中一侧的预测结果，叉号是真实值，黑点是预测值，可以看出，这次预测结果真实值和预测值之间还是存在一些误差。

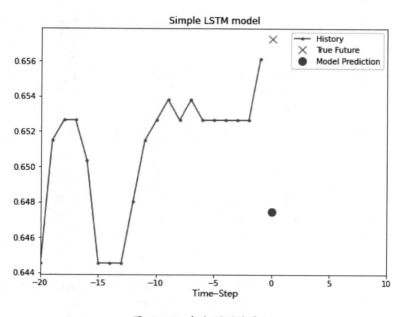

图 18-16　部分预测结果 2

这个预测结果明显与真实值相差很多。

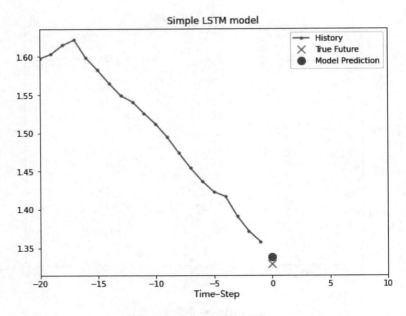

图 18-17　部分预测结果 3

这个预测结果明显更好一些,预测值和真实值非常接近。

5. 多用些特征看看效果

上面的代码中只使用了温度这一个特征,由于原始数据中有很多气象参数,下面加入一些其他气象特征,看看对结果是否有影响。

```
features_considered = ['p (mbar)', 'T (degC)', 'rho (g/m**3)']
features = df[features_considered]
features.index = df['Date Time']
```

上面的代码使用了气压、温度和空气的湿度三个特征。和上面的代码类似,首先对这些数据进行归一化操作,代码如下。

```
dataset = features.values
data_mean = dataset[:TRAIN_SPLIT].mean(axis=0)
data_std = dataset[:TRAIN_SPLIT].std(axis=0)
dataset = (dataset-data_mean)/data_std
```

下面使用原始数据构建时间序列输入和输出数据。

```
def multivariate_data(dataset, target, start_index, end_index, history_size,
                      target_size, step, single_step=False):
    data = []
    labels = []
#定义开始索引和结束索引
    start_index = start_index + history_size
    if end_index is None:
        end_index = len(dataset) - target_size
```

```
#生成时间序列输入数据和输出标签,此处多了一个间隔去数据的步骤
    for i in range(start_index, end_index):
        indices = range(i-history_size, i, step)
#索引为range(0, 720, 6),range(1, 721, 6) range(2, 722, 6)
        data.append(dataset[indices])

        if single_step:
            labels.append(target[i+target_size]) #(720+72)(721+72)
        else:
            labels.append(target[i:i+target_size])

    return np.array(data), np.array(labels)

#选择训练窗口为5天的数据,5 * 24   * 6=720条记录 ,step=6表示每隔6个时间点实际取一次
#数据,即窗口大小:720/6=120

past_history = 720
future_target = 72
STEP = 6
#调用multivariate_data函数生成时间序列数据
x_train_single, y_train_single = multivariate_data(dataset, dataset[:, 1], 0,
                                                    TRAIN_SPLIT, past_history,
                                                    future_target, STEP,
                                                    single_step=True)
x_val_single, y_val_single = multivariate_data(dataset, dataset[:, 1],
                                                TRAIN_SPLIT, None, past_history,
                                                future_target, STEP,
                                                single_step=True)
```

剩下的步骤就是模型构造和训练,程序代码和单特征训练模型的代码类似,如下所示。

```
single_step_model = tf.keras.models.Sequential()
#设定循环神经网络隐藏单元为LSTM模块,有32个,最后一层使用全连接
single_step_model.add(tf.keras.layers.LSTM(32,
                                           input_shape=x_train_single.shape[-2:]))
single_step_model.add(tf.keras.layers.Dense(1))
#进行训练和验证
single_step_model.compile(optimizer=tf.keras.optimizers.RMSprop(), loss='mae')
single_step_history = single_step_model.fit(train_data_single, epochs=EPOCHS,
                                            steps_per_epoch=EVALUATION_INTERVAL,
                                            validation_data=val_data_single,
                                            validation_steps=50)
```

训练结果如图18-18所示。

```
Epoch 1/10
200/200 [==============================] - 43s 216ms/step - loss: 0.3133 - val_loss: 0.2615
Epoch 2/10
200/200 [==============================] - 46s 230ms/step - loss: 0.2656 - val_loss: 0.2441
Epoch 3/10
200/200 [==============================] - 51s 254ms/step - loss: 0.2612 - val_loss: 0.2507
Epoch 4/10
200/200 [==============================] - 60s 299ms/step - loss: 0.2579 - val_loss: 0.2408
Epoch 5/10
200/200 [==============================] - 73s 364ms/step - loss: 0.2276 - val_loss: 0.2374
Epoch 6/10
200/200 [==============================] - 92s 461ms/step - loss: 0.2403 - val_loss: 0.2566
Epoch 7/10
200/200 [==============================] - 95s 473ms/step - loss: 0.2439 - val_loss: 0.2616
Epoch 8/10
200/200 [==============================] - 95s 473ms/step - loss: 0.2438 - val_loss: 0.2426
Epoch 9/10
200/200 [==============================] - 96s 478ms/step - loss: 0.2449 - val_loss: 0.2583
Epoch 10/10
200/200 [==============================] - 98s 488ms/step - loss: 0.2417 - val_loss: 0.2340
```

图 18-18   训练结果

可以看出，经过 10 轮训练之后，训练集误差和验证集误差都逐步减少。为了验证最终的预测效果，同样随机取三个数据进行绘图，显示预测结果和真实结果，如图 18-19 至图 18-21 所示。

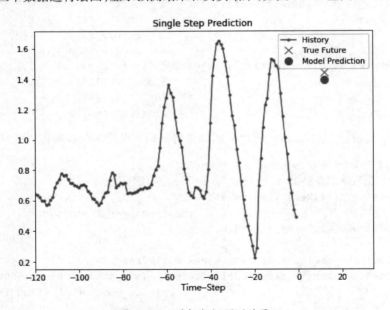

图 18-19   随机数据预测结果 1

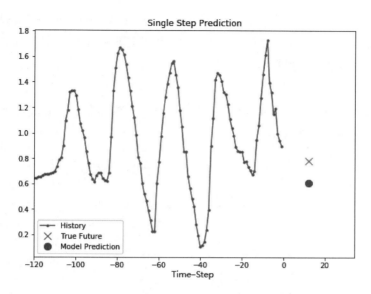

图 18-20   随机数据预测结果 2

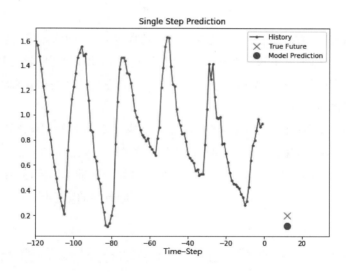

图 18-21   随机数据预测结果 3

从上面的图形可以看出,对比与单特征的预测效果,使用多特征的预测效果更好一些,当然,也可以再增添一些其他特征以验证模型的效果。

 18.5 双向循环神经网络算法

循环神经网络只能依据之前时刻的时序信息来预测下一时刻的输出,但在有些问题中,当前时刻的输出不仅和之前的状态有关,还可能和未来的状态有关。比如预测一句话中缺失的单词不仅需要根据前文来判断,还需要考虑它后面的内容,真正做到基于上下文判断。例如:"他说泰迪是一只熊"。如果只根据前面的内容就没法判断"泰迪"到底是人名还是动物名,但是如果根据后面的内容就可以判断"泰迪"是动物的名称。

双向循环神经网络(Bi-directional RNN)由两个RNN上下叠加在一起组成,输出由这两个RNN的状态共同决定,其网络结构图如图18-22所示。

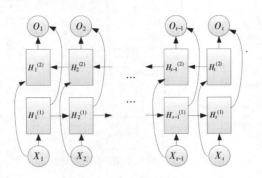

图18-22　双向循环神经网络

如图所示,中间隐藏层有两个,一个网络序列向前传递,另一个网络序列向后传递。两个隐藏层都分别与输入层相连,可以把整个双向循环神经网络看成是两个循环神经网络,而且这两个都连接着一个输出层。这个结构提供给输出层输入序列中每一个点的完整的过去和未来的上下文信息。

双向循环神经网络的计算过程如下。

向前推算(Forward Pass):对于双向循环神经网络的隐藏层,向前推算跟单向循环神经网络一样,除了隐藏层中两个隐藏层信息传递方向不同,而且直到两个隐藏层处理完所有的输入序列,输出层才更新。

向后推算(Backward Pass):双向循环神经网络的向后推算与标准的循环神经网络通过时间反向传播相似,除了所有的输出层首先被计算,然后返回给两个不同方向的隐藏层。

18.6　综合案例——使用LSTM网络对电影影评进行情感分析

范例18-3:使用LSTM网络对电影影评进行情感分析

目的:本范例使用LSTM神经网络对电影影评进行情感分析,介绍如何使用tensorflow创建LSTM神经网络进行训练。

本案例所提供的素材来源于电影影评网站IMDB数据集。这个数据集包含25000条电影数据,其中有12500条积极的数据,12500条消极的数据,分别存放在training_data文件夹中的positiveReviews和negativeReviews子文件夹,每条评论数据都存储在一个文本文件中。图18-23就是一条积极的影评内容。

If you like adult comedy cartoons, like South Park, then this is nearly a similar format about the small adventures of three teenage girls at Bromwell High. Keisha, Natella and Latrina have given exploding sweets and behaved like bitches, I think Keisha is a good leader. There are also small stories going on with the teachers of the school. There's the idiotic principal, Mr. Bip, the nervous Maths teacher and many others. The cast is also fantastic, Lenny Henry's Gina Yashere, EastEnders Chrissie Watts, Tracy-Ann Oberman, Smack The Pony's Doon Mackichan, Dead Ringers' Mark Perry and Blunder's Nina Conti. I didn't know this came from Canada, but it is very good. Very good!

图 18-23　部分影评内容

从这段评论中可以发现,评论者介绍了这部电影,并向观众推荐该电影。然而如果想直接使用这段评论内容,让计算机理解其意思,还无法实现,因为计算机只能识别二进制数值。因此需要采用一些方法将这段话转换成计算机能够识别的格式,才能使用循环神经网络进行情感分析。

1. 自然语言转换成词向量的基本原理

要将一段话转换成机器能够理解的向量格式,首先需要有每个词对应的向量表达方法。词向量的表达模型有很多,例如one-hot编码、tf-idf编码、Word2Vec等,本案例使用Word2Vec模型生成每个词对应的向量,这个向量也称为词嵌入。简单来说,这个模型根据上下文的语境来推断出每个词的词向量。如果两个词在上下文的语境中可以被互相替换,那么这两个词的距离就非常近。在自然语言中,上下文的语境对分析词语的意义是非常重要的。比如,单词"adore"和"love"这两个词都有"爱"的意思,它们的词向量就应该很接近。Word2Vec模型会根据大量的语料库(例如使用Wikipedia中的内容)进行训练,根据数据集中的每个句子进行训练,并且以一个固定窗口在句子上进行滑动,根据句子的上下文来预测固定窗口中间那个词的向量。然后根据一个损失函数和优化方法来对这个模型进行训练,最终为每个独一无二的单词进行建模,并且输出一个唯一的向量。Word2Vec模型的输出被称为一个嵌入矩阵,这个嵌入矩阵包含训练集中每个词的一个向量。

如图18-24所示,经过Word2Vec模型训练后,生成的嵌入矩阵的每一行对应一个单词和这个单词的 D 维向量。有了这个嵌入矩阵之后,对于一段话,可以逐个词地在嵌入矩阵中寻找对应的词向量,然后使用对应的网络模型进行训练,以达到对这段话进行分类或翻译等目的。

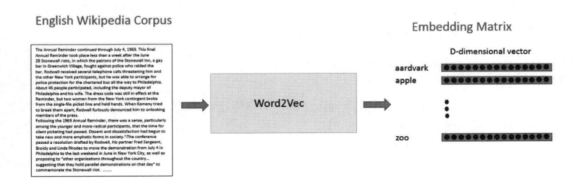

图 18-24　嵌入矩阵生成过程

在自然语言处理中,词与词之间是时间序列数据。每个单词的出现都依赖于它的前一个单词和后一个单词。由于这种依赖的存在,我们使用本章介绍的循环神经网络来处理这种时间序列数据。

词向量可以作为神经网络的输入数据,接下来让我们看看需要构建的神经网络。

前面的章节中已经介绍了长短期记忆网络单元(Long Short Term Memory Units ,简称LSTM)是循环神经网络的一种,可以保存文本中长期的依赖信息。LSTM 网络中的主要模块是 LSTM 单元,比经典的 RNN 网络模块复杂很多。LSTM 单元分为四个部分:输入门、输出门、遗忘门和一个记忆控制器。每个门都将输入 $x(t)$ 和隐藏层上一时刻的输出 $h(t-1)$ 作为输入,并且利用这些输入来计算一些中间状态。每个中间状态都会被送入不同的调控门,并且这些信息最终会汇集到当前时刻的隐藏状态输出 $h(t)$。输入门决定在每个输入上施加多少当前信息,遗忘门决定我们将丢弃什么历史信息,输出门根据中间状态来决定最终的 $h(t)$。

整个过程包括自然语言处理、循环神经网络的知识,下面就结合代码详细地介绍。

2. 导入数据生成词向量

首先需要创建词向量,可以使用 gensim 库生成词向量,也可以直接用他人已经训练好的词向量。简单起见,这里直接使用训练好的模型来创建。例如,Google 公司已经在大规模数据集上训练出了 Word2Vec 模型,包括 1000 亿个不同的词,在这个模型中,谷歌能创建 300 万个词向量,每个向量维度为 300。在理想情况下,我们将使用这些向量来构建模型,但是因为这个单词向量矩阵相当大(3.6G)。所以本案例使用另一个现成的数量小一些的 Word2Vec 模型,该矩阵由 GloVe 训练得到。矩阵包含 400000 个词向量,每个向量的维数为 50。

我们将导入两个不同的数据结构,一个是包含 400000 个单词的 Python 列表,另一个是包含所有单词向量值的 400000*50 维的嵌入矩阵。下面导入这个模型的词向量和单词列表。

```
import numpy as np
wordsList = np.load('./training_data/wordsList.npy')
print('Loaded the word list!')
wordsList = wordsList.tolist() #Originally loaded as numpy array
wordsList = [word.decode('UTF-8') for word in wordsList] #Encode words as UTF-8
wordVectors = np.load('./training_data/wordVectors.npy')
print ('Loaded the word vectors!')
```

下面在词库中搜索一下单词,看看对应的词向量的内容。

```
baseballIndex = wordsList.index('baseball')
wordVectors[baseballIndex]
```

上面的代码首先在 wordsList 中寻找单词“baseball”的索引,然后根据索引在 wordVectors 中找到这个词对应的词向量,如图 18-25 所示。

```
array([-1.93270004,  1.04209995, -0.78514999,  0.91033   ,  0.22711   ,
       -0.62158   , -1.64929998,  0.07686   , -0.58679998,  0.058831  ,
        0.35628   ,  0.68915999, -0.50598001,  0.70472997,  1.26639998,
       -0.40031001, -0.020687  ,  0.80862999, -0.90565997, -0.074054  ,
       -0.87674999, -0.62910002, -0.12684999,  0.11524   , -0.55685002,
       -1.68260002, -0.26291001,  0.22632   ,  0.713     , -1.08280003,
        2.12310004,  0.49869001,  0.066711  , -0.48225999, -0.17896999,
        0.47699001,  0.16384   ,  0.16537   , -0.11506   , -0.15962   ,
       -0.94926   , -0.42833   , -0.59456998,  1.35660005, -0.27506   ,
        0.19918001, -0.36008   ,  0.55667001, -0.70314997,  0.17157   ], dtype=float32)
```

图18-25　根据索引寻找词向量

这个词的词向量是50维，有了每个单词对应的词向量，对应任意一个句子或一段话，都可以构造它的向量表示。

假设现在输入的句子是"I thought the movie was incredible and inspiring"，为了得到词向量，可以使用tensorflow的嵌入函数。这个函数有两个参数，一个是嵌入矩阵，另一个是每个词对应的索引，代码如下。

```
import tensorflow as tf
maxSeqLength = 10 #Maximum length of sentence
numDimensions = 300 #Dimensions for each word vector
firstSentence = np.zeros((maxSeqLength), dtype='int32')
firstSentence[0] = wordsList.index("i")
firstSentence[1] = wordsList.index("thought")
firstSentence[2] = wordsList.index("the")
firstSentence[3] = wordsList.index("movie")
firstSentence[4] = wordsList.index("was")
firstSentence[5] = wordsList.index("incredible")
firstSentence[6] = wordsList.index("and")
firstSentence[7] = wordsList.index("inspiring")
#firstSentence[8] and firstSentence[9] are going to be 0
print(firstSentence.shape)
print(firstSentence) #Shows the row index for each word
```

上面得到了这个句子中每个单词的索引位置，要是得到它对应的句子的词向量矩阵，可以通过图18-26更好地理解。

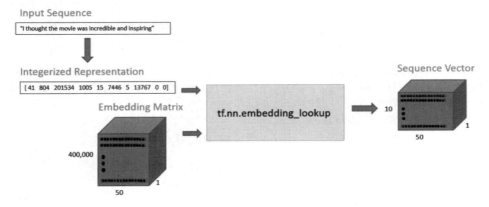

图18-26　序列向量构建过程

根据每个单词的索引，在嵌入矩阵中找到对应的词向量，本案例中使用 tensorflow 的 embedding_lookup 函数，最终的输出数据是一个 10*50 的词向量矩阵，其中包括 10 行，每行对应一个词的词向量，每个词的向量维度是 50。

因为不同的评论单词数不同，为了便于分析，需要统一单词数目。经过分析这些句子可以发现，句子的平均单词数大概为 233 个，因此将句子最大序列长度设置为 250。此时如果评论单词数不超过 250 个，则补索引为 0，超过 250 个则截断多余的单词。另外，由于评论中存在很多标点符号等字符，这些字符对于判断情感不起作用，因此可以对数据进行预处理，删除这些标点符号、括号、问号等字符，只保留字母、数字字符。最终处理的全部数据集存放在一个 25000 * 250 的矩阵中。数据预处理非常耗时，本案例提供了预处理好的矩阵文件，可以直接使用处理好的索引矩阵文件完成后续工作。下面的代码用于生成输入数据和输出数据。

```
import tensorflow as tf
tf.reset_default_graph()
#首先定义网络的超参数，批处理大小为24,lstm单元数为64个,分类数目在本例中只有积极和消极两类,迭
#代次数为50000次
batchSize = 24
lstmUnits = 64
numClasses = 2
iterations = 50000
# 根据上面的参数,可以知道输入数据大小为24*250*50,第一个维度是批处理大小,第二个维度是句子长度,
#第三个维度是词向量长度,输出大小为24*2
labels = tf.placeholder(tf.float32, [batchSize, numClasses])
input_data = tf.placeholder(tf.int32, [batchSize, maxSeqLength])
data = tf.Variable(tf.zeros([batchSize, maxSeqLength, numDimensions]),dtype=tf.
float32)
data = tf.nn.embedding_lookup(wordVectors,input_data)
```

3. 构建 RNN 网络架构

有了数据，下面就可以构建循环神经网络模型了。首先使用 tf.nn.rnn_cell.BasicLSTMCell 函数，这个函数输入的参数是一个整数，表示需要几个 LSTM 单元。前面已经设置了这个超参数为 64，当然也可以对这个数值进行调试，从而找到最优解。另外，为了防止训练过程中出现过拟合现象，通常设置一个 dropout 参数，用于每次随机删除部分神经元。最后将 LSTM 单元和三维的输入数据输入 tf.nn.dynamic_rnn 函数中，这个函数的功能是展开整个网络，并且构建 RNN 模型。代码如下。

```
lstmCell = tf.contrib.rnn.BasicLSTMCell(lstmUnits)
lstmCell = tf.contrib.rnn.DropoutWrapper(cell=lstmCell, output_keep_prob=0.75)
# dropout 参数的保留率为75%
#生成的循环神经网络输出值放到value中
value, _ = tf.nn.dynamic_rnn(lstmCell, data, dtype=tf.float32)
# 定义权值和偏置值
weight = tf.Variable(tf.truncated_normal([lstmUnits, numClasses]))
bias = tf.Variable(tf.constant(0.1, shape=[numClasses]))
value = tf.transpose(value, [1, 0, 2])
#取最终的结果值
```

```
last = tf.gather(value, int(value.get_shape()[0]) - 1)
prediction = (tf.matmul(last, weight) + bias)
```

定义正确的预测函数和正确率评估参数,正确的预测形式是查看最后输出的0-1向量是否和标记的0-1向量相同。

```
correctPred = tf.equal(tf.argmax(prediction,1), tf.argmax(labels,1))
accuracy = tf.reduce_mean(tf.cast(correctPred, tf.float32))
```

使用一个标准的交叉熵损失函数来作为损失值。对于优化器,我们选择 Adam,并且采用默认的学习率。

```
loss = tf.reduce_mean(tf.nn.softmax_cross_entropy_with_logits(logits=prediction,
labels=labels))
optimizer = tf.train.AdamOptimizer().minimize(loss)
```

上面就是循环神经网络的基本构成过程,下面就可以使用循环网络进行训练了。

4. 网络训练

训练过程的基本思路是,首先定义一个 tensorflow 会话,然后加载一批评论和对应的标签,接下来调用会话的 run 函数。这个函数有两个参数,第一个参数称为 fetches 参数,这个参数定义了最终感兴趣的值。训练的目的是希望通过优化器来最小化损失函数。第二个参数称为 feed_dict 参数,这个数据结构就是前面提供的占位符。此时,需要将一个批处理的评论和标签输入模型,然后不断对这一组训练数据进行循环训练。代码如下。

```
sess = tf.InteractiveSession()
saver = tf.train.Saver()
sess.run(tf.global_variables_initializer())
#循环50000次,寻找最优参数
for i in range(iterations):
    #获取训练的批处理数据
    nextBatch, nextBatchLabels = getTrainBatch();
    sess.run(optimizer, {input_data: nextBatch, labels: nextBatchLabels})

    if (i % 1000 == 0 and i != 0):
        loss_ = sess.run(loss, {input_data: nextBatch, labels: nextBatchLabels})
        accuracy_ = sess.run(accuracy, {input_data: nextBatch, labels:
nextBatchLabels})
        #打印中间训练的结果
        print("iteration {}/{}...".format(i+1, iterations),
              "loss {}...".format(loss_),
              "accuracy {}...".format(accuracy_))
    #每隔10000次保存训练的网络模型,用于以后使用
    if (i % 10000 == 0 and i != 0):
        save_path = saver.save(sess, "models/pretrained_lstm.ckpt", global_step=i)
        print("saved to %s" % save_path)
```

图18-27是部分训练结果。

```
iteration 41001/50000... loss 0.03648881986737251... accuracy 1.0...
iteration 42001/50000... loss 0.2616865932941437... accuracy 0.9583333134651184...
iteration 43001/50000... loss 0.013914794661104679... accuracy 1.0...
iteration 44001/50000... loss 0.020460862666368484... accuracy 1.0...
iteration 45001/50000... loss 0.15876878798007965... accuracy 0.9583333134651184...
iteration 46001/50000... loss 0.007766606751829386... accuracy 1.0...
iteration 47001/50000... loss 0.02079685777425766... accuracy 1.0...
iteration 48001/50000... loss 0.017801295965909958... accuracy 1.0...
iteration 49001/50000... loss 0.017789073288440704... accuracy 1.0...
```

图 18-27　部分训练结果

可以看出,在训练集上最后的精确率几乎为100%,说明效果很好,不过还需要在测试集上进行测试,以验证效果。下面的代码是使用测试集进行测试。

```
#调用模型
sess = tf.InteractiveSession()
saver = tf.train.Saver()
saver.restore(sess, tf.train.latest_checkpoint('models'))
iterations = 10
#使用测试集进行测试
for i in range(iterations):
    nextBatch, nextBatchLabels = getTestBatch();
    print("Accuracy for this batch:", (sess.run(accuracy, {input_data: nextBatch,
labels: nextBatchLabels})) * 100)
```

测试结果如图18-28所示。

```
Accuracy for this batch: 91.6666686535
Accuracy for this batch: 79.1666686535
Accuracy for this batch: 87.5
Accuracy for this batch: 87.5
Accuracy for this batch: 91.6666686535
Accuracy for this batch: 75.0
Accuracy for this batch: 91.6666686535
Accuracy for this batch: 70.8333313465
Accuracy for this batch: 83.3333313465
Accuracy for this batch: 95.8333313465
```

图 18-28　测试结果变化情况

可以看出,在测试集上的效果虽然没有训练集上好,但是也基本给出了正确的评价。

上面的代码中直接定义了循环网络的超参数,在实际应用中,选择合适的超参数来训练神经网络是至关重要的。训练损失值与选择的优化器(Adam、Adadelta、SGD等)、学习率和网络架构都有很大的关系,特别是在RNN和LSTM中,单元数量和词向量的大小都是重要因素。

 18.7 高手点拨

(1)应该选择哪一个优化器

多年来,已经开发了许多梯度下降优化算法,它们各有优缺点。一些流行的方法有Stochastic

Gradient Descent (SGD) with Momentum、Adam、RMSprop、Adadelta，其中 RMSprop、Adadelta 和 Adam 被认为是自适应优化算法，因为它们会自动更新学习率。使用 SGD 时，必须手动选择学习率和动量参数，通常会随着时间的推移而降低学习率。

在实践中，自适应优化器倾向于比 SGD 更快地收敛，然而它们的最终表现通常稍差。SGD 通常会达到更好的 minimum，从而获得更好的最终准确性。但这可能需要比某些优化程序长得多的时间。它的性能也更依赖于强大的初始化和学习率衰减时间表，这在实践中可能非常困难。

因此，如果你需要一个优化器来快速得到结果，或者测试一个新的技术，可以使用 Adam。

（2）如何处理不平衡数据

很多情况下都要处理不平衡的数据，特别是在实际应用程序中。一个简单而实际的例子如下：训练你的深度网络以预测视频流中是否有人持有致命武器。但是在你的训练数据中，只有50个拿着武器的人的视频和1000个没有武器的人的视频，如果只是用这些数据来训练你的网络，那么你的模型肯定会非常偏向于预测没有人有武器。

你可以用以下方法来解决这个问题。

①在损失函数中使用类权重。本质上就是，让实例不足的类在损失函数中获得较高的权重。因此任何对该类的错分都将导致损失函数中出现非常高的错误。

②过度采样：重复一些实例较少的训练样例，有助于平衡分配。如果可用的数据很少，这个方法最好。

③欠采样：一些类的训练实例过多，可以简单地跳过一些实例。如果可用数据非常多，这个方法最好。

④为少数类增加数据。可以为少数类创建更多的训练实例，例如，在前面检测致命武器的例子中，可以改变属于具有致命武器的类别的视频的颜色和光照等。

18.8 编程练习

使用循环神经网络进行时间序列预测。

目的：使用循环神经网络对给定的文件中的时间序列进行预测，这个数据是某个航空公司每天的顾客数量，通过对数据进行分析，找出其规律，然后进行预测。

18.9 面试真题

（1）RNN 中为什么会出现梯度消失，如何解决？

（2）什么是 LSTM（长短期记忆）？为什么 LSTM 记忆时间长？

第 19 章

卷积神经网络算法

近几年深度学习快速发展，在图像识别、自然语言处理、语音识别等领域取得了巨大的成功。在这场深度学习革命中，卷积神经网络成为推动这一切的主力，是深度学习的基石，在目前人工智能的发展中有着非常重要的地位。本章就重点介绍卷积神经网络算法的基本原理、设计思路及实现方式，同时列举几种经典的卷积神经网络模型的优缺点和模型搭建的方法，并通过一个应用案例介绍卷积神经网络的应用。

<h2>19.1 卷积网络基本概念</h2>

卷积神经网络是一类包含卷积计算且具有深度结构的监督式学习神经网络。卷积神经网络仿造生物的视觉感受野(视觉感受野是指视网膜上一定的区域或范围。)机制构建,乐康(LeCun)等人在1989年设计了LeNet网络模型,首次使用了"卷积"一词,"卷积神经网络"也因此得名。在LeNet的基础上,1998年,乐康等人构建了更加完备的卷积神经网络LeNet-5,并在手写数字的识别问题中取得成功。在2006年深度学习理论被提出后,卷积神经网络的表征学习能力得到了关注,并随着数值计算设备的更新得到发展,出现了很多新的卷积神经网络模型。

卷积的基本操作过程如图19-1所示,原始图像经过卷积层得到特征图,然后经过降采样层,将特征图进行压缩,经过多次"卷积–降采样",最终特征图通过全连接层,连接到输出层进行分类或回归运算。

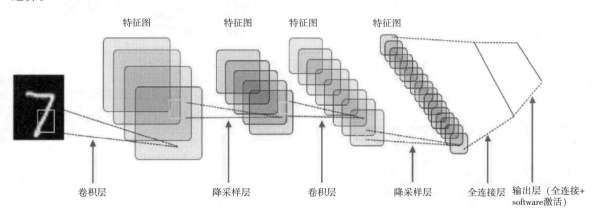

图 19-1　卷积基本操作过程图

与传统的神经网络相比,卷积神经网络除了具备神经网络基本的结构(输入层、隐藏层、输出层),还有三个自身独特的特性:卷积(Convolution)、激活(Activation)和池化(Pooling)。在介绍卷积神经网络基本算法之前,先学习这些基本概念。

<h3>19.1.1 卷积</h3>

卷积神经网络中基础的操作是卷积,卷积层的功能是对输入数据进行特征提取,常见的卷积操作是2D卷积,包含高和宽两个空间维度。卷积操作需要输入两个参数,一个是输入的特征,另一个是卷积核(Kernel),也称为过滤器。卷积操作的实质是二维空间滤波。下面用一个具体的例子来解释卷积是如何工作的。

1. 卷积的基本操作

假设输入是一个5×5的二维数组,卷积核是3×3的二维数组。如图19-2所示,输入特征的左上角的3×3矩阵的数值分别和卷积核的数值(图中单元右下角的数值)相乘并相加,即:3*0+3*1+2*2+0*2+0*2+1*0+3*0+1*1+2*2=12。这个数值就是提取特征后的矩阵的左上角的数据,这个卷积操作类似于从原来的数据特征中提取数据特征,卷积核就如同视觉感受野一样,看到图中部分区域并提取特征。

当这部分特征提取后,卷积核窗口从输入特征的左上方开始向右移动,移动的距离称为步长。如图19-3所示,此时卷积核移动一个步长,继续进行滤波操作,输入特征的3×3矩阵的数值分别和卷积核的数值相乘并相加,即:3*0+2*1+1*2+0*2+1*2+3*0+1*0+2*1+2*2=12。

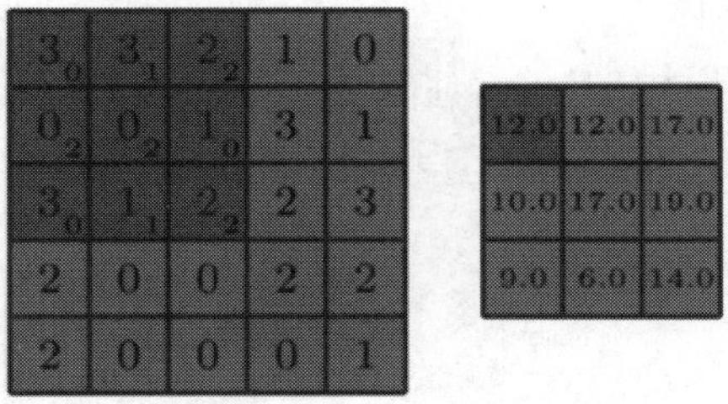

图 19-2　卷积核的基本操作

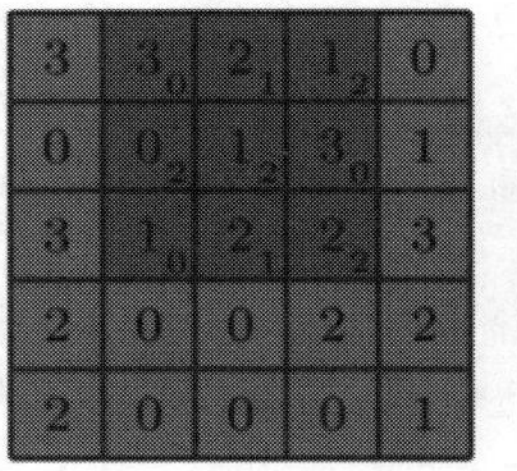

图 19-3　卷积核右移一个步长的操作

图 19-4　向下移动一个步长的卷积操作

卷积核除了横向向右移动之外,当移动到最右端后,向下移动一个步长,再从最左端进行类似的操作,如图19-4所示。

此时输入特征的3×3矩阵的数值分别和卷积核的数值相乘并相加,即:0*0+0*1+1*2+3*2+1*2+2*0+2*0+0*1+0*2=10。

卷积核大小可以指定为小于输入特征宽和高的任意值,卷积核越大,可提取的输入特征越复杂。

根据上面的例子可以发现,当输入特征是一个5×5的二维数组,卷积核是3×3的二维数组时,最终得到的特征图矩阵是3×3大小的。假设输入特征的大小为$m \times n$,卷积核的大小为$w \times h$,那么最后得到的矩阵大小为$(m-w+1) \times (n-h+1)$。即经过卷积操作后,输入特征矩阵和卷积核矩阵的大小决定输出的特征图矩阵的大小。

2. 步长

前面看到卷积核在计算过程中需要从左到右、从上到下遍历输入矩阵,进行滑动,可以定义每次滑动的行数或列数为步长。例如在上面的移动过程中,步长为1。在实际操作中,可以根据实际情况增大步长。当步长小的时候,相当于从输入特征中经过卷积操作,可以提取更加精细的特征,当步长大的时候,经过卷积操作后提取的特征较为粗糙。然而在步长小的情况下,计算就会使用更多的时间。

3. 填充

填充操作是在初始输入特征的两侧填充元素(一般都填充为数值0),增加填充列或行主要是为了补充边界信息在卷积操作时信息使用不充分的问题。通常情况下,可以设置填充的行数和列数,使输入特征和输出特征具有相同的大小。例如,如果初始输入大小为5*5,当上下左右两侧分别增加一列或一行元素的时候,矩阵大小变为7*7。

当增加了填充和步长之后,经过卷积操作,特征图的大小是多少呢? 假设输入的长度和宽度分别是 $H1$ 和 $W1$,卷积核的长度和宽度分别是 FH 和 FW,S 表示卷积核滑动窗口的步长,P 表示边界填充的列数。卷积操作后特征矩阵的长度和宽度分别是 $H2$ 和 $W2$,则:

$$H2 = \frac{H1 - FH + 2P}{S} + 1, W2 = \frac{W1 - FW + 2P}{S} + 1$$

例如,如果输入特征矩阵为32*32,卷积核为5*5,步长为1,边界填充为2,则代入上面的公式可以求出最终的特征矩阵大小为(32−5+2*2)/1+1=32。

4. 通道

常见的彩色图像一般都由 RGB 三种颜色通道组成,每一个通道是一种颜色,例如一张图像大小为1024*568*3,那么就说明颜色通道为3,在每个通道上输入矩阵的大小是1024*568。在进行卷积操作的时候,不同通道上可以分别进行卷积操作,最后把各个通道卷积后的结果相加,形成最后的特征图。

另外,每个通道上的卷积核一般有多个,每个卷积核的大小一般一样,一般选择奇数的卷积核,大小为3*3或5*5。但是卷积核中的数值不一样,这样当这些卷积核与输入矩阵进行卷积操作的时候,可以提取不同的特征。

下面通过一张综合的图像看一下典型的卷积操作,如图19-5所示。

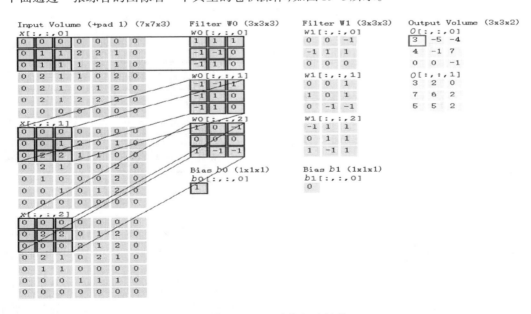

图 19-5 不同通道卷积的操作

图中输入的是7*7*3的矩阵,总共有三个通道。如图中第一列所示,其中每一通道的原输入特征是5*5,经过填充后矩阵大小为7*7,对应于每一个通道分别有一个卷积核,大小为3*3。如图中第二列所示,其中每一行对应一个通道,此外,每个通道的卷积核也可以有多个,例如图中第三列是另外的卷积核,第四列是经过卷积核操作后得到的最终特征图,三个通道的对应窗口经过卷积操作后相加得到最终的数值,如图中所示。

$$0*1+0*1+0*1+0*(-1)+1*(-1)+1*0+0*(-1)+1*1+1*0=0$$

$$0*(-1)+0*(-1)+0*1+0*(-1)+0*1+1*0+0*(-1)+2*1+2*0=2$$

$$0*1+0*0+0*(-1)+0*0+2*0+2*0+0*1+0*(-1)+0*(-1)=0$$

这三个经过卷积操作后的值进行相加为0+2+0=2,除了基本卷积操作之外,再加上一个偏置量,如图19-5中假设偏置$b0=1$。因此最终的特征值为2+1=3,就是第四列特征矩阵左上角的值。其他特征图中各个数值按照卷积核的步长进行移动,分别进行卷积操作得到。

19.1.2 池化

经过卷积核对初始矩阵进行操作后,得到特征矩阵。池化就是对特征矩阵的数据使用固定形状的窗口,对计算窗口中的元素数据进行操作。池化也称为下采样或压缩它与卷积操作的不同在于,池化操作是计算窗口内元素的最大值或平均值,分别称这些操作为最大池化操作和平均池化操作。池化窗口的移动与卷积运算的移动类似,也是按照一定的步长从左到右、从上到下的顺序移动,如图19-6所示。

从图中可以看出,特征矩阵大小为4*4,池化窗口为2*2,池化窗口从左上角开始,此时取窗口中最大的数值7,这就是最大池化操作。当池化窗口的步长为2时,最终得到的池化后的特征矩阵如图19-7所示。

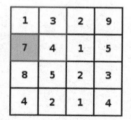   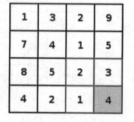

图19-6　最大池化操作　　　　　　图19-7　池化最终得到的特征图

19.1.3 激活(Activation)

前面介绍神经网络的时候,每个神经元的输出使用的激活函数是sigmoid函数,在卷积神经网络中,最常用的函数是ReLU函数,它可以解决线性函数表达能力不足的问题。ReLU函数的公式如下:

$$f(x) = \max(0, x)$$

ReLU函数的图形如图19-8所示。

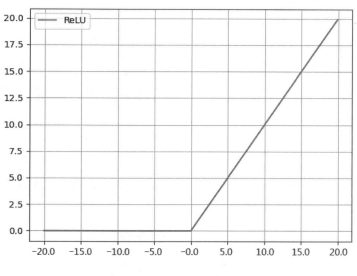

图 19-8　ReLU 函数图

从表达式和图像可以明显地看出：ReLU 函数实现的操作实际上就是获取最大值的函数。ReLU 函数其实是分段线性函数，把所有的负值都变为 0，而正值不变。

19.2　卷积神经网络(LeNet)算法

前面介绍了卷积神经网络的基本操作过程和典型的结构，下面就认识一些卷积神经网络的经典模型和算法。

LeNet 是早期最经典的卷积神经网络，该网络引入卷积神经网络，用于识别手写数字图像，取得了非常好的效果。

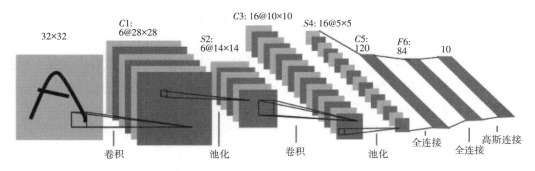

图 19-9　LeNet 网络结构

如图 19-9 所示，LeNet 网络由输入层、卷积层、池化层、全连接层和输出层组成。各层的基本说明如下。

输入层:输入数字的图像大小是32*32。

卷积层:网络中的卷积层包括$C1$、$C3$和$C5$三层,卷积层用来提取图像中不同位置的空间特征。经过卷积操作后使用sigmoid激活函数得到输出特征。这三个卷积层的参数见表19-1。

表19-1　卷积层参数

卷积层	输入特征的维度	卷积核的大小	步长	卷积核个数	输出特征大小
$C1$	32*32	5*5	1	6	28*28
$C3$	14*14	5*5	1	16	10*10
$C5$	5*5	5*5	0	120	1*1

池化层:池化层有两个,即$S2$和$S4$,池化层主要用来降低卷积层对位置的敏感性。表19-2给出了两个池化层的参数,都采用最大池化。

表19-2　池化层参数

池化层	输入特征的维度	池化窗口的大小	步长	池化个数	输出特征大小
$S2$	28*28	2*2	2	6	14*14
$S4$	10*10	2*2	2	16	5*5

全连接层输入120个神经元,输出84个神经元;输出层的输入为84个神经元,输出为10个神经元,对应10个类别。神经元激活函数都使用sigmoid激活函数。

在卷积神经网络中,卷积核是需要学习的参数,相比传统的全连接神经网络,卷积层的参数较少,只有每个卷积核与前面的输入特征神经元相连,这也是卷积层的主要特性:局部连接和共享权重。

局部连接:每个神经元仅与输入神经元的一块区域连接,这块局部区域称为感受野(Receptive Field)。这种局部连接保证了学习后的过滤器能够对于局部的输入特征有最强的响应。

权重共享:同一通道的卷积核的参数共享,共享权重在一定程度上是有意义的,因为图片的底层边缘特征与特征在图中的具体位置无关。例如,图片中的眼睛位于不同的位置,但提取的特征是相同的。

通过卷积计算过程及其特性,可以看出卷积是线性操作,并具有平移不变性(Shift-Invariant),平移不变性即在图像的每个位置执行相同的操作。卷积层的局部连接和权重共享使得需要学习的参数大大减小,这样也有利于训练较大的卷积神经网络。

范例19-1:卷积神经网络算法的实现

目的:本范例使用卷积神经网络对CIFAR-10图像数据进行训练和分类,介绍如何使用tensorflow创建卷积神经网络的过程进行训练。

CIFAR-10是一个包含60000张图片的数据集。其中每张照片为32*32的彩色照片,每个像素点包括RGB三个数值,数值范围为0～255。所有照片分属10个不同的类别,分别是飞机(airplane)、汽车(automobile)、鸟类(bird)、猫(cat)、鹿(deer)、狗(dog)、蛙类(frog)、马(horse)、船(ship)和卡车(truck)。其中50000张图片被划分为训练集,剩下的10000张图片属于测试集。

airplane
automobile
bird
cat
deer
dog
frog
horse
ship
truck

图 19-10　CIFAR-10部分数据集

图 19-10是从这个图像数据库中随机选取的一些图像。在 CIFAR-10 数据集中，文件 data_batch_ 1.bin、data_batch_2.bin、data_batch_5.bin 和 test_batch.bin 中各有 10000 个样本。每个样本由 3073 个字节组成，第一个字节为标签 label，剩下 3072 个字节为图像数据。

主要包括如下步骤。

1. 图像数据的读入及预处理。

2. 观察卷积核和卷积结果。

3. 模型构建。

4. 模型训练。

这些过程涵盖了卷积神经网络算法的整个过程，通过这些过程的代码实现，让读者了解如何使用 tensorflow 实现卷积网络参数的配置，并且对图像数据进行分类，从而加深对算法的理解。

1. 图像数据的读入及预处理

为了便于后面对 CIFAR-10 数据集的调用，首先编写 3 个函数用于处理 CIFAR-10 数据集，分别是 unpickle 函数、clean 函数和 read_data 函数。其中 unpickle 函数用于打开文件进行读写，并生成字典文件返回；clean 函数用于对数据进行归一化操作；read_data 函数用于将目录文件中的每幅图像的数据读入，组合生成训练集合测试集。下面是这三个函数的代码。

因为提供的数据集中的文件是使用 Python 的 "pickled" 对象生成的，所以要使用 pickle 库函数，把数据使用 pickle.load 方法打开，用于读写，生成字典。

```python
import pickle
def unpickle(file):
    fo = open(file, 'rb')
    # 使用pickle.load方法打开数据,用于读写,生成字典
    dict = pickle.load(fo, encoding='latin1')
    fo.close()
    return dict
```

clean 函数用于对图像数据进行预处理，为便于后续处理，每张图像取灰度图像中间的 24*24 像

素,然后进行归一化。

```python
import numpy as np
def clean(data):
    imgs = data.reshape(data.shape[0], 3, 32, 32)
    grayscale_imgs = imgs.mean(1)
        #取灰度图像中间的24*24大小
    cropped_imgs = grayscale_imgs[:, 4:28, 4:28]
    img_data = cropped_imgs.reshape(data.shape[0], -1)
    img_size = np.shape(img_data)[1]
    means = np.mean(img_data, axis=1)
    meansT = means.reshape(len(means), 1)   #计算均值
    stds = np.std(img_data, axis=1)
    stdsT = stds.reshape(len(stds), 1)       #计算方差
    adj_stds = np.maximum(stdsT, 1.0 / np.sqrt(img_size))
    normalized = (img_data - meansT) / adj_stds    #进行归一化
    return normalized
```

read_data 函数对数据所在目录中的文件分别进行读取数据,最后进行组合,生成类别名称 (names)、数据集文件(data)、每张图像的标签(labels)。

```python
def read_data(directory):
    names = unpickle('{}/batches.meta'.format(directory))['label_names']
    print('names', names)
    data, labels = [], []
    #循环分别遍历文件夹中的6个文件
    for i in range(1, 6):
        filename = '{}/data_batch_{}'.format(directory, i)
        batch_data = unpickle(filename) #调用unpickle函数
        if len(data) > 0:
            data = np.vstack((data, batch_data['data']))    #组合数据
            labels = np.hstack((labels, batch_data['labels']))
        else:
            data = batch_data['data']
            labels = batch_data['labels']
    print(np.shape(data), np.shape(labels))
    data = clean(data)          #访问clean函数
    data = data.astype(np.float32)
    return names, data, labels
```

2. 观察卷积核和卷积结果

为了在后面的程序运行过程中,观察神经网络每层输出之后的结果及权值变化情况,定义两个函数,分别为show_conv_results 和 show_weights。

首先导入基本的库函数。

```python
%matplotlib inline
import numpy as np
import matplotlib.pyplot as plt
```

```
#import tensorflow as tf
import tensorflow.compat.v1 as tf
tf.disable_v2_behavior()
# 调用read_data函数,生成数据集
names, data, labels = read_data('./cifar-10-batches-py')
```

下面的show_conv_results主要用于显示每层卷积计算之后的结果,代码如下。

```
def show_conv_results(data, filename=None):
    plt.figure()
    rows, cols = 4, 8       #4行8列共32个结果
    for i in range(np.shape(data)[3]):
        img = data[0, :, :, i]       #依次取32个卷积计算结果中的每个数据
        plt.subplot(rows, cols, i + 1)
        plt.imshow(img, cmap='Greys_r', interpolation='none')
        plt.axis('off')
    if filename:
        plt.savefig(filename)
    else:
        plt.show()
```

show_weights 函数主要用于显示层之间权重的图像结果,代码如下。

```
def show_weights(W, filename=None):
    plt.figure()
    rows, cols = 4, 8       #4行8列共32个结果
    for i in range(np.shape(W)[3]):
        img = W[:, :, 0, i]       #依次取32个权值中的每个数据
        plt.subplot(rows, cols, i + 1)
        plt.imshow(img, cmap='Greys_r', interpolation='none')
        plt.axis('off')
    if filename:
        plt.savefig(filename)
    else:
        plt.show()
```

测试一下上面函数的输出效果。

```
raw_data = data[4, :]         #随机选择一个图像
raw_img = np.reshape(raw_data, (24, 24))
   # 定义卷积神经网络的基本参数
x = tf.reshape(raw_data, shape=[-1, 24, 24, 1])       #调整输入图像的格式为24*24
#定义卷积核的大小为5*5,1个通道数,共有32个卷积核
W = tf.Variable(tf.random_normal([5, 5, 1, 32]))
# 为每个卷积核定义偏置
b = tf.Variable(tf.random_normal([32]))
#计算卷积。其中步长左右和上下都为1,batch_size为1,通道数为1
conv = tf.nn.conv2d(x, W, strides=[1, 1, 1, 1], padding='SAME')
#为结果增加偏置
```

```
conv_with_b = tf.nn.bias_add(conv, b)
#将卷积结果使用ReLU函数处理
conv_out = tf.nn.relu(conv_with_b)
    #使用最大池化计算输出结果,池化窗口大小为2*2,步长左右和上下都为1
k = 2
maxpool = tf.nn.max_pool(conv_out, ksize=[1, k, k, 1], strides=[1, k, k, 1], padding=
'SAME')
with tf.Session() as sess:
    sess.run(tf.global_variables_initializer())    #初始化变量
# 初始化卷积核并调用前面定义的函数show_weights显示
    W_val = sess.run(W)
    print('weights:')
    show_weights(W_val)
#计算卷积结果,并调用前面定义的函数show_conv_results显示
    conv_val = sess.run(conv)
    print('convolution results:')
    print(np.shape(conv_val))
    show_conv_results(conv_val)

#计算经过ReLU函数后的卷积结果,并调用前面定义的函数show_conv_results显示
    conv_out_val = sess.run(conv_out)
    print('convolution with bias and relu:')
    print(np.shape(conv_out_val))
    show_conv_results(conv_out_val)

#计算经过最大池化后的卷积结果,并调用前面定义的函数show_conv_results显示
    maxpool_val = sess.run(maxpool)
    print('maxpool after all the convolutions:')
    print(np.shape(maxpool_val))
    show_conv_results(maxpool_val)
```

经过一次卷积计算、ReLU运算和最大池化后,分别以图形格式显示输出结果。结果如图19-11所示。

图中是初始的卷积核的图像显示,可以看出没有什么规律。图19-12是经过卷积计算后的结果。

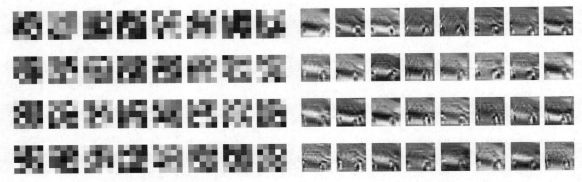

图 19-11　卷积核图像结果　　　　图 19-12　卷积计算后的图形结果

图 19-13 是经过 ReLU 计算后的结果。图 19-14 是经过最大池化后的结果,可以看出,有汽车的基本特征。这说明经过卷积核的卷积运算后,可以提取图像中的局部特征。

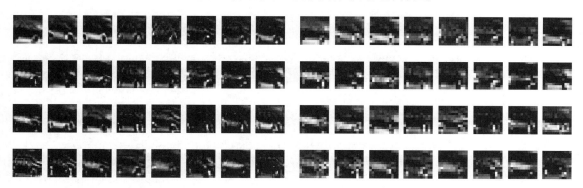

图 19-13　ReLU 计算后的结果　　　　　　　　图 19-14　最大池化后的结果

3. 模型构建

了解了卷积的基本运算过程后,下面就构建完整的卷积神经网络模型。首先定义输入、输出数据和初始化第一层、第二层、第三层的卷积核及最后一层的全连接的权值。整个网络模型如下。

输入大小:24*24。

输出大小:10。

第一层卷积核大小:5*5,通道数1,卷积核64个。

第二层卷积核大小:5*5,通道数64,卷积核64个。

第三层全连接层:[6*6*64, 1024]。

最后一层:1024*10。

```
x = tf.placeholder(tf.float32, [None, 24 * 24])
y = tf.placeholder(tf.float32, [None, len(names)])
W1 = tf.Variable(tf.random_normal([5, 5, 1, 64]))
b1 = tf.Variable(tf.random_normal([64]))
W2 = tf.Variable(tf.random_normal([5, 5, 64, 64]))
b2 = tf.Variable(tf.random_normal([64]))
W3 = tf.Variable(tf.random_normal([6*6*64, 1024]))
b3 = tf.Variable(tf.random_normal([1024]))
W_out = tf.Variable(tf.random_normal([1024, len(names)]))
b_out = tf.Variable(tf.random_normal([len(names)]))
```

因为后面需要多次构建每一层的卷积神经网络,为了方便,定义两个函数,便于后面多次调用。其中 conv_layer 函数用于计算输入 x 和卷积核 W 及偏置 b 的卷积结果,在这个函数中输入 x 和卷积核 W 先进行卷积计算,然后添加偏置值,最后使用 ReLU 函数计算输出。

```
def conv_layer(x, W, b):
    conv = tf.nn.conv2d(x, W, strides=[1, 1, 1, 1], padding='SAME')
    conv_with_b = tf.nn.bias_add(conv, b)
```

```
    conv_out = tf.nn.relu(conv_with_b)
    return conv_out
```

用 maxpool_layer 函数计算最大池化结果。

```
def maxpool_layer(conv, k=2):
    return tf.nn.max_pool(conv, ksize=[1, k, k, 1], strides=[1, k, k, 1], padding=
'SAME')
```

下面就可以完成构建网络模型了，代码如下。

```
def model():
    x_reshaped = tf.reshape(x, shape=[-1, 24, 24, 1])
    #调用 conv_layer 函数和 maxpool_layer 函数计算数据经过第一层卷积神经网络的输出
    conv_out1 = conv_layer(x_reshaped, W1, b1)
    maxpool_out1 = maxpool_layer(conv_out1)
    #对局部神经元的活动创建竞争机制，使其中响应比较大的值变得相对更大，并抑制其他反馈较小的神经
    #元，增强模型的泛化能力
norm1 = tf.nn.lrn(maxpool_out1, 4, bias=1.0, alpha=0.001 / 9.0, beta=0.75)
    #调用 conv_layer 函数和 maxpool_layer 函数计算数据经过第二层卷积神经网络的输出
    conv_out2 = conv_layer(norm1, W2, b2)
    norm2 = tf.nn.lrn(conv_out2, 4, bias=1.0, alpha=0.001 / 9.0, beta=0.75)
    maxpool_out2 = maxpool_layer(norm2)

    #计算第三次全连接网络的输出
maxpool_reshaped = tf.reshape(maxpool_out2, [-1, W3.get_shape().as_list()[0]])
    local = tf.add(tf.matmul(maxpool_reshaped, W3), b3)
    local_out = tf.nn.relu(local)
#计算最后一层网络的输出
    out = tf.add(tf.matmul(local_out, W_out), b_out)
    return out
```

下面定义损失函数及优化方法。

```
learning_rate = 0.001
model_op = model()
# 定义损失误差的计算方法
cost = tf.reduce_mean(
    tf.nn.softmax_cross_entropy_with_logits(logits=model_op, labels=y)
)
# 定义优化的方法
train_op = tf.train.AdamOptimizer(learning_rate=learning_rate).minimize(cost)
# 计算精确度
correct_pred = tf.equal(tf.argmax(model_op, 1), tf.argmax(y, 1))
accuracy = tf.reduce_mean(tf.cast(correct_pred, tf.float32))
```

4. 模型训练

到现在为止，所有的网络模型以及优化方法已经定义完毕，接下来就可以进行训练了，代码如下。

```
with tf.Session() as sess:
```

```
    sess.run(tf.global_variables_initializer())
    onehot_labels = tf.one_hot(labels, len(names), axis=-1)
onehot_vals = sess.run(onehot_labels)
# 定义批处理大小为64
    batch_size = 64
print('batch size', batch_size)
# 总共epoch为1000次
    for j in range(0, 1000):
        avg_accuracy_val = 0.
        batch_count = 0.
        for i in range(0, len(data), batch_size):
            batch_data = data[i:i+batch_size, :]
            batch_onehot_vals = onehot_vals[i:i+batch_size, :]
            _, accuracy_val = sess.run([train_op, accuracy], feed_dict={x:
batch_data, y: batch_onehot_vals})
            avg_accuracy_val += accuracy_val
            batch_count += 1.
        avg_accuracy_val /= batch_count
        # 打印每一个epoch后的精确率。
        print('Epoch {}. Avg accuracy {}'.format(j, avg_accuracy_val))
```

上面的代码给出了训练过程,总共训练了1000个epoch,在每个epoch中,数据被划分为很多批,每批64个。这个训练过程取决于电脑配置,如果有GPU显卡,速度会更快一些,图19-15是部分运行结果。

```
Epoch 0.  Avg accuracy 0.2269221547314578
Epoch 1.  Avg accuracy 0.27775335677749363
Epoch 2.  Avg accuracy 0.30131074168797956
Epoch 3.  Avg accuracy 0.31685581841432225
Epoch 4.  Avg accuracy 0.3283048273657289
Epoch 5.  Avg accuracy 0.3420915920716113
Epoch 6.  Avg accuracy 0.3514825767263427
Epoch 7.  Avg accuracy 0.35897538363171355
Epoch 8.  Avg accuracy 0.36578884271099743
Epoch 9.  Avg accuracy 0.3747202685421995
Epoch 10. Avg accuracy 0.3790361253196931
Epoch 11. Avg accuracy 0.38704843350383633
Epoch 12. Avg accuracy 0.3978980179028133
Epoch 13. Avg accuracy 0.40287324168797956
Epoch 14. Avg accuracy 0.40133471867007675
Epoch 15. Avg accuracy 0.41210437979539644
```

图19-15　训练过程中的精度变化

可以看出,平均精度逐渐增加。这也说明使用卷积神经网络可以更好地实现数据的分类任务。

19.3 深度卷积神经网络（AlexNet）算法

AlexNet网络是由亚历克斯（Alex Krizhevsky）等人设计的，在2012年的ImageNet数据集竞赛中获得冠军。其网络结构如图19-16所示。

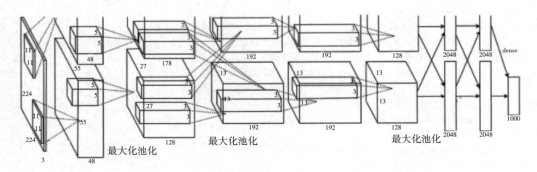

图 19-16　AlexNet 网络

AlexNet网络一共分为8层，包括5个卷积层及3个全连接层，每一个卷积层中包含激励函数ReLU及局部响应归一化（LRN）处理，然后在池化层进行降采样。最后输出到一个1000维的输出层，产生1000类标签的分类判断。各层的网络参数见表19-3。

表 19-3　AlexNet 网络参数

层数	卷积核或池化窗口大小	输出特征
输入层	227*227*3	
卷积层 1	96个大小为11*11的卷积核，步长为4，没有填充	输出大小为96个55*55的特征，使用ReLU激活函数
池化层 1	3*3最大池化，步长为2	输出大小为96个27*27的特征
卷积层 2	256个大小为5*5的卷积核，步长为1，填充为2	输出大小为256个27*27的特征，使用ReLU激活函数
池化层 2	3*3最大池化，步长为2	输出大小为256个13*13的特征
卷积层 3	384个大小为5*5的卷积核，步长为1，填充为1	输出大小为384个13*13的特征，使用ReLU激活函数
卷积层 4	384个大小为5*5的卷积核，步长为1，填充为1	输出大小为384个13*13的特征，使用ReLU激活函数
卷积层 5	256个大小为5*5的卷积核，步长为1，填充为1	输出大小为256个13*13的特征，使用ReLU激活函数
池化层 3	3*3最大池化，步长为2	输出大小为256个6*6的特征
全连接层 1	4096个神经元	
全连接层 2	4096个神经元	
输出层	1000个神经元	

该神经网络之所以成功,在于引进了一些不同的工作机制。

(1)使用ReLU作为卷积神经网络的激活函数,成功解决了sigmoid在网络较深时的梯度弥散问题。通过实验验证,其效果在较深的网络超过了sigmoid激活函数。

(2)训练时使用Dropout随机忽略一部分神经元,以避免模型过拟合。

(3)在卷积神经网络中使用重叠的最大池化。此前卷积神经网络中每层卷积操作之后就进行池化,而AlexNet后三层卷积层中间没有进行池化操作,最后经过重叠之后再进行一层池化操作。

(4)利用硬件的新技术,使用GPU进行训练,提高网络训练规模和并行能力。

虽然ReLU激活函数和Dropout两种方法在很久之前就被提出了,但是直到AlexNet的出现,才将其发扬光大。后期很多神经网络大多数采用这两种方法。

19.4 残差网络(ResNet)算法

随着计算机硬件技术的发展及卷积神经网络的深入研究,越来越多的卷积神经网络模型出现,网络深度也越来越深,例如在VGG中,卷积网络达到了19层,在GoogLeNet中,网络达到了22层。这些新出现的卷积神经网络效果都超出了AlexNet网络,这时很多人就产生了这样一个疑问:网络的精度是否会随着网络的层数增多而增多?

事实上,随着网络层数的增加,网络会发生退化现象:随着网络层数的增多,训练集的损失逐渐下降,然后趋于饱和,再增加网络深度的话,训练集的损失反而会增大。深度到了一定程度之后就会发生越往深学习率越低的情况,而且很容易出现梯度消失和梯度爆炸。

为了解决这个问题,基于统计学中残差的思想,何恺明等人在2015年提出了深度残差网络,深度残差网络(ResNet)引入了残差模块,将前面若干层的数据输出直接跳过多层而引入后面数据层的输入部分。简单来说就是,较为前面层的数据和后面经过处理层的数据共同作为后面网络数据的输入,如图19-17所示。

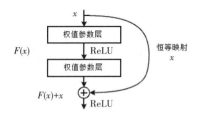

图19-17　残差模块结构

假设输入为X,经过两层的输出为$F(x)$,将输入X直接跳跃连接到模块输出,则残差模块输出可以表示为$H(x)=F(x)+x$,引入x更为丰富的参考数据,这样网络可以学到更为丰富的内容。这样在不增加参数的情况下,提升了训练效果。

基于残差模块的概念,何恺明等人构建了多个模型,如流行的**ResNet50**和**ResNet101**深度残差网络,具体的结构见表19-4。

表19-4 深度残差网络参数

层的名字	输出大小	ResNet50		ResNet101	
卷积1	112*112	7*7,64个,步长2			
卷积2	56*56	3*3 最大池化,步长2			
		1*1,64个 3*3,64个 1*1,256个	3组	1*1,64个 3*3,64个 1*1,256个	3组
卷积3	14*14	1*1,128个 3*3,128个 1*1,512个	4组	1*1,128个 3*3,128个 1*1,512个	4组
卷积4	14*14	1*1,256个 3*3,256个 1*1,512个	6组	1*1,256个 3*3,256个 1*1,512个	23组
卷积5	7*7	1*1,512个 3*3,512个 1*1,2048个	3组	1*1,512个 3*3,512个 1*1,2048个	3组
	1*1	平均池化,1000维全连接,softmax 函数			

前面介绍了学习项目之前,选择一个合适的框架是非常重要的。研究者们使用各种不同的框架来达到他们的研究目的,侧面印证了深度学习领域百花齐放。全世界最为流行的深度学习框架有PaddlePaddle、Tensorflow、Caffe、Theano、MXNet、Torch 和 PyTorch。

 19.5 综合案例——使用卷积神经网络算法识别猫狗的二分类任务

范例19-2:使用卷积神经网络算法识别猫狗的二分类任务

目的:本范例使用卷积神经网络对猫狗图像数据进行训练和分类,介绍如何使用tensorflow创建卷积神经网络进行训练。

整个过程包括更广泛的卷积神经网络知识,主要步骤如下。

(1)数据预处理:对图像数据进行处理,准备训练和验证数据集。

(2)卷积网络模型:构建网络架构。

(3)过拟合问题:观察训练和验证效果,针对过拟合问题提出解决方法。

(4)数据增强:对图像数据进行增强,以提高识别的效率和效果。

本案例所提供的素材中有猫狗的图像数据集,存放在 cats_and_dogs 文件夹中,该文件夹中又包含train 和 validation 两个文件夹,分别存放的是训练和验证数据集,每个文件夹中又包含两个文件夹,分别是猫和狗的图像文件,所有图像文件的大小不同,如图 19-18 所示。因此在建立模型之前,需要对图像数据进行基本的预处理,确保大小相同。

dog.2.jpg dog.3.jpg dog.4.jpg cat.15.jpg cat.16.jpg cat.17.jpg

dog.17.jpg dog.18.jpg dog.19.jpg cat.30.jpg cat.31.jpg cat.32.jpg

dog.32.jpg dog.33.jpg dog.34.jpg cat.45.jpg cat.46.jpg cat.47.jpg

图 19-18　部分猫狗的图像数据集

在这个案例中,使用 tensorflow 的 tf.keras 构建和训练深度学习模型的 tensorflow 高阶 API。利用此 API,可实现快速设计及训练模型。在介绍模型之前,先看一下二维卷积运算 Conv2D 的基本语法格式:

```
tf.keras.layers.Conv2D(filters, kernel_size, strides=(1, 1), padding='valid',
activation=None)
```

其中 filters 表示卷积核的个数,kernel_size 表示卷积核的大小,strides 表示步长的大小,padding 表示填充的方法,activation 表示激活函数。

1. 导入所需的库函数

```
import os
import warnings
warnings.filterwarnings("ignore")
import tensorflow as tf
from tensorflow.keras.optimizers import Adam
from tensorflow.keras.preprocessing.image import ImageDataGenerator
```

2. 卷积网络模型

卷积模型主要使用 Conv2D 函数,基于序列 Sequentia 构建卷积神经网络模型。代码如下。

```
model = tf.keras.models.Sequential([
#如果训练慢,可以把数据设置得小一些
#下面是第一层卷积网络模型。输入图像大小为64*64,通道数为3,卷积核有32个,每个大小为3*
#3,激活函数为'relu'函数,使用最大池化操作,池化窗口为2*2
    tf.keras.layers.Conv2D(32, (3,3), activation='relu', input_shape=(64, 64, 3)),
    tf.keras.layers.MaxPooling2D(2, 2),
#下面是第二层卷积网络模型。卷积核有64个,每个大小为3*3,激活函数为'relu'函数,使用最大#池化操
作,池化窗口为2*2
    tf.keras.layers.Conv2D(64, (3,3), activation='relu'),
    tf.keras.layers.MaxPooling2D(2,2),
```

```
#下面是第三层卷积网络模型。卷积核有128个,每个大小为3*3,激活函数为'relu'函数,使用最
#大池化操作,池化窗口为2*2
    tf.keras.layers.Conv2D(128, (3,3), activation='relu'),
    tf.keras.layers.MaxPooling2D(2,2),

    #为全连接层准备,将数据拉伸为向量
    tf.keras.layers.Flatten(),
    #全连接层输出为512个神经元,激活函数为'relu'函数
    tf.keras.layers.Dense(512, activation='relu'),
    # 因为是2分类,输出1个神经元使用sigmoid函数
    tf.keras.layers.Dense(1, activation='sigmoid')
])
```

上面构建了一个具有3层卷积神经网络和1个全连接层、1个输出层的网络模型。其中主要使用了二维卷积运算Conv2D和池化操作MaxPooling2D函数。

构建的卷积神经网络模型各层的具体参数如图19-19所示。

```
Model: "sequential"

Layer (type)                      Output Shape              Param #

conv2d (Conv2D)                   (None, 62, 62, 32)        896

max_pooling2d (MaxPooling2D)      (None, 31, 31, 32)        0

conv2d_1 (Conv2D)                 (None, 29, 29, 64)        18496

max_pooling2d_1 (MaxPooling2       (None, 14, 14, 64)        0

conv2d_2 (Conv2D)                 (None, 12, 12, 128)       73856

max_pooling2d_2 (MaxPooling2      (None, 6, 6, 128)         0

flatten (Flatten)                 (None, 4608)              0

dense (Dense)                     (None, 512)               2359808

dense_1 (Dense)                   (None, 1)                 513

Total params: 2,453,569
Trainable params: 2,453,569
Non-trainable params: 0
```

图 19-19　网络模型各层的具体参数

由于卷积核的权值是每层共享的,因此前面3层卷积网络的参数个数分别是896、18496和73856,但是全连接层的权值参数为2359808和513个,但是相比前面介绍的神经网络模型,卷积神经网络的模型参数还是降低了很多的。接下来定义网络的损失函数和优化方法,代码如下。

```
model.compile(loss='binary_crossentropy',optimizer=Adam(lr=1e-4), metrics=['acc'])
```

上面的代码定义了损失函数为交叉熵函数,优化使用Adam算法,精确度测量使用acc函数。

3. 数据导入和预处理

下面的代码指定了数据所在的路径（包括训练集和验证集）。

```
# 数据所在文件夹
base_dir = './data/cats_and_dogs'
train_dir = os.path.join(base_dir, 'train')
validation_dir = os.path.join(base_dir, 'validation')

# 训练集的目录
train_cats_dir = os.path.join(train_dir, 'cats')
train_dogs_dir = os.path.join(train_dir, 'dogs')

# 验证集的目录
validation_cats_dir = os.path.join(validation_dir, 'cats')
validation_dogs_dir = os.path.join(validation_dir, 'dogs')
#数据归一化定义
train_datagen = ImageDataGenerator(rescale=1./255)
test_datagen = ImageDataGenerator(rescale=1./255)
#下面两个函数用于分别从训练集目录和验证机目录中产生数据,batch_size大小为20,图像大小定义为
#64*64.
train_generator = train_datagen.flow_from_directory(
        train_dir,  # 文件夹路径
        target_size=(64, 64),  # 指定resize的大小
        batch_size=20,
        # 如果one-hot就是categorical,二分类用binary就可以
        class_mode='binary')

validation_generator = test_datagen.flow_from_directory(
        validation_dir,
        target_size=(64, 64),
        batch_size=20,
        class_mode='binary')
```

4. 训练网络模型

网络模型已经构建好,数据也生成了,下面就可以使用构建的网络模型进行训练了。直接使用fit
函数就可以进行训练,但是那样需要把所有数据全部读入内存,非常耗费资源,通常不能把所有数据
全部放入内存,而是使用生成器。fit_generator相当于一个生成器,动态产生所需的batch数据,
steps_per_epoch相当于给定一个停止条件,总共有20多个epoch,每个epoch有100step,代码如下。

```
history = model.fit_generator(
     train_generator,
     steps_per_epoch=100,  # 2000图像 = batch_size * steps
     epochs=20,
     validation_data=validation_generator,
     validation_steps=50,  # 1000图像 = batch_size * steps
     verbose=2)
```

图 19-20 给出了训练过程中最后 10 个 epoch 的损失和精确度随 epoch 的变化值。

```
Epoch 11/20
100/100 - 22s - loss: 0.3928 - acc: 0.8305 - val_loss: 0.5522 - val_acc: 0.7310
Epoch 12/20
100/100 - 22s - loss: 0.3783 - acc: 0.8365 - val_loss: 0.5463 - val_acc: 0.7370
Epoch 13/20
100/100 - 22s - loss: 0.3592 - acc: 0.8445 - val_loss: 0.5513 - val_acc: 0.7370
Epoch 14/20
100/100 - 22s - loss: 0.3262 - acc: 0.8665 - val_loss: 0.5511 - val_acc: 0.7430
Epoch 15/20
100/100 - 22s - loss: 0.3059 - acc: 0.8715 - val_loss: 0.5609 - val_acc: 0.7310
Epoch 16/20
100/100 - 22s - loss: 0.2682 - acc: 0.9025 - val_loss: 0.5642 - val_acc: 0.7510
Epoch 17/20
100/100 - 22s - loss: 0.2568 - acc: 0.9110 - val_loss: 0.5563 - val_acc: 0.7440
Epoch 18/20
100/100 - 22s - loss: 0.2318 - acc: 0.9145 - val_loss: 0.5555 - val_acc: 0.7560
Epoch 19/20
100/100 - 22s - loss: 0.2052 - acc: 0.9310 - val_loss: 0.6364 - val_acc: 0.7150
Epoch 20/20
100/100 - 22s - loss: 0.1916 - acc: 0.9350 - val_loss: 0.5835 - val_acc: 0.7460
```

图 19-20　训练过程中损失变化情况

从上面的数值中不容易看出好坏,画出相应的训练集和验证集的精确度和损失函数变化趋势的图形,可以更加清晰地看出变化趋势,代码如下。

```python
import matplotlib.pyplot as plt
#分别获取训练集和验证集的精确率和损失值的变化趋势
acc = history.history['acc']
val_acc = history.history['val_acc']
loss = history.history['loss']
val_loss = history.history['val_loss']

epochs = range(len(acc))
#绘制精确率的变化趋势图
plt.plot(epochs, acc, 'bo', label='Training accuracy')
plt.plot(epochs, val_acc, 'b', label='Validation accuracy')
plt.title('Training and validation accuracy')

plt.figure()
#绘制损失值的变化趋势图
plt.plot(epochs, loss, 'bo', label='Training Loss')
plt.plot(epochs, val_loss, 'b', label='Validation Loss')
plt.title('Training and validation loss')
plt.legend()

plt.show()
```

图像显示结果如图 19-21 和图 19-22 所示。

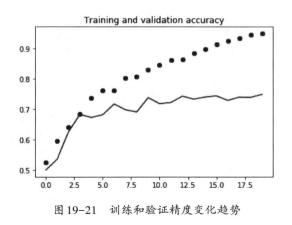

图 19-21　训练和验证精度变化趋势

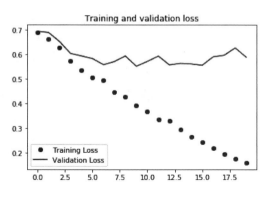

图 19-22　训练和验证损失变化趋势

从上面的图形可以清晰地看到，训练集的效果很好，但是验证集的效果就很差了，这就是过拟合。就相当于一个学生平时学习还不错，但是每次考试成绩总是不理想。因此需要采取一定的方法解决过拟合问题。

5. 过拟合问题

观察数据集可以发现，训练集图像只有2000个，验证集图像只有1000个，数据量还是偏少的，这也是产生过拟合的一个主要原因。当数据集中数据不多的时候，可以采用数据增强的方法对原始数据进行处理，以达到增加数据量的目的。对于图像，常见的数据增强方法有平移、放大、缩小、旋转等。对于本案例的实验数据，也可以采用这些操作增加数据，修改代码如下。

```
train_datagen = ImageDataGenerator(
    rescale=1./255,
    rotation_range=40,
    width_shift_range=0.2,
    height_shift_range=0.2,
    shear_range=0.2,
    zoom_range=0.2,
    horizontal_flip=True,
    fill_mode='nearest')
```

可以看出，对这个数据集，分别使用了旋转rotation、平移shift、剪切shear、放大zoom和水平翻转horizontal_flip等操作。经过这些数据增强操作后，采用上面给出的训练方法，效果就会增强，图19-23和图19-24分别给出了训练集和验证集的精确率和损失值的变化趋势图。

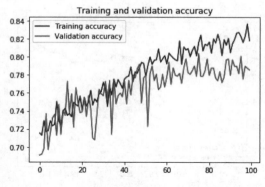
图19-23 训练集和验证集的精确率的变化趋势图

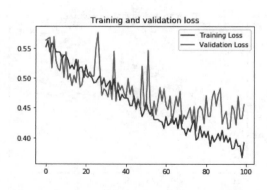
图19-24 训练集和验证集的损失值的变化趋势图

可以看出,此时,训练集和验证集的精确率和损失值的变化趋势非常接近,有效地降低了过拟合风险。

 19.6 高手点拨

遇到Nan怎么办?

相信大部分人都遇到过Nan问题,一般可能是下面几个原因造成的。

(1)除0问题。这里实际上有两种可能,一种是被除数的值是无穷大,即Nan,另一种就是除数的值是0。之前产生的Nan或0有可能会被传递下去,造成后面都是Nan。请先检查一下神经网络中有可能有除法的地方,例如softmax层,再认真检查一下数据。笔者有一次帮别人调试代码,甚至还遇到过训练数据文件中有些值就是Nan的情况,可以尝试加一些日志,把神经网络的中间结果输出,看看哪一步开始出现Nan。

(2)梯度过大,造成更新后的值为Nan。特别是RNN,在序列比较长的时候,很容易出现梯度爆炸的问题。一般有以下几个解决办法。

①对梯度做clip(梯度裁剪),限制最大梯度,其实是 value = sqrt(w1^2+w2^2…),如果value超过了阈值,就算一个衰减系数,让value的值等于阈值5,10,15。

②降低学习率。初始学习率过大,也有可能造成这个问题。需要注意的是,即使使用Adam之类的自适应学习率算法进行训练,也有可能遇到学习率过大的问题,而这类算法一般也有一个学习率的超参,可以把这个参数改得小一些。

③初始参数值过大,也有可能出现Nan问题。输入和输出的值最好也做一下归一化。

19.7 编程练习

对MNIST数据集使用卷积神经网络进行分类。

19.8 面试真题

（1）深度学习框架TensorFlow中都有哪些优化方法？

（2）深度学习框架TensorFlow中常见的激活函数有哪些？

附录

人工智能算法职位招聘面试试卷 I

本试卷共5题,每道题20分,共100分。

题目1:在图像处理中为什么要使用卷积神经网络(CNN)而不是全连接网络(FC)?

题目2:给你一个有1000列和100万行的训练数据集,这个数据集是基于分类问题的。经理要求你来降低该数据集的维度以减少模型计算时间,但你的机器内存有限,你该如何做呢?

题目3:什么叫过拟合? 避免过拟合都有哪些措施?

题目4:简述使用交叉验证的原因。

题目5:在深度学习过程中,什么是批标准化(Batch Normalization)? 使用批标准化有什么优点?

人工智能算法职位招聘面试试卷 Ⅱ

本试卷共5题,每道题20分,共100分。

题目1:KNN 与 K-means 聚类有何不同?

题目2:对于数据异常值,一般如何处理?

题目3:在分类过程中,判断结果的正确与否常使用召回率(Recall)和精确率(Precision)等参数,解释一下这两个参数。

题目4:解释一下混淆矩阵(Confusion Matrix),以及矩阵中的数值的含义。

题目5:什么是卷积神经网络? 请说明卷积的意义。

人工智能算法职位招聘笔试试卷 I

本试卷共8题,共100分。

题目1(本题15分)

小易经常沉迷于网络游戏,有一次他在玩一个打怪升级的游戏,他的角色的初始能力值为 a。在接下来的一段时间内,他将会依次遇见 n 个怪物,每个怪物的防御力为 $b1,b2,b3\cdots bn$。如果遇到的怪物防御力 bi 小于等于小易的当前能力值 c,那么他就能轻松打败怪物,并且使自己的能力值增加 bi;如果 bi 大于 c,那他也能打败怪物,但他的能力值只能增加 bi 与 c 的最大公约数。那么问题来了,在一系列的锻炼后,小易的最终能力值为多少?

要求:时间限制为 C/C++ 1秒,其他语言2秒;空间限制为 C/C++ 32M,其他语言64M。

输入描述:第一行是两个整数,$n(1\leqslant n < 100000)$ 表示怪物的数量,a 表示小易的初始能力值。

第二行 n 个整数,$b1,b2,\cdots,bn(1\leqslant bi\leqslant n)$ 表示每个怪物的防御力。

输出描述:输出一行,每行仅包含一个整数,表示小易的最终能力值。

示例1:

```
输入:
3 50
50 105 200
输出:
110
示例2:
输入:
5 20
30 20 15 40 100
输出:
205
```

题目2(本题15分)

老师想知道某些同学当中,分数最高的是多少,现在请你编程模拟老师的询问。当然,老师有时候需要更新某位同学的成绩。

要求:时间限制为 C/C++ 1秒,其他语言2秒。空间限制为 C/C++ 64M,其他语言128M。

输入描述:输入包括多组测试数据。每组输入第一行是两个正整数 N 和 M($0 < N <= 30000$,$0 < M < 5000$),分别代表学生的数目和操作的数目。学生 ID 编号从1编到 N。第二行包含 N 个整数,代表这 N 个学生的初始成绩,其中第 i 个数代表 ID 为 i 的学生的成绩。接下来有 M 行,每一行有一个字符 C(只取'Q'或'U'),和两个正整数 A、B,当 C 为'Q'的时候,表示这是一条询问操作,询问 ID 从 A 到 B(包括 A、B)的学生当中,成绩最高的是多少。当 C 为'U'的时候,表示这是一条更新操作,要求把 ID 为 A 的学生的成绩更改为 B。

输出描述:对于每一次询问操作,在一行里面输出最高成绩。

示例1:

```
输入:
5 7
1 2 3 4 5
Q 1 5
U 3 6
Q 3 4
Q 4 5
U 4 5
U 2 9
Q 1 5
输出:
5
6
5
9
```

题目3:写出平均绝对误差和均方误差损失函数。(本题10分)

题目4:朴素贝叶斯方法的优势是什么?(本题10分)

题目5:深度学习和机器学习的关系是什么?(本题10分)

题目6:深度学习流行的框架有哪些? 各有什么特点?(本题10分)

题目7:如何处理不平衡的数据集?(本题15分)

题目8:如何解决梯度消失和梯度膨胀?(本题15分)

人工智能算法职位招聘笔试试卷 Ⅱ

本试卷共8题,共100分。

题目1(本题15分)

DNA分子是以4种脱氧核苷酸为单位连接而成的长链,这4种脱氧核苷酸分别含有 A、T、C、G4种碱基。碱基互补配对原则:A 和 T 是配对的,C 和 G 是配对的。如果两条碱基链长度是相同的并且每个位置的碱基是配对的,那么它们就可以配对合成 DNA 的双螺旋结构。现在给出两条碱基链,允许在其中一条上做替换操作:把序列上的某个位置的碱基更换为另一种碱基。问最少需要多少次让两条碱基链配对成功。

要求:时间限制为C/C++ 1秒,其他语言2秒。空间限制为C/C++ 32M,其他语言64M。

输入描述:输入包括一行,有两个字符串,分别表示两条链,两个字符串长度相同且长度均小于等于50。

输出描述:输出一个整数,即最少需要多少次让两条碱基链配对成功。

示例1:

输入:ACGT TGCA
输出:0

题目2:使用Python计算 $1/x$ 的导数,并绘制对应的图形。(本题15分)

题目3:如果要训练一个 ML 模型,样本数量有 100 万个,特征维度是 5000,面对如此大的数据,该如何有效地训练模型?(本题10分)

题目4:BP算法表示能力强,但易过拟合,常用的两种缓解过拟合的策略是"早停"和"正则化"。简述"早停"和"正则化"。(本题10分)

题目5:神经网络的激活函数应该具有什么样的性质?(本题10分)

题目5:深度学习为什么在计算机视觉领域这么好?(本题10分)

题目6:卷积神经网络中常用的池化操作有哪些?(本题10分)

题目7:简述循环神经网络RNN的工作原理。(本题10分)

题目8:激活函数(Activation Function)有什么用处,有哪几种?(本题10分)